Das Geographische Seminar

Herausgegeben von
Prof. Dr. Rainer Duttmann
Prof. Dr. Rainer Glawion
Prof. Dr. Herbert Popp
Prof. Dr. Rita Schneider-Sliwa

Wilhelm Lauer und Jörg Bendix

Klimatologie

Neubearbeitung

westermann

Professor Dr. rer. nat. Wilhem Lauer, 1923 in Oberwesel geboren. Studium der Geographie, Geologie, Geschichte, Botanik und Meteorologie in Bonn. 1950 Promotion in Bonn (bei Carl Troll). 1953/54 Gastforscher am Instituto Tropical de Investigaciones Científicas in San Salvador (El Salvador). 1955 Habilitation in Kiel. 1956-58 o. Professor für Geographie und Direktor des Instituto de Geografía der Universidad Austral de Chile, Valdivia. 1962-66 o. Professor und Direktor des Geographischen Instituts Marburg. 1966-88 o. Professor und Direktor des Geographischen Instituts Bonn. Mitglied der Akademie der Wissenschaften und der Literatur, Mainz. 1968-78 Koordinator des interdisziplinären, bilateralen Mexiko-Schwerpunkts der DFG. Arbeitsgebiete: Klimatologie, Pflanzengeographie, Tropen, Vergleichende Geoökologie der Hochgebirge, Eiszeitforschung.

Professor Dr. rer. nat. Jörg Bendix, 1961 in Troisdorf-Sieglar geboren. Studium der Geographie, Kulturtechnik, Bodenkunde und Limnologie in Trier und Bonn. 1992 Promotion in Bonn (bei Matthias Winiger). 1993-1997 wissenschaftlicher Mitarbeiter am Geographischen Institut der Universität Bonn. 1997 Habilitation in Bonn und Vertretung einer Professur für Fernerkundung. 1998 Oberassistent am Geographischen Institut der Universität Bonn und Vertretung einer Professur für Physische Geographie am Fachbereich Geographie der Universität Marburg. 1999-2000 Univ.-Professor für Angewandte Physische Geographie am Institut für Geographie der Ludwig-Maximilians Universität München. Seit 2000 Univ.-Professor für Geoökologie (Schwerpunkte Klimatologie und Fernerkundung) am Fachbereich Geographie in Marburg. Arbeitsgebiete: Klimatologie, Geoökologie, Hochgebirge, Fernerkundung, Umweltmodellierung.

2. Neu bearbeitete und korrigierte Auflage 2006

Verlagslektorat: Reiner Jüngst
Herstellung: Barbara Thomas
Druck und Bindung: westermann druck GmbH, Braunschweig

ISBN 978-3-14-**160284**-5
alt: 3-14-**160284**-0

Inhalt

Vorwort

Klimatologie, die Lehre von den physikalischen Erscheinungen der Lufthülle der Erde und ihrer Interaktion mit den Gegebenheiten der Erdoberfläche in Raum und Zeit ist durch die Diskussion zur Umweltproblematik ins Blickfeld der Öffentlichkeit gerückt. Dieser Band soll dazu beitragen, die physikalischen Grundlagen klimatischen Geschehens in der Atmosphäre und die räumliche Differenzierung von Klima kennenzulernen und das Klimasystem als wichtigen Bestandteil der irdischen Ökosysteme in ihren räumlichen Abläufen und ihrem zeitlichen Werdegang zu verstehen. Der Band wendet sich nicht nur an Studierende des Faches Geographie sondern ebenso an Lehrer und Schüler der Erdkunde sowie einen breiten interessierten Leserkreis.

Die vorliegende Neubearbeitung behält das bewährte Gliederungsschema der dritten Auflage bei. Teil A hat eine umfassende Neubearbeitung erfahren und trägt damit dem Bedürfnis nach einer modernen, grundlegend physikalisch orientierten Lehre in der Klimageographie Rechnung. Die Teile B und C wurden, wo notwendig, ergänzt bzw. aktualisiert.

Nach einer einführenden Darstellung des Klimasystems werden Strahlungs-, Wärme-, Wasserhaushalt und die Windsysteme sowie das Zusammenwirken dieser Klimaparameter in einem Kapitel über die atmosphärische Zirkulation abgehandelt. Ein weiterer Abschnitt ist der *regionalen Klimatologie* gewidmet. Witterung und Klima in ausgewählten Räumen der Erde werden in ihrer Abhängigkeit von den atmosphärischen Vorgängen, dem Relief und der Konfiguration der Land/Wasser-Verteilung erläutert. Eine Klassifikation der Klimate auf der Grundlage ökophysiologischer Merkmale der realen Vegetation, Betrachtungen zur Variabilität des Klimas der letzten zwei Millionen Jahre sowie die Darstellung wesentlicher Merkmale anthropogener Klimabeeinflussung bilden den Abschluss des Bandes.

Unser besonderer Dank gilt Frau Dipl.-Geogr. ASTRID BENDIX für die aufwendige Koordinationsarbeit bei der Neubearbeitung sowie hilfreiche Kommentare zum Manuskript. Ohne die unermüdliche Feinarbeit der Kartographie am Fachbereich Geographie der Phillips Universität Marburg bei der digitalen Karten- und Diagrammerstellung wäre die Neubearbeitung nicht möglich gewesen. Unser Dank richtet sich hier besonders an Frau Christiane Enderle, Frau Cordula Mann, Frau Gabriele Ziehr und Frau Christa Pullmann. Herrn Christian Kluck sei für die geduldige Arbeit bei der digitalen Umsetzung von Abbildungen aus der dritten Auflage und vielfältige redaktionelle Arbeiten gedankt. Mit der kritischen Durchsicht des Manuskriptes und wertvollen Kommentaren zum Text hat Herr Dipl.-Geogr. Thomas Nauß zum Gelingen der Neubearbeitung beigetragen.

Marburg und Bonn 2003 Jörg Bendix und Wilhelm Lauer

Einführung

Klima und Klimasystem

Klimatologie, die Lehre vom Klima und dessen räumlicher und zeitlicher Veränderung, ist Teildisziplin der Geographie und Meteorologie zugleich. Sie ist einerseits der Meteorologie zugeordnet als der Lehre von Physik und Chemie der Atmosphäre, andererseits der Geographie als der chorologischen Wissenschaft, die im Rahmen der allgemeinen physischen Geographie die Beziehungen zwischen den Prozessen in der Atmosphäre und den Gegebenheiten auf der Erdoberfläche und ihrem zeitlichen Wandel untersucht und im Rahmen der länder-, landes- und landschaftskundlichen Forschung die Typisierung und Gliederung von klimatischen Raumeinheiten vornimmt und sie begründet.

Vielfach wird heute zur Akzentuierung einer Geographie orientierten Klimakunde die Bezeichnung *Klimageographie* gewählt, in Analogie zu den Begriffen Hydrogeographie, Vegetationsgeographie usw. Da aber gleichwohl die Vielfalt der klimatischen Erscheinungen in der Atmosphäre und ihre Wirkungen im Zusammenhang mit den geographischen Faktoren der Erdoberfläche physikalisch-kausal interpretiert werden müssen, mithin hinreichende Kenntnisse der physikalisch-dynamischen Prozesse vonnöten sind, entfällt eine grundsätzliche Unterscheidung von Klimatologie und Klimageographie. Dies gilt zunehmend durch die Einbeziehung der ökologischen Dimension in den Aufgabenkatalog erdwissenschaftlicher Forschung. Hier wird die Klimatologie immer stärker zu einer übergreifenden spezifischen Betrachtungsweise des Systems Atmosphäre-Erde-Mensch.

Klimatologie ist eine integrierende Betrachtung von Wetter und Witterungszuständen in der Atmosphäre eines bestimmten Ortes oder größerer Räume, im Zusammenhang mit den weiteren Sphären der Erde (Abb. 1). Am Klimasystem haben mehrere Subsysteme Anteil, die sehr unterschiedlichen Reaktionszeiten unterliegen und miteinander durch vielfältige, meist nicht lineare Wechselwirkungen verbunden sind.

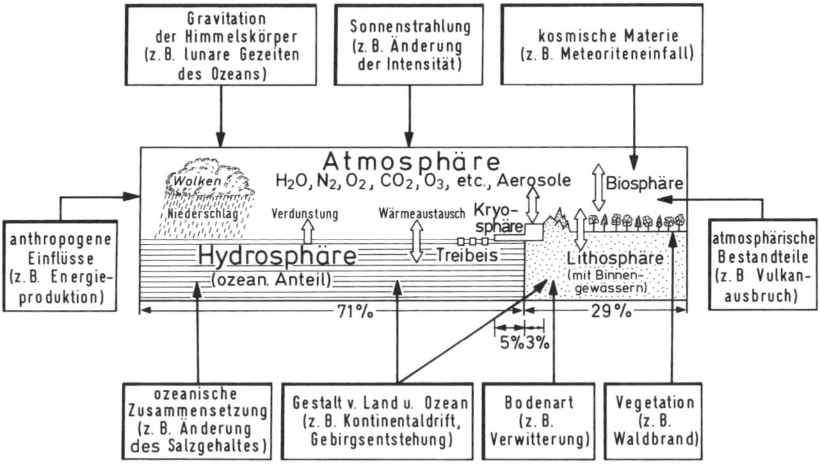

Abb. 1: Das Klimasystem der Erde. Wechselwirkung zwischen Atmosphäre, Hydrosphäre, Kryosphäre, Lithosphäre, Biosphäre und Anthroposphäre. Die Prozentzahlen beziehen sich auf die Oberflächenanteile der jeweiligen Komponenten des Klimasystems bezogen auf die Oberfläche der gesamten Erde (verändert nach U.S. Garp Commitee 1975, aus SCHÖNWIESE *1979)*

Die *Atmosphäre*, als Gashülle der Erde, ist kein isoliertes physikalisches System. Sie ist eingebunden in die anderen Subsysteme der Erde und steht mit ihnen in ständiger Wechselwirkung.

Die *Hydrosphäre*, als Wasserhülle der Erde (Ozeane, Binnenseen, Wasserläufe, Grundwasser), ist maßgeblich beteiligt an den Wärme-, Wasserdampf- und Impulsflüssen im Klimasystem. Sie liefert durch Verdunstung den Wasserdampf an die Atmosphäre, ist Speicher- und Transportglied für fühlbare Wärme und gilt somit als riesiges Energiereservoir. Darüber hinaus interagiert sie mit dem Gashaushalt der Atmosphäre (z.B. Ozeane als Senke für CO_2).

Die *Kryosphäre* (Chionosphäre), die Eis- und Schneeflächen der Erde, steuert über ihren Massenhaushalt sowohl den Wasserhaushalt, als auch den Wärmehaushalt sowie die Albedo der Erdoberfläche und spielt damit im Energieumsatz eine große Rolle.

Die *Lithosphäre* (Pedosphäre), die Gesteins- bzw. Bodenoberfläche, wirkt auf dem Erdball ihrerseits auf die Energieflüsse der Atmosphäre ein, z.B. durch ihr rasch räumlich wie zeitlich wechselndes Absorptions- und Reflexionsvermögen hinsichtlich der Strahlung. Sie ist damit am Energieumsatz maßgeblich beteiligt. Als Träger geologischer Prozesse, insbesondere des Vulkanismus, orogenetischer und epirogenetischer Bewegungen beeinflusst sie kurzfristig wie langfristig das Klimasystem.

Die *Biosphäre*, die Lebenswelt der Pflanzen und Tiere, wirkt hauptsächlich über die Vegetationsdecke und ihre jahreszeitliche wie langfristige Variabilität auf den Strahlungs- und Verdunstungshaushalt ein.

Die *Anthroposphäre*, die Sphäre der menschlichen Tätigkeit im Raum, nimmt einen immer wichtigeren Stellenwert im Klimasystem durch die forcierte Veränderung des natürlichen Pflanzenkleides, Eingriffe in den natürlichen Wasserhaushalt, vermehrte Produktion von Aerosolen, CO_2 und anderen Spurengasen – u.a. durch den Verbrauch fossiler Energiereserven und die steigende Wassernutzung ein.

Trotz der intensiven Wechselbeziehungen verhält sich das Klimasystem der Erde als Ganzes mittelfristig relativ stabil. Langfristig gesehen unterliegt es Schwankungen und auch Änderungen. Im Raum verhält es sich höchst differenziert.

Klima hat eine räumliche und eine zeitliche Dimension. Die räumliche Dimension orientiert sich in der Geographie an den äußeren Faktoren, mit denen die Atmosphäre in Wechselwirkung tritt (z.B. Relief). Die räumliche Betrachtungsebene ist demzufolge nicht immer eindeutig festgelegt (Abb. 2). So lässt sich das typische Talklima als Untermenge der Geländeklimatologie nur sehr grob einer Raumdimension zuordnen, da sowohl sehr kleine als auch ausgedehnte Talsysteme mit jeweils vergleichbaren Einwirkungen auf das Lokalklima (z.B. das Talwindsystem) nebeneinander bestehen. Je größer die Talsysteme werden, desto länger dauert es, bis sich ein typisches Talklima einstellen kann. Damit variiert die zeitliche Dimension mit der Betrachtungsskala.

Das geographische *Makroklima* umfasst als räumliche Einheit den gesamten Globus, seine erdumspannenden Gürtel oder kontinentale und maritime

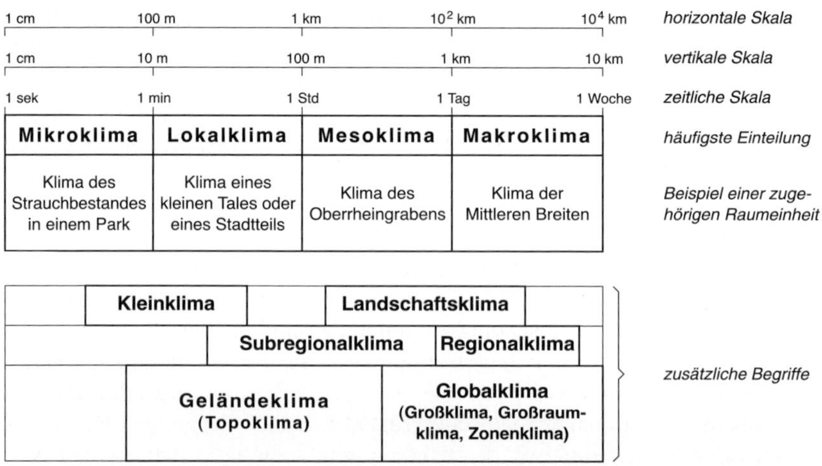

Abb. 2: Übliche Skaleneinteilungen in der Klimageographie (nach W*ANNER 1986, verändert)*

Zonen (>5.000 km) sowie Großregionen (>1.000 km). Untersuchungsgegenstände sind das atmosphärische Zirkulationssystem und die Klimagürtel in globaler, kontinentaler und großregionaler Betrachtung.

Im Gegensatz dazu bezeichnet man das *Mikroklima* als das Klima der bodennahen Luftschicht bis etwa 10 m über der Bodenfläche. Untersucht wird der Strahlungsumsatz im Bereich der Bodenoberfläche und die daraus abgeleiteten Parameter wie Temperaturverteilung, Feuchteverhältnisse, der Umsatz der Luftteilchen im bodennahen Bereich etc.. Die räumliche Ausdehnung erstreckt sich von einigen Millimetern bis auf hundert Meter und umfasst sowohl die Oberfläche eines Blattes oder Felsens als auch einzelne Strauch- und Baumgruppen.

Zwischen Makro- und Mikroklima ist der *lokal-* bis *mesoklimatische* Bereich eingeschaltet. Er erstreckt sich auf räumlich begrenzte Klimaeinheiten, die sich auf Einflüsse der Topographie noch zurückführen lassen und sich je nach Untersuchungsobjekt auch auf Areale mittlerer Größenordnung zwischen hundert Meter und tausend Kilometer Durchmesser beziehen können. In diesen Bereich fällt das *Geländeklima*, das *Stadtklima* oder das *Topoklima*, aber auch das Klima größerer Landschaftsräume. Als Untersuchungsgebiete können genannt werden: Regionen von der Größe der Eifel oder eine Städteballung wie das Ruhrgebiet, aber auch kleinere Städte oder Dörfer mit Fluren oder Tallandschaften.

Im *meteorologischen* Bereich wird eine intrinsische Skalendefinition verwendet. Die raum-zeitliche Dimension ist durch den typischen Lebenszyklus (Andauer) und die räumliche Ausdehnung von atmosphärischen Phänomenen definiert (s. dazu ORLANSKY 1975). Wettererscheinungen der *Mikro-Skala* mit ihrer typischen Längen <2 km reichen von extrem kurzlebigen *Mikro-Turbulenzen* bis hin zu *Tornados*. Im Bereich der *Meso-Skala* (2 - 2000 km) finden sich Gewitter, *Cloud-Cluster* in der immerfeuchten Tropenzone oder einzelne Frontensysteme außertropischer Zyklone. Die *Makro-Skala* (>2000 km) deckt sowohl außertropische Zyklonen als auch planetare atmosphärische Wellen ab.

Grundsätzlich stellt Klima ein raum-zeitliches *Kontinuum* dar, so dass feste Skalengrenzen in der realen Atmosphäre nicht vorkommen. Vielmehr sind mehr oder weniger enge Übergangsbereiche zwischen den Skalen die Regel. Selbstverständlich bauen die einzelnen dimensionalen Betrachtungsweisen und ihr Wettergeschehen aufeinander auf. Größere und kleinere Systeme beeinflussen sich gegenseitig, so dass die Übergänge zwischen unterschiedlich skalierten Wetterphänomenen fließend sind und die Betrachtungsweise sich nach der Fragestellung richtet.

Die *zeitliche Dimension* in der modernen Klimatologie umfasst den Wetter- und Witterungsablauf sowie das Klima an bestimmten Punkten der Erdoberfläche oder in Räumen unterschiedlicher Ausdehnung. Unter *Wetter* versteht man den aktuellen Zustand der Atmosphäre, wie er sich zu einem bestimmten Zeitpunkt und an einem bestimmten Ort auf der Basis von messbaren Größen, den sogenannten *Klimaelementen* (z.B. Temperatur, Luftfeuchte, Luftdruck, Niederschlag, Wind etc.), beschreiben lässt. Der Begriff *Witterung* umfasst einen längeren oder kürzeren Zeitabschnitt mit einer relativ homogenen Ausprägung von Wetter, wie zum Beispiel die Witterung einer Föhnperiode in den Alpen mit reduzierter Luftfeuchte bei gleichzeitig erhöhter Lufttemperatur (Abb. 3). Das Klima eines Ortes wird auf Monats-, Jahreszeiten- oder Jahresbasis anhand von langen Zeitreihen der einzelnen Klimaelemente wie Temperatur, Niederschlag, Wind, Strahlung, Verdunstung etc. ermittelt, wobei die Klimaeigenschaften durch Mittelbildung verschiedener Elemente, ihrer Häufigkeit, Variabilität und Extreme statistisch aufgearbeitet und in Karten, Abbildungen, Diagrammen, Texten sowie als Ergebnisse von numerischen Modellen dargestellt werden. Um eine weltweite Vergleichbarkeit des so ermittelten Klimas verschiedener Orte zu gewährleisten, werden die statistischen Berechnungen jeweils für eine festgelegte, 30-jährige Klimanormalperiode vorgenommen. Die derzeit gültige *Klimanormalperiode* umfasst den Zeitraum 1961-1990.

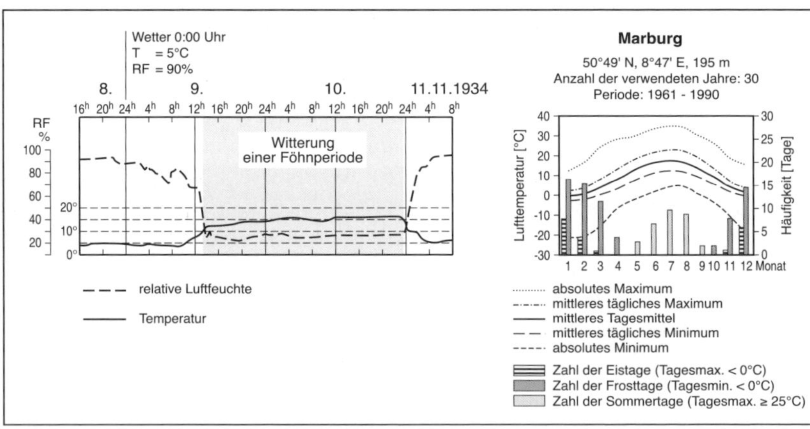

Abb.3: Begriffe Wetter, Witterung und Klima am Beispiel einer Föhnperiode in den Alpen und dem thermischen Klima von Marburg (nach WALTER 1938 & DWD 1996, verändert)

Die äußeren Faktoren, von denen der Zustand der Atmosphäre beeinflusst wird, bezeichnet man als *Klimafaktoren*. Sie zeichnen dafür verantwortlich, dass Klimaelemente an verschiedenen Orten der Erde andere Werte annehmen. Global gesehen spielen die geographische Breite und die Land-Wasserverteilung eine bedeutende Rolle. Die Breitenlage eines Ortes entscheidet über die Größenordnung der verfügbaren Globalstrahlung, die Nähe zum

Ozean prägt entscheidend die Temperaturamplitude und das Niederschlagsaufkommen eines Ortes. Im Übergangsbereich zur mesoklimatischen Skala kommen das Relief und im lokalen Kontext die variierende Bodenbedeckung (v.a. über deren Albedo) hinzu. Dabei ist die Ausprägung der Klimaelemente letztlich eine Kombinationswirkung verschiedener Klimafaktoren (Abb. 4). So nimmt die Lufttemperatur bei normaler atmosphärischer Schichtung mit zunehmender Geländehöhe ab, wird aber gleichzeitig durch die Raumstruktur der Landnutzung modifiziert. In bebauten Gebieten mit einem hohen sommerlichen Wärmeumsatz werden bei gleicher Geländehöhe wärmere Temperaturen erreicht, als in vegetationsbedeckten Bereichen.

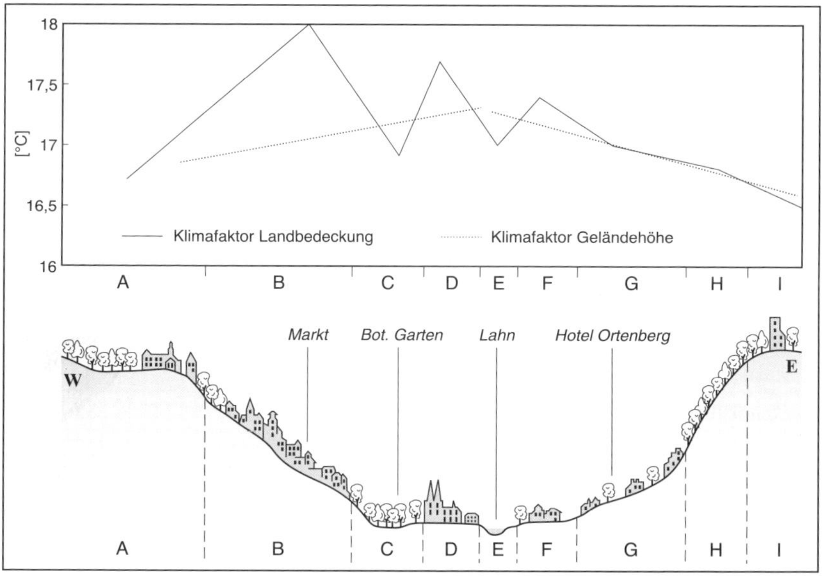

Abb.4: Thermische Differenzierung (mittlere Temperatur im Juli 1981) in Abhängigkeit der Klimafaktoren Relief und Landbedeckung im Lahntal bei Marburg (Daten nach MISTEREK *1987)*

A Allgemeine Klimatologie

1 Die Atmosphäre

1.1 Zusammensetzung

Die Atmosphäre der Erde besteht aus einem Gemisch verschiedener Gase, deren prozentuale Anteile sich wegen der Durchmischung infolge turbulenter Luftbewegungen – von wenigen Ausnahmen abgesehen – erst in sehr großen Höhen (>100 km) merklich ändern, obwohl sie sehr unterschiedliche Massen besitzen (Tab. 1.1).

Tab. 1.1: Hauptbestandteile trockener Luft

Bestandteil	chem. Zeichen	Gewichts-%	Vol.-%	Molekulargewicht $[10^{-3}\ kg \cdot mol^{-1}]$
Stickstoff	N_2	75,46	78,08	28,01
Sauerstoff	O_2	23,19	20,94	32,00
Argon	Ar	1,30	0,93	39,95
Kohlendioxid	CO_2	0,05	0,036	44,01
Summe:		**99,58**	**99,986**	

Die Hauptbestandteile Stickstoff, Sauerstoff, Argon und Kohlendioxid machen zusammen bereits 99,986 Volumenprozent der Atmosphäre aus. Der Rest setzt sich mit immer geringeren Anteilen aus Neon (Ne), Helium (He), stratosphärischem Ozon (O_3), Wasserstoff (H), Krypton (Kr), Xenon (X) und Methan (CH_4) zusammen. Hinzu kommen noch der sehr variable Anteil an Wasserdampf sowie verschiedene Spurengase als nicht permanente Bestandteile, die aber von großer klimatischer Bedeutung sind. Hierunter fallen durch Verkehr, Hausbrand, Industrie und Landwirtschaft emittierte Gase wie Schwefeldioxid (SO_2), Stickoxide ($NO+NO_2=NO_x$), Fluorchlorkohlenwasserstoffe (FCKW), Dickstickstoffoxid (N_2O) sowie gasförmige Reaktionsprodukte (z.B. bodennahes Ozon).

Der *Sauerstoffanteil* ist in der Atmosphäre erstaunlich konstant, obwohl er in Verbindung mit dem CO_2 bei der Photosynthese erzeugt und bei Oxidationsvorgängen (z. B. der Atmung und Verbrennungsprozessen) wieder gebunden wird.

Der *Kohlendioxidanteil* ist für den Energiehaushalt auf der Erde sehr bedeutsam. Seine Konzentration schwankt in den Mittelbreiten nach Jahreszeiten in Abhängigkeit von der Photosynthese mit Maximum im Frühjahr. Er spielt auch eine wichtige Rolle bei der Absorption von terrestrischer Infrarotstrahlung. Eine messbare künstliche Anreicherung erfolgt zur Zeit durch die Verbrennung fossiler Energieträger. Der Wert beträgt für die letzten 50 Jahre ca. 15 % des natürlichen Anteils von 0,036%. Natürlicherweise liegt der CO_2-Anteil während wärmerer Klimaepochen (Interglaziale) höher als in den Kaltzeiten (Glazial).

Das *Ozon* ist besonders in der Stratosphäre zwischen 20 und 50 km Höhe angereichert und dient als Strahlenschutz für die gesamte Erdoberfläche. Es absorbiert den biologisch schädlichen Anteil des ultravioletten Spektrums der Sonne zwischen 0,29 und 0,32 µm. Ohne den Ozonfilter in der Atmosphäre wäre irdisches Leben nicht möglich. Sein natürlicher Gehalt ohne menschliche Einwirkungen (Ozonloch) ist über dem Äquator niedriger als in polaren Breiten, besonders im Frühjahr.

Obwohl der *Wasserdampf*, auf die Gesamtatmosphäre bezogen, nur einen Spurenstoff darstellt, spielt er eine bedeutende Rolle bei den hygrischen und thermischen Prozessen. Er gelangt in die Atmosphäre durch die Verdunstung der Wasseroberflächen und Transpiration der Pflanzen. Sein Anteil beträgt in Erdbodennähe im Sommerhalbjahr der Mittelbreiten ca. 1,3 Volumenprozent. Im Winter hingegen sinkt er auf 0,3 % oder noch darunter ab. Dagegen steigt er in den feuchten Warmtropen bis auf 4 % an, spielt aber oberhalb der Troposphäre keine Rolle mehr.

Besonders im Zusammenhang mit der Diskussion um den anthropogenen Treibhauseffekt ist die vom Menschen hervorgerufene Konzentrationsänderung verschiedener Gase ins öffentliche Interesse gerückt. Eine Erhöhung spezifischer Gaskonzentrationen wirkt generell reduzierend auf die terrestrische Wärmeabstrahlung und wird somit für eine globale Erwärmung der Troposphäre verantwortlich gemacht. Das Treibhauspotenzial, also die Fähigkeit die langwelligen Strahlungsverluste der Erdoberfläche zu reduzieren, ist bei einzelnen Gasen unterschiedlich stark ausgeprägt (Tab. 1.2). Angegeben wird das Treibhauspotenzial (rel. GWP) u.a. relativ zur Treibhauswirkung von 1 kg CO_2.

Tab. 1.2: Klimawirksamkeit ausgewählter Gase

Gas	Natürliche Konzentration ~1750 [ppm]	Antropogene Emission pro Jahr [MT]	rel. GWP	Anteil am natürlichen Treibhaus-effekt [%]	Anteil am anthropogenen Treibhauseffekt [%]
CO_2	280	30.000	1	26	61
CH_4	0,7	40	58	2	15
N_2O	0,28	15	5750	4	4
O_3, bodennah	0,025	0,5	206	<8	<9
FCKW	0	0,4	3970	-	11

Aufgrund seiner vergleichsweise hohen natürlichen Konzentration und jährlichen Emissionsrate zeichnet Kohlendioxid für einen Großteil des anthropogenen Treibhauseffekts verantwortlich. Aber auch sehr niedrig konzentrierte Gase mit geringen Emissionsraten, wie z.B. die FCKW's, tragen aufgrund ihres hohen relativen Treibhauspotenzials und einer äußerst geringen Abbaurate überproportional zum anthropogenen Treibhauseffekt bei.

Als weitere, nicht permanente Bestandteile der Atmosphäre treten *Aerosole* in Erscheinung. Darunter versteht man kleine (Radius zwischen 10^{-3} und 10^2 µm) feste oder flüssige Partikel (Staub, Rauch, Aschen, Seesalze, Mikroorganismen wie Sporen und Bakterien etc.), die sowohl auf natürlichem als auch auf künstlichem Wege in die Atmosphäre gelangen und dort eine Zeit lang schwebend verweilen. Quellen feiner Partikel stellen besonders Trockengebiete der Erde, die Weltmeere, Industrie- und Siedlungsagglomerationen sowie Vulkanausbrüche dar, wobei auch chemische Reaktionen eintreten können. Aerosole haben Bedeutung bei atmosphärischen Prozessen (z.B. als Kondensationskerne bei der Wolkenbildung) und beim Durchgang der Strahlung durch die Atmosphäre. Grundsätzlich nimmt die Aerosolkonzentration mit zunehmender Höhe schnell ab. An der Tropopause findet man lediglich ein Zehntausendstel der mittleren bodennahen Konzentration von $2 \cdot 10^{-6}$ g Aerosol pro g Luft.

Wasser, das im festen oder flüssigen Aggregatzustand in der Atmosphäre vorkommt, wird unter dem Begriff der *Hydrometeore* zusammengefasst. Darunter fallen Wolken- und Niederschlagstropfen, aber auch Schneeflocken und Eiskristalle.

Weiterhin sind auch Spaltprodukte kernchemischer Prozesse vertreten. Der Anteil der in der Atmosphäre wirksamen künstlichen radioaktiven Partikel beträgt bisher in Bodennähe meist nur wenige oder nur selten mehr als 10% der natürlichen Radioaktivität der Atmosphäre. Während der natürliche Anteil sehr rasch mit der Höhe abnimmt und schon in 5000 m nur noch etwa 5% des Gehaltes in Erdbodennähe beträgt, nimmt die künstliche Radioaktivität mit der Höhe eher zu.

Die Gesamtmasse der Atmosphäre beträgt ungefähr $5 \cdot 10^{15}$ t und macht damit rund ein Millionstel der Masse des Gesamtsystems Erde plus Atmosphäre aus. 95% der Gesamtmasse der Atmosphäre liegen unterhalb von 30 km Höhe.

1.2 Vertikaler Aufbau

Die *Atmosphäre* ist die an der Rotation teilnehmende Lufthülle der Erde (nach griech. *atmos* = Dunst, *sphaira* = Kugel).

Die innere Atmosphäre hat bis in 400 km Höhe einen stockwerkartigen Aufbau. Sie gliedert sich in die Troposphäre, Stratosphäre, Mesosphäre, Thermosphäre (Ionosphäre) und die Exosphäre (Abb. 1.1).

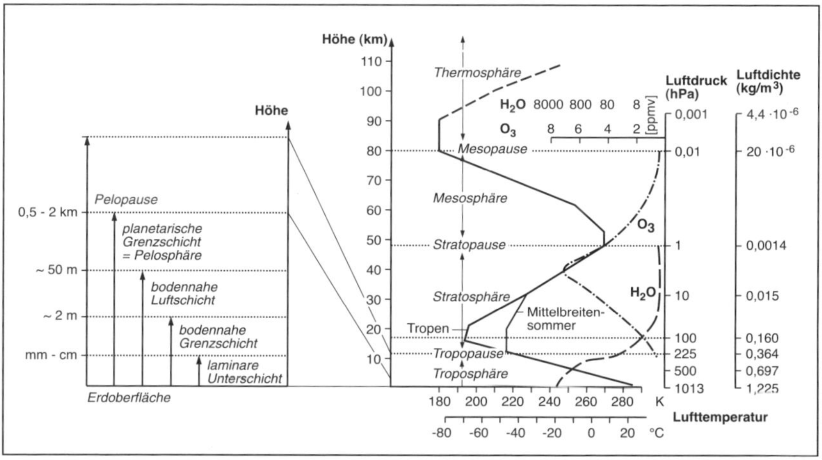

Abb. 1.1: Der vertikale Aufbau der Atmosphäre (Wasserdampf- und Ozon-Mischungsverhältnis nach KYLE 1991)

Für das klimatische Geschehen sind im Wesentlichen die beiden unteren Sphären bedeutsam: (1) Die *Troposphäre*, die sich je nach geographischer Breite und Jahreszeit bis in 7-18 km Höhe ausdehnt. Sie erreicht ihre niedrigsten Werte an den Polkappen und die höchsten Werte über dem Äquator. (2) Die darüber liegende *Stratosphäre*, die sich bis ca. 48 km Höhe erstreckt. Die Luftdichte, d.h. die Masse an Gasmolekülen (kg) in einem Kubikmeter Luft, nimmt mit zunehmender Höhe kontinuierlich ab. An der Obergrenze der Troposphäre erreicht sie etwa 20% der mittleren Dichte auf Meeresniveau, am Übergang von Stratosphäre zu Mesosphäre nur noch 0,1%.

Die Troposphäre – auch Durchmischungsschicht oder Wettersphäre genannt – unterscheidet sich von der nahezu trockenen, praktisch wolkenfreien Stratosphäre im wesentlichen durch ihren Gehalt an Luftfeuchtigkeit. Das Mischungsverhältnis von Wasserdampf (Vol.-% Wasserdampf pro Volumeneinheit Luft) nimmt zur Stratosphäre hin bis auf eine unbedeutende Restmenge ab. Demgegenüber steigt das Mischungsverhältnis von photolytisch erzeugtem Ozon erst außerhalb der Troposphäre auf nennenswerte Größen an. Der maximale Wert wird im oberen Drittel der Stratosphäre (ca. 40 km) erreicht. Aufgrund der generell höheren Dichte atmosphärischer Gase in niedrigeren Atmosphärenbereichen liegt das Maximum der Ozondichte (Anzahl O_3-Moleküle pro Luftvolumen) in etwa 22 km Höhe. Die Temperatur nimmt in der Troposphäre allgemein mit der Höhe ab. Dies ist eine Folge der starken Strahlungsabsorption des Erdbodens und der gleichzeitigen Wärmeabgabe an die unteren Luftschichten, die am meisten erwärmt werden und deren Mittelwerte auf der Erde zwischen -5°C und +26°C liegen, während an der Obergrenze der Troposphäre die Temperaturen Werte von -45°C (Pole, Nordsommer) bis -80°C (Äquator, Nordwinter) erreichen (s. dazu DEFANT 1976).

Die Troposphäre lässt sich weiter untergliedern. Die angegebenen und im Sinne des o.a. Klimakontinuums fiktiven Höhengrenzwerte sind dabei als charakteristische Richtwerte zu verstehen. Tatsächlich schwankt die vertikale Ausdehnung der Schichten in Abhängigkeit ihres energetischen Zustands: bei hoher Temperatur und/oder intensiver atmosphärischer Bewegung können sich die Schichtgrenzen nach oben verschieben (und umgekehrt).

In der nur wenige mm mächtigen Grenzschicht zwischen Erdoberfläche und Atmosphäre, der *laminaren Unterschicht* (auch *laminare Grenzschicht*), herrscht aufgrund des hohen Reibungswiderstands praktisch Windstille. Daher ist die Schicht vornehmlich durch den direkten molekularen Transport von Wärme, Wasserdampf und Impuls gekennzeichnet.

Bis in 2 m Höhe reicht die *bodennahe Grenzschicht* (auch *Geiger-Schicht* oder *Bodenschicht*). Charakteristisch sind die Zunahme der Windgeschwindigkeit durch nachlassende Geländereibung sowie eine abnehmende Lufttemperatur mit der Höhe. An der Obergrenze dieser Schicht wird der molekulare Austausch mit der Erdoberfläche größtenteils durch wesentlich effektivere, turbulente Transportvorgänge ersetzt, die mit zunehmender Luftbewegung bei entsprechender Rauhigkeit an Dominanz gewinnen. Da der unmittelbare Einfluss des molekularen Austauschs mit der Unterlage somit nicht mehr von Bedeutung ist, werden alle Klimaelemente (außer Wind) standardmäßig auf einer Messhöhe von 2 m erfasst.

Bis etwa 50 m über Grund reicht die *bodennahe Luftschicht* (auch *innere Luftschicht* bzw. *Prandl-Schicht*). In dieser Schicht ist der Einfluss der Erdoberfläche noch immer bedeutend. Allerdings nimmt der rauhigkeitsbedingte Reibungseinfluss der Erdoberfläche nach oben hin kontinuierlich ab, so dass grundsätzlich eine Zunahme der Windgeschwindigkeit mit der Höhe zu verzeichnen ist.

Die untere Troposphäre bis zu einer Höhe von etwa 0,5-2 km bezeichnet man als *Peplosphäre* (auch *planetare Grenzschicht, Reibungsschicht* bzw. *Planetary Boundary Layer* (PBL)). Sie wird nach oben durch die *Peplopause* begrenzt. Der Höhenbereich zwischen bodennaher Luftschicht und Peplopause wird auch als *äußere Schicht* bzw. *Ekman-Schicht* angesprochen. Dieser Schichtbereich ist neben einer weiteren Zunahme der Windgeschwindigkeit mit der Höhe besonders dadurch gekennzeichnet, dass sich bedingt durch die deutliche Abnahme der bodenrauhigkeitsbedingten Reibung zwischen 50 m und der Peplopause nun auch die Windrichtung nach oben hin signifikant ändert. Darüber hinaus bilden sich im Bereich der Peplopause häufig Temperatur- und Feuchtigkeitsinversionen aus, eine Sperrschicht mit Zunahme der Temperatur und Abnahme der Feuchtigkeit, die den Vertikalaustausch der Luft in graduell unterschiedlichem Maße behindert. Darunter sammeln sich Dunstpartikel und Wasserdampf an, während darüber trockene, aerosolarme Luft vorherrscht. Eine derartige Ausprägung der Peplopause ist häufig Anlass für die Verunreinigung der bodennahen Luft, besonders über Industriegebieten und in topographischen Beckenlagen.

Die *Tropopause* als Grenzschicht zwischen der Tropo- und Stratosphäre ist gleichfalls als weltweite Inversionsschicht ausgebildet. Witterungsvorgänge variieren ihre Höhenlage. Sie wölbt sich – in Stufen gegliedert – über den Erdball in Höhen zwischen ca. 7 bis 8 km über den Polarkappen und 16 bis 18 km über dem Äquator.

In der *Stratosphäre* findet keine Temperaturabnahme mit der Höhe statt. Über den Polarkappen beträgt die Stratosphärentemperatur etwa -45°C und über den Tropengebieten ca. -80°C, da die Troposphäre über beiden Räumen unterschiedlich abkühlt. Von der *Stratopause* an, etwa in der Höhe, in der durch die Absorption der UV-Strahlen an der Ozonschicht wieder eine Temperaturerhöhung eintritt, nimmt die Temperatur bis auf fast 0°C zu, um dann bis zur Mesopause in ca. 80 km Höhe erneut auf -80°C abzusinken. Von dort an nimmt die Temperatur in der *Thermosphäre* ständig zu.

2 Das solare Klima

2.1 Die Erde als Planet im Sonnensystem – Jahreszeiten und Tageszeiten

Klima entsteht aus dem Zusammenwirken von solaren, meteorologischen und geographischen Bedingungen. Sie drücken sich aus:

1. Im Dasein der Erde als Planet im Sonnensystem.
2. In den physikalischen und chemischen Vorgängen in der Erdatmosphäre.
3. In den Voraussetzungen, die die Erdoberfläche bereitstellt, z. B. Land- und Wasserverteilung, Reliefgestaltung, Bedeckungsgrad.

Jahreszeiten und Tageszeiten auf der Erde sind Folge der Stellung des Erdballs im Sonnensystem. Die *Erdrevolution*, der Umlauf der Erde um die Sonne, beträgt ca. 365,25 Tage. Die Erde beschreibt eine elliptische Bahn, in deren einem Brennpunkt die Sonne steht (1. KEPLERsches Gesetz). Die größte Sonnennähe (*Perihelion*) tritt nach der gegenwärtigen Zeitrechnung am 2. Januar auf, die größte Sonnenferne (*Aphelion*) am 4. Juli. Die mittlere Entfernung vom Erdmittelpunkt zum Mittelpunkt der Sonne beträgt ca. 150 Mio. km (Schwankung zwischen 147 und 152 Mio. km) (Abb. 2.1).

Nach dem 2. KEPLERschen Gesetz überstreicht die gedachte Verbindungslinie zwischen Sonne/Erde in gleichen Zeiten gleiche Flächen, woraus folgt, dass sich die Erde in Sonnennähe schneller, in Sonnenferne langsamer bewegt. Die mittlere Geschwindigkeit beträgt ca. 29,8 $km \cdot s^{-1}$.

Die *Erdrevolution* erfolgt um eine geneigte Achse. Diese sogenannte *Schiefe der Ekliptik* führt zu einer unterschiedlichen Bestrahlung der Erdoberfläche im Jahresumlauf und erzeugt damit einen Jahresgang der Klimate, der sich in einer strahlungsklimatischen Zonierung ausdrückt (Tropen, Mittelbreiten, Polarregion). Die derzeitige Achsneigung (Ekliptikschiefe) beträgt 23,5 Grad, langfristig schwankt sie aber geringfügig. Die für die Klimageschichte der Erde bedeutenden säkularen Schwankungen

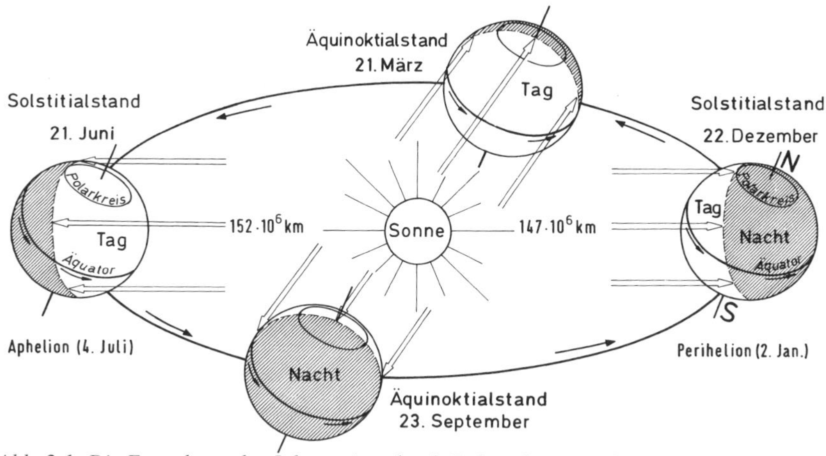

Abb. 2.1: Die Entstehung der Jahreszeiten durch Erdrevolution und Schiefe der Ekliptik

liegen zwischen 21,5 und 24,5 Grad, bei einer Schwingungsdauer von 41.000 Jahren.

Die *Erdrotation*, die Drehbewegung der Erde um ihre Achse, erfolgt von West nach Ost in ca. 24 Stunden (genau 23 h 56 min 4 s). Sie verursacht Tag und Nacht. Wegen der Schiefe der Ekliptik sind nur am Äquator Tag und Nacht immer gleich lang. Das scheinbare Wandern der Sonne zwischen den Wendekreisen führt in allen anderen Breiten zu einer ständig wechselnden Länge von Tag und Nacht. Beim Sommersolstitium (23,5°) werden die längsten Tage für die Sommerhalbkugel erreicht und gleichzeitig für die Winterhalbkugel die längsten Nächte. Bei dieser Position geht für die Sommerhalbkugel am Polarkreis (66,5°) die Sonne nicht unter (Polartag) und für die Winterhalbkugel die Sonne nicht auf (Polarnacht).

Erdrotation, Erdrevolution und Ekliptikschiefe bewirken auf der Erde eine unterschiedliche Beleuchtung des Erdkörpers, die sich in Strahlungsdauer und Strahlungsintensität im jahreszeitlichen und tageszeitlichen Ablauf ausdrückt. Während die Erdrotation *Beleuchtungstageszeiten* bestimmt, verursacht die Erdrevolution zusammen mit der Ekliptikschiefe durch den scheinbaren Gang der Sonne zwischen den Wendekreisen markante, klimawirksame *Bestrahlungs-(Beleuchtungs-)Jahreszeiten* (Abb. 2.2 und Tab. 2.1).

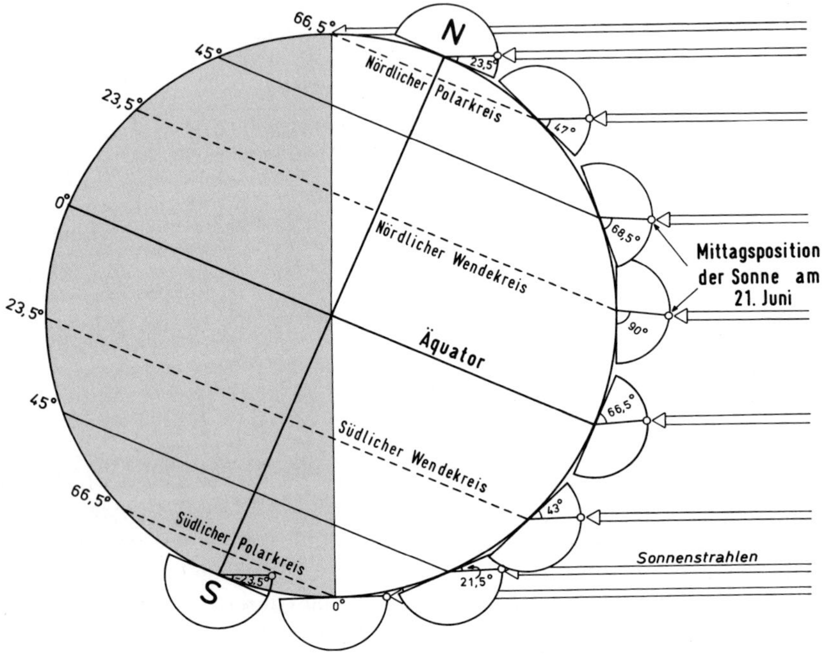

Abb. 2.2: Solare Beleuchtungszonen der Erde

Aus den genannten Faktoren resultiert die folgende solarklimatische Gliederung:

1. Die *Tropenzone* ist die Region des zweimaligen Senkrechtstandes der Sonne. Zu den jeweiligen Solstitialzeiten, beim Stand der Sonne an den Wendekreisen, beträgt der ungünstigste Winkel während des mittäglichen Zenitstandes der Sonne 43°. Die Tageslängen variieren bis zu 3 Stunden (Minimum 10,5 und Maximum 13,5 Stunden). Trotzdem kann man die Tropen strahlungsklimatisch noch einmal in eine innere (äquatoriale) und eine äußere (wendekreisnähere) Zone aufteilen, da im Sommer der Halbkugel mit Annäherung an den Wendekreis die Termine des Senkrechtstandes der Sonne näher zusammenrücken und im Winter der Halbkugel die Sonne längere Zeit einen relativ flachen Sonnenstand erreicht. Dennoch sind aus solaren Gründen die thermischen Jahreszeiten in den inneren Tropen nicht und in den randlichen Tropen nur schwach ausgebildet und spielen für die jahreszeitlichen Rhythmen auf der Erde eine geringe Rolle, da die Tagesschwankungen der Temperatur die der Jahresschwankung übersteigen (*Tageszeitenklima*) und generell die hygrischen Jahreszeiten den Jahresablauf bestimmen.

Tab. 2.1: Tageslänge (in h min) auf der Nordhalbkugel in Abhängigkeit von Jahreszeit und Breitenkreis

	0°	**10°**	**20°**	**30°**	**40°**	**50°**	**60°**	**70°**	**80°**	**90°**
15. Jan	12	11 29’	10 55’	10 17’	09 29’	08 21’	06 24’	00 00’	00 00’	00 00’
15. Feb	12	11 04’	11 22’	11 00’	10 33’	09 55’	08 56’	06 54’	00 00’	00 00’
15. März	12	11 57’	11 54’	11 50’	11 46’	11 35’	11 30’	11 13’	10 21’	00 00’
15. April	12	12 14’	12 29’	12 46’	13 06’	13 35’	14 19’	15 45’	22 17’	**24 00’**
15. Mai	12	12 28’	12 57’	13 31’	14 13’	15 12’	16 50’	21 19’	**24 00’**	**24 00’**
15. Juni	12	12 35’	13 12’	13 55’	14 50’	16 07’	18 26’	**24 00’**	**24 00’**	**24 00’**
15. Juli	12	12 32’	13 06’	13 45’	14 35’	15 44’	17 45’	**24 00’**	**24 00’**	**24 00’**
15. Aug	12	12 20’	12 42’	13 06’	13 37’	14 19’	15 26’	17 48’	**24 00’**	**24 00’**
15. Sep	12	12 04’	12 09’	12 14’	12 20’	12 29’	12 42’	13 07’	14 19’	**24 00’**
15. Okt	12	11 48’	11 35’	11 20’	11 02’	10 38’	10 00’	08 45’	04 14’	00 00’
15. Nov	12	11 33’	11 04’	10 31’	09 50’	08 52’	07 17’	03 06’	00 00’	00 00’
15. Dez	12	11 25’	10 48’	10 05’	09 11’	07 53’	05 35’	00 00’	00 00’	00 00’

2. Die Zone der solaren *Mittelbreiten* erstreckt sich über 43 Breitengrade zwischen dem jeweiligen Wendekreis und dem jeweiligen Polarkreis mit unterschiedlich intensiven und unterschiedlich langen Strahlungs- und Beleuchtungsverhältnissen. Es ist daher zweckmäßig, nach Louis (1958) entlang des 45. Breitenkreises diese Zone noch einmal in fast zwei gleiche Teile zu trennen. Damit entspricht der äquatornähere Teil der Mittelbreiten strahlungsklimatisch etwa den solarklimatisch warmgemäßigten Subtropen und der polwärtige Teil den kühlgemäßigten Mittelbreiten (auch gemäßigte Breiten genannt).

a) In den *Subtropen*, im Breitenintervall zwischen 23,5 und 45°, sind die Tage in den Sommermonaten deutlich länger als in den Wintermonaten, so dass thermische Sommer und thermische Winter charakteristische Merkmale dieser Breitenzone mit hohen, fast tropischen Temperaturen im Sommer zur Zeit des höchsten Sonnenstandes, der am Wendekreis sogar einen Senkrechtstand erreicht, darstellen. Die Winter sind solarklimatisch wegen des Niedrigstandes der Sonne recht kühl. Charakteristisch sind zugleich deutliche Auswirkungen der Geländeexposition auf den Strahlungsgenuss von Gebirgshängen, sowohl durch Bevorzugung der gegen den Äquator exponierten Relief-Abdachungen als auch durch die verschärften Strahlungskontraste zwischen Tag und Nacht.

b) Die *Mittelbreiten* zwischen 45° und dem Polarkreis (66,5°) sind dadurch gekennzeichnet, dass im Winter die Sonne nie das unterste Viertel des Himmelsquadranten zwischen Zenit und Horizontalfläche überschreitet und die Sonne im Sommer noch bis in das dritte Viertel des Himmelsquadranten reicht. Diese Mittelbreitenzone hat daher einen echten Hochwinter mit tiefem Mittagssonnenstand und sehr kurzen Tagen. Sie besitzt aber ebenso einen echten Hochsommer mit hohem Mittagssonnenstand und sehr langen Tagen (bis ca. 15 Stunden mit einer Sonnenhöhe von 68,5°). In der Zeit der Tag- und Nachtgleiche verursacht der mittelhohe Mittagssonnenstand Übergangsjahreszeiten mit klimatischen Charakteristiken eines wirklichen Frühjahrs und eines wirklichen Herbstes; Jahreszeiten, die in keiner anderen Breitenzone in dieser markanten Weise ausgeprägt sind.

3. Extrem jahreszeitlich unterschiedliche Bestrahlungsverhältnisse kennzeichnen die *Polarzone* zwischen dem Polarkreis und den Polen mit ihrem halbjährigen Wechsel von Polarnacht und Polartag als dem entscheidenden Strahlungskriterium, der am Pol selbst ein halbes Jahr und am Polarkreis und zum Solstitialtag der Sonne (21. Juni und 22. Dezember) entsteht. Polarwinter und Polarsommer bestimmen die Jahreszeiten. Die Tageslängen schwanken innerhalb eines Jahres zwischen den Extremen ständiger Helligkeit von 24 Stunden (Mitternachtssonne) und ständiger Dunkelheit ohne Bestrahlung mit Höhepunkt im Mittwinter. Expositionsunterschiede verwischen sich, weil auch die Sonne während des Sommers durchaus nordexponierte Hänge bescheint. An der Obergrenze der Atmosphäre empfängt der Polarbereich in den wenigen Wochen des Hochsommers wegen der ganztägigen Bestrahlung sogar die höchsten Tagessummen der Solarstrahlung, die auf der Erde vorkommen.

Während in den solaren Tropen wie auch in den Polarbreiten die Bestrahlungsunterschiede nach der Himmelsrichtung auf ein Minimum reduziert sind, sind in den Mittelbreiten und den Subtropen die Unterschiede von Sonnen- und Schattenseiten markant ausgebildet. Das Maximum ihrer Wirksamkeit liegt etwa im Bereich um 40° bis 50°. Für die Tropen muss aber bedacht werden, dass beim Stand der Sonne zur jeweiligen Wintersonnenwende ebenfalls die Schrägbeleuchtung zumindest für diese Zeit markante Expositionsgegensätze hervorruft.

2.2 Die Solarkonstante

Die Erde und ihre Atmosphäre empfangen nahezu ihre gesamte Energie von der Sonne. Die Sonnenstrahlung, auch Solarstrahlung genannt, ist die von der Photosphäre der Sonne emittierte Strahlung, die nach dem PLANCKschen Strahlungsgesetz annähernd der Strahlung eines etwa 6.000 K heißen, schwarzen Körpers entspricht. Die Sonne strahlt in jeder Minute eine Wärmemenge von rund 20 Quatrilliarden Joule aus ($20 \cdot 10^{28}$).

Von der gesamten Sonnenstrahlung empfängt die Erde jedoch nur den 2-milliardsten Teil (10 Trillionen Joule in der Minute). Die annähernd konstante Bestrahlungsstärke (Intensität) der Sonnenstrahlung an der Obergrenze der Erdatmosphäre nennt man *Solarkonstante*. Jeder m^2 einer zum Strahlungsgang senkrechten Fläche empfängt pro Sekunde bei einem mittleren

Sonnenabstand von $1{,}496 \cdot 10^8$ km eine Wärmemenge von rund 1368 $W \cdot m^{-2}$ = 1368 $J \cdot m^{-2} \cdot s^{-1}$. Tatsächlich schwankt dieser mittlere Wert in Abhängigkeit der Sonnenaktivität. Satellitenmessungen haben gezeigt, dass die mittlere Solarkonstante parallel zum Sonnenfleckenzyklus um etwa ±0,1 % oder 1,4 $W \cdot m^{-2}$ variieren kann. Einen deutlicheren Einfluss auf die solare Einstrahlung im Jahresverlauf hat demgegenüber die sich ändernde Entfernung Sonne-Erde. Die mittlere Solarkonstante erhöht sich zur Zeit des *Perihels* auf etwa 1420 $W \cdot m^{-2}$ und nimmt im *Aphel* einen Wert von ca. 1319 $W \cdot m^{-2}$ an. Die Erde befindet sich zur Zeit des Mittwinters der Nordhalbkugel (2. Januar) in Sonnennähe und erreicht in unserem Hochsommer (4. Juli) ihren sonnenfernsten Punkt. Das Winterhalbjahr ist daher auf der Nordhalbkugel mit insgesamt 179 Tagen um 7 Tage kürzer als auf der Südhemisphäre und entsprechend ist das Sommerhalbjahr auf der Nordhalbkugel um die gleiche Zeitspanne verlängert, auf der Südhalbkugel verkürzt.

Die Bestrahlungsstärke einer senkrecht zur Strahlung orientierten Fläche ist am größten. Dies gilt sowohl für eine definierte Fläche an der Obergrenze der Atmosphäre als auch für die Erdoberfläche selbst. Für eine horizontale Fläche ergibt sich somit die maximale Bestrahlungsstärke bei senkrecht einfallender Sonne. Der Rückgang der Bestrahlungsstärke bei abnehmender Sonnenhöhe lässt sich mit dem LAMBERTschen Kosinusgesetz beschreiben und ist in Abbildung 2.3 verdeutlicht:

$$I = I_0 \cdot \cos(z) = I_0 \cdot \sin(h)$$

mit: I = Bestrahlungsstärke [$W \cdot m^{-2}$], I_0 = Solarkonstante [$W \cdot m^{-2}$], h = Sonnenhöhe [°], z = Sonnenzenit-Winkel [°] = 90°-h

Bei senkrechtem Sonnenstand kommt der Strahlungsfluss durch dass Flächenelement f2 einer gleichgroßen Fläche f2' zugute (z.B. 1 m^2). Im Sinne des Kosinusgesetzes bedeutet dies z.B. für die Obergrenze der Atmosphäre $I = 1368 \cdot \sin(90°) = 1368 \cdot 1$ $W\,m^{-2}$. Bei Schrägeinfall der Sonne mit einem Höhenwinkel von beispielsweise 30° muss der Strahlungsfluss durch das Flächenelement f1 aufgrund der Schrägprojektion auf eine größere horizontale Fläche f1' verteilt werden. Das Kosinusgesetzt ergibt für diesen Fall $I = 1368 \cdot \sin(30°) = 1368 \cdot 0{,}5 = 684$ $W \cdot m^{-2}$. Damit nimmt die Bestrahlungsstärke der Fläche f1' gegenüber der Fläche f2' ab. Die Bestrahlungsjahreszeiten auf der Erde sind also eine direkte Folge des Kosinusgesetzes: Nördlich und südlich der Wendekreise (23,5°) kann an der Obergrenze der Atmosphäre niemals die Solarkonstante erreicht werden, da der Einfallswinkel der Sonne (h) immer kleiner als 90 Grad ist. Zu den Polen hin muss damit bei abnehmender Sonnenhöhe auch die verfügbare Solarstrahlung kontinuierlich abnehmen.

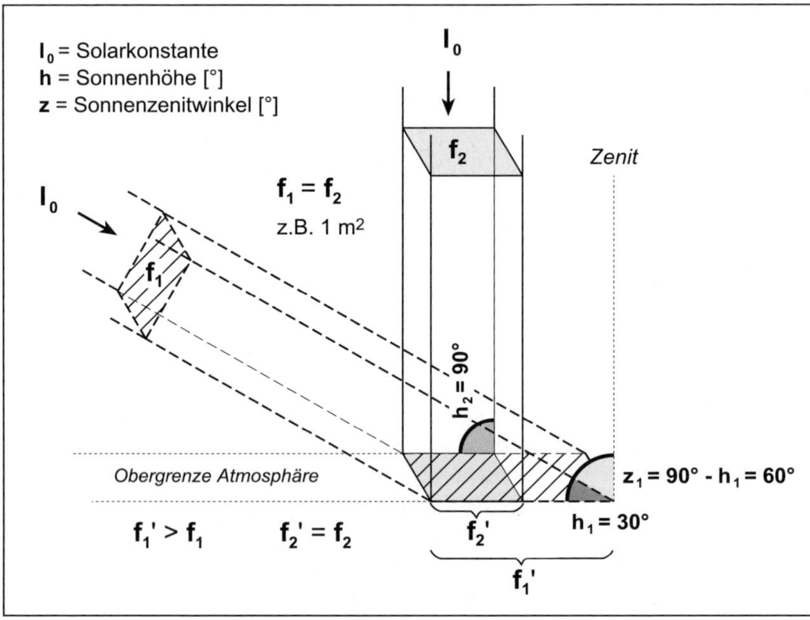

Abb. 2.3: Das L*AMBERT*s*che Kosinusgesetz*

Abb. 2.4 zeigt allerdings, dass die Defizite der Bestrahlungsstärke in Abhängigkeit der Sonnenhöhe bezogen auf einen Tag durch die Dauer der Bestrahlung (Sonnenstunden pro Tag) kompensiert werden kann. Sehr deutlich wird das am Beispiel der Polargebiete der Erde, bei denen in den Sommermonaten bei 24-stündiger Beleuchtung (Polartag) durch die Sonne trotz des schrägen Einfallswinkels die maximale Menge (13 $kWh \cdot m^{-2} \cdot d^{-1}$, d=Tag), des Gesamtstrahlungsgenusses pro Tag an der Obergrenze der Atmosphäre erzielt wird, wenn auch nur für eine kurze Zeit im Jahr. Umgekehrt ist die Einstrahlung nördlich des Polarkreises in den Wintermonaten auf Null reduziert. Alle Breiten zwischen dem nördlichen und dem südlichen Wendekreis zeigen zwei Maxima und zwei Minima. In den mittleren Breiten (50°N) beträgt der Strahlungsgenuss zur Sommersonnenwende 12 $kWh \cdot m^{-2} \cdot d^{-1}$, zur Wintersonnenwende aber nur 2,3 $kWh \cdot m^{-2} \cdot d^{-1}$. Die Bereiche nördlich und südlich davon sind durch ein Maximum während des jeweiligen Sommerhalbjahrs charakterisiert, wobei die Gebiete bis zum Polarkreis auch während der Wintermonate noch minimale Strahlungsmengen erhalten. In den äquatorialen Breiten bleibt die tägliche Strahlungsmenge relativ konstant bei 8-9 $kWh \cdot m^{-2} \cdot d^{-1}$.

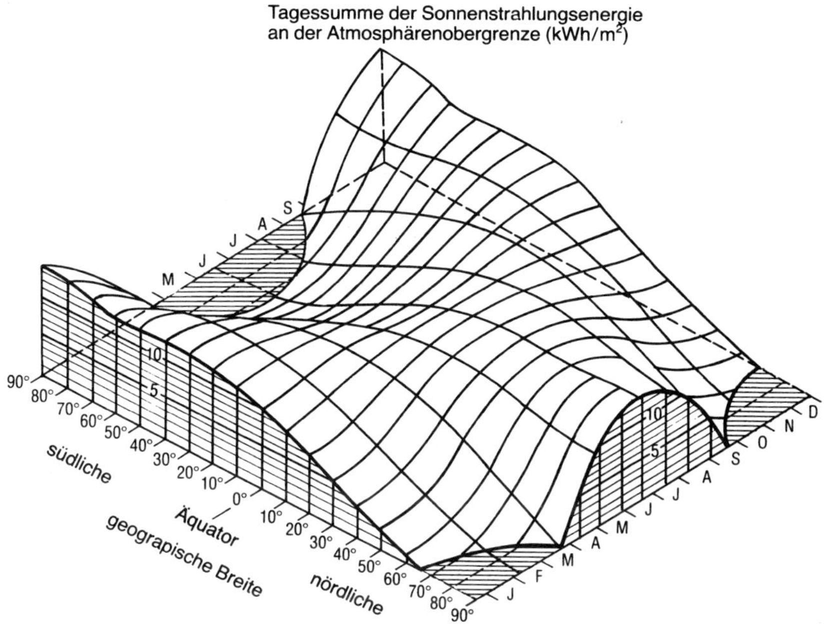

Abb. 2.4: Tagessummen der Sonnenenergie (kWh·m^{-2}·d^{-1}) in verschiedenen Breiten und Jahreszeiten an der Atmosphärenobergrenze (nach W.M. DAVIS, aus FRANKENBERG 1989)

Die Erdoberfläche kommt jedoch im Durchschnitt in den Genuss von weniger als der Hälfte der an der Atmosphärenobergrenze ankommenden Strahlung. Dies trifft vor allem die Gebiete, wo durch hohe Reflexion und Absorption in der Atmosphäre, z.B. wegen starker Bewölkung wie in der äquatorialen Tiefdruckzone, das Gebiet stärkster Einstrahlung im Bodenniveau zu den Randtropen hin verlagert wird. Im Mittel liegt dann das Maximum der solaren Energiezufuhr in den randtropischen Trockengebieten, dem Raum der geringsten Bewölkung, um den 30. Breitenkreis.

3 Energieumsatz und Strahlungshaushalt

3.1 Energieformen im Klimasystem

So wie das Leben auf der Erde hängen alle atmosphärischen Prozesse letztlich von der solaren Energiezufuhr ab. Die verfügbare Sonnenenergie wird im System Erde-Atmosphäre in unterschiedlicher Weise umgesetzt bzw. temporär gespeichert. Das Klimasystem steht grundsätzlich im Einklang mit den Hauptsätzen der Thermodynamik. Demnach kann Energie weder erzeugt noch vernichtet werden (1. Hauptsatz). Allerdings ist innerhalb des Klimasystems eine energetisch verlustfreie Umwandlung der Sonnenenergie in andere Energieformen möglich (2. Hauptsatz).

Der Energieinhalt eines Körpers ist gleich der *Arbeit*, die aufgewendet werden musste, um sein Energieniveau zu erreichen. Unter Arbeit versteht man die Kraft, um einen Körper mit einer bestimmten Masse entlang einer Wegstrecke zu beschleunigen. Um das Energieniveau eines Körpers anzuheben, muss also Arbeit aufgewendet werden. Wird beispielsweise ein Luftpaket mit einer bestimmten Masse (z.B. 1 kg Luft) angehoben, muss es beschleunigt werden, damit es die Hebungsstrecke (z.B. 1 m) überwinden kann. Nach der Hebung ist die verrichtete Arbeit im Luftpaket „gespeichert" und kann als solche wieder abgegeben werden. Die Einheit für Arbeit ergibt sich aus der Masse des Körpers (kg) multipliziert mit der notwendigen Beschleunigung ($m \cdot s^{-2}$) zum Überwinden einer bestimmte Wegstrecke (m) ($=kg \cdot m \cdot m \cdot s^{-2} = kg \cdot m^2 \cdot s^{-2}$). Die Arbeit von $1\ kg \cdot m^2 \cdot s^{-2}$ entspricht genau der Energie eines Joules (1 J). Bezieht man die Arbeit (bzw. Energie in J) auf die Zeiteinheit in der sie geleistet wird (z.B. s=1 Sekunde), spricht man von *Leistung* (Einheit Watt = W). Ein Watt entspricht einem $J \cdot s^{-1}$.

Die im Klimasystem dominierenden Energieformen werden durch bestimmte Prozesse kontinuierlich in andere Formen umgewandelt (Abb. 3.1).

Der Motor aller atmosphärischen Prozesse ist solare *Strahlungsenergie*, die dem Klimasystem über die Solarkonstante zur Verfügung steht und in Form

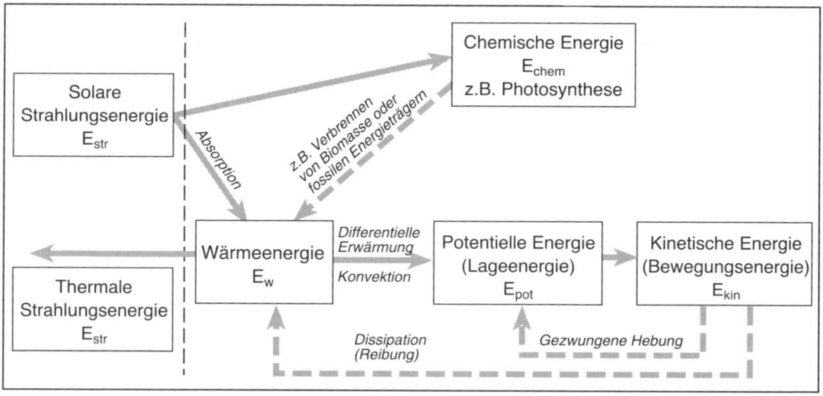

Abb. 3.1: Maßgebliche Energieformen im Klimasystem und ihre Umwandlung

elektromagnetischer Wellen transportiert wird. Nach dem Teilchenmodell, das das Verhalten von Strahlung beim Auftreffen auf Materie beschreibt, erfolgt die Ausbreitung von Strahlungsenergie in Form von kleinsten Teilchen, den sogenannten *Photonen* (Masse eines Photons ~$7{,}8 \cdot 10^{-36}$ kg), mit *Lichtgeschwindigkeit.* Der Energieinhalt elektromagnetischer Strahlung an einem bestimmten Punkt eines Strahlungspfades ergibt sich aus dem *PLANCKschen Wirkungsquantum* ($h = 6{,}626 \cdot 10^{-34}$ J·s) und der Frequenz (n, Einheit: s^{-1}) von Durchgängen energiegeladener Photonen ($h \cdot n = J \cdot s \cdot s^{-1} = J$). Die Strahlungsenergie entspricht im Teilchenmodell somit der aufgewendeten Arbeit, um eine bestimmte Masse Photonen über eine Wegstrecke (den Strahlungspfad) zu beschleunigen.

Trifft die Solarstrahlung auf feste, flüssige oder gasförmige Materie, wird ein Teil der Energie durch Absorption in *Wärmeenergie* umgesetzt. Eine Erhöhung des Wärmeinhalts führt zu einer Intensivierung der molekularen Bewegung in einem Körper (BROWNsche Molekularbewegung), d.h. die einzelnen Moleküle werden entlang einer (molekular skalierten) Wegstrecke beschleunigt, Arbeit wird verrichtet. Damit ist Wärmeenergie ein Sonderfall der Bewegungsenergie auf molekularer Ebene. Jeder Körper im Klimasystem gibt in Abhängigkeit seiner Temperatur wiederum Strahlungsenergie ab. Gegenüber der relativ kurzwelligen Solarstrahlung handelt es sich hierbei aber um längerwellige (terrestrische) Wärmestrahlung. Die Wärmeenergie eines Körpers steht in direktem Zusammenhang zu seiner Temperatur, da die absolute Temperatur als die Summe aller BROWNschen Molekularbewegungen je Masseneinheit definiert ist. Nimmt der Betrag an Wärmeenergie in einem Körper zu, steigt die Summe der Molekularbewegung und damit seine Temperatur an. Nimmt die Wärmeenergie ab, muss sich der Körper folgerichtig abkühlen.

Ein Teil der im Klimasystem absorbierten Energie (z.B. in der Biosphäre) wird direkt in chemischen Bindungen festgelegt und so als *chemische Energie* gespeichert. Ein Beispiel ist der Aufbau von grüner und holziger Biomasse durch Photosynthese. Wann die in der Vegetation temporär gespeicherte chemische Energie dem Klimasystem in einer anderen Form zugeführt wird, hängt von der Zeitskala des Umwandlungsprozesses ab. Bei einem Waldbrand wird die gespeicherte chemische Energie relativ kurzfristig in Wärmeenergie umgewandelt. Beim Verbrennen fossiler Energieträger (z.B. Steinkohle etc.) ist die Zeitspanne zwischen Speicherung (Karbon, ~350-325 Mio. Jahre vor heute) und Umwandlung um ein Vielfaches größer.

Wärmeenergie wird in der Natur räumlich nicht gleichverteilt freigesetzt. An einem schönen Sommertag kann sich eine schwarze Asphaltstraße deutlich stärker erwärmen, als eine benachbarte helle Sandfläche, da die Asphaltstraße mehr solare Strahlungsenergie absorbiert. Eine derartige *differentielle Erwärmung* führt zum Aufsteigen warmer Luftpakete über der Asphaltstraße durch Konvektion. Die Energiezufuhr von der Unterlage (Wärmeenergie) ist aber gleich der Arbeit, die aufgewendet wird, um die Masse der Luftpakete (kg) entgegen der Schwerkraft (beschrieben durch die Schwerebeschleunigung der Erde g in $m \cdot s^{-2}$) auf eine bestimmte Höhe (m) anzuheben. Solange die Luftpakete in ihrer neuen Lage verharren, ist der aufgewendete Energiebetrag in ihnen gespeichert. Die Wärmeenergie ist damit in sogenannte *Lageenergie* bzw. *potentielle Energie* umgewandelt worden ($E_{pot} = kg \cdot m \cdot m \cdot s^{-2} = kg \cdot m^2 \cdot s^{-2} = J$). Die beschriebenen Prozesse sind auch auf wesentlich größeren Raumskalen wirksam (z.B. Wärmedifferenz zwischen Tropen und Polargebieten, Land- und Meeresflächen etc.).

Angehobene Luftteilchen haben die Tendenz, sich entsprechend der Schwerkraft wieder aus ihrer Lage fortzubewegen. Die Arbeit, die aufgewendet wird, damit ein in der Höhe verharrendes Luftpaket einer bestimmten Masse (kg) über eine Strecke (m) beschleunigt werden kann ($m \cdot s^{-2}$), nennt man *Bewegungsenergie* oder *kinetische Energie* ($E_{kin} = kg \cdot m \cdot m \cdot s^{-2} = kg \cdot m^2 \cdot s^{-2} = J$). Damit zeichnet letztlich die in angehobenen Luftmassen gespeicherte potentielle Energie über die Umwandlung in kinetische Energie für die Ausprägung von lokalen Luftbewegungen (Wind) bis hin zur globalen atmosphärischen Zirkulation verantwortlich. Werden Luftpakete an einem Hindernis (Häuser, Gebirge etc.) oder im Bereich von atmosphärischen Fronten zur Hebung gezwungen, wird ein Teil der kinetischen Energie wieder in potentielle Energie zurückgeführt.

Allerdings werden bewegte Luftpakete besonders bei Kontakt mit Geländehindernissen durch Reibung abgebremst. Da eine Luftmasse (kg) entlang einer Wegstrecke (m) an Beschleunigung verliert ($-m \cdot s^{-2}$!), kann man die Reibung auch als negative Bewegungsenergie bzw. *Dissipationsenergie* ($kg \cdot m \cdot -m \cdot s^{-2} = -J$) auffassen. Dieser Energiebetrag geht dem Klimasystem aber nicht verloren, sondern kommt ihm in Form von Wärmeenergie (molekulare Reibung erzeugt Wärme) wieder zugute.

3.2 Energietransport

Wärmeenergie ist im Klimasystem ungleich verteilt. Nach oben hin nimmt die Wärme in der Troposphäre ab, da die untere Lufthülle größtenteils durch den Umsatz von solarer Strahlungs- in Wärmeenergie an der Erdoberfläche von unten her erwärmt wird. Horizontal bestehen Wärmegradienten (Temperaturdifferenzen) zwischen den Tropen, den Mittelbreiten und den Polargebieten. Ursache dafür sind die unterschiedlichen Beleuchtungsjahres- und -tageszeiten. Das Klimasystem ist bestrebt, die auftretenden Differenzen sowohl in der Vertikalen als auch der Horizontalen auszugleichen. Dabei wird Wärme übertragen und zwar grundsätzlich vom hohen zum niedrigen (Wärme)-Potential, also von der Seite der hohen Temperatur zur Seite der niedrigen Temperatur. Das System Erde-Atmosphäre kennt drei grundlegende Mechanismen, um Energieübertragung zu ermöglichen (Abb. 3.2).

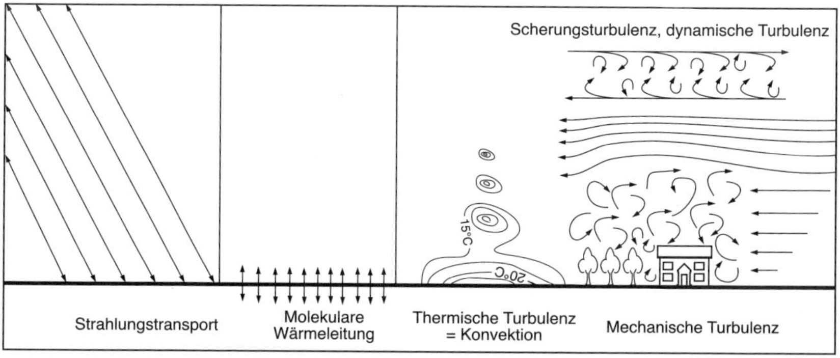

Abb. 3.2: Mechanismen der Energieübertragung

Energieübertragung durch *Strahlungstransport* auf der Basis von elektromagnetischen Wellen findet ohne Materie statt. Die Solarstrahlung (bis ~4µm Wellenlänge) erwärmt die Erdoberfläche und, in sehr geringerem Maße, auch die Lufthülle durch den Prozess der Absorption und erhöht damit deren Wärmeenergie. Besonders die absorbierenden Körper an der Erdoberfläche emittieren in Abhängigkeit ihrer Oberflächentemperatur größere Mengen an Wärmestrahlung. Atmosphärische Gase mit mehr als zwei Atomen (z.B. CO_2, gasförmiges H_2O etc.) sind effektive Absorber für die von der Erdoberfläche emittierte Infrarotstrahlung (~ab >4 µm). Die absorbierte Strahlung wird wieder in Wärmeenergie umgesetzt. Das führt zu einer Temperaturerhöhung der atmosphärischen Gase, die ihrerseits dadurch mehr Wärmestrahlung emittieren können.

In der Übergangszone zwischen Erdoberfläche und Atmosphäre (laminare Unterschicht) sowie im Boden selbst findet vor allem *molekulare Wärmeleitung* statt. Dabei wird die Wärme in Form von molekular-kinetischer Energie (=Wärmeenergie) durch Stöße von einem Molekül auf seine Stoßpartner übertragen. Als Folge benötigt die molekulare Wärmeleitung im Gegensatz zum Strahlungstransport feste, flüssige oder gasförmige Materie. Treffen schneller bewegte Moleküle auf langsamere, werden die langsameren Teilchen angestoßen und über eine Wegstrecke beschleunigt (d.h. es wird Arbeit aufgewendet). Die schnelleren Moleküle werden dabei gleichzeitig abgebremst, so dass nach einer Zeit alle Moleküle den gleichen Betrag an Bewegungsenergie aufweisen. Zu diesem Zeitpunkt kann keine molekulare Wärmeübertragung mehr stattfinden. Damit molekulare Wärmeübertragung ermöglicht wird, muss also in einem Körper oder zwischen zwei Körpern (z.B. zwischen Boden und Luft) ein Gradient an molekular-kinetischer Energie (Wärmegradient) und damit ein Temperaturgradient vorhanden sein. Der mögliche Energiebetrag für die molekulare Wärmeleitung ergibt sich aus der Temperaturdifferenz und einer materialspezifischen Konstante, dem sogenannten *Wärmeleitfähigkeitskoeffizienten*:

$$Q = - \Lambda \cdot \frac{dT}{dz}$$

mit: Q = Molekulare Wärmestromdichte [$W \cdot m^{-2}$], Λ = Wärmeleitfähigkeitskoeffizient [$W \cdot m^{-1} \cdot K^{-1}$], dT = Temperturdifferenz [K] über die Strecke dz [m]

Ruhende Luft ist gegenüber den meisten anderen Körpern (Wasser, Felsen etc.) ein sehr schlechter Wärmeleiter (Tab. 3.1). Selbst bei Verdoppelung der Temperaturdifferenz von z.B. 10 auf 20 K pro Meter nimmt die molekulare Wärmeleitung nur unbedeutende Werte (0,5 $W \cdot m^{-2}$) an. Ein Faktor, der die schlechte Wärmeleitfähigkeit bedingt, ist die Dichte des Materials. Im Fall von Luft ist die Dichte vergleichsweise gering. Damit nimmt die Wahrscheinlichkeit deutlich ab, dass ein Molekül mit hoher Wärmeenergie einen Stoßpartner trifft und damit seine Energie weitergeben kann.

Aber auch bei anderen flüssigen und festen Stoffen ist die molekulare Wärmeleitung vergleichsweise niedrig. Enthalten sie noch einen Anteil Luft (wie der trockene Sandboden im Porenvolumen), reduziert sich die Leitfähigkeit gegenüber dem gleichen Material mit wassergefüllten Poren noch einmal. Insgesamt ist die molekulare Wärmeleitung im Klimasystem daher gegenüber anderen Prozessen wenig effektiv und ist nur dort von Bedeutung, wo andere Mechanismen keinen nennenswerten Beitrag liefern können (z.B. laminare Unterschicht).

Analog zur molekularen Wärmeleitung können in der laminaren Unterschicht auch Gasmoleküle durch *molekulare Diffusion* übertragen werden. Im Wärmehaushalt des Klimasystems ist dieser Transport wichtig für den Wasserdampf, der an der Grenzfläche zwischen flüssigem Wasser (Meere, Flüsse, Seen etc.) und Atmosphäre entsteht. Das resultierende Konzentrationsgefälle zwischen Grenzfläche und der darüber liegenden Atmosphäre wird ausgeglichen, indem Wasserdampfmoleküle durch BROWNsche Molekularbewegung nach und nach in höhere Schichten gelangen.

Tab. 3.1: Eigenschaften verschiedener Materialien

	Dichte [kg·m⁻³]	**Λ [W·m⁻¹·K⁻¹]**	**dT, dZ [K], [m]**	**|Q| [W·m⁻²]**
Luft, unbewegt	1,29	0,025	10,1	0,25
Luft, unbewegt	1,29	0,025	20,1	0,50
Wasser, unbewegt	1000	0,57	10,1	5,70
Sandboden, trocken	1600	0,3	10,1	3,00
Sandboden, nass	2000	2,2	10,1	22,0
Felsgestein	2800	4,2	10,1	42,0

Würde die Wärmeenergie der Erdoberfläche nur durch molekulare Wärmeleitung an darüber liegende Luftschichten übertragen, könnten lediglich die unteren zwei Meter erwärmt werden. Wesentlich effektiver ist die turbulente Wärmeleitung. Unter bestimmten Voraussetzungen neigt die Luft zur Wirbelbildung. Das führt zum Austausch der durch molekulare Wärmeleitung erwärmten Luftpakete aus der laminaren Grenzschicht mit kälterer Luft aus höheren Schichten. Die Verwirbelung als Motor der *turbulenten Wärmeleitung* wird auch als *Turbulenz* bezeichnet. In Bodennähe setzen Verwirbelungen häufig durch das Auftreffen von strömender Luft auf Hindernisse (Häuser, Bäume, Berge etc.) ein. Die Wirkung der sogenannten *mechanischen Turbulenz* nimmt bis zur Peplopause kontinuierlich ab. Darüber gewinnt die *dynamische Turbulenz (Scherungsturbulenz)* als dominierender Mechanismus für den turbulenten Wärmeaustausch an Bedeutung. Sie tritt auf, wenn in übereinander liegenden Höhenschichten Windrichtung und/oder Windgeschwindigkeit voneinander abweichen (*Windscherung*). Ein besonders effektiver Austauschmechanismus ist die *thermische Turbulenz*, besser bekannt unter dem Begriff *Konvektion*. Räumlich differentiell erwärmte Luftpakete steigen in Form von Konvektionsblasen in kälterer und damit schwererer Umgebungsluft auf und führen so einen Wärmeaustausch mit höheren Luftschichten herbei. Die Größenordnung des direkten turbulenten Wärmeaustauschs wird durch den Strom von *fühlbarer Wärme (=sensible Wärme)* in Form der fühlbaren Wärmestromdichte bestimmt:

$$L = -\zeta \cdot K_L \cdot \frac{d\Theta}{dz}$$

mit: L = Fühlbare Wärmestromdichte [W · m⁻²], ζ = Wärmekapapzität der Luft bei konstantem Druck = 1300 [J · m⁻³ ·K⁻¹], K_L = turbulenter Diffusionskoeffizient für den Wärmetransport [m² · s⁻¹], dΘ = Gradient der potentiellen Temperatur [K] entlang der Strecke dz [m]

Der turbulente Diffusionskoeffizient hängt dabei unter anderem von der Rauhigkeit (als Maß für die mechanische Turbulenz), der Windgeschwindigkeit (als Maß für die dynamischen Turbulenz) und der Schichtungsstabilität (als Maß für die Konvektion) ab. Da der turbulente Diffusionskoeffizient nur schwer bestimmbar ist, kann die fühlbare Wärmestromdichte bei neutraler Schichtung durch einen vereinfachten Gradientansatz bestimmt werden (s. Formelanhang). Legt man beispielsweise zwischen 1 und 2 m Höhe eine Temperaturdifferenz von 0,5 K zugrunde und rechnet mit einem Gradienten im horizontalen Windfeld von 0,5 $m \cdot s^{-1}$, dann ergibt sich bereits eine fühlbare Wärmestromdichte von ~100 $W \cdot m^{-2}$. Dieser Betrag ist mehrere Zehnerpotenzen höher, als die molekulare Wärmestromdichte bei einer Temperaturdifferenz von 10 K.

Analog zum turbulenten Wärmetransport können auch Gase wie Wasserdampf turbulent ausgetauscht werden. Die Intensität ist wesentlich höher, als die der molekularen Diffusion. Für das Klimasystem ist der turbulente Austausch latenter Wärme besonders wichtig, da über den Umweg von Aggregatzustandsänderungen des Wassers indirekt fühlbare Wärme umgesetzt werden kann. Der maßgebliche Mechanismus im Klimasystem ist die Verdunstung von flüssigem Wasser aus Weltmeeren, den festländischen Wasserreservoirs und der Vegetation zu Wasserdampf. Werden die wasserdampfgeladenen Luftpakete turbulent angehoben, kühlen sie sich ab. Bei Erreichen des Sättigungsdampfdrucks kommt es zur Kondensation, also in der Regel zur Bildung von Wolkentropfen. Für den Verdunstungsvorgang wird allerdings Energie, die sogenannte *Verdunstungskälte*, benötigt und der fühlbaren Wärme entzogen (Abb. 3.3).

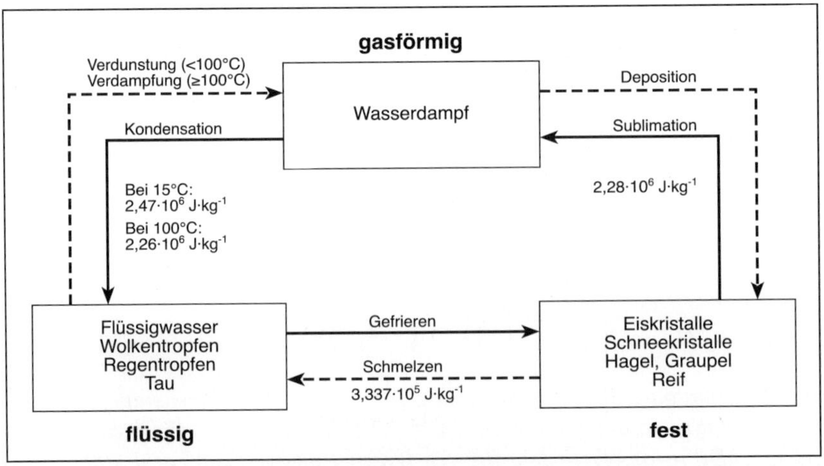

Abb. 3.3: Transformationsenergie für Phasenübergänge von Wasser

Verdunstung hat daher eine abkühlende Wirkung. Der Energiebetrag für die Verdunstung (*spezifische Verdunstungs-* bzw. *Verdampfungswärme*) von flüssigem Wasser kann durch eine empirische Gleichung in Abhängigkeit der Temperatur beschrieben werden:

$$L_V = (2{,}5008 - 0{,}002372 \cdot T) \cdot 10^6$$

mit: L_V *= spezifische Verdunstungswärme [J·kg*$^{-1}$*], T = Temperatur [°C]*

Bei der Kondensation wird nun die Verdunstungskälte dem Luftpaket als *Kondensationswärme* (also in Form von fühlbarer Wärme) wieder zugeführt, es wird erwärmt. Über die Umwandlung von Wasser in Wasserdampf und die nachfolgende Kondensation kann also indirekt fühlbare Wärme transportiert werden. Solange der Wasserdampf in einem Luftpaket aber nicht auskondensiert, ist dieser Energiebetrag, der als *latente Wärme* oder *versteckte Wärme* bezeichnet wird, in ihm gespeichert und steht zur Erhöhung der Wärmeenergie nicht zur Verfügung. Der bei Kondensation potenziell verfügbare Wärmebetrag kann anschaulich durch die *Äquivalenttemperatur* (zur Berechnung s. Formelanhang) beschrieben werden (Abb. 3.4).

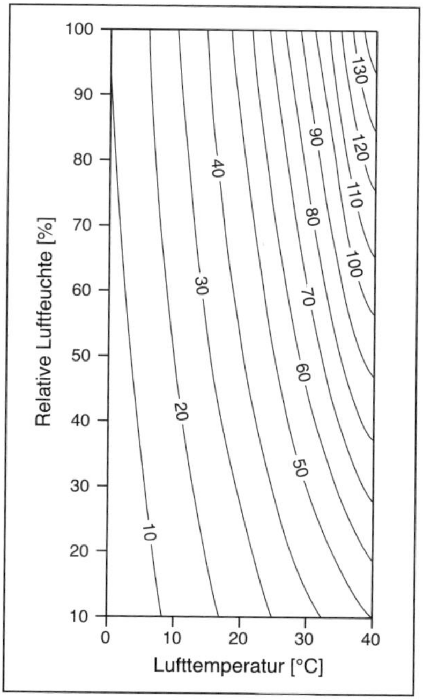

Abb. 3.4: Äquivalenttemperatur in [°C] bei einem Luftdruck von 1000 hPa in Abhängigkeit von Lufttemperatur und Luftfeuchte

Je höher Lufttemperatur und Luftfeuchte werden, desto größer wird der potenzielle Wärmeinhalt eines Luftpakets. Bei 10°C Lufttemperatur und der Kondensation der gesamten Luftfeuchte (Wasseräquivalent von 100% Luftfeuchte bei 10°C) würde ein Luftpaket eine doppelt so hohe Temperatur erreichen, bei 30°C Lufttemperatur ergibt sich für die potenzielle Temperatur beim Auskondensieren der gesamten Luftfeuchte (Wasseräquivalent zu 100 % Luftfeuchte bei 30°C) ein Faktor drei gegenüber der Ursprungstemperatur. Die Erhöhung des Wärmepotenzials bei höheren Lufttemperaturen und gleicher Luftfeuchte ist Folge der größeren Wasserhaltefähigkeit wärmerer Luft (s. Kap. 6).

Neben dem Phasenübergang flüssig-gasförmig kommen im Klimasystem auch weitere Wechsel mit einem jeweils spezifischen Energieumsatz vor (Abb. 3.3). Beim Gefrieren und Auftauen wird die spezifische Schmelzwärme ($3{,}337 \cdot 10^5$ $J \cdot kg^{-1}$) umgesetzt und bei der Sublimation von Eis bzw. der Deposition von Wasserdampf auf Eiskörpern die spezifische Sublimationswärme ($2{,}86 \cdot 10^6$ $J \cdot kg^{-1}$). Der turbulente Strom latenter Wärme wird über die latente Wärmestromdichte bestimmt:

$$V = -a \cdot L_V \cdot K_W \cdot \frac{ds}{dz}$$

mit: V = Latente Wärmestromdichte [W · m^{-2}], a = absolute Feuchte [kg · m^{-3}] L_V = spezifische Verdunstungswärme [J · kg^{-1}], K_W = turbulenter Diffusionskoeffizient für Wasserdampf in Luft [m^2 · s^{-1}], ds = Gradient der spezifischen Feuchte [kg · kg^{-1}] über die Strecke dz [m]

Ähnlich wie bei der Bestimmung des Stroms fühlbarer Wärme ist der turbulente Diffusionskoeffizient für Wasserdampf in Luft häufig nicht bekannt. Unter bestimmten Voraussetzungen kann die latente Wärmestromdichte ebenfalls durch einen vereinfachten Gradientansatz bestimmt werden (s. Formelanhang).

3.3 Strahlungsenergie

Strahlung ist nach dem *Wellenmodell* Energiefluss in Form elektromagnetischer Wellen mit harmonischen (sinusförmigen) Schwingungszuständen im elektrischen und magnetischen Feld oder nach dem *Teilchenmodell* ein Fluss von Photonen. Die Ausbreitung erfolgt mit Lichtgeschwindigkeit ($c = 2{,}998 \cdot 10^8$ $m \cdot s^{-1}$) entlang eines Strahlungspfades. In der Quantenphysik werden beide Modelle gemeinsam betrachtet. Das Quadrat der Wellenamplitude entspricht der Wahrscheinlichkeit, dass an einer bestimmten Stelle des Strahlungspfades ein Photon als Energieträger anzutreffen ist. Elektromagnetische Strahlung lässt sich durch drei Kenngrößen beschreiben

(Abb. 3.5). Die *Wellenlänge* ist der Abstand (meist in µm angegeben) zwischen zwei aufeinanderfolgenden Photonendurchgängen. Eine kleine Wellenlänge bedeutet für jeden Punkt eines Strahlungspfades häufigere Durchgänge von Photonen als eine große Wellenlänge. Die *Frequenz* verläuft invers zur Wellenlänge, da sie sich aus der Division von Lichtgeschwindigkeit (c in $m \cdot s^{-1}$) und Wellenlänge (λ in m) errechnet und damit die Anzahl der Schwingungen (bzw. Photonendurchgänge) pro Sekunde angibt. Ihre Einheit ist Hertz ($=s^{-1}$). Eine große Wellenlänge entspricht einer niedrigen Frequenz, d.h. wenigen Photonen pro Sekunde, eine kleine Wellenlänge bedeutet das Gegenteil. Da im Teilchenmodell die Photonen als Energieträger der Strahlungsenergie angesehen werden, ergibt sich der Energieinhalt der Strahlung aus dem Produkt des PLANCKschen Wirkungsquantums (s. Kap. 3.1) und der Frequenz. Hochfrequente (bzw. kurzwellige) Strahlung ist demzufolge energiereicher als niederfrequente (bzw. langwellige) Strahlung. Das ist einsichtig, da bei hoher Frequenz bzw. kleiner Wellenlänge die Photonen als Ladungsträger häufiger an einem Punkt des Strahlungspfades anzutreffen sind als bei niedriger.

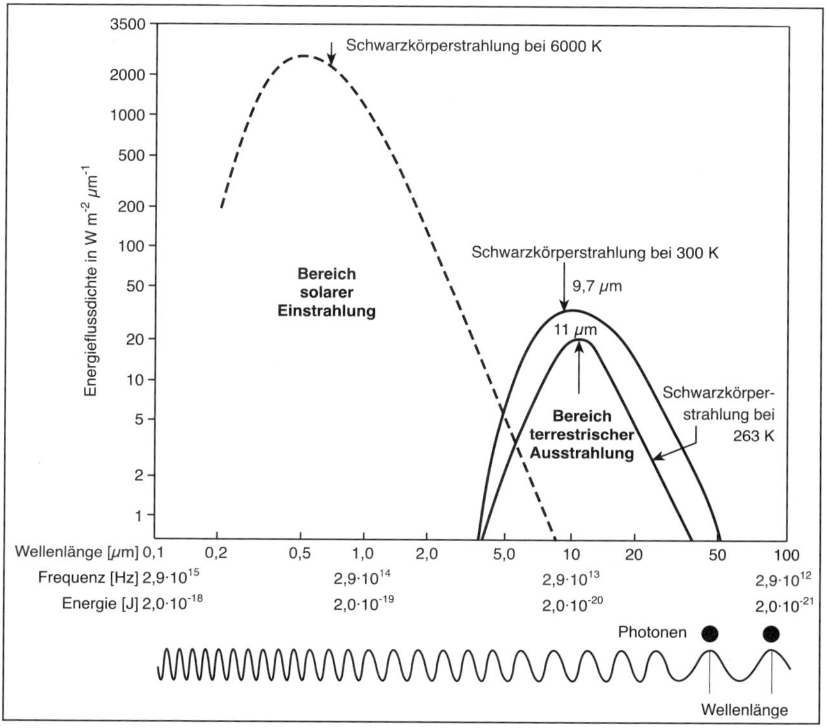

Abb. 3.5: Elektromagnetische Strahlung und spektrale Energieflussdichte im Klimasystem

Elektromagnetische Strahlung kann man durch ihre Wellenlänge unterscheiden. Das elektromagnetische Spektrum umfasst den Bereich extrem kurzwelliger kosmischer Strahlung bis zu den langen Wellen im Rundfunkbereich (Tab. 3.2). Hochenergetische kurzwellige Strahlung (Gamma-, Röntgen und Ultraviolett-Strahlung) in hohen Dosen ist für das irdische Leben schädlich. Das Sichtbare Licht ist als Grundlage der Primärproduktion lebensnotwendig. Dem Infrarot folgen die mit zunehmender Wellenlänge an Energieinhalt abnehmende Mikrowellenstrahlung und die Radiowellen.

Tab. 3.2: Das Spektrum der elektromagnetischen Strahlung

Bezeichnung		**Wellenlänge [µm]**
γ-Strahlung		$< 10^{-5}$
Röntgen-Strahlung		10^{-5}-0,100
UV-Strahlung	UV-C	0,100-0,28
	UV-B	0,280-0,315
	UV-A	0,315-0,400
Sichtbares Licht	violett	0,400-0,436
	blau	0,436-0,495
	grün	0,495-0,566
	gelb	0,566-0,589
	orange	0,589-0,627
	rot	0,627-0,780
Infrarot	Nahes IR (NIR)	0,780-1,400
	Thermales IR (TIR)	1,400-1.000
Mikrowelle		1.000-10^6
Radiowellen		$>10^6$

Für das Klimasystem sind grundsätzlich zwei Bereiche des Wellenlängenspektrums von grundlegender Bedeutung: (1) Die solare Einstrahlung, die vom UV bis zum Beginn des Infrarots reicht, und (2) die langwelligere Ausstrahlung des Systems Erde-Atmosphäre im Infrarot (Abb. 3.5). Die kurzwellige Sonnenstrahlung ist energiereicher als die vergleichsweise langwellige terrestrische Abstrahlung. Das STEFAN-BOLTZMANN *Gesetz* besagt, dass die Ausstrahlung eines Strahlers mit der 4. Potenz seiner absoluten Temperatur anwächst.

$$A = \varepsilon \cdot \sigma \cdot T^4$$

A = Spezifische Ausstrahlung eines Körpers [$W \cdot m^{-2}$], ε = Emissionsvermögen = 1 für Schwarzkörper , σ = STEFAN-BOLTZMANNsche Konstante [$5,6697 \cdot 10^{-8}\ W \cdot m^{-2} \cdot K^{-4}$], T = Temperatur des Körpers [K]

Da die Sonne etwa die Oberflächentemperatur eines Schwarzkörpers von 6.000 K aufweist, muss ihre spezifische Ausstrahlung deutlich höher liegen als die im System Erde-Atmosphäre mit einem mittleren Schwarzkörperäquivalent von etwa 288 K.

Warum sich das Strahlungsspektrum der beiden Strahler unterscheidet, erklärt sich aus dem *WIENschen Verschiebungsgesetz*. Es besagt, dass die Wellenlänge (λ_{max}) maximaler Energieabgabe um so kleiner wird, je höher die Temperatur (T) des Strahlers ist.

$$\lambda_{max} = \frac{2{,}8978 \cdot 10^{-3}}{T}$$

λ_{max} = *Maximale Wellenlänge der spezifischen Ausstrahlung [m], T = Temperatur des Strahlers [K]*

Für die 6.000 K heiße Sonne folgt ein Maximum der Ausstrahlung bei 0,48 μm, also im Übergangsbereich zwischen blauem und grünen Licht. Annähernd die gesamte solare Strahlungsenergie (99%) liegt im Wellenlängenbereich von 0,22 bis 5 μm. Davon entfallen nur 9% auf die photochemisch wirksame UV-Strahlung, 46% (zwischen 0,78 μm bis 2 μm) auf das langwelligere nahe und Teile des thermischen Infrarots und 45% auf den schmalen Bereich des sichtbaren Lichts. Für das im globalen Mittel etwa 288 K warme System Erde-Atmosphäre ergibt sich ein Abstrahlungsmaximum bei 10,1 μm. 99% der terrestrischen Ausstrahlung liegen im Wellenlängenbereich zwischen 4 und 100 μm.

3.4 Wechselwirkung von Strahlung und Materie

Die dem System Erde-Atmosphäre zugeführte Solarstrahlung (100%) kann beim Auftreffen auf feste, flüssige und gasförmige Materie in unterschiedlicher Weise beeinflusst werden:

$$100\,\% = r + a + t$$

a = Absorptionsvermögen, r = Reflexionsvermögen , t = Transmissionsvermögen

Ein Teil der Strahlung wird reflektiert (r). Hierbei werden die Photonen von ihrer ursprünglichen Richtung abgelenkt, aber ansonsten nicht verändert, d.h. die Wellenlänge der einfallenden und ausfallenden Strahlung liegt im gleichen Bereich. In der Regel wird die von der Sonne kommende Strahlung bei der *Reflexion* an der Erdoberfläche in den *oberen Halbraum* (= nach oben gerichtete Halbkugel), also in Richtung Weltall abgelenkt. Bei feinverteilten

Stoffen (z.B. atmosphärische Gase, Aerosolteilchen) ist eine Ablenkung zu allen Seiten möglich, also zusätzlich auch in den *unteren Halbraum* (= zur Erde gerichtete Halbkugel). Diesen Prozess nennt man *Streuung*.

Der absorbierte Strahlungsanteil (a) wird vor allem zur Anregung der BROWNschen Molekularbewegung des absorbierenden Mediums verwendet. Die damit einhergehende Temperaturerhöhung führt zu einer Intensivierung der Wärmeabstrahlung (= *Emission*). Von der Erdoberfläche ist sie in den oberen Halbraum gerichtet, in der Atmosphäre findet thermale Ausstrahlung in beide Halbräume statt. Da die Wärmeabstrahlung im System Erde-Atmosphäre nach dem WIENschen Verschiebungsgesetz im Infrarot liegt, beinhaltet der Prozess der Absorption die *spektrale Umwandlung* der kurzwelligeren Solarstrahlung.

Ist das bestrahlte Medium für Sonnenstrahlung teilweise transparent, wird der entsprechende Strahlungsanteil unbeeinflusst durchgelassen (transmittiert, t), bis er in einer anderen Schicht gestreut oder absorbiert wird.

3.4.1 Wechselwirkung von Strahlung und Erdoberfläche

Die Wechselwirkung elektromagnetischer Strahlung mit fester, flüssiger oder gasförmiger Materie und somit das Verhältnis von Reflexion, Absorption und Transmission ist je nach Wellenlängen unterschiedlich ausgeprägt (Abb. 3.6). Man spricht daher auch von *selektiver Reflexion, Absorption* oder *Transmission*. Für ein typisches grünes Blatt ergibt sich im sichtbaren Bereich eine hohe Absorption (~90%), da hier, neben der Umwandlung in Wärmeenergie, ein Teil der einfallenden Strahlungsenergie für die Photosynthese (Aufbau chemischer Energie) verwendet wird. Nur im grünen Spektralbereich nimmt die Reflexion etwas zu, so dass Blätter für das menschliche Auge grün erscheinen. Im nahen Infrarot geht die Absorption zugunsten einer erhöhten Reflexion und Transmission der Blattstruktur drastisch zurück. Ab einer Wellenlänge von etwa 2 µm wird der Hauptteil der einfallenden elektromagnetischen Strahlung absorbiert. Ab 3 µm erreicht die Absorption annähernd 100%, ein Verhalten, dass sich auch im thermalen IR fortsetzt.

Die Art der Streuung natürlicher Oberflächen verhält sich in Abhängigkeit von Oberflächenrauhigkeit (Mikrotopographie der Oberfläche), Wellenlänge und Sonnenhöhe. Man unterscheidet in ideal *spiegelnde Reflexion*, bei der die mit dem Sonnenhöhenwinkel einfallenden Photonen fast vollständig mit gleichem Winkel (Einfallswinkel=Ausfallswinkel) in entgegengesetzte Richtung reflektiert werden, und ideal *diffuse Reflexion*, bei der die einfallenden Photonen gleichmäßig über den gesamten Halbraum streuen (Abb. 3.7). Ideal diffus reflektierende Oberflächen werden auch als LAMBERTsche Strahler bezeichnet. Natürliche Oberflächen weichen aber von den idealen Verhältnissen ab und reflektieren in der Regel mehrheitlich diffus. Grundsätzlich gilt: je

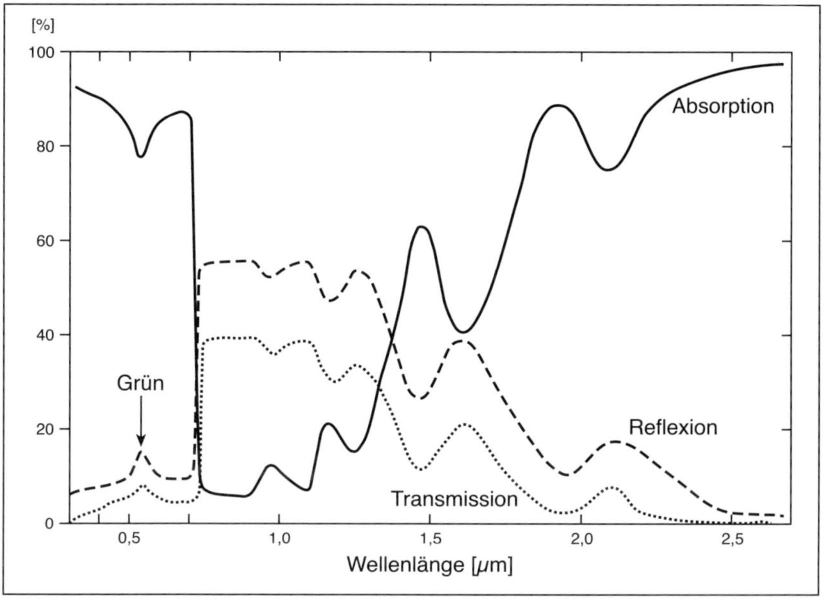

Abb. 3.6: Wechselwirkung elektromagnetischer Strahlung mit einem „typischen" Blatt (verändert nach J*ONES 1992)*

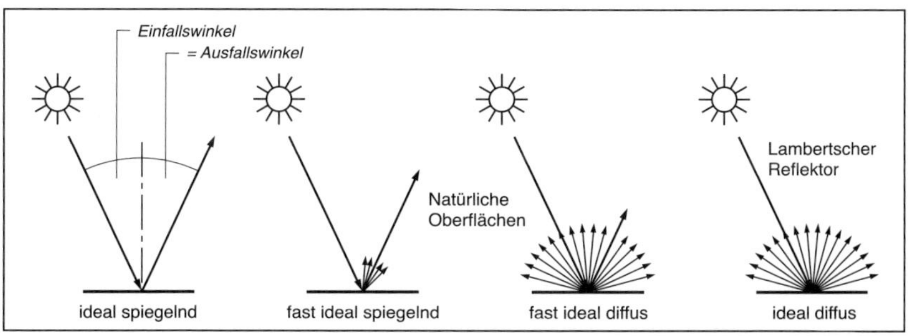

Abb. 3.7: Streumechanismen an der Erdoberfläche

kleiner die Sonnenhöhe und/oder je größer die Wellenlänge, desto mehr nähert sich das Reflexionsverhalten der spiegelnden Reflexion an. Im solaren Spektrum erreichen nur glatte Wasserflächen bei niedriger Sonnenhöhe einen hohen Grad spiegelnder Reflexion, bei hochstehender Sonne wird ein Großteil der Sonnenstrahlung transmittiert und in tieferen Wasserschichten umgesetzt (Tab. 3.3).

Der *Reflexionsgrad* einer Oberfläche, also das Verhältnis zwischen eingestrahlter und reflektierter Solarstrahlung, wird als *Albedo* bezeichnet. Für natürliche Oberflächen liegt der Wert in der Regel unter 1 (=100%). In ihrer Bedeutung für das Klimasystem wird die Albedo häufig nicht selektiv, sondern als Integral über das gesamte solare Spektrum (=*Breitbandalbedo*) betrachtet (Tab. 3.3). Die *Albedo* ist ein zentraler Klimafaktor, da sie über den Betrag der solaren Energie entscheidet, der lokal durch Absorption in andere Energieformen (Wärmeenergie) umgewandelt werden kann. Die Werte für schnee- und eisbedeckte Landschaftsräume schwanken zwischen 40 und 95%. Die Meere der Erde in niederen und mittleren Breiten haben hingegen im Durchschnitt nur Werte zwischen 3 und 10%. Die borealen Nadelwälder reflektieren gleichfalls nur wenig (5-15%). Die Laubwälder der Mittelbreiten wie auch große Teile der tropischen Wälder haben Albedo-Werte zwischen 15 und 20%, die großen Wüstenflächen der Erde je nach Farbe der Sande und Gesteine zwischen 20 und 40%.

Tab. 3.3: Albedo im solaren Spektralbereich und Emissionsvermögen im thermalen Spektrum für verschiedene Oberflächen (Breitbandwerte nach OKE 1987)

		Albedo [%]	**Emissionsvermögen [%]**
Böden		5-40	90-98
Wüste		20-45	84-91
Grasflächen		16-26	90-95
Nadelwald		5-15	97-99
Laubwald		15-20	97-98
Wasser	hochstehende Sonne	3-10	92-97
	niedrigstehende Sonne	10-100	92-97
Schnee		40-95	82-99
Asphalt		5-20	95
Beton		10-35	71-90

Das wellenlängenabhängige Reflexions- und Absorptionsvermögen optisch opaker (nicht durchscheinender) Oberflächen ergänzen sich. Eine Oberfläche mit großer Albedo besitzt ein kleines Absorptionsvermögen und umgekehrt. Da das menschliche Auge für reflektierte Solarstrahlung im sichtbaren Spektrum empfindlich ist, weisen dunkle Oberflächen geringe und helle Oberflächen hohe Albedo-Werte auf. Der Wassergehalt von Böden kann die Albedo verändern. Wassergesättigte Böden haben gegenüber trockenen Böden gleichen Typs eine im Mittel um 5-15% reduzierte Albedo.

Die absorbierte Globalstrahlung ist von großer Bedeutung für den Strahlungs- und Wärmehaushalt an der Erdoberfläche. Absorption dient der Erwärmung der Erdoberfläche (Land- und Meeresflächen) und der Luft (v.a. fühlbarer Wärmestrom). Die Erwärmung ist ebenso für den Prozess der Verdunstung von Bedeutung und damit Bindeglied zum Wasserhaushalt. Ein Teil der Wärmestrahlung wird in den Weltraum zurückgegeben. Der Vorgang des Wärmeumsatzes findet an der Erdoberfläche im mikroklimatischen Bereich statt. Allerdings geben natürliche Körper in der Regel nicht den ihrer Temperatur entsprechenden Anteil an Wärmestrahlung ab, wie es für einen Schwarzkörper nach dem STEFAN-BOLTZMANN Gesetz typisch ist (s. Abb. 3.8 für einen Quarz). Das Verhältnis zwischen der spezifischen thermischen Ausstrahlung eines natürlichen Körpers und der eines Schwarzkörpers der gleichen Temperatur ist in der Regel <1 (bzw. 100%) und wird als *Emissionsvermögen* (bzw. Emissivität, Emissionsfaktor) bezeichnet. Es ist wie das Reflexions-, Absorptions- und Transmissionsvermögen als selektiv zu betrachten.

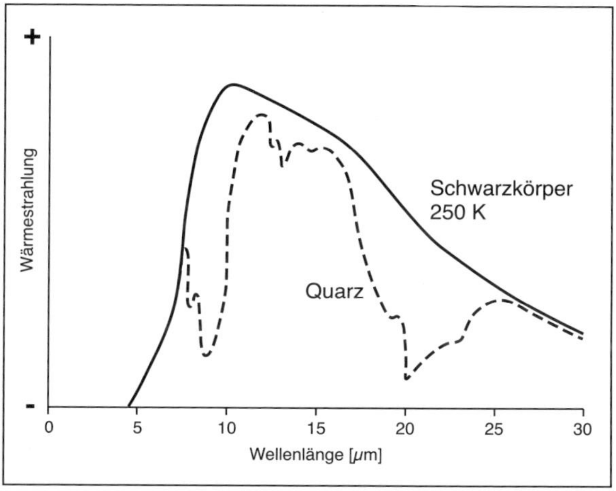

Abb. 3.8: Spektrales Emissionsverhalten eines Quarzkörpers (SiO_2) mit der Temperatur von 250 K (verändert nach BARRET & CURTIS 1982)

Integriert über das gesamte terrestrische Spektrum (=Breitbandemission) reagieren die meisten natürlichen Oberflächen an der Erdoberfläche mit Emissionsfaktoren zwischen 90 und 99% allerdings annähernd als Schwarzkörper (s. Tab. 3.3). Da der Emissionsfaktor <1 ist, werden natürliche Körper auch als Graukörper bezeichnet.

3.4.2 Wechselwirkung von Strahlung und Atmosphäre

Die an der Atmosphärenobergrenze anliegende Sonnenstrahlung kommt nicht uneingeschränkt der Erdoberfläche zugute, sondern wird beim Durchgang durch die Atmosphäre durch Absorption und Streuung an atmosphärischen Gasen, Aerosolteilchen und Hydrometeoren (Wolken) geschwächt. Man nennt diesen Vorgang *Extinktion*. Die Größenordnung der Extinktion wird durch den Extinktionskoeffizienten pro Weglänge durch die Atmosphäre angegeben:

$$\beta_{ext} = \beta_a + \beta_\alpha; \quad \tau = \int_0^z \beta_{ext} \cdot dz; \quad t = e^{-\tau(\lambda)}$$

β_{ext} = Extinktionskoeffizient [km^{-1}], β_a Absorptionskoeffizient [km^{-1}], β_α = Streukoeffizient [km^{-1}], z = Länge des Strahlungspfades [km], dz = Teilstrecke [km], τ = Optische Dicke [dimensionslos], t = Transmission

Hierbei ist von Bedeutung, welche Weglänge die Sonnenstrahlung durch die Atmosphäre in Abhängigkeit von der Sonnenhöhe zurücklegt. Je schräger der Weg durch die Atmosphäre, um so größer ist die Strahlungsschwächung. Als Wegintegral über den gesamten Strahlungspfad ergibt sich aus den Extinktionskoeffizienten die optische Dicke. Die *optische Dicke* der Atmosphäre ist wiederum proportional zur Transmission, also zur Durchlässigkeit für Strahlungsenergie. Alle Größen können selbstverständlich spektral (wellenlängenabhängig) und/oder für spezifische Objekte (z.B. Wolken, von der Wolkenobergrenze bis zur Wolkenbasis) angegeben werden.

Absorption geht in der Atmosphäre selektiv vonstatten und ist an die *Absorptionsbanden* atmosphärischer Gase gebunden, d.h. an spezifische Spektralbereiche, in denen einzelne Gase besonders intensiv absorbieren (Abb. 3.9). Extrem effektive Absorber sind drei- und mehratomige Gase wie Wasserdampf, Kohlendioxid und Ozon. Die kurzwellige Strahlung wird bei Wellenlängen <0,3 µm in Höhen zwischen 20 und 50 km fast vollständig durch das stratosphärische Ozon absorbiert und damit das organische Leben auf der Erde von der kurzwelligen schädlichen UV-Strahlung abgeschirmt. Im sichtbaren Spektralbereich von 0,4-0,78 µm findet nur eine relativ geringe Strahlungsabsorption durch die atmosphärischen Gase statt, so dass in diesem Bereich die kurzwellige Strahlung fast ungehindert bis zum Erdboden durchdringen kann, erst dort absorbiert wird und zur Erwärmung der Erdoberfläche bzw. zur Primärproduktion der Biosphäre beiträgt. Dieser besonders durchlässige Bereich wird auch als *atmosphärisches Fenster* im sichtbaren Licht bezeichnet. Ab dem nahen Infrarot spielt zunehmend der Wasserdampf und später auch das CO_2 als Hauptabsorber eine bedeutende Rolle. Im längerwelligen, infraroten Spektralbereich >0,76 µm und insbesondere im Bereich der terrestrischen Strahlung absorbieren Wasserdampf und Kohlendioxid sowie in geringerem Umfang auch Spurengase in zunehmendem Maße die Strahlung. Der Wasserdampf (H_2O) absorbiert am stärksten im Bereich der Wärmeausstrahlung der Erde und zwar nahezu die gesamte Strahlung in den Bereichen zwischen 5 und 7 µm bzw. oberhalb von 18 µm. CO_2 hingegen absorbiert stark bei 15 µm, daneben aber auch im Bereich des kleinen Wasserdampffensters bei 4,5 µm. Der durchlässige Bereich im Übergang vom solaren zum terrestrischen Infrarot bei 4 µm wird als kleines *IR-Fenster* bezeichnet. Wesentlich bedeutender ist aber der Fenster-Bereich im thermalen Infrarot bei etwa 11 µm, dem Ausstrahlungsmaximum des Systems Erde-Atmosphäre. Aufgrund der größeren spektralen Breite wird dieser Abschnitt auch als großes IR-Fenster bezeichnet. Die mit der Strahlungsabsorption im infraroten Spektralbereich verbundenen Erwärmungseffekte sind für die Strahlungsbilanz des Systems Erde-Atmosphäre von Wichtigkeit und spielen auch bei der anthropogenen Klimabeeinflussung eine bedeutende Rolle (s. anthropogener Treibhauseffekt).

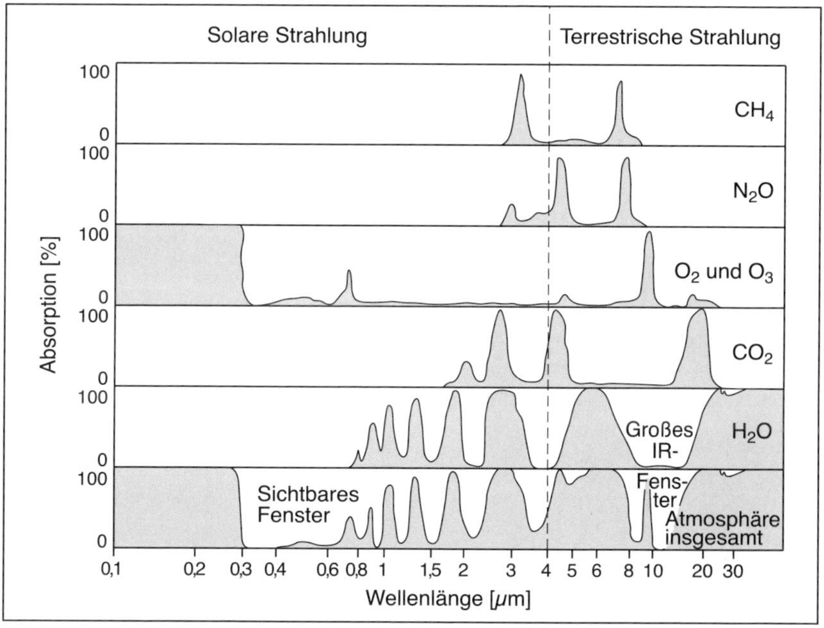

Abb. 3.9: Absorptionsbanden der Atmosphäre und verschiedener atmosphärischer Gase (verändert nach HÄCKEL *1990)*

Reflexion des Sonnenlichtes findet an atmosphärischen Gasen und Aerosolen zumeist diffus (Streuung) statt. Dabei müssen je nach Verhältnis von Teilchengröße und Wellenlänge verschiedene Streumechanismen unterschieden werden (Abb. 3.10).

Luftmoleküle streuen das einfallende Licht (Sonnenstrahlung oder von der Erdoberfläche reflektierte Sonnenstrahlung) im Vergleich zu Aerosolteilchen und Wassertröpfchen weniger intensiv. Die molekulare Streuung, auch als RAYLEIGH-*Streuung* bezeichnet, erfolgt symmetrisch in den oberen (=*Rückwärtsstreuung* in Richtung Strahlungsquelle) und unteren (= *Vorwärtsstreuung* von der Strahlungsquelle weg) Halbraum. Die Seitwärtsstreuung ist demgegenüber reduziert. Ein von der Sonne auf ein Luftmolekül einfallender Photonenstrom wird also nach Abzug des absorbierten Anteils mit gleicher Wahrscheinlichkeit in Richtung Erdoberfläche bzw. zurück in Richtung Welt-

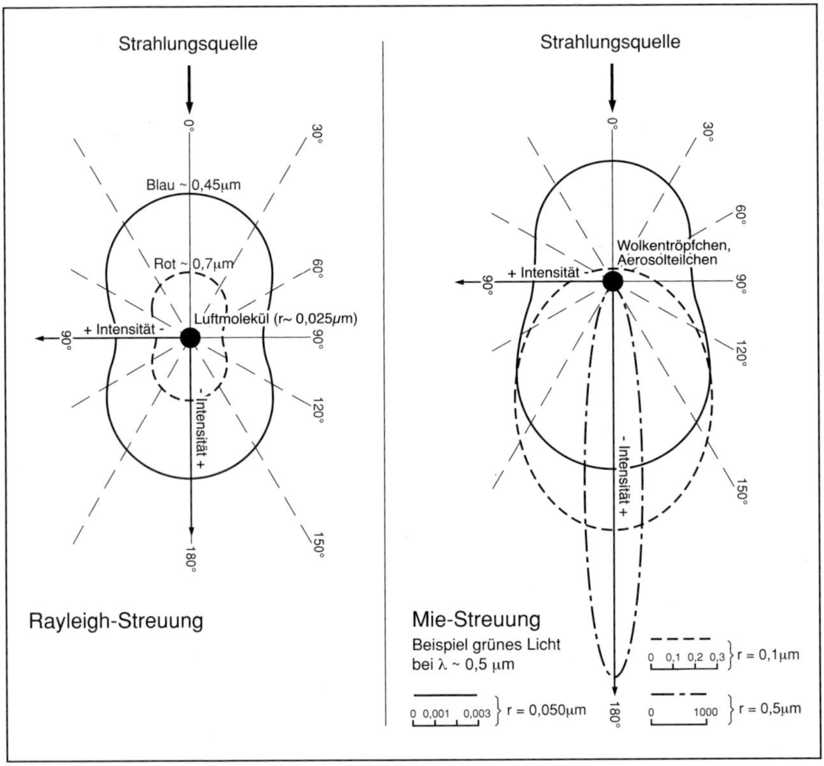

Abb. 3.10: Polardiagramme der Lichtintensität als Funktion des Streuwinkels (links) für Streuung an Luftmolekülen und (rechts) an Aerosolteilchen bzw. Wolkentröpfchen (verändert nach WARNECKE *1991)*

raum, aber seltener zur Seite abgestrahlt. Die RAYLEIGH-Streuung erfolgt selektiv. Je kleiner die Wellenlänge ist, desto intensiver wird die einfallende Strahlung gestreut. Da die blaue Strahlung stärker gestreut wird, als die anderen für den Menschen sichtbaren Spektralfarben, erscheint der Himmel bei wolkenfreiem Wetter blau. Nähert sich die Wellenlänge der Teilchengröße an, verändert sich das symmetrische Bild hin zu einer vermehrt gerichteten Streuung. Dabei sind zwei Effekte zu beachten. Je mehr sich die Wellenlänge der einfallenden Strahlung der Teilchengröße annähert, umso intensiver wird der Streuprozess (= selektive Streuung) bei einer gleichzeitigen Zunahme der Richtungsabhängigkeit. Im Beispiel (Abb. 3.10) des grünen Lichts bei ~0,5 μm ähnelt die Streufunktion eines sehr kleinen Teilchens (Radius = 0,05 μm) noch dem molekularen Typus. Allerdings ist bereits eine Verstärkung der Vorwärtsstreuung zu erkennen. Entspricht die Teilchengröße in etwa der Wellenlänge (r=0,5 µm), verbleibt bei sehr hoher Intensität der Streuung nur noch die Vorwärtsstreuung. Der nicht absorbierte Anteil des unter diesen Verhältnissen von der Sonne auf ein Aerosolteilchen auftreffenden Photonenstroms wird also ausschließlich in Richtung Erdoberfläche, ein von der Erdoberfläche kommender Photonenstrom reflektierter Strahlung (Albedo) demzufolge in Richtung Weltall reflektiert. Die nicht-symmetrisch gerichtete Streuung an Aerosolteilchen und kleinen Wolkentröpfchen wird auch als MIE-*Streuung* (bzw. Aerosolstreuung, Dunststreuung) bezeichnet. Übersteigt die Teilchengröße die Wellenlänge deutlich (z.B. bei großen Wolkentropfen), bleibt zwar die Richtungsabhängigkeit der MIE-Streuung erhalten, die Intensität der Streuung ist aber nicht mehr wellenlängenabhängig (= nicht selektiv). Dadurch erscheinen Wolken für den Betrachter weiß, da alle Wellenlängen des sichtbaren Spektrums gleichermaßen gestreut werden.

Im Mittel ergibt sich bezogen auf die permanenten Bestandteile der Atmosphäre (Gase und Aerosole) die in Abbildung 3.11 dargestellte Abschwächung der einfallenden Sonnenstrahlung von der Obergrenze der Atmosphäre bis zur Erdoberfläche. Die Ideallinie zeigt die Strahlung für eine Sonnenoberflächentemperatur von 6.000 K (Schwarzkörperstrahlung). Der Ultraviolett-Anteil mit steilem Abfall wird fast völlig an der stratosphärischen Ozonschicht absorbiert. Im Bereich des Strahlungsmaximums (sichtbares Licht) geht entlang des Strahlungspfads etwa je ein Viertel der einfallenden Solarstrahlung durch Extinktion an Luftmolekülen und Aerosolteilchen verloren. Die Strahlungsschwächung durch Aerosole kann regional sehr stark schwanken, da sie von dem Aerosoltyp bzw. der Teilchenkonzentration abhängt (Tab. 3.4). So ist die Schwächung in einer mehrheitlich streuenden (Salzkristalle) marinen Reinluft-Atmosphäre deutlich geringer, als in einer stark belasteten Stadtatmosphäre, in der auch absorbierende Rußpartikel eine Rolle spielen.

Tab. 3.4: Typische Extinktionswerte verschiedener Aerosoltypen im sichtbaren Spektralbereich (0,55 µm) bei 80% relativer Luftfeuchte (nach HESS et al. 1998)

Aerosoltyp	**Extinktion [km^{-1}]**
Kontinental, Reinluft	0,026
Kontinental, Mittel	0,075
Kontinental, verschmutzt	0,175
Städtisch	0,353
Wüste	0,145
Maritim, Reinluft	0,090
Maritim, verschmutzt	0,115
Vergleich: Cumuluswolken	72,0-121,0

Ab 0,8 µm Wellenlänge sorgen die Absorptionsbanden der einzelnen Gase für eine vollständige Filterung bestimmter Spektralbereiche durch die Atmosphäre. Insgesamt gesehen spielt sich die Absorption in der Atmosphäre vorwiegend im Ultraviolett- und im Infrarot-Bereich ab.

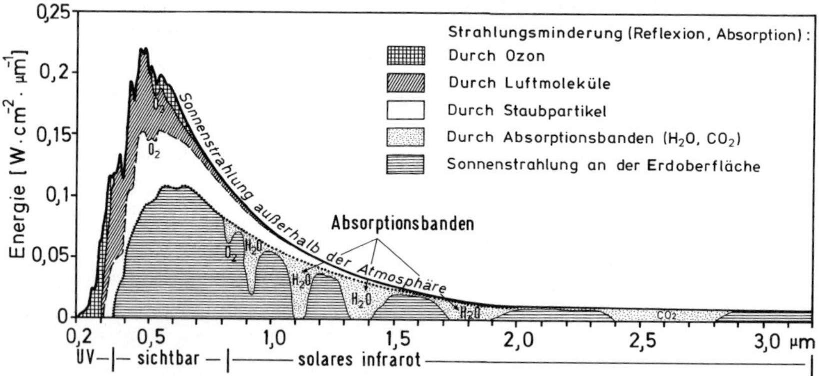

Abb. 3.11: Die spektrale Verteilung der Sonnenstrahlung und ihre Veränderung beim Durchgang durch die Atmosphäre (verändert und ergänzt nach Ber. d. Enquête-Komm. 1988)

Neben den permanenten Bestandteilen der Atmosphäre (Luftmoleküle und Aerosol) haben auch die zeitlich und räumlich diskontinuierlich auftretenden Wolken einen erheblichen Einfluss auf die einfallende Solarstrahlung. Das Verhältnis von Reflexion, Absorption und Transmission ist dabei äußerst variabel und hängt grundsätzlich von ihrem Wassergehalt (=Anzahl und Größe der Tropfen pro Luftvolumen) und der vertikalen Erstreckung (Wolkendicke) ab (Tab. 3.5).

Tab. 3.5: Typische Werte für die Absorption, Reflexion und Transmission von Solarstrahlung in Wolken bei senkrechtem Sonneneinfall (nach Liou & Wittmann 1979)

Wolkentyp	Flüssigwasserweg[1)] [g·m^{-2}]	Transmission [%]	Reflexion [%]	Absorption [%]
Cumulus	50	53	39	8
Cumulus	450	9	74	17
Stratus	50	67	27	6
Stratus	450	13	69	18

[1)] Der vertikale Wassergehalt einer Wolke als Produkt des mittleren Flüssigwassergehalts (g·m^{-3}) und der Wolkenmächtigkeit (m) wird als Flüssigwasserweg (g·m^{-2}) bezeichnet.

Mit zunehmender/m Dicke und Wassergehalt steigen Albedo und Absorption an, wobei die Absorption nur etwa ein Viertel der Wolkenalbedo ausmacht. Die bei geringmächtigen Wolken noch recht große Transmission verringert sich bei zunehmendem vertikalen Wassergehalt schnell auf Werte um 10%. Die Tropfenzusammensetzung verändert das Verhältnis von Absorption und Streuung. Je mehr größere Tropfen bei gleichem Wassergehalt auftreten, desto höher wird die Absorption im Vergleich zur Reflexion. Im terrestrischen Infrarot (>5µm) sind Wolken starke Absorber. Schon bei geringmächtigen Wolken von wenigen zehn Metern Mächtigkeit geht die Durchlässigkeit für Wärmestrahlung (thermische Transmission) nahezu verloren, die Wolke reagiert annähernd als Schwarzkörper (YAMAMOTO et al. 1970).

3.5 Der globale Strahlungshaushalt im System Erde-Atmosphäre

Betrachtet man das System Erde-Atmosphäre als Ganzes, lässt sich ein einfaches Schema der Strahlungs- und Wärmebilanz ohne konkreten Raumbezug aufstellen (Abb. 3.12). Das Schema bilanziert alle in den vorhergehenden Kapiteln beschriebenen Prozesse des Energieumsatzes und lässt sich in drei Teilbereiche untergliedern.

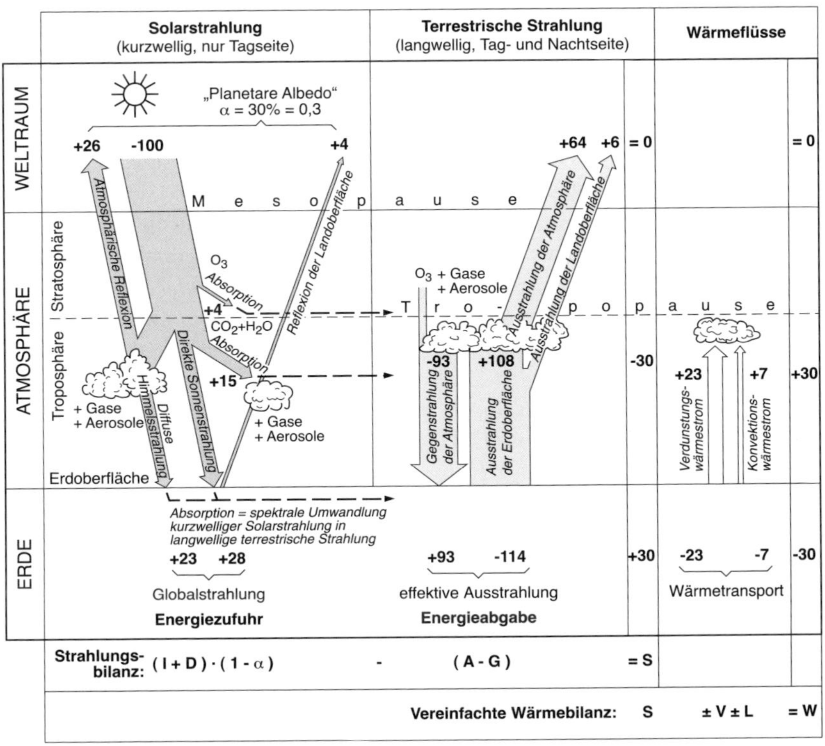

Abb. 3.12: Schema der Strahlungs- und Wärmebilanz für das System Erde-Atmosphäre

(a) Die Bilanz der Solarstrahlung. Sie gilt grundsätzlich nur für die Tagseite der Erde. (b) Die Bilanz der terrestrischen Infrarotstrahlung. Da Wärmestrahlung auch in der Nacht abgegeben wird, gilt sie grundsätzlich für den gesamten Globus. (c) Der vertikale Wärmeaustausch von fühlbarer und latenter Wärme.

Die Strahlungsbilanz des Gesamtsystems erfüllt an der Obergrenze der Atmosphäre grundsätzlich die Voraussetzung des ersten Hauptsatzes der Thermodynamik. Es geht dem System im Jahresmittel genauso viel Energie durch terrestrische Infrarot- und reflektierte Solarstrahlung verloren, wie es durch die Einstrahlung der Sonne gewinnt. So ist garantiert, dass sich das System Erde-Atmosphäre weder kontinuierlich aufheizt noch abkühlt. Diese ausgeglichene Bilanz lässt sich für die Obergrenze der Atmosphäre durch die globale Strahlungsbilanzgleichung beschreiben:

$$S = (I+D)\cdot(1-\alpha)-(A-G)$$

S = Strahlungsbilanz, I = Direkte Sonneneinstrahlung, D = Diffuse Sonneneinstrahlung, α = planetare Albedo, A = Terrestrische Ausstrahlung (IR), G = Atmosphärische Gegenstrahlung (IR)

3.5.1 Globalstrahlung und kurzwellige Strahlungsbilanz

Die Gesamtstrahlung, die von der Sonne auf die Erde einwirkt, ist die nur auf der Tagseite der Erde vorhandene *Globalstrahlung*. Sie wird in der globalen relativen Gesamtbilanz mit 100% angenommen und setzt sich aus den Komponenten *direkte Sonneneinstrahlung* (I) und *diffuse Himmelsstrahlung* (D) (= *diffuses Himmelslicht*) zusammen. Ein Teil der direkten Sonnenstrahlung (28%) erreicht die Erdoberfläche nur bei wolkenfreiem Himmel. Der Anteil an diffuser Himmelsstrahlung (23%), das Sonnenlicht, das an Luftmolekülen, Aerosolteichen oder Wolkentropfen gestreut wird, gelangt aus dem gesamten unteren Halbraum an die Oberfläche der Erde. Direkte und diffuse Strahlung erleiden in der Atmosphäre Verluste, so dass bereits 26% das Gesamtsystem als atmosphärische Reflexion ungenutzt verlassen. Weitere 4% gehen dem System durch die Reflexion der Erdoberfläche verloren. In die globale Bilanzgleichung geht das *gesamte* Reflexionsvermögen für kurzwellige Globalstrahlung der Erde, einschließlich dem der Atmosphäre und der Bewölkung, ein. Dieser Wert wird als planetarische Albedo bezeichnet und beträgt 30%.

4% der solaren Einstrahlung werden bereits in der Stratosphäre v.a. durch die Ozonschicht absorbiert. Der durch troposphärische Luftmoleküle, Aerosole und Wolkenteilchen absorbierte Betrag der Solarstrahlung beläuft sich auf 15%. Insgesamt 19% der Solarstrahlung können also zur Erwärmung der

Atmosphäre durch Absorption beitragen. An der Erdoberfläche stehen aus den direkten und diffusen Strahlungsgewinnen insgesamt 51% der Solarstrahlung für die Umwandlung in Wärmeenergie zur Verfügung.

3.5.2 Die Effektive Ausstrahlung und der Treibhauseffekt

In der globalen Bilanz beträgt die terrestrische *Ausstrahlung* (A) 114% der extraterrestrischen Einstrahlung, obwohl die zur Absorption verfügbare Solarstrahlung an der Erdoberfläche auf der kurzwelligen Bilanzseite nur mit 51% zubuche schlägt. Diese Diskrepanz ergibt sich aus der unterschiedlichen Fläche auf der Erde, auf der die solare Einstrahlung und die terrestrische Ausstrahlung bezogen werden muss. Nimmt man vereinfacht eine mittlere Schwarzkörperäquivalenttemperatur der Erde von 15°C (288,15 K) an, so ergibt sich nach Einsetzen in die STEFAN-BOLTZMANNsche Gleichung eine Ausstrahlung von 390 $W \cdot m^{-2}$. Dieser Betrag bezieht sich auf die gesamten Kugeloberfläche der Erde ($4 \cdot \pi \cdot R^2$), da die terrestrische Ausstrahlung sowohl auf der Tag- als auch auf der Nachtseite kontinuierlich stattfindet. Die solare Einstrahlung kommt aber nur der Tagseite zugute und muss somit auf die Querschnittsfläche der Erdkugel ($\pi \cdot R^2$) bezogen werden, es ergibt sich eine um den Faktor 4 reduzierte mittlere Solarkonstante (1368/4=342 $W \cdot m^{-2}$). Aus der Relation von solarer Einstrahlung (342) zu terrestrischen Ausstrahlung (390) resultiert dann die relative terrestrische Ausstrahlung von 390/342=114%.

Doch wird der größte Teil der ausgehenden Infrarotstrahlung von der Atmosphäre (Luftmoleküle, Aerosole, Wolken) absorbiert, nur 6% gehen dem System Erde-Atmosphäre in den Fensterbereichen direkt verloren (Abb. 3.13).

Die Atmosphäre strahlt ihrerseits 93% der langwelligen Ausstrahlung der Erde wieder zurück (*atmosphärische Gegenstrahlung* G), 64% werden an den Weltraum abgegeben. Infolge dieser Glashauswirkung der Atmosphäre beträgt die *effektive Ausstrahlung* als Differenz zwischen der Ausstrahlung (A) und der atmosphärischen Gegenstrahlung (G) an der Erdoberfläche (A - G) 21% (114 - 93).

Die Glashauswirkung wird auch als *natürlicher Treibhauseffekt* bezeichnet. Am gesamten *Glas-* oder *Treibhauseffekt* ist in der Erdatmosphäre der Wasserdampf im Mittel mit etwa 65% beteiligt, das CO_2 zwischen 25 und 30%. Darüber hinaus treten weitere Spurengase auch natürlicherweise als Absorber auf (s. Tab. 1.2). Deshalb erreichen die Erdoberfläche und ihre umgebende Atmosphäre (in der Wetterhütte) eine relativ hohe mittlere Temperatur, die im globalen Mittel ca. 15°C beträgt. Ohne Atmosphäre und somit ohne den natürlichen Treibhauseffekt würde die Erde nur durch die solare Einstrahlung auf der Querschnittsfläche abzüglich der planetaren Albedo

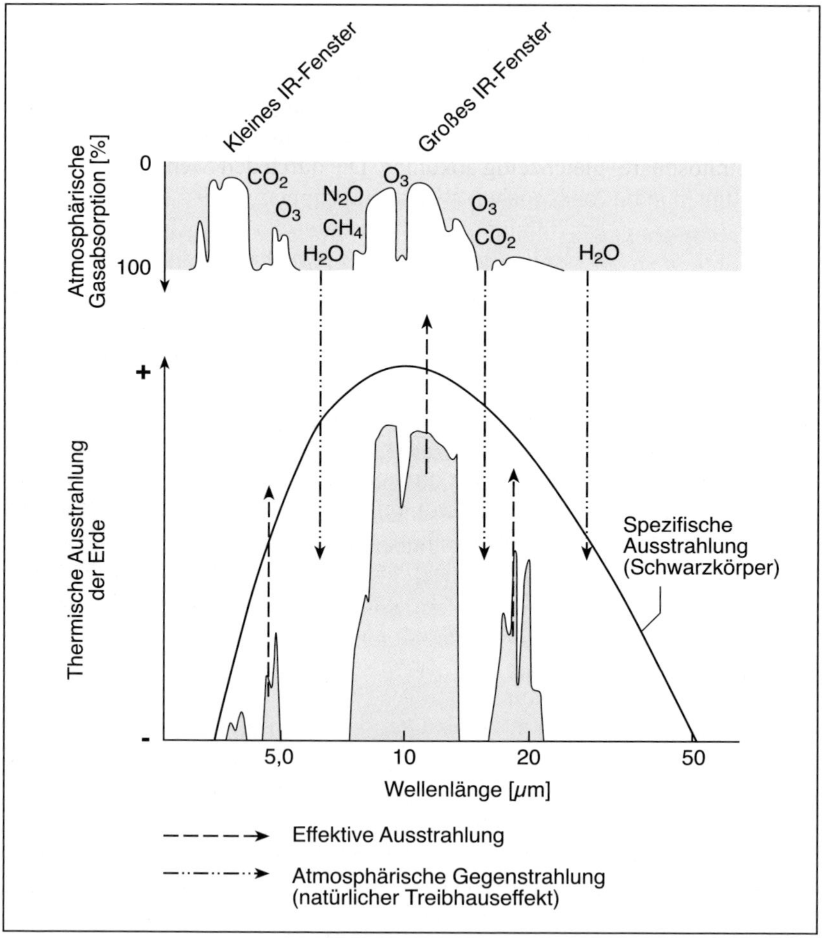

Abb. 3.13: Schematische Darstellung des natürlichen Treibhauseffekts bei wolkenfreier Atmosphäre

erwärmt werden können. Durch Umformen der STEFAN-BOLTZMANNschen Gleichung kann die Schwarzkörpertemperatur der Erde ohne Atmosphäre vereinfacht wie folgt bestimmt werden:

$$T = \sqrt[4]{\frac{(I + D) \cdot (1 - \alpha)}{4 \cdot \sigma}} = \sqrt[4]{\frac{1368 \cdot 0{,}7}{4 \cdot 5{,}6697 \cdot 10^{-8}}} = 255\ \text{K} = -18°\text{C}$$

Der natürliche Treibhauseffekt liegt demnach in einer Größenordnung von 33°C.

Erhöht man den Anteil klimawirksamer Gase in der Atmosphäre durch menschliche Aktivität wie z.B. Verbrennungsprozesse (CO_2) oder andere Emissionen (FCKW), so kommt es zwangsläufig zu einer Erhöhung der atmosphärischen Gegenstrahlung, die zu einer Erwärmung der unteren Troposphäre führt. Aus Gründen einer ausgeglichenen Bilanz muss sich die höhere Atmosphäre (Stratosphäre) gleichzeitig abkühlen. Die durch den Menschen hervorgerufene Zunahme der bodennahen Weltmitteltemperatur wird auch als *anthropogener Treibhauseffekt* bezeichnet und beträgt nach der Auswertung globaler Temperaturmessungen der Periode 1861-1993 etwa 0,5 ± 0,15 K (SCHÖNWIESE 1996). Obwohl der anthropogene gegenüber dem natürlichen Treibhauseffekt relativ gering ausfällt, befürchtet man, dass der schnelle, exponentielle Anstieg durch den menschlichen Eingriff zumindest seit der Industrialisierung eine *zu rasche* Erwärmung zur Folge haben kann, deren Einfluss auf die atmosphärische Zirkulation unbestreitbar ist (vgl. Kap. 16.4).

Allerdings sind *Rückkopplungseffekte* einer Erwärmung auf zentrale Elemente des Strahlungshaushalts noch weitgehend unbekannt. Schlüsselrollen nehmen der atmosphärische Wasserdampfgehalt und die Wolkenbildung ein, da beide Faktoren die atmosphärische Gegenstrahlung erhöhen. Grundsätzlich ist bei einer Temperaturerhöhung weltweit mit verstärkter Verdunstung, Konvektion und Wolkenbildung zu rechnen. Je nachdem, welche Wolken gebildet werden, kann der anthropogene Treibhauseffekt noch verstärkt, aber auch abgeschwächt werden. Eine höhere Frequenz niedriger stratiformer Wolken hätte wohl eher eine abkühlende Wirkung, da sie die planetare Albedo großflächig erhöhen und damit die kurzwellige Globalstrahlung abschwächen würden. Zwar findet auch eine Erhöhung der atmosphärischen Gegenstrahlung statt, da die niedrigliegende Wolkenobergrenze aber eine relativ hohe Temperatur und damit hohe langwellige Strahlungsverluste aufweist, kann die positive Differenz aus Gegenstrahlung an der Wolkenbasis und Ausstrahlung an der Wolkenobergrenze den negativen thermischen Effekt aus der Erhöhung der planetaren Albedo nicht kompensieren. Völlig anders ist die Situation bei einer größeren Häufigkeit hochreichender konvektiver Bewölkung. Die planetare Albedo wird wegen der begrenzten Flächenausdehnung nicht nennenswert gesteigert, die atmosphärische Gegenstrahlung aber durch die positive Bilanz aus einer erhöhten Gegenstrahlung an der warmen, tiefliegenden Wolkenbasis gegenüber einer deutlich reduzierten Wärmeabstrahlung an der kalten, hochliegenden Wolkenobergrenze signifikant erhöht. Die Unsicherheiten bei der Prognose des Treibhauseffekts durch das sogenannte *Cloud Forcing* (positiver bzw. negativer Einfluss auf den Strahlungshaushalt) reichen im Zusammenhang mit der Erhöhung des atmosphärischen Wasserdampfgehalts von einer Zunahme des anthropogenen Treibhauseffekts um bis zu 4 K bis hin zu einer Abschwächung um 0,5 K (s. dazu SCHÖNWIESE 1996).

3.5.3 Strahlungsbilanz und Wärmehaushalt

Betrachtet man die drei Bilanzebenen des globalen Strahlungshaushaltes (Abb. 3.12), so ergeben sich folgende Bilanzen (terrestrische Bilanzgrößen sind kursiv gesetzt):

(a) Erdoberfläche:	+23+28+*93-114* =	+30%
(b) Atmosphäre:	+15+4+*108-93-64* =	-30%
(c) Weltraum:	-100+26+4+*64+6*=	0%

Während die Bilanz an der Obergrenze der Atmosphäre ausgeglichen ist, ergibt sich ein Strahlungsüberschuss von 30% an der Erdoberfläche, der einem Defizit in der Atmosphäre von –30% gegenübersteht. Alleine aus der Strahlungsbilanz müsste sich die Atmosphäre immer weiter abkühlen, die Erdoberfläche immer weiter erwärmen. Da eine ausgeglichene Bilanz zwischen Erdoberfläche und Atmosphäre durch kurz- und langwellige Strahlungsflüsse nicht gegeben ist, andererseits auch keine kontinuierliche Erwärmung bzw. Abkühlung auf den beiden Bilanzebenen beobachtet werden kann, muss der energetische Gradient durch andere Mechanismen der Energieübertragung überwunden werden. Der Ausgleich wird in der realen Atmosphäre durch den *turbulenten Wärmetransport* gewährleistet. Damit sind Strahlungshaushalt und Wärmehaushalt eng miteinander verwoben. Der Strom fühlbarer Wärme (L) ist mit 7% weniger bedeutend als der latente Wärmestrom (V), der mit einem Anteil von 23% die Bedeutung des atmosphärischen Wasserhaushalts für den Energiehaushalt im System Erde-Atmosphäre deutlich vor Augen führt.

3.6 Die regionale Differenzierung von Globalstrahlung und Strahlungsbilanz

3.6.1 Die regionale Differenzierung der Globalstrahlung

Für die Verteilung der Globalstrahlung an der Erdoberfläche sind der Wasserdampfgehalt sowie die Bewölkungsverhältnisse und das daraus resultierende Verhältnis direkter und diffuser Einstrahlung von großer Bedeutung. Bezogen auf den jeweiligen Breitenkreis erhalten die Festlandsbereiche in den mittleren und hohen Breiten etwas mehr Globalstrahlung als die benachbarten Meeresflächen, da über den Meeren der generell höhere Wasserdampfgehalt sowie häufiger auftretende Wolkenbedeckung die Reflexion der Atmosphäre erhöhen (Abb. 3.14). Ausnahme bilden die Bereiche der subtropischen Hochdruckzellen (z.B. Azorenhoch), wo über den Meeresflächen aufgrund von Wolkenarmmut höhere Strahlungssummen erreicht werden.

Einen vergleichsweise hohen Strahlungsgenuss erhalten die durch einen geringen Wasserdampfgehalt der Atmosphäre, ein deutlich reduziertes Bewölkungsaufkommen und einen relativ hohen Sonnenstand im Jahresverlauf gekennzeichneten subtropischen Trockengebiete der Erde (Namib, Kalifornien, Atacama etc.). Maximale Werte werden über der Sahara erreicht. Die feuchten äquatorialen Tropen fallen aufgrund der hohen Bewölkungsintensität trotz ganzjährig hochstehender Sonne deutlich zurück. Der Anteil der direkten Globalstrahlung beträgt dort im Jahresmittel höchstens 60%. Zur randtropisch-subtropischen Trockenzone hin steigt er rasch bis auf 75% und kann in der winterlichen Trockenzeit noch höhere Werte annehmen. Die Hochgebirge der niederen Breiten zeichnen sich aufgrund der kürzeren Weglänge der Solarstrahlung durch die Atmosphäre und der wegen ihrer Höhenlage reduzierten atmosphärischen Wasserdampfkonzentration (= geringe Extinktion) durch hohe direkte Einstrahlung aus. Die starke Bewölkung der Mittelbreiten und der zunehmende Wasserdampfgehalt in maritimen Bereichen verändert das Verhältnis wieder zu Gunsten des diffusen Strahlungsanteils. In den mittleren Breiten herrschen im Mittel ausgeglichene Verhältnisse, wie auch im Durchschnitt des Jahres im Nordpolargebiet. Im Gegensatz dazu ist der Anteil direkter Sonnenstrahlung auf dem antarktischen Kontinent wegen seiner Wolkenarmut und dem geringeren Wasserdampfgehalt der Luft etwas höher (Abb. 3.14).

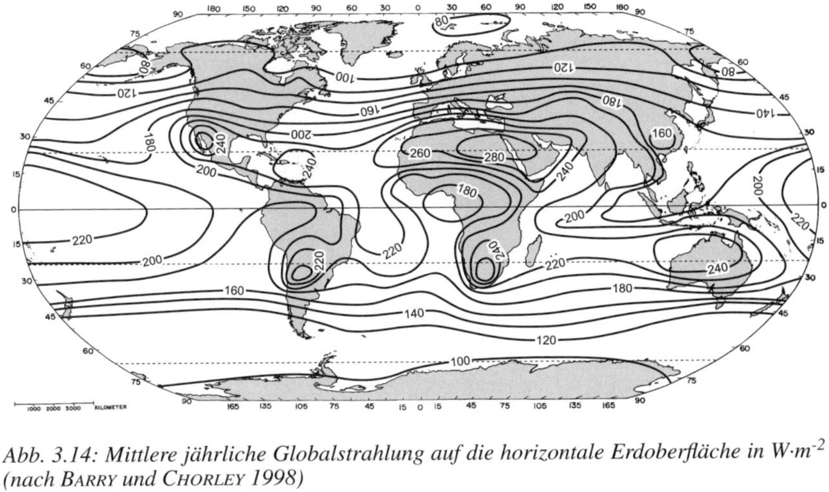

Abb. 3.14: Mittlere jährliche Globalstrahlung auf die horizontale Erdoberfläche in W·m^{-2} (nach BARRY *und* CHORLEY *1998)*

3.6.2 Die regionale Differenzierung der Strahlungsbilanz an der Obergrenze der Atmosphäre

Die Weltkarte der Strahlungsbilanz an der Obergrenze der Atmosphäre (Abb. 3.15) stellt die Regionalisierung der globalen Strahlungsbilanz aus Abbildung 3.12 dar. Die im globalen Schema ausgeglichene Bilanz an der Obergrenze der Atmosphäre steht einer sich vor allem zonal ändernden Raumstruktur von positiven und negativen Bilanzwerten gegenüber. Wie auch in der Karte der Globalstrahlung (Abb. 3.2) zeigt sich eine Abnahme der Werte mit der geographischen Breite, weil die Sonnenstrahlung mit der polwärtigen Abnahme der Sonnenhöhe ab- und gleichzeitig die Extinktion mit dem längeren Weg durch die Atmosphäre zunimmt. Die Strahlungsbilanz wird ab etwa 40° südlicher und nördlicher Breite negativ, wobei die Linienführung der 0 W·m^{-2} Isolinie auf der Nordhalbkugel aufgrund der Land-Wasserverteilung weniger zonal ausfällt. Regionale Abweichungen im Verlauf der Isolinien ergeben sich aus den unterschiedlichen atmosphärischen Wasserdampfgehalten und der Bewölkung in ihrer Wirkung auf die effektive Ausstrahlung bzw. die atmosphärische Reflexion sowie durch die unterschiedliche Albedo von Land und Meer.

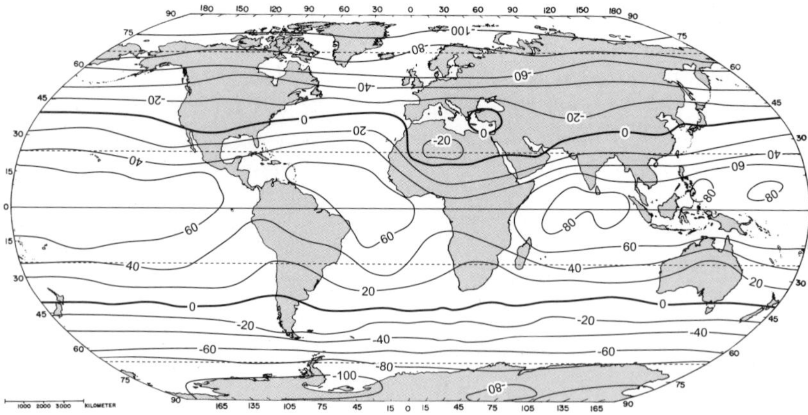

Abb. 3.15: Mittlere jährliche Strahlungsbilanz an der Obergrenze der Atmosphäre in W·m^{-2} (nach BARRY *und* CHORLEY *1998)*

Die Strahlungsbilanz ist zwischen dem Meer und dem Festland sehr unterschiedlich. Auf der gesamten Erde besitzen die Ozeanflächen eine günstigere Bilanz als die Kontinentalgebiete gleicher Breite, eine Folge der geringeren Albedo von Wasserflächen und der größeren Gegenstrahlung der wasserdampfreichen Atmosphäre der Meere. Dies führt zu einer Steigerung der Absorption der Strahlung und außerdem zur Hemmung der effektiven Ausstrahlung.

Die *Maxima* der Strahlungsbilanz und der Globalstrahlung liegen nicht in den gleichen Räumen. Die Bilanz hat in den tropischen Ozeanen ihr Maximum, das der Globalstrahlung tritt in den wolkenarmen, randtropisch-subtropischen Trockengebieten über den Kontinenten auf. Die Bilanz ist hier wegen der starken effektiven Ausstrahlung und dem extrem niedrigen Wasserdampfgehalt der Luft besonders ungünstig. Die Gesamtbilanz der Sahara ist z.B. trotz maximaler Globalstrahlung negativ. Nur über dem östlichen Mittelmeer finden sich nochmals leicht positive Werte.

In den *Subtropen*, um 40° Breite, beginnt ein starkes Gefälle, das gegen die Polargebiete hin ein Absinken der Werte bis zum sechsfachen verursacht. In den *polaren* Breiten treten durch hohe Albedowerte von Eis und Schnee markante Rückstrahlungsverluste auf, die die Jahresbilanz stark erniedrigen.

Die Bilanzkarte drückt insgesamt aus, dass sich die Tropen bei einer ganzjährig positiven Bilanz immer weiter erwärmen müssten, während sich die höheren Breiten jenseits der 0 $W \cdot m^{-2}$ Bilanzlinie zunehmend abkühlen würden. Analog zum Schema der globalen Strahlungsbilanz (Bilanzgradient zwischen Erdoberfläche und Atmosphäre) entspricht dieses Verhalten nicht den realen Verhältnissen im Klimasystem. Ein Ausgleich der Gradienten muss also ebenfalls durch andere Mechanismen der Energieübertragung stattfinden. Wiederum spielen die Flüsse der fühlbaren und latenten Wärme eine entscheidende Rolle für den Ausgleich. Da aber nun horizontale Austauschbewegungen, also der Transport von Luftmasseneigenschaften (Wärme, Luftfeuchte) durch das globale Windfeld, notwendig werden, bilden die Gradienten zwischen den tropisch-positiven und außertropisch-negativen Bilanzwerten den energetischen Antrieb für die Ausbildung der globalen atmosphärischen Zirkulation.

3.6.3 Jahres- und Tagesgänge der Strahlungsbilanz an der Erdoberfläche

Der Verlauf der jährlichen und täglichen Strahlungsbilanz an der Erdoberfläche lässt sich in Strahlungsisoplethen darstellen (Kessler 1973). Die Diagramme (Abb. 3.16) zeigen typische Muster der Verteilung der mittleren Tages- und Jahresgänge der Strahlungsbilanz als Ausdruck der einzelnen die Strahlungsbilanz beeinflussenden Parameter an Stationen in den großen Klimagürteln.

Yangambi repräsentiert den täglichen und jährlichen Strahlungsbilanzgang einer feuchten tropischen Äquatorialstation, die den Niederschlags- und Bewölkungsgang widerspiegelt. In der relativen Trockenzeit im Februar/März werden die höchsten Bilanzwerte zwischen 40 und 45 $cal \cdot cm^{-2} \cdot h^{-1}$ gemessen, während in der Regenzeit die Werte absinken. Der gleichmäßige Tagesgang mit dem Übertritt zu positiven Tageswerten zwischen 6.00 und 7.00 Uhr morgens und negativen Nachtwerten zwischen 17.00 und 18.00 Uhr

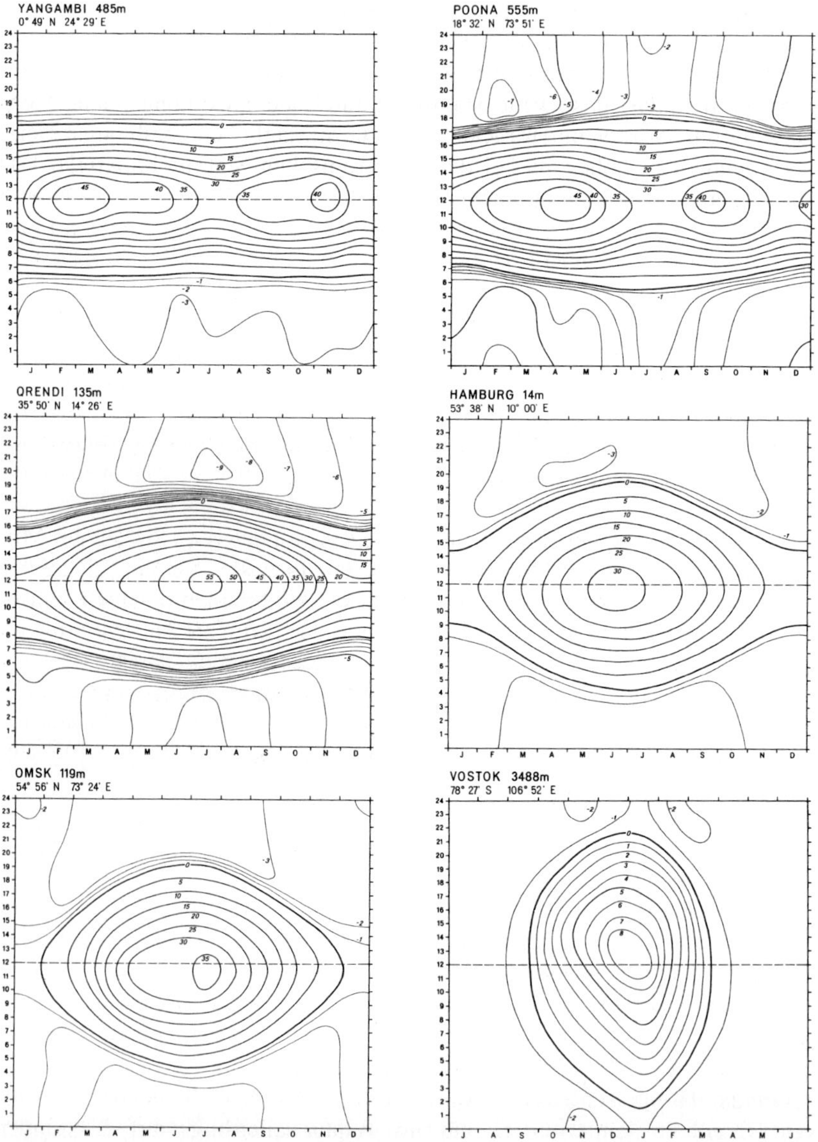

Abb. 3.16: Mittlere tägliche und jährliche Schwankung der Nettostrahlung an der Erdoberfläche in cal·cm^{-2}·h^{-1} (Strahlungsisoplethen nach KESSLER *1973)*

unterstreicht die Regelmäßigkeit des Diagrammbildes. Der Bewölkungsgang bestimmt die auftretenden Maxima zur Mittagszeit.

Anders ist dies bei der randtropischen Monsunstation *Poona* (Indien). Hier wird deutlich, dass das zweite Maximum durch die bewölkungsreiche Monsunwitterung stärker unterdrückt wird. Die mittäglichen Strahlungsbilanzwerte sind nicht höher als bei der innertropischen Station *Yangambi*. Das trockenzeitliche Strahlungswetter im kühleren Winterhalbjahr von Oktober bis März verursacht nächtliche Energiedefizite zugleich in der heißen Frühjahrszeit vor dem Monsunausbruch, aber auch die höchsten Strahlungswerte mit >45 $cal \cdot cm^{-2} \cdot h^{-1}$.

Die kontinentale Subtropenstation *Qrendi* (Malta) mit sommerlicher, strahlungsreicher Trockenzeit zeigt die gegensätzlichsten täglichen Bilanzwerte mit 55 $cal \cdot cm^{-2} \cdot h^{-1}$ und -9 $cal \cdot cm^{-2} \cdot h^{-1}$ bereits in den späten Abendstunden um 20.00 Uhr. Im Winter dämpft die Bewölkung der mediterranen Subtropen die nächtliche Ausstrahlung, so dass die Bilanz ausgeglichener ist. Es tritt nur ein Strahlungsbilanzmaximum zur Zeit des Sonnenhochstandes auf.

Hamburg vertritt den Typ der feuchten, maritim getönten Station der Mittelbreiten. Das Ausstrahlungsmaximum im Frühjahr kommt durch ein Bewölkungsminimum im Zusammenhang mit Einbrüchen polarer Kaltluftmassen und geringem Wasserdampfgehalt der Atmosphäre im Frühjahr zustande. Der Jahresgang entspricht sonst dem Sonnengang. Die hohen Defizite im Winter sind durch die geringe Tageslänge und den tiefen Sonnenstand geprägt.

Den kontinentalen, borealen Typ repräsentiert die Station *Omsk*. Bedingt durch den hohen Albedowert der Schnee- und Eisoberflächen nimmt der Winter stärkeren Einfluss auf das Kurvenbild, so dass die Strahlungsbilanz im Winter ganztags negativ ist. Als kontinentale Station erreicht die sommerliche Bilanz höhere Werte als *Hamburg*.

An der Inlandeisstation *Wostok* (Antarktis) bleiben – bei den äußerst niedrigen Oberflächentemperaturen und trotz des minimalen Wasserdampfgehaltes – die Ausstrahlungswerte relativ gering. In den einstrahlungslosen Wintermonaten schwankt die Strahlungsbilanz kaum, und die sommerliche Einstrahlung erreicht keine Rekordwerte.

Die täglichen Schwankungen bleiben in *Hamburg* wie in *Omsk* hinter denen der Tropen zurück, obwohl im Sommer bis zu 14 Stunden mit positiver Bilanz erreicht werden, die im Winter allerdings auf 5 Stunden (2 $cal \cdot cm^{-2} \cdot h^{-1}$ täglich) zurückgehen. Der Jahreszeitenwechsel ist bedeutend größer als der Tageszeitenwechsel.

4 Wärmehaushalt

4.1 Wärmebilanz

Die Energiedefizite zwischen Erde und Atmosphäre einerseits sowie niedrigen und hohen Breiten andererseits erfordern Energietransporte, durch die eine ausgeglichene Bilanz gewährleistet werden kann. Der *direkte vertikale* und *indirekte laterale* Ausgleich erfolgt maßgeblich durch den Transport von Wärme in unterschiedlicher Form und kann durch die Wärmebilanzgleichung (z.B. nach FLOHN 1968) beschrieben werden.

$$O = S \pm L \pm V \pm B \pm M \pm Se \pm N \pm R \pm Bio$$

S = *Strahlungsbilanz, L = Fühlbarer Wärmestrom, V = Latenter Wärmestrom, B = Bodenwärmestrom, M = Meeres-Wärmestrom, Se = Wärmestrom Schnee-Eis, N = Wärmestrom an fallenden Niederschlagsteilchen, R = Reibungswärmestrom, Bio = Biologischer Energieumsatz*

Die *fühlbare (sensible)* (L) und *latente (verborgene) Wärme* (V) sind aufgrund ihrer Größenordnung die herausragenden Glieder im Wärmehaushalt und werden vertikal direkt maßgeblich durch turbulenten Transport bzw. horizontal indirekt durch die windgesteuerte Verlagerung von Luftpaketen ausgetauscht. Im erdweiten Mittel überwiegt der Wärmetransport beider Wärmeformen in die Atmosphäre.

Der Wärmetransport in den Boden (B) durch molekulare Wärmeleitung hängt von der Wärmeleitfähigkeit (i.A. des Wassergehalts) des Bodens und von den Temperaturgradienten im Boden ab. Der Bodenwärmestrom endet in seiner täglichen Schwankung bei 50-100 cm, in den Tropen bereits bei 30 cm, in den Mittelbreiten bei etwa 80 bis 100 cm.

Der Wärmestrom im Meer und damit die energetische Kopplung von Atmosphäre und Ozean (M) wird vor allem vom turbulenten Wärmeaustausch besorgt, da erwärmtes Oberflächenwasser durch Verwirbelungen der Strömung (Wellen etc.) in tiefere Schichten bzw. kälteres Tiefenwasser ins Oberflächenwasser eingemischt werden kann. Die Transmission von Wasserflächen für Sonnenstrahlung sorgt weiterhin dafür, dass ein größeres Volumen durch Transport und Absorption von solarer Strahlungsenergie in tieferen Schichten erwärmt werden kann. Der vertikale turbulente Austausch wirkt bis in ca. 100 m Meerestiefe. Tagesschwankungen sind sehr gering, Jahresschwankungen hingegen größer. Das liegt an der *spezifischen Wärmekapazität* (= materialspezifische Konstante) von Wasser, die wesentlich höher ist, als von Luft oder festländischen Oberflächen. Damit 1 kg Wasser um ein Grad erwärmt (bzw. abgekühlt) werden kann, müssen 4,19 kJ Energie zugeführt (bzw. abgegeben) werden (4,19 $kJ \cdot kg^{-1} \cdot K^{-1}$). Im Gegensatz dazu weist Luft eine gegenüber Wasser mehr als vierfach kleinere Wärmekapazität (1,004 $kJ \cdot kg^{-1} \cdot K^{-1}$) und Granit einen etwa um den Faktor 5 (0,8 $kJ \cdot kg^{-1} \cdot K^{-1}$) reduzierten Wert auf. Damit müssen Wasserflächen thermisch wesentlich träger reagieren, als die Luft und das Festland, können aber auch besser Wärme über längere Zeiträume speichern.

Der Wärmeverbrauch beim Schmelzen von Eis und Schnee (Se) betrifft großräumig besonders die Polargebiete. Die notwendige Wärmemenge zur Erwärmung des fallenden Niederschlags (N), wie auch die Wärmezufuhr durch die Reibung des Windes (R) und der Energieumsatz durch biologische Vorgänge (Biol) machen im ganzen nicht einmal 4% der Strahlungsenergie aus. Insgesamt werden für die biologischen Energieumsetzungen, z.B. für die Photosynthese, die für das Leben auf der Erde von fundamentaler Bedeutung sind, nur etwa 2% der Nettostrahlung benötigt.

4.2 Wärmebilanz im Tagesgang

Der Wärmeumsatz im Tagesgang folgt grundsätzlich der tageszeitlichen Verteilung der Strahlungsbilanz und ist für einen semiariden Bereich in Abbildung 4.1 beispielhaft dargestellt.

Am Tag ist die Strahlungsbilanz positiv. Einbrüche über den Tag erfolgen durch ein Niederschlagsereignis und die damit einhergehende Reduktion der Globalstrahlung aufgrund von Wolkenbildung (2.11.1981). Der fühlbare und latente Wärmestrom von der Erdoberfläche in die Atmosphäre zeigt an einem Strahlungstag (7.11.1981) Tagesmaxima zur ähnlichen Zeit wie die Strahlungsbilanz. Der fühlbare Wärmestrom hinkt dem latenten Strom etwas nach, da zuerst Energie für die Verdunstung aufgewendet wird und erst bei Nachlassen der Verdunstungsleistung durch fehlenden Wassernachschub aus dem Bodenspeicher die Strahlung in fühlbare Wärme umgesetzt werden kann. An Regentagen oszilliert der fühlbare Wärmestrom in die Atmosphäre um Null, während der latente Wärmestrom weiterhin parallel zur Strahlungsbilanz ver-

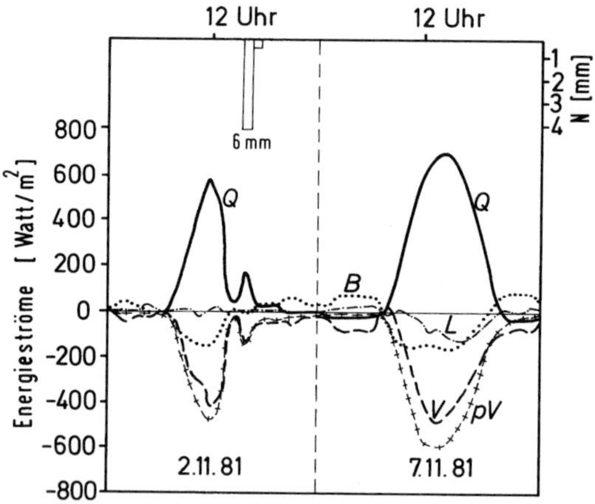

Abb. 4.1: Tagesgang des Energieumsatzes im semiariden Bereich der Sierra de Córdoba (Argentinien) zu Beginn der Regenzeit; links: Beeinflusst durch ein intensives Niederschlagsereignis; rechts: Schönwettertag (verändert nach NIEMANN *und* RUHE *1984), (Q = Strahlungsbilanz an der Erdoberfläche, B = Bodenwärmestrom, negativ in den Boden, positiv in Richtung Grenzfläche Boden-Atmosphäre, L = Fühlbarer Wärmestrom, vertikal aufsteigend negativ, vertikal absteigend positiv, V = Latenter Wärmestrom vertikal aufsteigend negativ, vertikal absteigend positiv, pV = Potentielle Evapotranspiration)*

läuft. Bei fehlender Einstrahlung (Regenereignis 2.11.1998) bricht der latente Wärmestrom zusammen, da die zur Verdunstung notwendige Energie aus der Strahlungsbilanz fehlt.

Nachts gibt der Boden bei schwach negativer Strahlungsbilanz Wärme an die Atmosphäre ab, d.h. im Boden kommt es zu einem Wärmefluss in Richtung Bodenoberfläche (positiver Bodenwärmefluss). Der latente Wärmestrom kommt strahlungsbedingt nahezu zum Erliegen. In Strahlungsnächten (z.B. 7.11.1981 nach Sonnenuntergang) kann der fühlbare Wärmestrom im Zusammenhang mit Temperaturinversionen leicht positive Werte annehmen. Die Zunahme der Temperatur mit der Höhe führt bei ausreichender turbulenter Durchmischung zu einem Transport von fühlbarer Wärme in Richtung Erdoberfläche.

4.3 Globale Ausprägung der Wärmebilanz

Für die globale Wärmebilanz ist die regionale Verteilung der direkten vertikalen Flüsse von fühlbarer und latenter Wärme von zentraler Bedeutung, da der vertikal-direkte Austauschpfad im System Erde-Atmosphäre die Grundlage für den indirekt-lateralen Austausch zwischen den Breitenkreisen bildet. Da 72% der Erdoberfläche von Meeren eingenommen werden, spielt der vertikale Transport von latenter Wärme die größere Rolle und nimmt mit ca. 80

bis 85% am globalen Wärmehaushalt teil (Abb. 4.2). Für die Nordhalbkugel mit der größten Ausdehnung der Festländer sinkt er im Durchschnitt jedoch auf 62% ab. In den Trockengebieten wird die Strahlungsenergie zur direkten Erwärmung der Luft verbraucht, so dass dort die fühlbare Wärme höher ist als die latente. Auf dem Meer hingegen werden fast 88% der Strahlungsbilanzenergie für den Transport latenter Wärme verbraucht und nur 12% für die direkte Erwärmung der Luft. In den Feuchtgebieten der Landflächen überwiegt hingegen wieder der Transport latenter Wärme bei weitem.

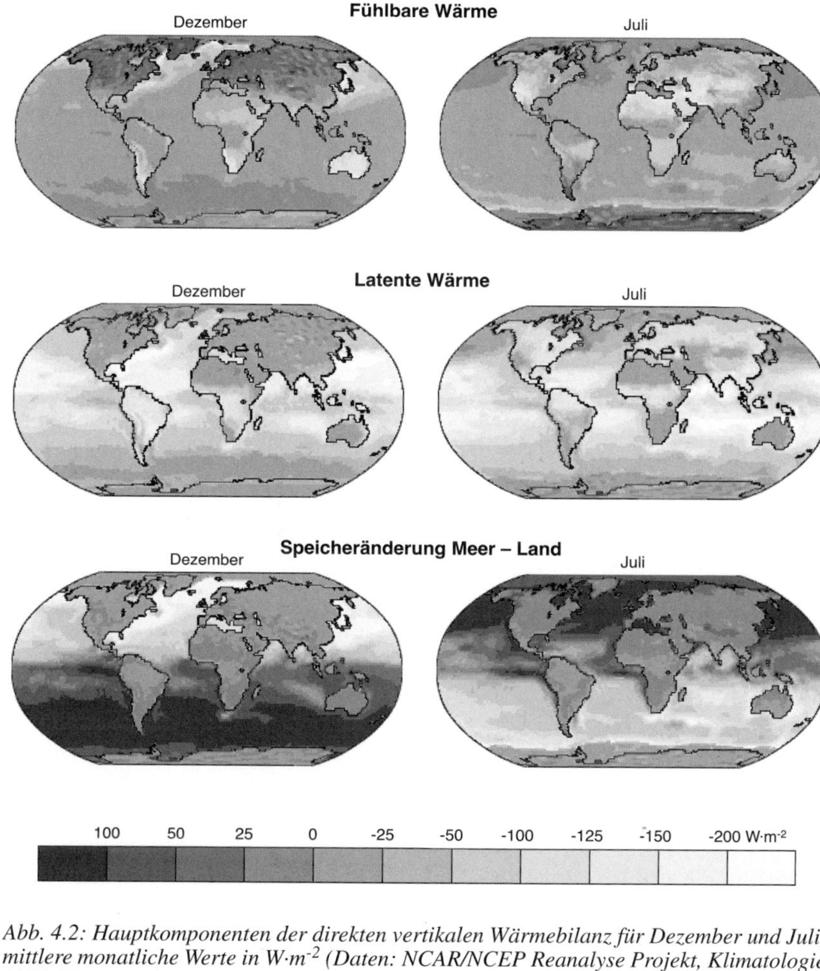

Abb. 4.2: Hauptkomponenten der direkten vertikalen Wärmebilanz für Dezember und Juli, mittlere monatliche Werte in W·m^{-2} (Daten: NCAR/NCEP Reanalyse Projekt, Klimatologie 1959-97). Negative Werte von L und V bedeuten Flüsse von der Erdoberfläche in die Atmosphäre, positive von der Atmosphäre zur Erdoberfläche. Für die Speicheränderung gilt: Auffüllen bei positiven, Entleeren bei negativen Werten.

Von Bedeutung ist auch die jahreszeitliche Änderung der marinen und kontinentalen Wärmespeicher. Auf der jeweiligen Sommerhalbkugel absorbieren die Ozeane großräumig Sonnenstrahlung und wärmen sich dementsprechend auf. Die Landflächen können aufgrund der niedrigeren Wärmekapazität insgesamt deutlich weniger Wärme speichern. Auf der Winterhalbkugel entleeren sich die Wärmespeicher wieder. Meer und Landflächen geben Wärme ab und nähren damit den vertikalen latenten und fühlbaren Wärmestrom. Dabei sind wiederum aufgrund der Wärmekapazität die Ozeanbereiche wesentlich effektiver. Besonders im Bereich der warmen Meersströmungen der höheren Breiten ist die Wärmeabgabe besonders auffallend.

4.3.1 Austausch fühlbarer Wärme

Die Erdoberfläche gibt vor allem im Bereich der Peplosphäre fühlbare Wärme direkt an die Atmosphäre ab. Abbildung 4.2 zeigt, dass die *vertikale Abgabe* von *fühlbarer Wärme* an die Atmosphäre besonders auf den *Festlandflächen* der jeweiligen Sommerhalbkugel einen hohen Stellenwert einnimmt. *Maximale negative Werte* (= Flüsse vertikal aufsteigend) erreicht sie in den wolkenlosen Gebieten der passatischen Trockenräume und in den ausgedehnten, hoch liegenden Heizflächen der randtropisch-subtropischen Trockengebiete (z.B. Hochland von Mexico, Altiplano von Bolivien, Hochland von Tibet und zentrale Rocky Mountains). Die höchsten Intensitäten positiver Flüsse (= vertikal absteigend) liegen in der außertropischen Westwindzone und jenseits der Polarkreise. Besonders in den arktischen und subarktischen Gebieten der jeweiligen Winterhalbkugel deuten positive Werte darauf hin, dass Wärmeflüsse aus der höheren Atmosphäre die bodennahen Schichten erwärmen. Auf der jeweiligen Sommerhalbkugel drehen sich die Verhältnisse nur teilweise um. Während in der Arktis aufgrund der Wasserunterlage größtenteils ein wenn auch schwach abwärts gerichteter Fluss fühlbarer Wärme erhalten bleibt, werden auf dem antarktischen Festland im Einzelfall (Küstensaum) sogar geringere Beträge fühlbarer Wärme an die Atmosphäre abgegeben.

Auf den *Ozeanen* ist die Erwärmung der Atmosphäre von der Unterlage durch den turbulenten vertikalen Fluss fühlbarer Wärme global gesehen kaum von Bedeutung. Nur im Bereich der wärmeren Meeresströmungen finden auf der jeweiligen Winterhalbkugel nennenswerte Flüsse fühlbarer Wärme in die Atmosphäre statt. Besonders hohe Werte werden auf der Nordhalbkugel im Winter erreicht (Golfstrom, Kuro-Schio, bis -200 $W \cdot m^{-2}$). Auf der Südhalbkugel werden -100 $W \cdot m^{-2}$ selten überschritten. Die kalten Meeresströmungen entziehen der Atmosphäre besonders auf der Sommerhalbkugel eher fühlbare Wärme.

Das Medium für den *horizontalen*, indirekten Transport fühlbarer Wärme ist im Jahresmittel die *atmosphärische Zirkulation*, weniger die Meeresströmungen (Abb. 4.3).

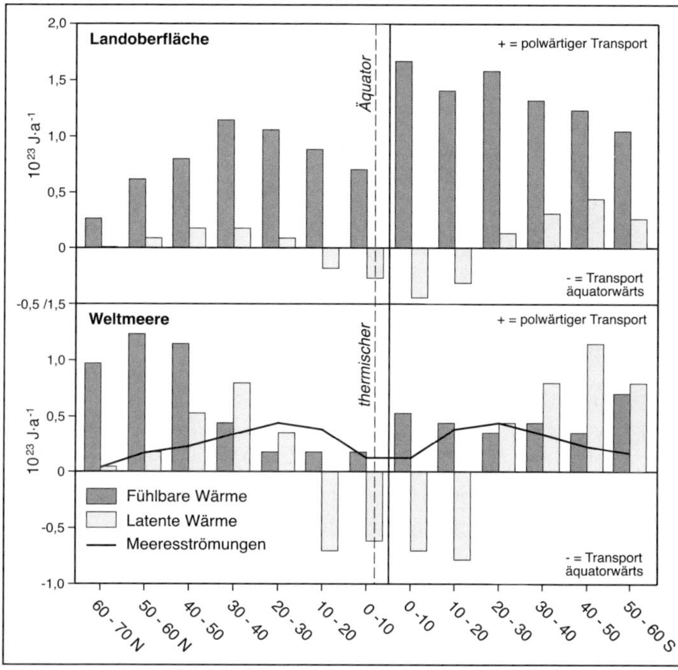

Abb. 4.3: Jahressumme des indirekten lateralen Wärmetransports (nach Daten aus Sellers *1965 und* Graedel *&* Crutzen *1994)*

Auf dem Festland wird fühlbare Wärme vorwiegend aus den äquatorialen Überschussgebieten in höhere Breiten transportiert. Dieser Prozess ist besonders gut auf der jeweiligen Winterhalbkugel ausgeprägt, während auf der Sommerhalbkugel (v.a. im Kernsommer) aufgrund der kleineren thermischen Gradienten zwischen Äquator und Polregionen (Polartag) nur noch wenig Energie durch laterale Wärmetransporte ausgetauscht wird. Der Transport von fühlbarer Wärme erfolgt in den Tropen (bis ~30° Breite) maßgeblich durch die Hadley-Zirkulation und in den Mittelbreiten vornehmlich durch Wellenstörungen in der Westdrift.

Die Intensität des fühlbaren Wärmetransports über der Landoberfläche ist auf der Südhalbkugel größer als auf der Nordhalbkugel. Da wegen der Land-Meer-Verteilung der thermische Äquator im Durchschnitt bei 5° Nord liegt, wird sogar fühlbare Wärme aus dieser Zone auf die Südhalbkugel transportiert, um einen thermischen Ausgleich zwischen der *kälteren* Wasserhalbkugel und der *wärmeren* Landhalbkugel herbeizuführen. Das Maximum dieses Transports liegt in den passatischen Trockenräumen beider Halbkugeln. Sekundäre Maxima treten in den inneren Tropen und in den Außertropen mit abnehmenden Werten gegen die Pole hin auf.

Die *Ozeane* sind in bezug auf den horizontalen Transport von fühlbarer Wärme zumindest auf der Südhalbkugel (Wasserhalbkugel) von untergeordneter Bedeutung. Austauschprozesse zwischen Meer und Land sind gering, gewisse Bedeutung haben sie nur als Wärmefluss vom Land zum Meer in den Wüstengürteln. Erst in höheren Breiten, jenseits von 40° Breite, spielt der Horizontaltransport von fühlbarer Wärme besonders auf der Nordhalbkugel (Maximum zwischen 50 und 60°N) eine größere Rolle. Die im Bereich der subtropischen Hochdruckzellen absorbierte Strahlungsenergie (20-30° Breite) wird mit warmen Meersströmungen polwärts verlagert. Aufgrund der anwachsenden Gradienten zwischen Meeresoberflächen- und Lufttemperatur wird fühlbare Wärme an die Atmosphäre abgegeben (Abb. 4.2) und mit der Luftströmung lateral verfrachtet.

4.3.2 Austausch latenter Wärme

Im Gegensatz zur fühlbaren Wärme sind die *Meere* die ergiebigste Quelle der latenten Wärme, da hier ständig Wasserdampf im Rahmen des großen Wasserkreislaufs in die Atmosphäre überführt wird (Abb. 4.2). Dabei ist der *vertikal-direkte Austausch* abhängig von der durch die Globalstrahlung gesteuerten Verdunstungsenergie und nimmt grundsätzlich in Richtung der Pole ab. Maximale Flüsse finden sich ganzjährig am Äquator und im Bereich der subtropischen Hochdruckzellen. Auf der Nordhalbkugel stellen die warmen Meeresströmungen im Winterhalbjahr zusätzlich Energie für die Verdunstung zur Verfügung, so dass die Gebiete hoher latenter Wärmeproduktion an den Westküsten der Kontinente weit nach Norden ausgreifen können. Mit Ausnahme der tropischen Regenwälder unterscheidet sich der vertikale latente Verdunstungswärmestrom in seiner Größenordnung deutlich zwischen Meer und Festland. In den äquatorialen Binnenzonen, wie dem Amazonas-Becken, dem Kongo-Becken, aber auch auf den Sunda-Inseln, wird der latente Wärmestrom zusätzlich aus dem kleinen Wasserkreislauf gespeist. Auf den Festlandflächen findet sich das Maximum der atmosphärengerichteten Flüsse daher im Bereich der inneren Tropen und in der außertropischen Westwinddrift der Sommerhalbkugel. Das *Minimum* der Abgabe von latenter Wärme ist naturgemäß in den wüstenhaften Trockengebieten der Erde ausgebildet, wie ebenso auch in den Kältewüsten des Polarraumes, wo die absolute Wasserdampfmenge gegen Null tendiert.

Der größte Teil des *indirekt horizontalen Transports* latenter Wärme erfolgt generell über dem Meer (Abb. 4.3). Wie bei der fühlbaren Wärme wird in den Tropen auch die latente Wärme maßgeblich durch die HADLEY-Zirkulation verlagert. Allerdings sind die Flüsse im Bereich 20°N-20°S gegen den Äquator gerichtet, wo die horizontal verfrachtete latente Wärme im Bereich der ITCZ konvergiert und in der Atmosphäre durch intensive Kondensation freigesetzt wird. Im Winterhalbjahr der Nordhalbkugel zeichnen in den Subtropen und Mittelbreiten mehrheitlich die wandernden Wellen (Zyklone der Westdrift) für den horizontalen polwärtigen Transport latenter Wärme verantwortlich. Nur im Sommerhalbjahr werden auch nennenswerte Mengen an latenter Energie im Bereich von 25-35°N durch stehende Wellen ausgetauscht (SPETH 1974). In den höheren Breiten unterscheiden sich Nord- und Südhalbkugel deutlich. Zwischen 30° und 60° Süd kommt es über den Landflächen zu einer kontinuierlichen Zunahme des horizontalen Austauschs von latenter Wärme, der auf der Nordhalbkugel nicht zu verzeichnen ist. Der Hauptgrund ist die gegen höhere Breiten abnehmende Landmasse und damit eine zunehmende Nähe zum Meer. Auch der horizontale latente Wärmetransport über dem Meer ist in den höheren Breiten der Südhalbkugel wesentlich deutlicher ausgeprägt, als auf der Nordhalbkugel.

5 Lufttemperatur

5.1 Begriff, Messung, Berechnung

Die *Lufttemperatur* ist eine zentrale klimatologische Beobachtungsgröße. Sie ist das Maß für den Wärmezustand der Luft, der im wesentlichen durch die turbulente Wärmeabgabe der Erdoberfläche bestimmt wird, gemessen unter Ausschaltung aller Strahlungseinflüsse. Die Temperatur ist definiert als die Summe der molekularen Bewegungsenergie in einem (Luft-) Körper. Diese Definition leitet sich aus der mechanischen Wärmetheorie ab:

$$T = \frac{\frac{m \cdot v^2}{2}}{\frac{3}{2} \cdot k} = \frac{m \cdot v^2}{3 \cdot k}$$

T = Absolute Temperatur [K], m = Masse [kg], v = Molekulare Geschwindigkeit [m·s^{-1}], k = Boltzmann-Konstante 1,381·10^{-23} [J·K^{-1}], m·v^2/2 = Kinetische Energie der Molekularbewegung [kg·m^2·s^{-2} = J]

Die Einheit der absoluten Temperatur-Skala ist nach internationaler Vereinbarung (SI) das *Kelvin* (K). Bewegen sich die Moleküle in einem (Luft-) Körper nicht mehr, d.h. die molekulare Geschwindigkeit (v) beträgt Null, wird der Term auf der rechten Seite der oben angeführten Gleichung gleich 0 und damit auch ihr Ergebnis, die Temperatur. Der absolute Nullpunkt in der Kelvin-Temperaturskala definiert also vollständige Ruhe der molekularen Bewegung. Er wird im System Erde-Atmosphäre allerdings nicht erreicht. Die Klevin-Skala als physikalisches Wärmemaß ist Basis der meisten Gleichungssysteme und findet zunehmend auch in der Klimatologie Verwendung.

Die ebenfalls in der Wetterkunde angewandte *Celsius-Skala* (°C) orientiert sich demgegenüber an den Änderungspunkten im Aggregatzustand von Wasser. Sie ist als abgeleitete Messgröße nach (SI) zugelassen. Ihr Nullpunkt ist die Schmelztemperatur des Eises (Gefrierpunkt 0°C), der zweite Fixpunkt ist der Siedepunkt des Wassers, beides bei normalem Luftdruck von 1013,2 hPa. Null Grad C entspricht einer absoluten Temperatur von 273,15 K (Kelvin), der Siedepunkt von Wasser (100°C) ergibt 373,15 K und der absolute Nullpunkt der Kelvin-Skala liegt bei –273,15°C. Damit sind die Einheiten beider Skalen gleich (1 K = 1°C), so dass sich eine einfache lineare Umrechnungsformel ergibt.

$$°C = K - 273{,}15 \text{ und } K = °C + 273{,}15$$

Die Lufttemperatur wird klassisch mit der Hilfe eines strahlungsgeschützten Flüssigkeits-Thermometers (Quecksilber, Alkohol) gewonnen. Das übliche Thermometer ist das *Quecksilber-Thermometer*, bei dem sich Quecksilber in einer feinen Glasröhre, ausgehend von einem Reservoir zu Beginn der Röhre, auf- und abwärts bewegen kann. Das Messprinzip von Flüssigkeitsthermometern basiert auf einer bekannten Volumenänderung der Flüssigkeit bei Temperaturzu- (Volumen der Flüssigkeit nimmt zu) oder –abnahme (Volumen der Flüssigkeit nimmt ab). An der Glasröhre ist eine geeichte Skala angebracht, mit deren Hilfe die Temperatur abgelesen wird. Quecksilber eignet sich für Messungen normaler und höherer Lufttemperaturen, erstarrt aber bei -38,9°C. Für niedrige Temperaturen (auch *Minimum-Thermometer*) werden mit Alkohol gefüllte Thermometer eingesetzt. Heute wird die Temperatur zunehmend auf elektronischem Weg bestimmt. Ein weit verbreitetes Messprinzip ist das *Widerstandsthermometer* (z.B. Pt-100=Platinum Resistance Thermometer oder das Thermistorprinzip). Bei einem Pt-100 Thermometer (nach DIN43760) ist die Temperaturänderung proportional zu dem elektrischen Widerstand eines Platin-Drahts. Der Widerstand bei 0°C beträgt genau 100 Ω. Eine Temperaturabnahme bedeutet eine Zunahme des Widerstands und umgekehrt. Der Widerstandswert wird mit einem mobilen Computer, einem sogenannten *Datalogger*, aufgezeichnet, mit einer in einem Klimalabor erstellten Kalibrierungsgleichung in den resultierenden Temperaturwert umgerechnet und digital abgespeichert. Der Vorteil Logger-gestützter Erfassungsgeräte gegenüber dem Einsatz von Flüssigkeitsthermometern, die mehrmals am Tag manuell abgelesen werden müssen, ist die kontinuierliche, automatische Messung der Temperatur in jedem beliebigen Zeitintervall (Sekunden bis Tageswerte).

Messungen der Lufttemperatur müssen weltweit unter genormten Bedingungen durchgeführt werden. Nur so sind die aufgenommenen Daten miteinander vergleichbar. Schon ein kleiner Messfehler von 0,5 K könnte Aussagen zum anthropogenen Treibhauseffekt (beobachtete Dimension ~0,5 K!, Kap. 3.5.2) sehr unsicher werden lassen. Neben einer regelmäßigen Eichung der Geräte müssen bei Flüssigkeitsthermometern besonders Ablesefehler vermieden werden. Vier Bedingungen der Messanordnung sollten für eine international vergleichbare Messung eingehalten werden: (a) Die Messstation soll auf kurzgeschnittenem Rasen möglichst horizontfrei (keine Beschattung des Standorts durch Bäume, Bauwerke, Berge etc.) aufgestellt werden. (b) Die Messung erfolgt in 2 m über der Geländeoberkante. (c) Gemessen wird die *Schattentemperatur*, d.h. der Sensor muss gegenüber der Sonnenstrahlung und der terrestrischen Wärmestrahlung geschützt sein (Strahlungsschutz). (d) Der Sensor muss gut ventiliert sein, d.h. die Luftmoleküle umströmen den Sensor kontinuierlich. Der zugeführte konstante Luftstrom sollte etwa 2-3 $m \cdot s^{-1}$ betragen.

Unter den angeführten Bedingungen misst das Thermometer die Lufttemperatur als turbulenten fühlbaren Wärmestrom von der Luft zum Thermometer. Dadurch werden alle anderen Störgrößen ausgeschlossen. Der Strahlungsschutz sorgt dafür, dass die Sonnenstrahlung und auch die von der Erdoberfläche ausgestrahlte Wärmestrahlung das Thermometer nicht erreichen. Wäre der Strahlungsschutz nicht vorhanden, würde die Flüssigkeit im Thermometer die Strahlung absorbieren und in Wärmeenergie umwandeln. Die damit einhergehende Volumenänderung wäre dann proportional zur Strahlungstemperatur des Thermometers, nicht aber zur Lufttemperatur. Eine ausreichende Ventilation des Thermometers ist Grundlage für einen ungestörten turbulenten Wärmefluss. Die Messhöhe von 2 m verhindert den Einfluss der molekularen Wärmeleitung vom Boden zum Thermometer und garantiert eine gute Ventilation, da der Reibungseinfluss der Erdoberfläche schon deutlich vermindert ist.

Je nach verwendetem Sensor und Messanordnung können unterschiedliche Systeme zur Temperaturmessung eingesetzt werden. Mit einem aspirierten Thermometer (ASSMANNsches Aspirationsthermometer) kann die Lufttemperatur mobil gemessen werden. Vom Prinzip befindet sich der Sensor (Quecksilber- oder Widerstandsthermometer) in einer hochglänzenden, gut reflektierenden Metallröhre (Strahlungsschutz). Durch einen Ventilator wird kontinuierlich Luft durch die Röhre am Thermometer vorbeigeführt (Ventilation). Beide Sensortypen können auch in einer weiß gestrichenen (Strahlungsschutz), mit Lamellen versehenen (Ventilation) Wetterhütte (*Englische Hütte*) installiert werden. Bei automatischen Klimastationen (Loggersysteme) wird das Widerstandsthermometer in der Regel mit einem becherförmigen Strahlungsschutz (Radiation Shield) aus Metall- oder weißen Kunststofflamellen bestückt.

Die gemessene Temperatur gibt nur den augenblicklichen Zustand wieder. Zum klimatologischen Vergleich müssen Mittelwerte gebildet werden. Das *wahre Tagesmittel* wird aus dem arithmetischen Mittel von 24-Stunden-Werten errechnet. Dazu bedarf es aber einer kontinuierlichen Temperaturaufzeichnung (z.B. Loggersystem). Mittelwertbildung aus 2 bzw. 3 Beobachtungsterminen sind üblich, wenn analoge Thermometer manuell abgelesen werden. In Deutschland werden zur Mittelung manuell abgelesener Temperaturen die *Mannheimer-Messzeiten* herangezogen, indem die Messwerte um 7:00 Uhr, 14:00 Uhr und 21:00 Uhr abgelesen werden. Der tägliche Mittelwert wird mit Hilfe von vier Messwerten (Summe der Werte um 7:00 Uhr, 14:00 Uhr und zweimal um 21:00 Uhr, dividiert durch 4) berechnet. In vielen Ländern der Erde wird auch die Summe aus Minimum- (Tmin) und Maximum-Ablesung (Tmax), dividiert durch 2, zur täglichen Mittelbildung herangezogen. Durch die Art der Mittelbildung kann es zu deutlichen Abweichungen zum wahren Tagesmittel kommen (s. Abb. 5.1). Die Art der Temperaturaufnahme und der täglichen Mittelbildung ist daher ein wichtiges Qualitätskriterium für die weltweite Vergleichbarkeit von Temperaturdaten. Abweichungen bis zu 2°C vom wahren Temperaturmittel vor allem in tropischen Räumen sind möglich.

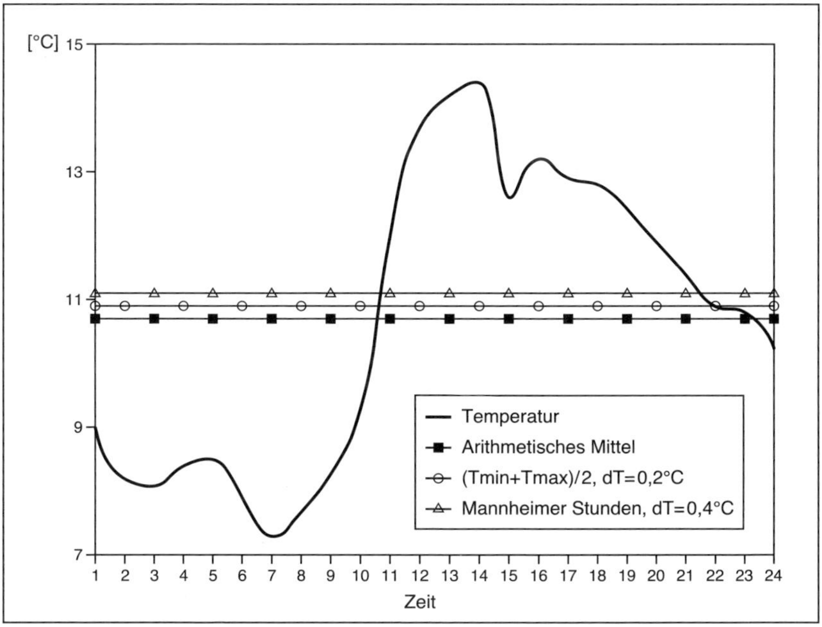

Abb. 5.1: Effekt der unterschiedlichen Mittelbildung auf den Temperaturmittelwert einer stündlichen Messreihe aus dem Lötschental

Die *Monatsmittel* der Temperatur werden im allgemeinen aus der Summe der Tagesmittel dividiert durch die Anzahl der Tage des Monats gebildet. Das Jahresmittel errechnet sich aus den Monatmitteln.

5.2 Zeitliche und räumliche Variation der Lufttemperatur

5.2.1 Tagesgang der Temperatur

Der Tagesgang der Temperatur (Abb. 5.2) wird von der Einwirkung der Einstrahlung bei Tag in Abhängigkeit vom Gang der Sonne und der terrestrischen Ausstrahlung bei Tag und Nacht bestimmt. Das Minimum der Kurve tritt im allgemeinen um den Sonnenaufgang ein, die Zeit der stärksten Abkühlung, zu der die langwellige Ausstrahlung ihren Höchstwert erreicht und die tägliche Einstrahlung erst beginnt. Das Maximum liegt kurz nach dem Sonnenhöchststand (ca. 14.00-15.00 Uhr), zu dem die Einstrahlung ihren Höchstwert erreicht.

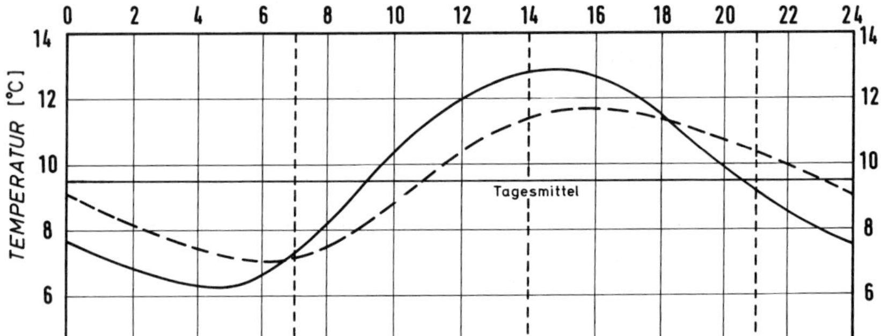

Abb. 5.2: Täglicher Gang der Temperatur im Jahresmittel an der Bodenstation (durchgezogen) und auf der Spitze des Straßburger Münsters (gestrichelt) nach HANN/SÜRING *1939. Zusätzlich sind die Beobachtungstermine (Mannheimer Zeiten) eingetragen.*

Hin zu größeren Höhen (Kirchturmspitze) verzögern sich die Eintrittstermine von Temperaturminimum und –maximum, weil sich die thermischen Prozesse in Bodennähe erst nach dem Ablauf turbulenter Austauschvorgänge auswirken können. Auch die Temperaturamplitude, also die Spannweite zwischen erreichtem Minimum und Maximum, nimmt ab, da die energetischen Umsatzprozesse (v.a. Absorption, Umwandlung in Wärmeenergie etc.) im Bereich der Bodenoberfläche deutlich intensiver sind, als in größerer Höhe. Die Klimafaktoren eines Standorts (Albedo der Unterlage, Relief) können die Ausprägung und tägliche Amplitude der Lufttemperatur auf *kleinem Raum* modifizieren.

Im *globalen Maßstab* nimmt die tägliche Temperaturschwankung wegen der Abnahme der Wärmezufuhr von den niederen zu den höheren Breiten von ca. 10 bis 15 K im Randtropen-Bereich auf 1 K im Polar-Gebiet ab. In den immerfeuchten Tropen erreicht sie jedoch nur Höchstwerte zwischen 1-5 K wegen der hohen Umsetzungsraten in latente Wärme. In den gemäßigten und subpolaren Breiten ist sie in den Binnenländern relativ hoch, auf den großen Flächen der Ozeane gering, da das Wasser sich langsamer erwärmt und die aufgenommene Wärme langsamer wieder abgibt. Zugleich kommt es auch zur Verzögerung der Maxima und Minima.

Die Tagesamplitude vermindert sich mit steigender Meereshöhe im globalen wie lokalen Maßstab. Freie Gipfel haben wegen der geringen Erwärmungsfläche eine geringe Tagesamplitude, fast wie in der freien Atmosphäre. Auf der Zugspitze beträgt sie in einer Höhe von 2.996 m nur 2 K. Die Tagesamplitude kann durchaus zunehmen, z.B. auf den hochliegenden Heizflächen der breitausgedehnten trockenen Gebirgsplateaus wie in Tibet, dem Altiplano von Bolivien und in den zentralen Teilen der Rocky Mountains, mit sehr hohen Tagesschwankungen bis auf 50 K.

5.2.2 Jährliche Temperaturschwankung – Typen des Jahresgangs der Temperatur

Unter der jährlichen Temperaturschwankung versteht man die Differenz zwischen dem höchsten und dem niedrigsten Monatsmittel. Als Grundregel kann gelten, dass im globalen Mittel die *Jahresamplitude* mit der geographischen Breite zunimmt, umgekehrt wie die Tagesamplitude. Die größten Jahresamplituden werden infolge der Land/Meer-Verteilung allerdings nicht in den eisbedeckten Polargebieten erreicht, sondern in den hochkontinentalen Binnenländern Eurasiens und Nordamerikas. In den *Tropen* bleiben die jahreszeitlichen Temperaturunterschiede gering, da hier die gleichmäßig hohe Strahlung infolge der ständigen Sonnenhöhe fast unabhängig von den anderen Parametern den Jahresgang-Typ bestimmt (Tab. 5.1).

Tab. 5.1: Jährliche und tägliche Temperaturschwankung sowie Temperaturextreme für ausgewählte tropische Stationen

Station	**Temperaturschwankung**		**Extreme**	
Höhen ü. Meer [m]	**Tag [°C]**	**Jahr [°C]**	**Tmax [°C]**	**Tmin [°C]**
Belém (24 m) , innere Tropen 1°28'S, 48°27'W	6,8	1,4	26,7	25,3
Quito (2818 m), Höhentropen 0°13'S, 78°30'W	11,1	0,4	13,2	12,8
Khartum (380 m), Randtropen 15°36'N, 32°33'E	12,0	11,0	33,0	22,0

In den *Mittelbreiten* ist die jährliche Temperaturschwankung höher als in den Tropen, die tägliche dagegen geringer, weil der Unterschied der sommerlichen und winterlichen Sonnenstrahlung mit der geographischen Breite wächst.

In den *polaren Gebieten* nimmt der Unterschied der Jahreszeiten noch mehr zu, weil die Sonnenstrahlung im Winter eine Zeitlang fast ganz ausfällt und im Sommer längere Zeit anhält, im Extrem (an den Polkappen) jeweils bis zu einem halben Jahr. Die tägliche Temperaturschwankung ist jedoch gering, weil die Sonne flache Kreise über dem Horizont beschreibt und die tägliche Temperaturdifferenz in der Nähe der Pole nicht einmal 1°C beträgt (Tab. 5.2).

Tab. 5.2: Temperaturschwankung sowie Temperaturextreme für ausgewählte polare Stationen

Station	**Temperaturschwankung**			**Extreme**	
Höhen ü. Meer [m]	**Wi. [°C]**	**So. [°C]**	**Jahr [°C]**	**Tmax [°C]**	**Tmin [°C]**
Eismitte I (3000 m), Grönland 71°11'N, 39°56'E	<1	<7	34,8	3,9	-30,9
Wostok (3488 m), Antarktis 78°30'S, 106°48'E	<1	<7	40,7	-30,9	-71,6

Das z.T. gegenläufige Verhalten der Jahres- und Tagesschwankung, nämlich das Überwiegen der Jahresschwankungen in den höheren und das Überwiegen der Tagesschwankungen in den äquatorialen und tropischen Breiten, erlaubt geradezu eine Zweigliederung des irdischen Klimas nach dem jährlichen und täglichen Rhythmus des Wärmeablaufs in Tropen und Außertropen (TROLL 1943). Ausnahmen davon treten allerdings in hochozeanischen Westküsten-Klimaten auf, an denen auch die Tagesschwankung der Temperatur die Jahresschwankung im Jahresmittel leicht übertrifft (Abb. 5.3).

Mit Hilfe des Jahresgangs der Temperatur lässt sich der Wärmegang auf der Erde typisieren (Abb. 5.4).

1. *Äquatorialer Typ* (*Yangambi*): Er weist jahreszeitlich nur geringe Schwankungen auf. Die Monatsmittel liegen im Bereich zwischen 24°-29°C, so dass die Schwankungen im Höchstfall 5 K betragen. Im Laufe des Jahres deuten zwei kleine Maxima auf den zweimaligen Sonnenhöchststand hin. Der Einfluss der Bewölkung und des Niederschlags äußert sich kaum. Das Jahr lässt sich nicht in thermische Jahreszeiten gliedern.

2. *Tropischer Typ* (*San José*): In den äußeren und randlichen Tropen treten jährliche Temperaturschwankungen mit mittleren Werten bis ca. 12 K auf, mit Maxima vor und nach dem zenitalen Sonnendurchgang. Der Einfluss auf die Temperaturkurve geht hier von der Himmelsbedeckung und den Niederschlägen aus.

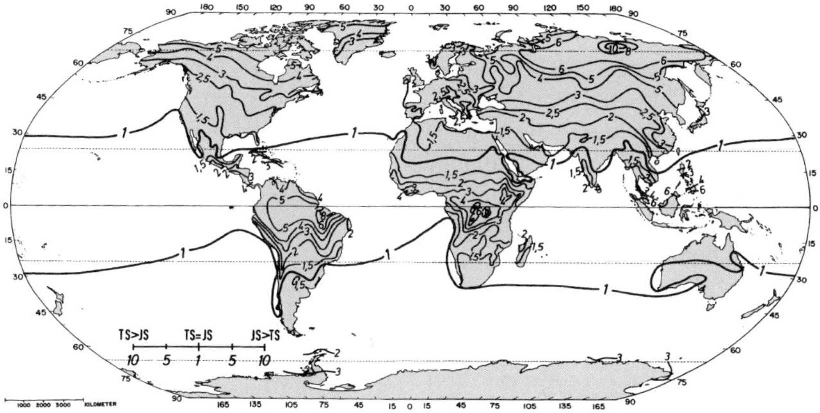

Abb. 5.3: Das Verhältnis von jahres- zu tageszeitlicher Temperaturschwankung auf der Erde (nach PAFFEN *1967)*

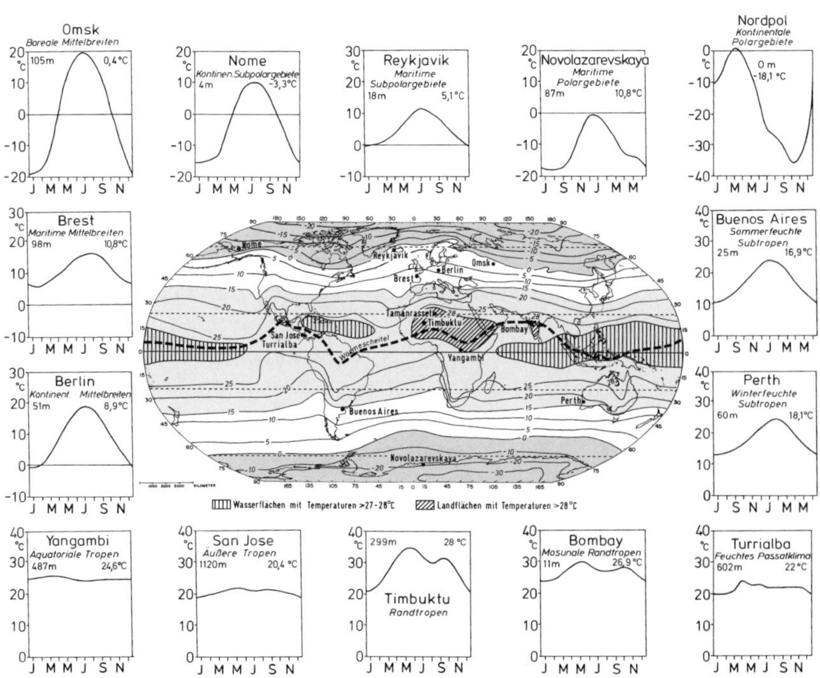

Abb. 5.4: Mittlere reduzierte jährliche Temperaturen sowie Typen des jährlichen Temperaturgangs

3. *Monsun-Typ* (*Bombay*) (auch indischer oder Ganges-Typ genannt), bei dem in der Zeit des Monsuns die Temperaturkurve merklich gedrückt wird. Sie steigt aber in der Zeit stärkster Erwärmung, unmittelbar vor der Monsunregenzeit auf ein markantes Maximum (Mai) an, mit dem ein zweites, etwas geringeres nach Aufhören der Niederschläge korrespondiert (Oktober/November). Das Temperaturminimum tritt nach der Wintersonnenwende ein.

4. *Der Subtropen-Typ* (*Buenos Aires, Perth*): Er weist einen ziemlich gleichmäßigen Anstieg zum sommerlichen Temperaturmaximum und einen ebenso gleichmäßigen Abstieg zum winterlichen Minimum hin auf. Der Schwankungsbetrag nimmt mit der Breite zu, doch wird er durch ozeanischen und kontinentalen Einfluss variiert. Dies betrifft nicht nur den Schwankungsbetrag, sondern auch die Verschiebung der Maxima zum Herbst und der Minima zum Frühjahr hin. Der ozeanische Typ ist auf den Inseln vertreten, deren Temperaturgang als *Cap Verden-Typ* bezeichnet wird.

5. *Der Typ der Mittelbreiten* (*Brest, Berlin, Omsk*): zeigt einen regelmäßigen Temperaturgang, wobei die Jahresamplitude von den Meeren zu den kontinentalen Bereichen hin rasch größer wird. Rekordwerte werden im Innern Eurasiens erreicht. Es wird deutlich, dass zwischen Winter und Sommer selbständige Jahreszeiten (Frühjahr und Herbst) als Perioden rascher Veränderung der Temperaturwerte eingeschaltet sind. Die hochkontinentalen Gebiete mit wenig Schnee haben einen früheren Frühlingsbeginn, ein frühes, fast mit dem Sommersolstitium zusammentreffendes Maximum im Juni (Nordhalbkugel) und einen schnellen Abfall im Herbst zum Winter (Omsk).

6. *Der Subpolar-Typ* (*Nome, Reykjavik*): Der Kurven-Typ ähnelt dem der mittleren Breiten, jedoch auf weiter abgesenktem Niveau. Eine kurze Sommerperiode steht einer längeren Winterperiode gegenüber. Kürzere Übergangszeiten sind durch steilen Anstieg und raschen Abfall gekennzeichnet. Schneedecken verlängern den Winter, während der Frühling stark verkürzt wird, da die Temperatur erst nach der Schneeschmelze abrupt ansteigt. Der Herbst ist wärmer als der Frühling (*Nome*). Beim hochmaritimen Subpolartyp (*Reykjavik*) gehen die Wintertemperaturen kaum unter 0°C.

7. *Der polare Typ* (*Novolazarevskaya, Nordpol*): Die Temperaturextreme sind groß, die Winterkälte verspätet sich, das Temperaturminimum liegt vielfach im März (auf der Nordhalbkugel). Im Südpolargebiet sind die „kernlosen" Winter sehr kalt und ausgedehnt (von April-September).

5.3 Das thermische Klima im Spiegel der Thermoisoplethen-Diagramme

Das thermische Klima lässt sich auf der Basis der Tages- und Jahresschwankungen mit Hilfe von *Thermoisoplethen-Diagrammen* vergleichend beschreiben (C. Troll 1943). Auf der Abszisse sind die Monate des Jahres und auf der Ordinate die Tagesstunden aufgetragen und mit Linien gleicher Temperatur verbunden (*Thermoisoplethen*, Abb. 5.5). Das Kurvenbild ist außerordentlich aussagekräftig. Es können nicht nur die Einzelwerte des Tages- und des Jahresganges, sondern zugleich die Schwankungsgröße und durch den Kurvenverlauf auch das Verhältnis der Schwankungswerte zueinander sichtbar gemacht werden. Beim Vergleich einzelner Diagramme ist auf einen Blick die Zugehörigkeit zu entsprechenden Klimazonen zu ermitteln. In den *niederen Breiten* und *randtropischen, maritimen Gebieten* zeigen die Isolinien eine Streckung in Richtung der Abszisse. Das bedeutet, dass hier die jahreszeitlichen Schwankungen nur gering bleiben, da an jedem Tag des Jahres zu einer bestimmten Stunde nur wenig unterschiedliche Temperaturwerte auftreten. Die Diagramme *außertropischer* Stationen zeigen dagegen eine stärkere Streckung der Isolinien in Richtung der Ordinate (*Reykjavik*), was auf größere jahreszeitliche Schwankungen im Vergleich zu tageszeitlichen hinweist. Die dichte Scharung der Linien gibt rasche Wechsel der Temperatur am Tage oder in einer Jahreszeit wieder, wodurch der Grad der Kontinentalität näher charakterisiert ist. Bilder von Stationen der subtropischen Übergangsgebiete machen deutlich, dass der Kurvenverlauf im Sommer und bei Tag mehr dem tropischen Typ ähnelt, wohingegen im Winter und bei Nacht der Grundzug des Kurvenbildes eher außertropische Verhältnisse anzeigt.

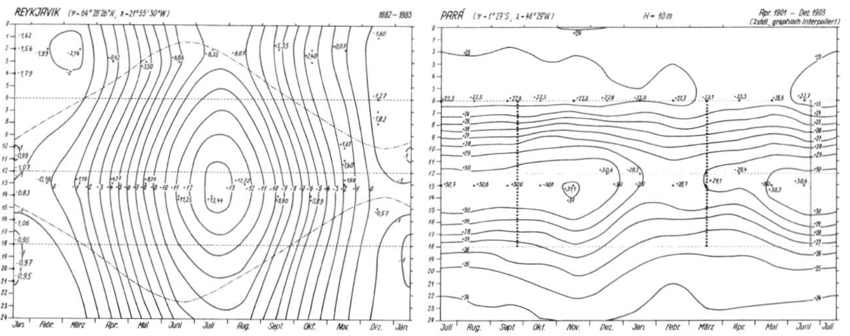

Abb. 5.5: Thermoisoplethen-Diagramme von Reykjavik und Belém (Para, Brasilien) (nach Troll 1943)

5.4 Horizontale Raummuster der Temperatur, Jahres-- und Monatsisothermen

Die kartographische Darstellung der horizontalen Temperaturverteilung auf der Erde erfolgt durch *Isothermen*, Linien gleicher mittlerer Temperaturen eines Zeitraums (langjährige Jahres- bzw. Monatsmittelwerte, meistens für die Extremmonate Januar und Juli). Die *wahren* oder *absoluten Isothermenkarten* geben die tatsächlich gemessenen Temperaturen an Messstationen wieder, so dass die Isothermen auf dem Festland im wesentlichen das Relief nachzeichnen.

Die *reduzierten Isothermen* sind unter Verwendung des Höhengradienten der Temperatur auf den Meeresspiegel bezogen (zur Temperaturreduktion s. Formelanhang). Sie gestatten eine klarere Ableitung planetarischer Grundregeln zur Wärmeverteilung in Abhängigkeit von geographischer Breite und Land-Wasser-Verteilung auf der Erdoberfläche.

Die Karte der *Jahresisothermen* (Abb. 5.4) beschreibt das langjährige mittlere Bild der Wärmeverhältnisse auf der Erde in enger Beziehung zur mittleren Strahlungsbilanz und dem freien Spiel der Energieströme fühlbarer und latenter Wärme als der energetischen Grundlage für das Temperaturbild in der oberflächennahen Atmosphäre.

Die Interpretation des Kartenbildes macht mehrere Gesetzmäßigkeiten deutlich:

1. Die mittlere Lufttemperatur im langjährigen Mittel nimmt von den niederen Breiten gegen die Polargebiete ab. Deutlich erkennt man das gradientarme, tropische Wärmeplateau zwischen den Wendekreisen, das stärkere Gefälle in den mittleren Breiten (Nordhalbkugel 40°-70°, Südhalbkugel 55°-80°). Die engere Scharung der Isothermen auf der Südhalbkugel zeigt einen hohen Temperaturgradienten Äquator-Pol und damit eine thermische Benachteiligung der Südhalbkugel gegenüber der Nordhalbkugel. Der *thermische Äquator*, die *Scheitellinie wärmster Temperaturen* auf der Erde, verläuft im Mittel bei 10° Nord und schwankt im Extremfall zwischen 20° Nord (Mittelamerika, Südasien, abgeschwächt auch Nordafrika) und etwa 5° Süd (Südamerika, Indonesien). Die Ursachen für diese Asymmetrie liegen in der Tatsache begründet, dass die Nordhalbkugel im Sommer infolge der größeren Kontinentalmassen im Durchschnitt der Breitenkreise eine stärkere Erwärmung erfährt (*Landhalbkugel*) als die Südhemisphäre mit ihren größeren Meeresanteilen (*Wasserhalbkugel*). Außerdem ist die antarktische Polkappe von einem riesigen Eisschild bedeckt. Sie besitzt ein hohes Rückstrahlvermögen und ist damit mit Jahresmitteln unter -30°C der Kältepol der Erde, wohingegen die Minima der arktischen meereisbedeckten Polarkappe kaum unter -20°C liegen. Ob auch der 6 Tage längere Nordsommer (Aphel-Stand der Sonne) eine Wirkung auf das Temperaturgeschehen hat, steht dahin, doch kann der 6 Tage längere Nordsommer nicht durch die Sonnennähe des Südsommers kompensiert werden. Die wärmsten Gebiete liegen in den randtropischen Trockenräumen der Festländer in Nord-Mexiko, der Sahara, Nord-Indien, Nord-Australien, abgeschwächt auch im südlichen Zentralafrika und im Innern Südamerikas.

Ganzjährig hohe Temperaturen bis 28°C zeigen aber auch die tropischen Meeresflächen, insbesondere im indomalayischen Archipel und abgeschwächt in der Karibik. In jüngerer Zeit hat sich herausgestellt, dass gerade diese ständig hohen Temperaturen auf dem Meer wesentliche Steuermechanismen für die gesamte atmosphärische Zirkulation der Tropen darstellen.

2. Aus der Jahresisothermenkarte lässt sich eine weitere Gesetzmäßigkeit der Wärmeverteilung ableiten: In den Tropen besteht ganzjährig eine *thermische Benachteiligung der Westküsten* bzw. eine *Begünstigung der Ostküsten*, in den *Außertropen* hingegen eine *thermische Benachteiligung der Ostküsten* bzw. eine *Begünstigung der Westküsten* der Kontinente.

Diese Tatsache ist begründet in der Anordnung der Meeresströmungen und deren energetischen Verhältnissen im Zusammenhang mit der Konfiguration der Kontinente. In den *niederen Breiten* biegen die mittleren Isothermen des Jahres, mehr noch die des kältesten Monates, an den *Westküsten der Kontinente* äquatorwärts aus. Die gegen den Äquator gerichteten kalten Meeresströmungen (Humboldt-Strom an der Westküste Südamerikas, Benguela-Strom an der Westküste Südafrikas und Kanaren-Strom an der Westküste Nordafrikas, Kalifornien-Strom vor der Westküste Nordamerikas) haben eine auffallend negative Abweichung der Temperaturen vom Breitenkreismittel, im Falle der südamerikanischen Westküste, bedingt durch die außergewöhnliche Beständigkeit der südpazifischen Antizyklone, eine ebenso ständige Absinkbewegung des Südost-Passats und eine permanente Abkühlung der Luftschichten über dem kühlen Humboldt-Strom. Kalte Auftriebswässer aus größeren Meerestiefen verstärken das Phänomen. Kühle Seewinde beeinflussen zusätzlich das nahe Hinterland. Küstennebel, die die Sonnenstrahlung mindern, dringen in die Täler vor. Die anderen kühlen Meeresströme unterliegen ähnlichen Teilvorgängen wie in Südamerika.

Die *tropischen Ostküsten* sind jedoch thermisch durch warme Meeresströmungen begünstigt, die vom Äquator in höhere Breiten gerichtet sind und auf ihrem langen Strömungsweg mit Hilfe positiver Strahlungsbilanz Wärme an die passatische Grundschicht abgeben (Nord- und Süd-Äquatorialstrom im Bereich der tropischen Ozeane sowie der Brasil-Strom an der Ostküste Südamerikas, der Agulhas-Strom an der Ostküste Südafrikas und der Ostaustral-Strom).

In den *Außertropen* sind dagegen die *Westküsten* thermisch begünstigt. Warme Meersströme (*Golfstrom, Kuro-Shio-Strom*) verfrachten latente und fühlbare Wärmeenergie aus der Tropenregion in die Außertropen. Der *Golfstrom* z.B. bewirkt an der Westküste Norwegens durch sein polwärtiges Ausbiegen einen fast meridionalen Verlauf der 0°-Isotherme im Winter vom südlichen Mitteleuropa bis über den Polarkreis hinaus.

Andererseits zeigen die *Ostküsten der Außertropen* negative Temperaturanomalien. Sie beruhen im Sommer auf dem Einfluss kühler Meeresströmungen, die gegen die niederen Breiten gerichtet sind, im Winter mehr auf dem Fehlen der Advektion relativ warmer, maritimer Luft. Da im Winter gleichzeitig in den hochkontinentalen Räumen Nordamerikas und besonders NE-Sibiriens die tiefsten Temperaturen der Nordhalbkugel gemessen werden, ist es verständlich, dass die nahegelegene Ostküste erheblich kälter ist als die Westküste in Nordamerika und Europa. Auch die quasistationären Höhentröge verursachen einen meridionalen Austausch von Kaltlufteinbrüchen und Wärmewellen, die durch ihre Lagestetigkeit das Ostküsten-Phänomen unterstützen.

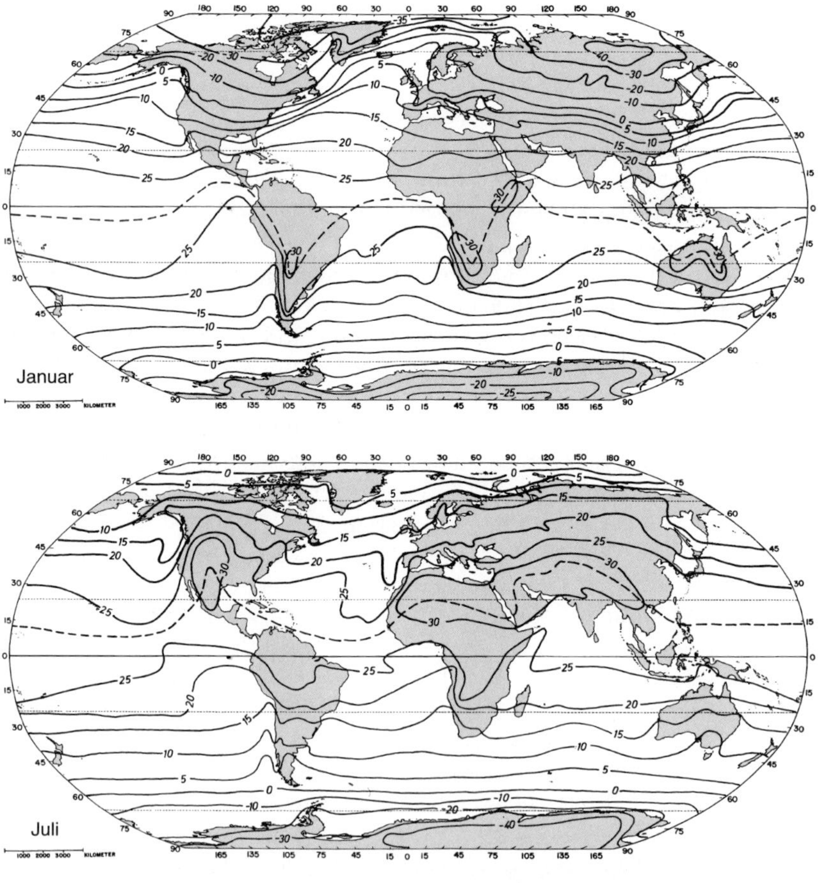

Abb. 5.6: Mittlere reduzierte Temperaturen für Januar und Juli

Die Karten der *mittleren, reduzierten Temperaturen* der Extremmonate *Januar* und *Juli* (Abb. 5.6) pointieren die schon genannten Phänomene. Die mittleren Lufttemperaturen beider Halbkugeln nehmen von den niederen zu den hohen Breiten ab, im Winter stärker als im Sommer. Die *Südhalbkugel* hat sowohl im Sommer wie auch im Winter das stärkere Temperaturgefälle vom Äquator zum Pol. Der Wärmescheitel verläuft im Nordsommer (Juli) zwischen 30-35°N auf den Festländern und 10-15° N auf den Meeresflächen, im Südsommer (Januar) bis 30° Süd auf den Festländern, verbleibt jedoch auf den Meeresflächen im Bereich der kalten Meeresströmungen der Nordhemisphäre bei ~5°N.

Die *niedrigsten Wärmesummen* werden sowohl im Sommer mit einem Mittel von –25°C als auch im Winter mit einem Mittel von ca. –60°C auf Antarktika erreicht. In der Arktis, deren Polgebiet von geringmächtigem Meereis aufgebaut ist, beträgt das Juli-Sommermittel nur –1°C, die mittlere Januartemperatur –35°C. Die Eisflächen der Antarktis nehmen wegen der hohen Albedo der Eis- und Schneeflächen ganzjährig nur wenig kurzwellige Strahlung auf. Dies gilt ähnlich für die große Eisfläche von Grönland. Der Kältepol der Nordhemisphäre liegt aber nicht auf dem grönländischen Inlandeis, sondern weitab von den Wärmespeichern der Ozeanflächen in Sibirien, wo Temperaturen von –50°C erreicht werden.

Die *höchsten Wärmesummen* treten in den randtropisch-subtropischen Trockengebieten der Festländer auf, überwiegend bedingt durch den hohen prozentualen Anteil direkter Sonnenstrahlung, die im Sommer bei hohem Sonnenstand und nur kurzer Regenzeit absolute Rekordmarken erzielen. Aber auch im Winter (Trockenzeit) weichen die Monatsmittel kaum von denen der inneren Tropen ab, da dann das direkte Sonnenlicht höhere Umsatzwerte erzielt. Die Rekordsummen werden in der Sahara und in Vorderindien sowie im Bereich der nordamerikanischen Wüsten mit mehr als +35°C erreicht. Auf der Südhalbkugel können nur die Wüstensteppen Nord-Australiens, der Kalahari und die Dornsavannen des Chaco mit mittleren Temperaturen über 30°C annähernd konkurrieren.

Die bislang *tiefsten Temperaturen* wurden in der Ostantarktis, an der russischen Inlandeisstation *Wostok* mit -88,3°C gemessen. Die mittlere Jahrestemperatur beträgt an dieser Stelle nur –56°C, das Mittel des wärmsten Monats -30,9°C, das Mittel des kältesten Monats -71,6°C. Die absoluten Minimaltemperaturen auf der Nordhalbkugel werden in NE-Sibirien erreicht (-77,8°C in *Oimjakon*, -67,7°C in *Werchojansk*).

Die *höchste*, je beobachtete *Lufttemperatur* beträgt 57,8°C, gemessen in *San Luis* (Mexiko). Die Temperaturen der Bodenoberfläche bzw. in 2 cm Tiefe können auf noch höhere Werte ansteigen, die zwischen 60-70°C liegen.

Die größten *Jahresschwankungen* finden sich aber nicht auf dem Inlandeis der Antarktis, sondern ebenfalls in Ost-Sibirien mit einem Schwankungsbetrag von 65 K, wo das Juli-Mittel bei 15°C liegt, das Januar-Mittel aber bei –50°C.

Eine wichtige thermische Linie auf der Erdoberfläche, die auch geoökologisch von Bedeutung ist, ist die *Frostgrenze* bei 0°C (vgl. Abb. 5.4). Die mittlere absolute Frostgrenze gilt räumlich als eines der Abgrenzungsmerkmale der Tropen gegen die Subtropen und als Grenze der Warmtropen gegen die Kalttropen in den Höhenregionen der niederen Breiten. Sie umschreibt zugleich auch das Reich der megathermen Pflanzenwelt.

Die *Land/Wasser-Verteilung* hat ihrerseits auf die extremen Temperaturwerte eine große Wirkung. Die Landmassen sind in mittleren und höheren Breiten im Sommer generell wärmer, im Winter kälter als die Meeresoberflächen. Der Gegensatz ist im Winter größer als im Sommer. Die Gründe liegen in sehr verschiedenen Strahlungsumsatzbedingungen, besonders im verfügbaren Teil der latenten Wärme im Bereich der Wasser-, Eis- und Landoberflächen.

Während die Höchsttemperaturen von ca. 28-29°C auf den tropischen Meeren ein ganzjähriges Phänomen sind, wechseln die Standorte höchster und niedrigster Wärmesummen auf den Festländern mit dem Gang der Sonne und dem von ihr verursachten Strahlungsumsatz beträchtlich. Sie finden sich jedoch beim Höchststand der Sonne an den Wendekreisen jeweils in den hochkontinentalen Gebieten beider Hemisphären, in denen auch die großen Jahresamplituden im Wärmegang erreicht werden.

5.5 Die Veränderung der Temperatur mit der Höhe

Die vertikale Verteilung der Temperatur als Maß der Wärmeverhältnisse in der freien Atmosphäre ist von großer Bedeutung für die Ausbildung von potentieller und kinetischer Energie und damit der globalen atmosphärischen Zirkulation. Aus der Gasgleichung für trockene Luft ergibt sich, dass die Lufttemperatur eine Zustandsvariable des atmosphärischen Luftgemischs darstellt, die von der Luftdichte und dem Luftdruck abhängt.

$$T = \frac{p}{\rho \cdot R_L}$$

T = Absolute Temperatur [K], p =Luftdruck [Pa = $kg \cdot m^{-1} \cdot s^{-2}$], ρ = Luftdichte [$kg \cdot m^{-3}$], R_L = Spezifische Gaskonstante trockener Luft, 287,05 [$J \cdot kg^{-1} \cdot K^{-1}$]

In der Atmosphäre nehmen Luftdruck und Luftdichte mit zunehmender Höhe ab (s. Abb. 1.1 und Kap. 8). Betrachtet man verschiedene Höhenniveaus am Beispiel einer Standardatmosphäre (U.S. Standardatmosphäre), die der mittleren Vertikalstruktur in den Mittelbreiten gleichkommt, dann ergibt sich ein mit der Höhe abnehmendes Verhältnis von Luftdruck und Luftdichte (Tab. 5.3). Damit muss nach der Gasgleichung auch die Temperatur mit der Höhe abnehmen.

Tab. 5.3: Luftdruck und Luftdichte der U.S.Standardatmosphäre

Höhe ü. Meer [km]	**Luftdruck [hPa]**	**Luftdichte [kg·m⁻³]**	**Verhältnis p/ρ**
0	1013	1,225	826,9
2	795	1,007	789,5
4	617	0,819	753,4
6	472	0,660	715,2
8	357	0,526	678,7
10	265	0,414	640,1

5.5.1 Der trockenadiabatische Temperaturgradient

Zur Betrachtung von vertikalen Luftbewegungen wird häufig der Begriff des *Luftpaktes* (bzw. *Luftteilchens*) eingeführt. Darunter versteht man ein (fiktives) Luftvolumen, das aus der Sicht der Hydrodynamik eine ausreichende Zahl von Luftmolekülen enthält, damit die statischen Eigenschaften Druck, Dichte und Windgeschwindigkeit (horizontal und vertikal) eindeutig definiert sind. Diese Voraussetzung erfüllen schon sehr kleine Teilchen. So enthält ein rundes Luftpaket mit einem Radius von 1 mm bei einer Luftdichte von 1 kg pro m^3 bereits die vollkommen ausreichende Anzahl von 10^{16} Luftmolekülen. Für viele Erörterungen bietet es sich aber an, größere Volumina (z.B. einen Würfel von 1 m^3) zu berücksichtigen.

Betrachtet man nun ein trockenes, abgeschlossenes Luftpaket (z.B. den o.a. Würfel), das in einer Luftmasse aufsteigt, ohne Energie von außen aufzunehmen oder abzugeben. Auch Mischungsprozesse mit der Umgebungsluft sind ausgeschlossen. Ein derart thermodynamisch zur Umgebungsluft abgeschlossenes System verhält sich *adiabatisch*. Ist sichergestellt, dass kein Wasserdampf beim Hebungsprozess auskondensieren kann, wird seine Zustandsänderung als *trockenadiabatisch* bezeichnet. Steigt ein solches Luftpaket auf, gerät es unter niedrigeren Luftdruck und dehnt sich aus. Für die Ausdehnung muss Volumenarbeit geleistet werden, d.h. die Luftmoleküle müssen auf die (fiktiven) Begrenzungsflächen des Luftpakets (m^2) einen Druck (Pa = $kg \cdot m^{-1} \cdot s^{-2}$) ausüben, damit sein Volumen in alle Richtungen um eine entsprechende Ausdehnungsstrecke (m) vergrößert werden kann ($kg \cdot m^{-1} \cdot s^{-2} \cdot m^2 \cdot m = kg \cdot m^2 \cdot s^{-2} = J$). Die geleistete Arbeit zur Volumenänderung bedeutet gleichzeitig eine Abnahme der molekularen Bewegungsenergie, also seiner Wärmeenergie. Da sich das Luftpaket adiabatisch verhält, muss die Energie zur Ausdehnung (= Volumenarbeit) aus seiner inneren Wärmeenergie bereitgestellt werden, es kühlt sich ab. Berücksichtigt man neben dem ersten Hauptsatz der Thermodynamik (die Gesamtenergie im Luftpaket muss gleich bleiben) und der Gasgleichung noch die Druckänderung mit der Höhe (statische Grundgleichung), ergibt sich für die vertikale Temperaturabnahme mit der Höhe die folgende Beziehung:

$$\frac{dT}{dz} = -\frac{g}{c_p} \cdot \frac{T}{T_U}$$

dT/dz = Vertikaler Temperaturgradient [K·m^{-1}], g = Schwerebeschleunigung [m·s^{-2}], Cp = Spezifische Wärmekapazität trockener Luft bei konstantem Druck, 1005 [J·kg^{-1}·K^{-1}], T = Temperatur des Luftpakets [K], T_U = Temperatur der Umgebungsluft [K]

Unter der Annahme, dass sich die Lufttemperatur des Luftpakets in etwa der Umgebungsluft angleicht ($T \approx T_U$), folgt eine konstante Temperaturabnahme mit der Höhe von -9,806/1005=-0,0098 K pro Meter bzw. -0,98 K pro hundert Meter. Umgekehrt erwärmt sich das trockene Luftpaket um 0,98 K (~1 K) pro hundert Meter, wenn es absteigt und dabei komprimiert wird, d.h. die molekulare Bewegungsenergie (= innere Wärmeenergie) durch die Kompression erhöht wird. Der konstante Wert von dT/dz wird auch als *trockenadiabatischer Temperaturgradient* bezeichnet.

Nach der trockenadiabatischen Zustandsänderung ist die innere Wärmeenergie der Luft letztlich eine Funktion des Luftdrucks. Mit Hilfe der potentiellen Temperatur (s. Formelanhang) kann man daher den tatsächlichen Wärme-inhalt adiabatischer Luftpakete jeder Höhenstufe auf einem Bezugsniveau (z.B. 1000 hPa-Fläche) nachvollziehen.

5.5.2 Der feuchtadiabatische Temperaturgradient

Anders als im trockenadiabatischen Fall verhält sich die Temperaturabnahme mit der Höhe, wenn bei der Hebung im Luftpaket Kondensation bzw. Deposition eintritt, d.h. der im Luftpaket mitgeführte Wasserdampf einer Phasenänderung unterworfen und der Betrag an der im Wasserdampf gespeicherten latenten Wärme (Abb. 3.3) freigesetzt wird. Da sich das Luftpaket adiabatisch, also als nach außen abgeschlossenes thermodynamisches System verhält, erhöht die freiwerdende latente Wärme seinen inneren Wärmeinhalt, seine Temperatur steigt an. Ein Teil der bei der (trockenadiabtischen) Hebung in Volumenarbeit investierten Wärmeenergie kann durch die freiwerdende latente Wärme kompensiert werden, so dass die Temperaturabnahme mit der Höhe hinter dem trockenadiabtischen Temperaturgradienten zurückbleibt, sich das Luftpaket also bei der Hebung langsamer abkühlt. Dieser Vorgang wird als *feuchtadiabatische* Temperaturabnahme bezeichnet. Der *feuchtadiabatische Temperaturgradient* liegt zwar unter 0,98 K, ist aber nicht konstant. Sein Betrag hängt vielmehr vom Wasserdampfgehalt der Atmosphäre und der

Kondensationsrate ab. Je mehr Wasserdampf kondensiert bzw. deponiert wird, desto geringer ist der feuchtadiabatische Temperaturgradient. Da der Wasserdampfgehalt der Luft temperaturabhängig ist (Kap. 6) und daher bei höheren Temperaturen und konstantem Druck (ausreichendes Wasserdargebot vorausgesetzt) mehr latente Wärme freigesetzt werden kann, ist der feuchtadiabatische Temperaturgradient in warmer, wasserdampfgesättigter Luft am kleinsten (Tab. 5.4).

Tab. 5.4: Der feuchtadiabatische Temperaturgradient in Abhängigkeit von Luftdruck und Lufttemperatur [K pro 100 m]

[°C] Lufttemperatur Luftdruck [hPa]	**-60**	**-30**	**-10**	**0**	**10**	**30**
1000	0,98	0,94	0,78	0,66	0,54	0,37
600	0,98	0,91	0,69	0,55	0,44	0,30
200	0,98	0,76	0,46	0,35	0,29	0,22

In den feucht-warmen Luftmassen der Tropen beträgt er etwa 0,3 K pro 100 m. Er nimmt in Richtung auf die Pole zu und erreicht in den polaren Breiten sowie in großen Höhen, wo der Wassergehalt gering ist, wieder annähernd den trockenadiabatischen Wert zwischen 0,95 und 0,98 K pro 100 m. In Trockengebieten ist er trotz hoher Lufttemperaturen aufgrund von Wassermangel ebenfalls recht hoch.

Sinkt ein Luftpaket feuchtadiabatisch ab, d.h. Wasser wird verdunstet oder Eis sublimiert, erwärmt es sich weniger als 0,98 K auf 100 m, da ein Teil der trockenadiabatisch gewonnenen Komprimierungswärme zur Phasenänderung des Wassers benötigt wird. Die Erwärmung fällt umso geringer aus, je mehr Wasser bzw. Eis in Wasserdampf überführt wird.

5.5.3 Labilität und Stabilität

Die adiabatischen Zustandsänderungen sind generell an zwei verschiedene Prozesse gebunden, mit denen Luftpakete angehoben werden können: an die thermische Konvektion und an turbulente Hebungsvorgänge verschiedener Skalen (an Fronten, Gebirgen, Bäumen etc.), die mit advektiven Luftmassentransporten und Windscherung verbunden sind. Bei ausreichendem Wasserdampfgehalt verhält sich die Temperatur eines aufsteigenden Luftpakets wie in Abbildung 5.7. Bis zum Kondensationsniveau kühlt sich das Teilchen trockenadiabatisch ab. Mit Einsetzen des Kondensationsprozesses wird das aufsteigende Luftpaket anfangs aufgrund hoher Wärmegewinne aus der latenten Wärme nur noch wenig (feuchtadiabatisch) abgekühlt. Mit zunehmender Höhe ist aber immer weniger Wasserdampf im Luftpaket vorhanden.

Kondensationsrate und latenter Wärmegewinne nehmen ab, so dass sich das Teilchen zunehmend stärker abkühlen muss. Wenn der gesamte Wasserdampfgehalt auskondensiert ist, erreicht der feuchtadiabatische Temperaturgradient den gleichen Betrag, wie der trockenadiabtische.

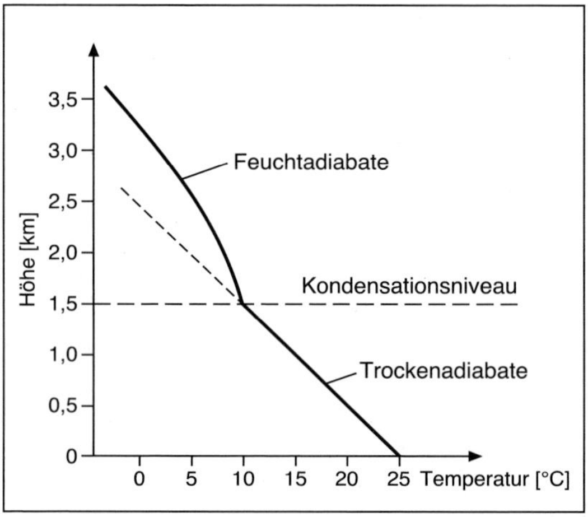

Abb. 5.7: Temperaturkurve eines adiabatisch aufsteigenden Luftpakets mit und ohne Kondensation

In der realen Atmosphäre gibt es häufig Abweichungen von den adiabatischen Verhältnissen, d.h. externe Zufuhr bzw. Abgabe von Energie an/von einzelne/n Luftpakete/n. Absorption von Solarstrahlung an Luftmolekülen (s. Absorptionsbanden in Abb. 3.8), Mischungsvorgänge bzw. Verluste von Wasser durch Niederschlag etc. führen dazu, dass in der Natur ganz andere Temperaturgradienten vorkommen können. Die tatsächliche thermische Schichtung der (großräumig gesehen statischen) Atmosphäre wird daher mit dem *geometrischen Temperaturgradienten* (der natürlich von Fall zu Fall auch mit dem adiabatischen übereinstimmen kann) beschrieben. Er wird mit Radiosonden in der freien Atmosphäre gemessen und ist vom *adiabatischen* zu unterscheiden, der die Temperaturabnahme innerhalb einer vertikal bewegten Luftmasse beschreibt. Der *hypsometrische* Temperaturgradient kann als Sonderfall des geometrischen angesehen werden, wenn man Temperaturmessungen in 2 m Höhe entlang von Höhentransekten zu Rate zieht.

Wenn sich einzelne Luftpakete in einer ruhenden Umgebungsatmosphäre auf- und abwärts bewegen, stellt die adiabatische Zustandsänderung allerdings den Normalfall dar. Ob und über welche vertikale Strecke sich ein Luftpaket nun verlagern kann, hängt von der Schichtungsstabilität, d.h. dem Verhältnis der adiabatischen Temperaturänderung des auf- bzw. absteigenden

Luftpakets zum geometrischen Temperaturgradienten der umgebenden (ruhenden) Atmosphäre, ab.

Betrachtet man nun ein Luftpaket von einem Kubikmeter, das bei konstantem Luftdruck im Ausgangsniveau (z.B. Bodenoberfläche) gegenüber seiner Umgebungsluft erwärmt wird (z.B. differentielle Erwärmung von Asphalt in einer Schneelandschaft). Nach der Gastheorie folgt eine Zunahme seines Volumens (und umgekehrt eine Abnahme bei Abkühlung):

$$V = -\frac{T}{T_0} \cdot V_0$$

V = Luftvolumen [m^3], V_0 = Ursprungsvolumen vor der Temperaturänderung [m^3], T = Temperatur des Luftpakets [K], T_0 = Temperatur des Luftpakets vor der Temperaturänderung[K]

Durch die Zunahme des Volumens (>1 m^3) sind im Ursprungsvolumen (1 m^3) weniger Luftmoleküle vorhanden als in der nicht erwärmten Umgebungsluft. Die wärmere Luft ist pro Volumeneinheit somit leichter, als die kältere Umgebungsluft und erfährt einen Auftrieb. Es herrscht ein *labiler Zustand*. Der beschriebene Mechanismus ist übrigens Grundlage der *thermischen Turbulenz (Konvektion)*.

Betrachtet man nun ein Luftpaket, das kälter ist als seine Umgebung und durch einen Primärimpuls (z.B. aus der mechanischen Turbulenz) zum Aufsteigen gezwungen wird. Es ist kühler und dichter (und damit schwerer) als die umgebende Atmosphäre und hat somit das Bestreben, in seine Ausgangslage zurückzukehren. In diesem Falle herrscht ein sogenanntes *stabiles Gleichgewicht* in der Luftschichtung. Ein *indifferentes Gleichgewicht* der Luftmassen liegt dann vor, wenn die aufsteigende Luft die gleichen Temperaturen annimmt wie die umgebende. Dann besteht die Tendenz des Luftpakets, in seiner Lage zu verharren.

Wird ein Luftpaket durch einen Anfangsimpuls (dynamische bzw. mechanische Turbulenz) aus einer indifferenten Lage (Temperatur des Luftpakets = Temperatur der Umgebungsluft) zum Aufsteigen gezwungen, hängt sein weiteres Verhalten von der Frage ab, wie die Umgebungsluft im Verhältnis zu seiner adiabatischen Zustandsänderung geschichtet ist bzw. ob Kondensation einsetzt oder nicht (Abb. 5.8).

Bei einem *überadiabatischen* geometrischen Temperaturgradienten der Umgebungsluft (Temperaturabnahme mit der Höhe >0,98 K auf 100 m) wird ein adiabatisch aufsteigendes Luftpaket immer weiter aufsteigen, da es wärmer bleibt, als seine Umgebung (Abb. 5.8, links). Kommt es bei der Hebung nicht zur Kondensation, verhält es sich *trockenlabil*, bei einsetzender Kondensation und damit feuchtadiabatischer Abkühlung *feuchtlabil*. Fällt der

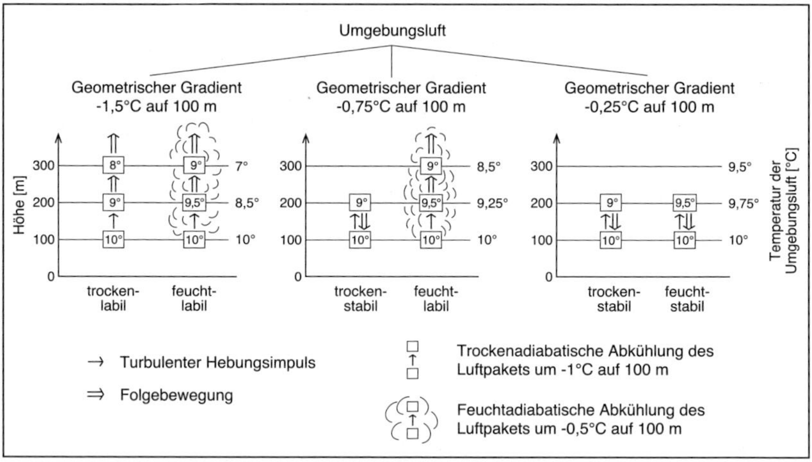

Abb. 5.8: Adiabatische Zustandsänderung von Luftpaketen in verschieden geschichteten Atmosphären nach gezwungener Hebung (verändert nach einem Entwurf von ENDLICHER*)*

geometrische Temperaturgradient der Umgebungsluft unter den trockenadiabtischen (<0,98 K, *unteradiabatisch*), kann nur noch ein feuchtadiabatisch gehobenes Luftpaket weiter aufsteigen (Abb. 5.8, Mitte). Das trockenadiabtisch angehobene Teilchen ist im angeführten Beispiel schon nach hundert Metern kälter (und damit schwerer) als die Umgebungsluft und hat die Tendenz, in seine Ausgangslage zurückzukehren. Der Betrag des geometrischen Temperaturgradienten spielt im unteradiabatischen Fall also eine entscheidende Rolle. Die hier aufgezeigte Schichtung ist nämlich einerseits *trockenstabil*, da der geometrische Gradient der Umgebungsluft kleiner als der trockenadiabatische ist, gleichzeitig aber auch *feuchtlabil*, weil der geometrische Gradient der Umgebungsluft den feuchtadiabatischen übersteigt. Liegt der geometrische Temperaturgradient unter dem feuchtadiabatischen (Abb. 5.8 rechts), so wird das Luftteilchen sowohl bei trocken- als auch feuchtadiabatischer Abkühlung in seine Ausgangslage zurückkehren, die Schichtung ist gleichzeitig *trocken-* und *feuchtstabil.* Darüber hinaus sind noch andere Kombinationen der Schichtungsstabilität denkbar. Entspricht z.B. der geometrische Temperaturgradient genau dem trockenadiabtischen, dann ist die Schichtung *trockenindifferent* und *feuchtlabil.* Nimmt er den gleichen Wert an wie der feuchtadiabtische ist die Schichtung *trockenstabil* und *feuchtindifferent.*

Ist die Umgebungsluft *isotherm* geschichtet, d.h. die Umgebungstemperatur nimmt nicht mit der Höhe ab, oder liegt sogar eine Temperaturzunahme (*Inversion*) mit der Höhe vor, so können nur sehr starke Primärimpulse, wie z.B. Konvektion aufgrund hoher differentieller Erwärmung, Luftteilchen zum Aufsteigen bewegen. Dabei entscheidet wiederum die Art der adiabatischen Zustandsänderung im Verhältnis zum geometrischen Temperaturgradienten, wie weit ein Luftpaket ansteigen kann (Abb. 5.9). Bei isothermer Schichtung führt ein konvektiver Erwärmungsimpuls von 2°C dazu, dass ein feuchtadiabatisch aufsteigendes Luftpaket gegenüber einem trockenadiabatischen etwa doppelt so hoch angehoben werden kann, bis es die Temperatur der Umgebungsluft erreicht hat. Bei einer Inversion von 1°C pro 100 m reicht auch die Kondensation im Luftpaket trotz eines konvektiven Impulses von 3°C nicht mehr aus, das Luftteilchen weiter ansteigen zu lassen. Derartige Verhältnisse finden sich beispielsweise im Bereich der *Passatinversion*, wo niedrige Cumulus-Bewölkung (*Cumulus humilis*) ein guter Indikator für eine stabile Schichtung der Umgebungsluft bei partiell konvektiver Grenzschicht ist.

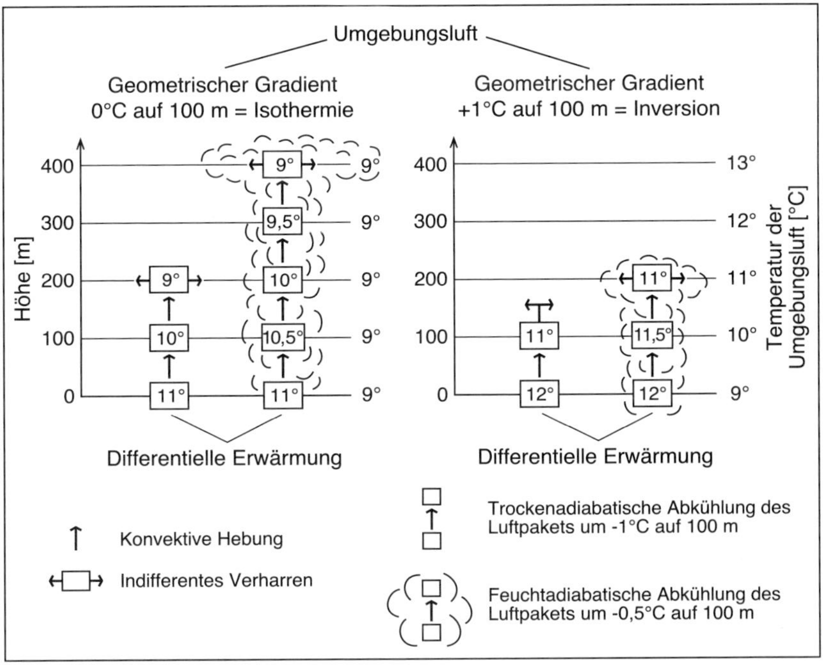

Abb. 5.9: Adiabatische Zustandsänderung von Luftpaketen in verschieden geschichteten Atmosphären nach differentieller Erwärmung (verändert nach einem Entwurf von ENDLICHER*)*

5.5.4 Temperaturinversionen

Temperaturinversionen, d.h. die Zunahme der Lufttemperatur mit der Höhe, wirken in der Regel als stabile *Sperrschichten* für einen vertikalen Austausch von Luftpaketen. Treten sie in der niedertroposphärischen Grenzschicht auf, bedeutet dies in Ballungsgebieten häufig eine Konzentration schadstoffbelasteter Luft in Bodennähe. Im Winterhalbjahr der Mittelbreiten weisen persistente Inversionswetterlagen daher ein gewisses Gefährdungspotenzial für die Ausbildung von *Smog*-Situationen (Smog = *Sm*oke and F*og*) auf. Temperaturinversionen treten aber auch in der höheren Atmosphäre auf (z.B. Tropopause). Sie können eine Folge von Strahlungsvorgängen sein, aber auch dynamisch durch Advektion unterschiedlich temperierter Luftmassen oder durch adiabatische Vorgänge entstehen.

Eine Temperaturumkehr am Erdboden (*Bodeninversion*) als häufiges Phänomen in den Mittelbreiten und Polargebieten tritt auf, wenn bei windarmem Hochdruckwetter mit geringer Luftfeuchte starke nächtliche Ausstrahlung erfolgt. Da der Erdboden zu Beginn der Ausstrahlungsperiode (bei negativer Strahlungsbilanz kurz vor Sonnenuntergang) aufgrund seiner gegenüber der Luft höheren Temperatur und dem deutlich besseren Emissionsvermögen wesentlich mehr Wärmestrahlung abgibt, kühlt er sich stärker ab, als die darüber liegende Luftschicht. Der schwache Wind und damit die sehr eingeschränkte turbulente Durchmischung führt dazu, dass sich die Abkühlung des Bodens erst langsam nach oben fortpflanzen kann. In der ersten Nachthälfte ist die Bodeninversion daher meist auf die unteren Meter der bodennahen Luftschicht beschränkt, kann aber je nach Intensität der Ausstrahlung, der Länge der Ausstrahlungsperiode und der Zunahme an turbulenter Durchmischung (z.B. durch Kaltluftabflüsse) bis in die frühen Morgenstunden Mächtigkeiten von deutlich über 100 m erreichen (Abb. 5.10).

Bildet sich während der Ausstrahlungsperiode Nebel oder Hochnebel, wird die Inversion vom Boden abgehoben. Die Nebelobergrenze als guter Wärmestrahler agiert als Ausstrahlungsfläche, während die Gegenstrahlung von der Nebelbasis dem Erdboden Wärmestrahlung zuführt. Die dadurch intensivierte thermische Turbulenz führt dazu, dass in Bodennähe die Temperatur wieder mit der Höhe abnimmt. Die abgehobene Inversion ist damit durch eine klare Unter- und Obergrenze gekennzeichnet. Tritt keine Nebelbildung ein, setzt der Abbauprozess der Bodeninversion erst verzögert nach Sonnenaufgang ein. In diesem Fall wird der Erdboden durch absorbierte Sonnenstrahlung erwärmt und die intensivierte thermische Turbulenz in Bodennähe verursacht wie bei der Nebelbildung ein Abheben der Inversion. Mit zunehmender Erwärmung wird die gesamte Inversionsschicht solange turbulent durchmischt, bis sich ein normaler Temperaturgradient einstellt und die Inversion aufgelöst ist. Strahlungsinversionen treten auf der lokalen Skala

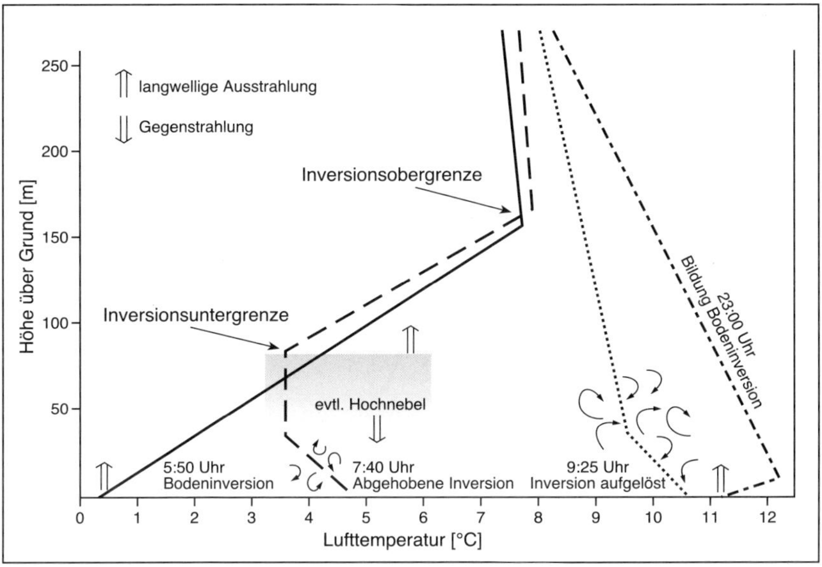

Abb. 5.10: Lebenszyklus einer strahlungsbedingten Bodeninversion in Billwerder am 11.4.1976 (ergänzt und verändert nach S*TILKE et al. 1976)*

sowohl im Flachland als auch in gebirgigem Gelände auf. In Tälern können sie sich noch durch nächtliche *Kaltluftabflüsse* in ihrer Höhenausdehnung und der erreichten Stabilität verstärken (*Talinversion*).

Wenn in Hochdruckgebieten Luft großräumig absinkt, kann es zu einer sogenannten *Absinkinversion* (= *Schrumpfungsinversion*) kommen. Dazu müssen Luftpakete eine große Strecke absinken und sich dabei trockenadiabatisch erwärmen (Abb. 5.11). Da die absteigenden Luftpakete in der niederen Troposphäre unter hohen Luftdruck geraten, werden sie stark komprimiert, ihr vertikaler Abstand nimmt gegenüber der Ausgangslage signifikant ab. Aufgrund der wesentlich längeren Wegstrecke, die das obere Luftpaket beim Absinkvorgang zurücklegen muss, erwärmt es sich gegenüber dem unteren Luftpaket stärker, so dass es in der Temperaturkurve nach der Absinkbewegung zu einer Temperaturumkehr kommt.

Absinkinversionen sind in der Regel großräumige Phänomene. Sie sind typisch für *dynamische Hochdruckgebiete (Subtropenhochs, Passatinversion)* und können auch durch eine thermisch labile Grundschicht gekennzeichnet sein. Bei ausreichendem Wassergehalt bilden sich unterhalb der Inversion niedrige Wolken (z.B. *Cumulus humilis*).

Gleitet feuchte Warmluft an einer kälteren Luftmasse auf (Warmfront), so führt dies zu einer *Aufgleitinversion*, in der die relative Feuchte wie auch die Temperatur noch zunimmt und ebenfalls Wolkenbildung bei Erreichen von

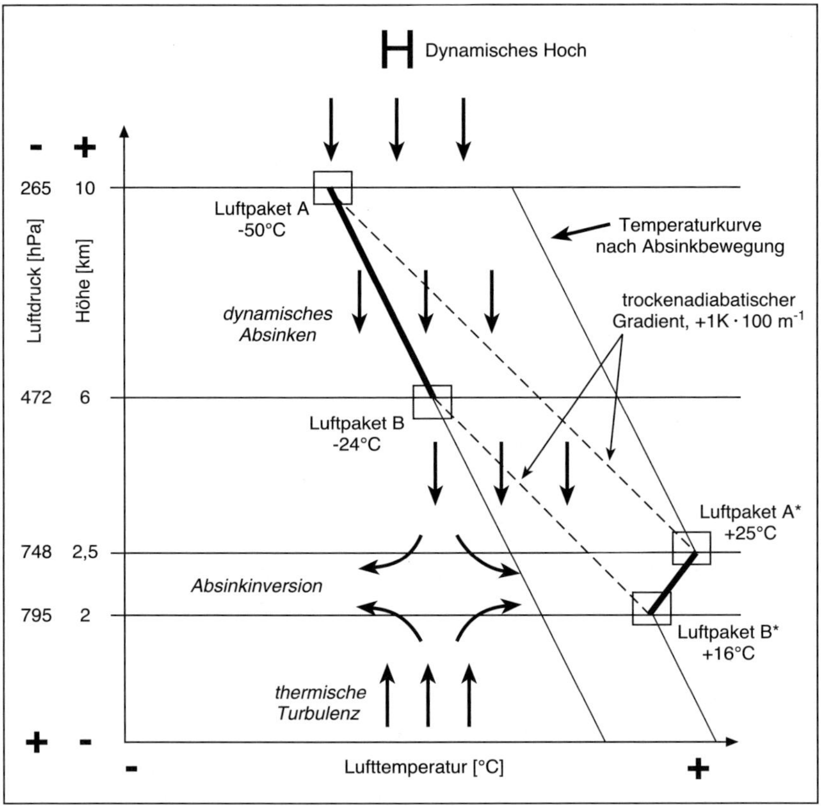

Abb. 5.11: Entstehung einer Absinkinversion in einem dynamischen Hoch (verändert nach Häckel 1990)

100% Feuchte eintritt. Auch beim Einbruch von Kaltluft in stationäre Warmluft, die dann angehoben wird, können Inversionen entstehen. Eine im mitteleuropäischen Winter regelmäßig auftretende Inversionswetterlage ist an gealterte Arktik-Kaltluft gebunden, die in der Grenzschicht großräumig verharrt. Wird darüber feucht-warme Mediterranluft aus südlichen Richtungen advehiert, ergeben sich sehr stabile Inversionen, die oft von zähen Hochnebelfeldern begleitet sind. Bodennahe Strahlungsinversionen und dynamische Inversionen, die bis in die Grenzschicht reichen, können sich koppeln und extrem stabile Wettersituationen mit hoher Persistenz auslösen, die lufthygienisch kritisch zu bewerten sind (Smog).

5.6 Geographische Verteilung des geometrisch/hypsometrischen Temperaturgradienten

Die mittlere Lufttemperatur nimmt mit der Höhe bis zur Tropopause ab, da die Erdoberfläche als Hauptwärmequelle mit positiver Strahlungsbilanz über turbulente, vertikale Austauschprozesse ständig fühlbare und latente Wärme in die Atmosphäre abgibt. Dabei lassen sich prinzipiell drei Bereiche verschiedener Vertikalstruktur unterscheiden (Abb. 5.12): Die thermisch homogene tropische Warmluft zwischen ~25° Nord bzw. Süd, die thermisch homogene Kaltluft der Polarkalotte etwa ab 60° Breite bis zu den Polen und eine thermisch heterogen geschichtete Luftmasse im Bereich der Subtropen und Mittelbreiten.

Die Vertikalstruktur der Temperatur über den Tropen zeigt eine enge Scharung der Isothermen, ausgehend von einem hohen Wärmepotenzial am Boden (>20°C). In allen Höhen der Troposphäre werden die wärmsten Temperaturen erreicht. Die Tropopause liegt im Bereich von ~-70°C (~16 km). Der geometrische Temperaturgradient ist hier weniger stabil, als in der Polarluft (-0,7 bis –0,8 K pro 100 m).

Über den Polen werden kalte Temperaturen schon in wesentlich geringeren Höhen erreicht. Bis zur Tropopause sind die Temperaturen hier die kältesten in allen Höhen. Der Wärmeinhalt des gesamten Bereichs ist deutlich geringer. Die Tropopause liegt deutlich niedriger (~9-10 km) als in den Tropen. Die vertikale Temperaturabnahme ist mit etwa –0,55 K pro 100 m recht stabil.

Von zentraler Bedeutung für die globale Zirkulation ist die markante Abnahme der Lufttemperatur bezogen auf verschiedene Höhenflächen von den Subtropen bis in die hohen Mittelbreiten. Diese Zone polwärts abnehmender Temperaturen wird als *Frontalzone* bezeichnet. Die meridionalen Temperaturgradienten im Bodenniveau sind mit 0,56 K je 100 km wesentlich größer, als in den Tropen und den Polargebieten (bis 0,39 K bzw. 0,21 K). Die Tropopause liegt im Mittel in etwa 11 km Höhe. Der geometrische Temperaturgradient liegt bei etwa -0,67 K pro 100 m. Das ständige Ineinandergreifen von kalten und warmen Luftmassen führt zu einer Mischluftmasse, die sich thermisch gut von den polaren und tropischen Luftkörpern abgrenzt. Daraus ergeben sich zwei Übergangszonen: Die *Subtropenfront* als Übergang zwischen dem tropischen Luftkörper und den Mittelbreiten, die sich aufgrund der geringeren meridionalen Temperaturgradienten in der Peplosphäre erst darüber deutlich ausprägt, und die *Polarfront* als Übergang zwischen Mittelbreiten und reiner Polarluft.

Als generelle Faustregel für den geometrischen Temperaturgradienten kann gelten, dass er vor allem in der Peplosphäre tagsüber (besonders mittags und im Sommer) am größten und nachts bzw. im Winter am kleinsten ist.

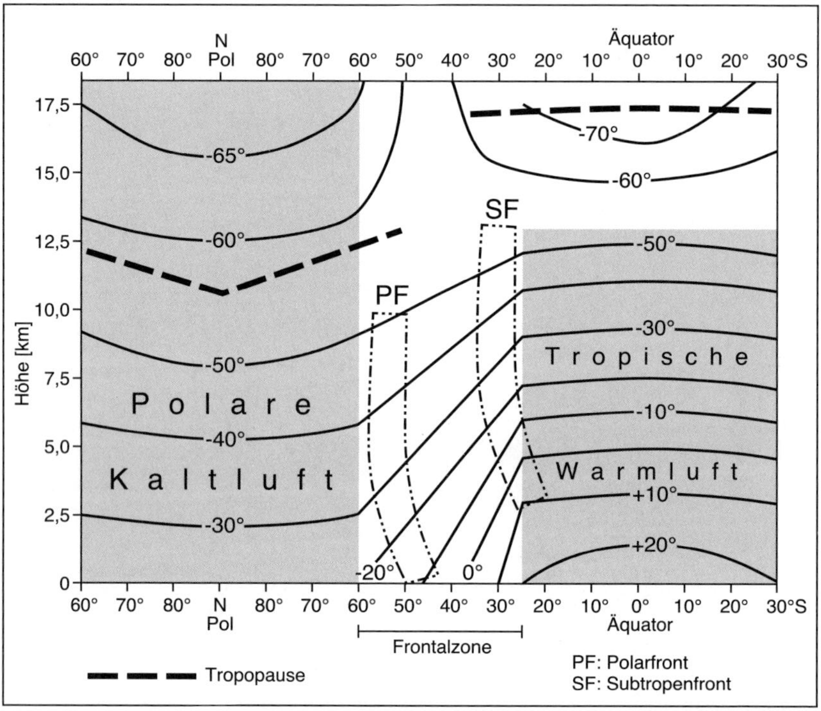

Abb. 5.12: Schematischer Meridionalschnitt der vertikalen Temperaturverteilung, Nordwinter (verändert nach WEISCHET *1979, ergänzt nach* DEFANT *1976 und* KRAUS *2000)*

Mittags und im Sommer neigt die Luft zum labilen, in der Nacht und im Winter tendiert sie aber zum stabilen Gleichgewicht. Da der Höhengradient von den Wärmeumsatzverhältnissen der Erdoberfläche direkt abhängt, nimmt die Temperatur mit der Höhe in Gebirgen nicht so schnell ab wie in der freien Atmosphäre. Massige Gebirge, vor allem Hochplateaus, sind zum Teil beträchtlich wärmer als die freie Atmosphäre im gleichen Höhenniveau. Je mehr „Gebirge", um so wärmer ist die Temperatur, so das die isothermen Flächen im Innern eines Gebirgsmassivs aufgewölbt sind. Davon ist auch das *Gesetz der Massenerhebung* abgeleitet, das besagt, dass alle Höhengrenzen der Lebewelt wegen der wärmeren Temperaturen im Innern des Gebirges ansteigen. Im borealen Bereich der zentralen Gebirge Norwegens z.B. liegt die Überwärmung bei etwa 3°C, in den zentralen Alpen bei 5°C, im Hochland von Tibet werden 6-7°C und im bolivianischen Altiplano sogar 8°C wärmere Temperaturen gemessen als in der gleichen Schicht der freien Atmosphäre.

Der lokale Temperaturgradient hängt besonders in der unteren Troposphäre von den Klimafaktoren (geographische Breite, Land/Meer-Verteilung, Relief) und dem atmosphärischen Wasserdampfgehalt bzw. der Bewölkung ab. Es sind auch Jahresgänge der vertikalen Gradienten ausgebildet, die sich für die verschiedenen Klimazonen und Jahreszeiten zu Grundtypen eines mittleren Höhengradienten zusammenfassen lassen, ohne dabei alle kleinräumigen und regionalklimatischen Modifikationen einzuschließen. Die Abbildungen (Abb. 5.12 a-d) zeigen einige charakteristische Typen:

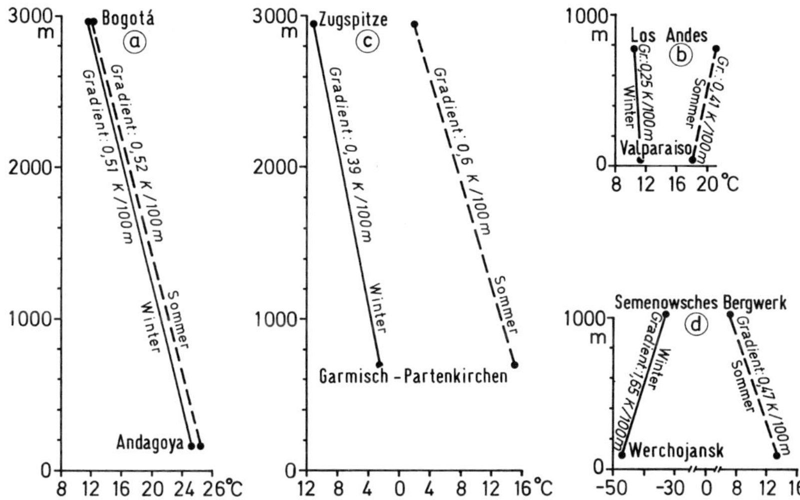

Abb. 5.13a-d: Höhengradient der Lufttemperatur (untere Troposphäre) in den inneren Tropen (a: Kolumbien), in den Winterregen-Subtropen (b: Chile), in den Mittelbreiten (c: Alpen) und in den Subpolarregionen (d: Sibirien)

Im *äquatorialen immerfeuchten Klima* (Abb. 5.13a) spiegelt der Höhengradient der Temperatur das tropische Tageszeitenklima wider, indem die Temperaturabnahme mit der Höhe infolge des gleichmäßig feuchten Klimas dem Normwert feuchtadiabatischer Luftverhältnisse zwischen 0,45 K und 0,6 K pro 100 m das ganze Jahr über annähernd entspricht. Das gleichmäßige Verhalten resultiert aus der guten Luftdurchmischung und dem ständig hohen Feuchtigkeitsgrad.

In den *wechselfeuchten Tropen* sind bereits größere jahreszeitliche Schwankungen die Regel. In der winterlichen Trockenzeit nimmt der Gradient der Temperatur mit der Höhe zu (ca. +0,75 K·100 m^{-1}). In der sommerlichen Regenzeit liegt er in der Norm um 0,5 K bis 0,6 K·100 m^{-1}. Die jahreszeitliche Variabilität lässt sich hygrisch begründen.

In den *tropisch-subtropischen Trockengebieten* schwanken die geometrischen Gradienten zwischen 0,6 K und 0,9 K pro 100 m und nähern sich im

Höchstfall dem trockenadiabatischen Zustand. Lediglich die Feuchtluftwüsten weisen aufgrund ihres hohen Feuchtigkeitsgehalts bei stabiler Schichtung (Nebelbänke bis 1.000 m ü. Meer) extrem kleine Gradienten zwischen 0,4 K und 0,01 $K \cdot 100\ m^{-1}$, ja sogar eine Umkehr des Gradienten auf, da die Kaltwassergebiete zu Temperaturinversionen unmittelbar über der Meeresoberfläche neigen (z.B. peruanisch-chilenische Küstenwüste und die Namib in SW-Afrika).

In den *Winterregengebieten der Subtropen* kehrt sich der Einfluss der Jahreszeiten um, da die Regenzeit in den Winter fällt. Die trockenen Sommer haben einen Gradienten, der im allgemeinen kleiner als 0,5 $K \cdot 100\ m^{-1}$ ist, während der winterlichen Feuchtzeit ist er generell größer als 0,5 $K \cdot 100\ m^{-1}$. In Küstengebieten der Mediterraneis ist die Luft häufig wegen der kühlen Meeresströmung stabil geschichtet, mit Gradienten, die sehr klein sind und sogar positive Werte annehmen können (Abb. 5.13b).

Die *Mittelbreiten* zeigen bei sommerlichen, mehr konvektiven Wetterlagen Gradienten > 0,6 $K \cdot 100\ m^{-1}$ und im Winter bei mehr advektiven Wetterlagen Gradienten, die unterhalb von 0,5 $K \cdot 100\ m^{-1}$ liegen, zum Teil mit winterlichen Kaltluftinversionen, in denen die Temperatur mit der Höhe in einigen Höhenintervallen sogar zunimmt (Abb. 5.13c).

In den *subpolaren Kontinentalräumen* sind im Sommer die Gradienten größer als 0,6 $K \cdot 100\ m^{-1}$, im Winter jedoch kleiner. Extreme Inversionswetterlagen kennzeichnen die hochkontinentalen Binnenräume Nordamerikas und Sibiriens, wo Temperaturzunahmen im Bereich der ersten 1000 m von +1,84 $K \cdot 100\ m^{-1}$gemessen worden sind (Abb. 5.13d).

In den *Polargebieten*, besonders über den Eiskappen, treten in den unteren Luftschichten durchweg positive Gradienten auf bei häufigen Inversionswetterlagen, besonders im Winter bei ausnehmend starker negativer Strahlungsbilanz über den Eis- und Schneeflächen.

Der *hypsometrische* Temperaturgradient hat enge Beziehungen zu den natürlichen Höhenstufen der Bodenbedeckung auf der Erde. Er bestimmt den Verlauf der Wald- und Schneegrenzen im Zusammenhang mit der Vertikalverteilung der Feuchtigkeit in hohem Maße. Durch die gleichmäßigen Höhengradienten der Temperatur in den *Tropen* sind auch die Höhenstufen regelmäßig ausgebildet (Tab. 5.5).

In den *gemäßigten Breiten* sind ebenfalls Höhenstufen ausgebildet, doch gelingt es nur schwer, einen einheitlichen Temperaturgradienten dafür in Rechnung zu setzen, zumal er im Sommer und Winter stärker differiert. Es lassen sich Höhenstufen (marin, collin, montan, subalpin, alpin und nival) durch Temperaturbedingungen während des Sommerhalbjahrs gut beschreiben, da dann der Temperaturgradient relativ gleichmäßig ist.

Auch die *hohen Breiten* borealer Landschaftstypen zeigen eine Temperatur-Höhenstufengliederung. Doch folgen die Vertikalstufen der Temperatur

Tab. 5.5: Dreidimensionale Gliederung der Tropen am Beispiel Südamerikas

Höhenstufe	**Temperatur [°C]**	**Höhe [m]**	**Landschaftstyp**
tierra nevada	< 0	>5000	Vergletscherung
tierra helada II	0-6	4000-5000	Páramo
tierra helada I	6-12	3200-4000	Subpáramo
tierra fría	12-18	2400-3200	Höhenwald
tierra templada	18-24	1000-2400	Bergwald
tierra caliente	24-27	0-1000	Niederungs-Regenwald

rascher aufeinander. Schließlich sinken die einzelnen Höhenstufen allmählich auf das Meeresniveau ab. Durch das Auftreten von Bodeninversionen sind häufig die Vegetationsstufen im collinen Bereich durch etwas höhere Temperaturwerte gekennzeichnet.

Für die Lage der *Wald-* und der *Schneegrenze* auf der Erde ist der hypsometrische Gradient eine entscheidende Bestimmungsgröße. Abb. 5.14 zeigt ihren Verlauf in einem Längsprofil vom Nord- zum Süd-Pol. Wenn auch Wald- und Schneegrenze nicht allein thermisch gesteuert werden, ist doch die Temperatur (Wärmestufung) das vorherrschende Merkmal für den Verlauf des Profils.

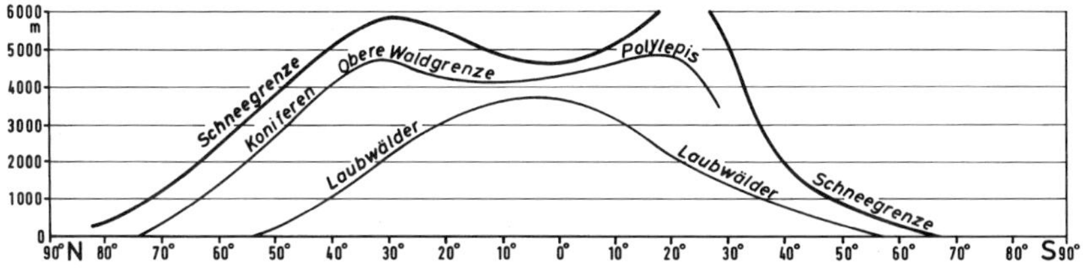

Abb. 5.14: Schematisches Profil der Höhengrenzen des ewigen Schnees und der Waldtypen zwischen Nord- und Südpol

Die *Waldgrenze* steigt aus dem Meeresniveau im Bereich der Polarregionen bis zu den subtropisch-tropischen Trockengebieten in große Höhen auf, wo sie ihre höchste Lage erreicht, um dann in den inneren Tropen leicht abzusinken. Ihre höhere Lage in den Subtropen ist in der Hauptsache durch die wärmeren Temperaturen in der sommerlichen Vegetationszeit bedingt.

Auch die *Schneegrenze* folgt maßgeblich einem Schwellenwert des thermischen Höhengradienten. Diese Grenze erreicht ihre höchste Lage ebenfalls nicht in den äquatorialen Breiten, sondern, ähnlich wie die der Waldgrenze, in den subtropisch-randtropischen, trockenen Höhengebieten. Auffallend ist die Asymmetrie ihres Verlaufs zwischen der Nord- und Südhalbkugel. In den äquatornahen Regionen und in den niederen Breiten bis ca. 20°S liegt sie höher als in den entsprechenden Gebieten auf der Nordhalbkugel. Sie sinkt dann aber aufgrund der thermischen Benachteiligung der Südhalbkugel sehr rasch ab und verläuft dort in den mittleren Breiten erheblich tiefer als auf der Nordhemisphäre. Das Meeresniveau wird auf der Südhalbkugel bei 60-70° erreicht, auf der Nordhalbkugel dagegen erst nördlich des 80. Breitengrades. Für die volle Begründung des Verlaufs der Wald- und Schneegrenze müssen die hygrischen Bedingungen berücksichtigt werden.

6 Wasserhaushalt

6.1 Der globale Wasserkreislauf

Neben dem Strahlungs- und Wärmehaushalt ist der *Wasserhaushalt* von fundamentaler Bedeutung für das Klima der Erde. Mit dem *klimatischen* Wasserhaushalt wird beschrieben, in welcher Weise und Größenordnung Wasser zwischen Erde und Atmosphäre bzw. innerhalb dieser Teilsysteme in gasförmiger (Wasserdampf), flüssiger (flüssiger Niederschlag, Wolkenwasser, marine und terrestrische Wasserreservoirs) oder fester Phase (fester Niederschlag, marine und terrestrische Eis- und Schneereservoirs) ausgetauscht wird. Die Phasenänderung von Wasser im Zuge dieser Austauschprozesse (Transport von latenter Wärme im Rahmen der atmosphärischen Zirkulation) ist eine Schlüsselgröße für den Wärmehaushalt des Klimasystems (s. Kap. 3 und 4).

Im langjährigen Durchschnitt halten sich bei gleichbleibendem Klima und gleichbleibender Lage des Meeresspiegels Niederschlag und Verdunstung die Waage, wenn man von den langfristigen Speicher-/Umsatzvorgängen im Grundwasser, im Ozean (Tiefenwasser) und im Eis (v.a. polare Eisschilde) absieht. Bei jeder Wasserumsatzberechnung für definite Zeiträume müssen Rücklage und Aufbrauch berücksichtigt werden. Analog zur globalen Strahlungs- und Wärmebilanz (Abb. 3.11, Kap. 3) kann eine globale Wasserbilanz aufgestellt werden. Die *klimatische Wasserbilanzgleichung* lautet:

$$N = A + V + (R - B)$$

mit: N = Niederschlag [mm], A = Abfluss [mm], V = Verdunstung [mm], (R-B) = Speicherglied [mm] = Rückhalt-Aufbrauch

Alle Größen des klimatischen Wasserhaushalts werden normalerweise in der Einheit mm (= Liter pro m^2 Fläche, $mm=l \cdot m^{-2}$) angegeben. Der Speicherterm für die Betrachtung definiter Zeiträume umfasst die Zeitverzögerung im Austauschprozess zwischen Erde und Atmosphäre bzw. innerhalb der Teilsysteme. Natürliche Speicherglieder im terrestrischen Wasserhaushalt (= Rückhalt) sind z.B. Schnee und Eis, die erst nach dem Abschmelzen (= Aufbrauch) wieder in den Wasserkreislauf einfließen. Auf der lokalen-regionalen Skala wird der Wasserkreislauf auch anthropogen beeinflusst (z.B. durch künstliche Speicherhaltung in Stauseen). In der Atmosphäre kann Wasser kurzfristig in Wasserdampf bzw. Wolkenwasser/-eis gespeichert werden, bevor es als Niederschlag dem terrestrischen Wasserkreislauf wieder zugeführt wird. Im Rahmen einer anthropogenen Klimaerwärmung wäre dieses kurzfristige (Zwischen-) Speicherglied veränderbar, indem bei einer global erhöhten Temperatur permanent mehr Wasserdampf (und als Folge ggf. mehr Wolkenwasser) in der Troposphäre gehalten werden könnte.

Die zirkulierende Wassermenge auf der Erde beträgt im globalen Jahresmittel 496.000 km^3. Da der atmosphärische Wasserdampfgehalt auf ca. 13.000 km^3 berechnet worden ist, was bezogen auf die gesamte Erdoberfläche einer äquivalenten Flüssigwassersäule von nur 24 mm entspricht, muss diese Wassermenge in Form von einzelnen Wassermolekülen etwa 38 mal jährlich (ca. alle 9,6 Tage) zwischen Erdoberfläche und Atmosphäre ausgetauscht werden. Der global gemittelten Wassermenge von 496.000 km^3 entsprechen 973 mm Niederschlag bzw. Verdunstung, das ist zugleich die mittlere Niederschlagssumme und die mittlere Verdunstungssumme der Erde. Von den genannten Wassermassen der Erde nimmt nur ein kleiner Teil am Wasserkreislauf teil.

Der *Wasserkreislauf* (Abb. 6.1) beschreibt die globalen Ströme von Wassermolekülen zwischen Erde und Atmosphäre. Der größte Teil des atmosphärischen Wasserdampfs stammt von der Meeresoberfläche und gelangt durch die Verdunstung in die Atmosphäre. Hiervon fällt der größere Teil als Niederschlag wieder auf die Meeresoberfläche zurück. Der kleinere Teil wird mit der atmosphärischen Zirkulation auf die Festländer verfrachtet und dort als Niederschlag an die Erdoberfläche abgegeben. Ein Teil des Niederschlags auf dem Festland verdunstet unmittelbar an der Erdoberfläche. Der Rest fließt von den einzelnen Landflächen wieder direkt über die Flüsse ins Meer oder sickert in den Boden (Boden-, Grundwasser) und gelangt erst nach längerer Verweildauer wieder über Quellen in Flüsse und schließlich ins Meer. Außerdem kann der Niederschlag in fester Form gespeichert werden (v.a. polare Eiswüsten) und fließt mit besonders starker Verzögerung in das Weltmeer zurück.

Als *großen Kreislauf* bezeichnet man den Transport des verdunsteten Wassers vom Ozean auf das Festland und den Rückfluss der auf dem Festland gefallenen Niederschläge über den Abfluss ins Weltmeer. Da einerseits auf dem Meer Wasser verdunstet und ebenso auch Niederschläge fallen und andererseits auf dem Festland ein Verdunstungsstrom in die Erdatmosphäre geht und von dort zur Erdoberfläche als Niederschlag zurückkehrt, gibt es auch *kleine Wasserkreisläufe*.

Die *Wasserbilanz* im globalen Wasserkreislauf wurde z.B. von BAUMGARTNER/REICHEL (1975) berechnet. Grundsätzlich findet demnach ein lateraler Nettotransport von atmosphärischem Wasserdampf von den Meeresflächen auf das Festland statt, der den Ozeanflächen über festländischen Niederschlag und Abfluss wieder zugeführt wird (39.700 km^3 = Großer Wasserkreislauf). Für den kleinen Kreislauf *über dem Meer* ergibt sich ein mittlerer Niederschlag von 1.066 mm (Abb. 6.1), wobei die Verdunstung auf dem Meer 1.176 mm beträgt, also 110 mm mehr, als Niederschlag über den Ozeanflächen fällt. Über den kleinen Kreislauf auf dem Meer kehrt damit nur 9/10 des verdunsteten Wassers wieder auf die Meeresoberfläche zurück. Die Restmenge von 110 mm wird im Rahmen des großen Kreislaufs auf das Festland verfrachtet. Sie entspricht in der räumlichen Verteilung auf die knapp 2,42 mal kleinere Festlandsfläche einer Wasserhöhe von 266 mm (110·2,42 mm). Als Folge wird auf den Festländern bei 746 mm Niederschlag ein Restbetrag von 480 mm im kleinen Kreislauf (Verdunstung) umgesetzt (Abb. 6.1).

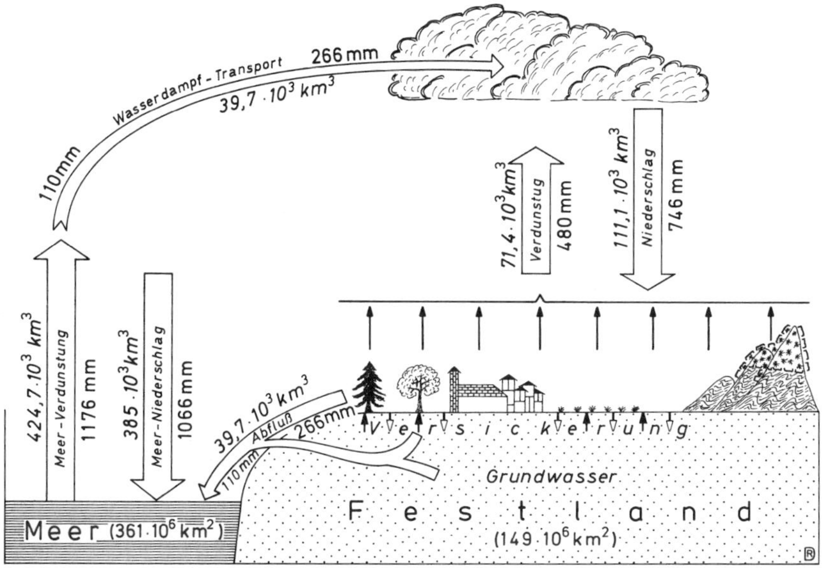

Abb. 6.1: Wasserkreislauf der Erde (n. verschiedenen Quellen)

6.2 Transport von Wasser in die Atmosphäre

Wassermoleküle aus terrestrischen Wasserreservoirs werden durch den Prozess der *Verdunstung* nach Maßgabe des Wasserangebots und der für die Verdunstung verfügbaren Energie aus Strahlungs- und Wärmebilanz (s. Kap. 3.2) an die Atmosphäre abgegeben. Ein Teil verdunstet unmittelbar von der nackten Oberfläche (freie Wasserflächen, Bodenwasser bei unbedecktem Boden) durch *Evaporation* (passive Verdunstung), ein anderer Teil über den Stoffwechsel der Pflanzen als *Transpiration* (aktive Verdunstung). Bei geschlossenen Pflanzenbeständen wird häufig ein Teil des Niederschlags vom Blattwerk zurückgehalten und erreicht nicht den Boden, sondern wird sofort wieder verdunstet. Die passive Evaporation von Blattoberflächen wird als *Interzeptionsverdunstung* (Sonderfall der Evaporation), die gesamte Verdunstung über den Landflächen als *Evapotranspiration* bzw. *Landverdunstung* (Evaporation+Transpiration) bezeichnet.

Der Verdunstungsbetrag hängt maßgeblich von drei Grundbedingungen ab: (a) Der Wasserverfügbarkeit, (b) dem aktuellen, temperaturabhängigen Wasserdampf-Aufnahmevermögen (s. Erläuterungen zum Sättigungsdampfdruck in Kap. 6.3) der Luft und (c) der zur Verdunstung verfügbaren Wärmeenergie (fühlbare Wärme). Wassertemperatur, Luftdruck und der Grad an turbulentem Austausch spielen ebenfalls eine wichtige Rolle. In extremen Trockengebieten (z.B. Wüsten) kann aufgrund von Wasserknappheit kaum Verdunstung stattfinden, obwohl genügend Wärmeenergie vorhanden wäre und die trockene Luft ausreichend Wasserdampf aufnehmen könnte. Ist die Luft demgegenüber in feuchten Regionen der Erde mit Wasserdampf vollgesättigt, kann die Verdunstung trotz vorhandenem Wasserangebot und ausreichend verfügbarer Wärmeenergie zum Erliegen kommen. Daher unterscheidet man zwischen der *aktuellen (realen)* und der *potentiellen (möglichen)* Verdunstung. Die *aktuelle Evapotranspiration* beschreibt den Betrag an Wasser, der unter gegebenen Umweltbedingungen tatsächlich verdunstet. Als *potentielle Evapotranspiration* bezeichnet man den Betrag, der bei einer bestimmten Lufttemperatur und optimalem Wasserangebot maximal verdunsten könnte.

Da die Vegetation den Transpirationsstrom im Rahmen ihrer vom Stoffwechsel vorgegebenen Möglichkeiten aktiv beeinflussen kann, schwankt das Verhältnis von Evaporation und Transpiration mit dem Wasserangebot (Abb. 6.2).

In trockeneren Landschaftsräumen überwiegt die Evaporation, da einerseits wenig Vegetation vorhanden ist, andererseits die Pflanzen aufgrund von Trockenstress Mechanismen entwickelt haben (z.B. Sukkulenz), den Transpirationsstrom auf ein Minimum zu reduzieren. Bei zunehmendem Wasserangebot überwiegt der Transpirationsanteil, da die Pflanzendichte (z.B. Regen-

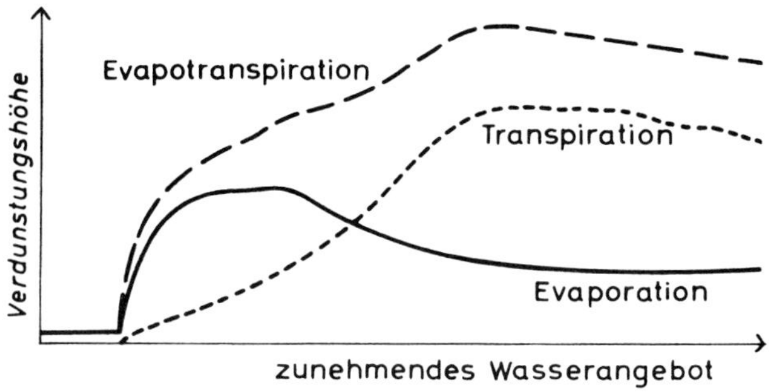

Abb. 6.2: Schema der Relation von Evaporation und Transpiration über Landflächen (nach GENTILLI aus KELLER 1961)

wald) aufgrund der Abschattung des Bodens im passiven Bereich fast nur noch Interzeptionsverdunstung zulässt, auf der anderen Seite die Vegetation ungehindert Wasser aktiv verdunsten kann.

6.2.1 Evaporation

Der Transport von Stoffen wie z.B. Wasserdampf oder CO_2 erfolgt in der laminaren Grenzschicht durch molekulare Diffusion und wird durch das 1. FICKsche Gesetz beschrieben.

$$M_S = -D \cdot \frac{dc}{dz}$$

mit: M_s *= Spezifischer Massenstrom* $[kg \cdot m^{-2} \cdot s^{-1}]$, *D = molekularer Diffusionskoeffizient* $[m^2 \cdot s^{-1}]$, *dc = Konzentrationsgradient* $[kg \cdot m^{-3}]$ *über die Strecke dz [m]*

Die treibende Kraft des Stoffflusses ist das Konzentrationsgefälle entlang einer Strecke (dz). Er führt dazu, dass sich Moleküle durch BROWNsche Molekularbewegung von der Seite der höheren Konzentration zur Seite der niedrigeren Konzentration verlagern (Abb. 6.3). Ist das Konzentrationsgefälle ausgeglichen, kommt der Netto-Massenstrom zum Erliegen. An diesem Punkt werden gleich viele Moleküle durch BROWNsche Molekularbewegung von c_1 nach c_2 und umgekehrt verlagert, es hat sich ein Gleichgewichtszustand eingestellt und die (Netto-)Diffusion ist gleich Null. Ein kontinuierlicher Massenstrom von c_2 nach c_1 ist nur dann gewährleistet (Abb. 6.3, links), wenn die von der Seite der höheren Konzentration c_2 nach c_1 verlagerten Moleküle permanent abgeführt werden (z.B. durch turbulente Luftbewegung) und damit das Konzentrationsgefälle erhalten bleibt.

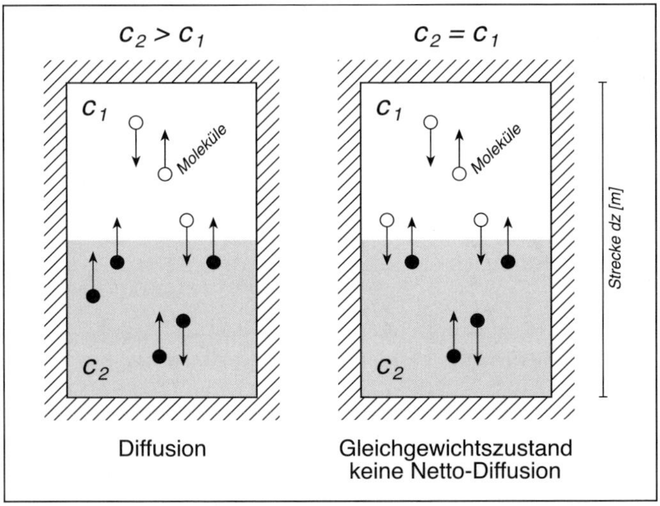

Abb. 6.3: Schematische Darstellung der molekularen Diffusion

Verdunstung bzw. Sublimation an der Grenzfläche Erde-Atmosphäre bedeutet die Abgabe von in flüssiger oder fester Phase (Schnee, Eis) gebundenen Wassermolekülen (= hohe Konzentration) an die Luft (= niedrige Konzentration), wo sie in die gasförmige Phase (Wasserdampf) überführt werden. Die zur Sublimation bzw. Verdunstung benötigte Energie wird letztlich dazu verwendet, die molekulare Bewegung der Wassermoleküle zu erhöhen. Im festen Aggregatzustand (Eis, Schnee) sind die Wassermoleküle in einem hexagonalen Kristallgitter regelmäßig angeordnet. Die freie Molekularbewegung ist eingestellt und in eine Pendelbewegung übergegangen. Bei Zufuhr von Wärmeenergie über den Schmelzpunkt hinaus (>0°C bei Normaldruck) wird das Kristallgitter aufgebrochen und die Wassermoleküle gehen in eine ungeordnete Molekularbewegung über. In der flüssigen Phase werden die Moleküle aber noch durch die zwischenmolekularen Anziehungskräfte zusammengehalten. Bei weiterer Energiezufuhr wird die Molekularbewegung immer intensiver und regelloser, so dass einzelne Wassermoleküle die Anziehungskräfte überwinden und den Verband der flüssigen Wassermoleküle verlassen können. Sie gehen damit in die gasförmige Phase über (Wasserdampf). Je größer die Energiezufuhr wird, desto mehr Wassermoleküle können aufgrund ihrer hohen molekularen Bewegungsenergie aus dem Flüssigwasserverband ausscheren.

Analog zum Transport von fühlbarer Wärme ist der Grad des vertikalen Austauschs von Wassermolekülen an der Grenzfläche Erde-Atmosphäre durch zwei Mechanismen gekennzeichnet (Kap. 3.2): (a) die molekulare Diffusion analog zum 1. FICKschen Gesetz und (b) die wesentlich effektivere turbulente Diffusion. Die molekulare Diffusion von Wassermolekülen in kg Wasser pro Fläche (m^2) und Sekunde findet in der laminaren Unterschicht zwischen Erdoberfläche und Atmosphäre statt, in der sie aufgrund der fehlenden turbulenten Durchmischung maßgeblich vom Konzentrationsgefälle des Wasserdampfs abhängt:

$$E_m = -\rho_w \cdot \kappa_W \cdot \frac{ds}{dz}$$

mit: E_m *= Potentielle Evaporations-Flussdichte durch molekulare Diffusion* [$kg \cdot m^{-2} \cdot s^{-1} = l \cdot m^{-2} \cdot s^{-1} = mm \cdot s^{-1}$], ρ_w *= Wasserdampfdichte* [$kg \cdot m^{-3}$], k_W *= molekularer Diffusionskoeffizient für Wasserdampf in Luft* [$m^2 \cdot s^{-1}$], *ds = Gradient der spezifischen Feuchte* [$kg \cdot kg^{-1}$] *über die Strecke dz [m]*

Die Wasserdampfkonzentration ist in der Regel unmittelbar über der verdunstenden Oberfläche (z.B. Wasserfläche) höher als in der darüber liegenden Luftschicht, so dass sich die Diffusion in Richtung Atmosphäre richtet.

In der Grenzschicht ist der turbulente Transport von Wasserdampf allerdings wesentlich effektiver. Um die Größenordnung der turbulenten Evaporation (E_t) zu erhalten, muss in die oben angeführte Gleichung der molekulare Diffusionskoeffizient für Wasserdampf durch den turbulenten (K_W) ersetzt werden. Da er um mehrere Zehnerpotenzen über dem molekularen liegt (K_W ~1 $m^2 \cdot s^{-1}$; $K_W = 0{,}264 \cdot 10^{-4}$ $m^2 \cdot s^{-1}$ bei 20°C), wird auch die turbulente Evaporation um Zehnerpotenzen höhere Werte annehmen.

Obwohl der Wasserdampfstrom in der unteren Atmosphäre dem Mechanismus des Wärmetransports ähnelt, sind doch Unterschiede vorhanden. Während Wärmeenergie kontinuierlich vorhanden ist, gilt dies nicht für das Wasserangebot (z.B. Trockengebiete). Die o.a. Verdunstungsströme haben somit potenziellen Charakter und beziehen sich auf ein ungestörtes Wasserangebot (z.B. über freien Wasserflächen). Bei niedrigem Wasserdargebot ist auch der Gradient der spezifischen Feuchte sehr gering und damit die aktuelle Evaporation. Weiterhin muss ausreichend Energie vorhanden sein, um den Verdunstungsstrom kontinuierlich in maximaler Größenordnung erhalten zu können. Das ist z.B. bei Fehlen der solaren Einstrahlung nicht der Fall. Darüber hinaus müssen die verdunsteten Wassermoleküle direkt turbulent verlagert werden, damit in der bodennahen Luftschicht ein möglichst gleichbleibender Gradient der spezifischen Feuchte erhalten bleibt. Wird der Gradient Null, d.h. verdunstete Wasserdampfmoleküle können wegen fehlender Turbulenz nicht mehr abgeführt werden, kommt auch der Verdunstungsstrom zum Erliegen.

6.2.2 Transpiration

Wenn die Vegetation nicht durch Niederschlag bzw. Tau vollständig benetzt wird, ist die *Transpiration* der dominante Mechanismus der Verdunstung. Die Transpiration von Pflanzen hängt davon ab, wie schnell Wasser aus der Bodenzone durch Wurzeln, Stamm/Stengel und grüne Blattorgane transportiert werden kann, bevor es durch die Spaltöffnungen (Stomata) an die Atmosphäre abgegeben wird. Dabei kann man vereinfacht annehmen, dass die Verdunstung durch die Spaltöffnungen eine Erniedrigung des Wasserpotentials der Blätter gegenüber der Bodenzone hervorruft, so dass Wasser aus dem Wurzelraum nachgeführt wird.

Die Zeit, angegeben in Sekunden pro Meter ($s \cdot m^{-1}$), die Wassermoleküle benötigen, um die Spaltöffnungen verlassen zu können, wird auch als *Widerstand* gegenüber der Transpiration bezeichnet. Der Widerstand einer vegetationsbedeckten Fläche (Kronen-Widerstand R_c) entspricht dabei in etwa dem mittleren Widerstand aller Spaltöffnungen (R_{st}) der gesamten Blattfläche. Er ist das Resultat des Luftvolumens der Stomata, ihrer Anzahl pro Blattfläche, der Beeinflussung des Grenzschichtfelds an der Blattoberfläche und des Diffusionskoeffizienten für Wasserdampf (s. dazu Jones 1992).

$$R_c = \frac{\ell + (\pi \cdot r_{st} / 4)}{v_{st} \cdot \pi \cdot r_{st}^2 \cdot k_w}$$

mit: R_c *= Kronen-Widerstand* $[s \cdot m^{-1}]$, l *= Mittlere Länge der Stomata [m],* r_{st} *= Mittlerer Radius der Stomata [m],* v_{st} *= Zahl der Stomata pro Blattfläche* $[m^{-2}]$, k_W *= molekularer Diffusionskoeffizient für Wasserdampf in Luft* $[m^2 \cdot s^{-1}]$

Der Kronen-Widerstand bestimmt neben dem Feuchtegradienten zwischen Spaltöffnung und der das Blatt umströmenden Luft die Größenordnung der Transpiration.

$$E_T = \frac{a_{Tc} - a}{R_c}$$

mit: E_T *= Transpirations-Flussdichte* $[kg \cdot m^{-2} \cdot s^{-1} = mm \cdot s^{-1}]$, a_{Tc} *= Absolute stomatäre Sättigungsfeuchte bei Kronentemperatur* T_c $[kg \cdot m^{-3}]$, a *= Aktuelle absolute Feuchte im Kronenraum, außerhalb der laminaren Unterschicht der Blätter* $[kg \cdot m^{-3}]$, $a_{Tc}-a$ *= Absolutes Sättigungsdefizit* $[kg \cdot m^{-3}]$, R_c *= Kronen-Widerstand* $[s \cdot m^{-1}]$ *~mittlerer Widerstand der Stomata (*R_{st}*) über alle Blätter*

Steigt der Widerstand bei unverändertem Sättigungsdefizit an, nimmt die Verdunstung ab und umgekehrt.

Die Vegetation ist nun in der Lage, den Widerstand der Transpiration über die Geometrie der Spaltöffnungen aktiv zu verändern. Bei den meisten Pflanzen sinkt er mit zunehmender Strahlung, da die Spaltöffnungen grundsätzlich auf eine Zunahme der solaren Beleuchtungsintensität positiv reagieren. Die Abnahme des Widerstands ist eine Folge des anwachsenden stomatären Radius, der Transpirationsstrom steigt an. Bei Wasserstress (z.B. fehlendes Bodenwasser im Wurzelraum) schließen sich die Spaltöffnungen zunehmend. Damit nimmt ihr Radius ab, der Widerstand steigt an und die Reduktion des Transpirationsstroms ist die Folge. Werden die Spaltöffnungen gänzlich geschlossen (r_{St}=0, R_c=nicht definiert), spielt die Transpiration keine Rolle mehr. Unabhängig vom Diffusionskoeffizienten sind die Pflanzen somit in der Lage, den Verdunstungsstrom aktiv zu regulieren.

Obwohl eine große genetische Vielfalt des Transpirationsvermögens im Pflanzenreich vorliegt, kann man doch spezifische Eigenheiten für verschiedene Pflanzentypen feststellen. In Abbildung 6.4 sind Spannweite und Mittelwert maximal gemessener Blatt-Flussdichten der Transpiration dargestellt.

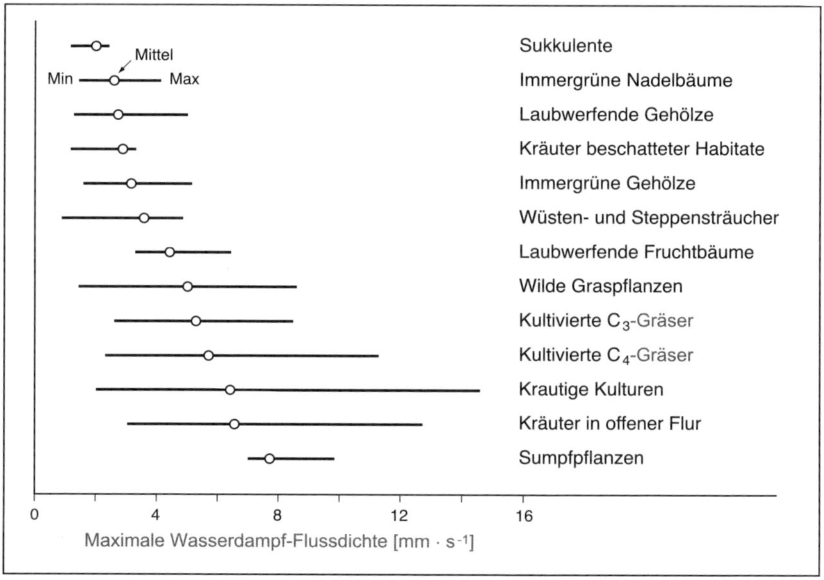

Abb. 6.4: Maximale Wasserdampf-Flussdichte von Blättern für verschiedene Vegetationstypen (verändert nach Jones *1992)*

Extreme Unterschiede zeigen Pflanzen an Feuchtstandorten mit hohen Flussdichten gegenüber den Sukkulenten der Trockenräume mit der geringsten Transpirationsrate und einer sehr kleinen Spannweite. Die maximal mögliche Transpirationsrate hängt dabei von verschiedenen Faktoren ab. Die Anzahl und Geometrie der Spaltöffnungen ist von großer Bedeutung. So verfügt die Waldkiefer (*Pinus silvestris*) über ~120 Spaltöffnungen pro mm^2 mit einer Länge von ~20 µm, während ein Gartenapfelbaum (*Malus pumile, cv. Cox*) ~390 Stomata pro mm^2 mit einer Länge von ~21 µm aufweist. Durch die deutlich höhere Anzahl von Stomata sind die maximalen Flussdichten von laubwerfenden Fruchtbäumen mehr als dreimal höher als bei immergrünen Nadelgehölzen. Die Transpirationsrate ist aber auch abhängig von den abiotischen Wachstumsbedingungen und dem Alter der Blattorgane. Die Transpirationsleistung nimmt mit zunehmendem Alter ab, wobei sie bei jüngeren Blättern vor dem Abfall eine Zeit auf konstant hohem Niveau bleibt.

6.2.3 Messung und Berechnung der Verdunstung

Sowohl Berechnung als auch Messung der Verdunstung sind mit großen Unsicherheiten behaftet, da einerseits der turbulente Diffusionskoeffizient für Wasserdampf in der Regel nicht bekannt ist, andererseits die Eigenheiten der Vegetation (z.B. Zahl der Spaltöffnungen etc.) kaum durch Feldstudien ausreichend genau erfasst werden können. Um dennoch Aussagen zur Verdunstung machen zu können, sind eine Vielzahl von mehr oder weniger genauen Mess- und Berechnungsverfahren erarbeitet worden.

Die Messung der *potentiellen Evaporation* freier Wasserflächen erfolgt apparativ z.B. mit Evaporimetern nach PICHE bzw. der *WILDschen Waage*. Sehr verbreitet ist die CLASS-A-PAN, ein kreisrunder Bottich mit einem Durchmesser von 1.250 mm, einer Tiefe von 250 mm und einer Wassertiefe zwischen 150 und 200 mm, die relativ repräsentative Werte erbringt, indem durch die Wasserstandsänderung das Ausmaß der Verdunstung gemessen werden kann.

Brauchbare Messergebnisse zur *aktuellen Evapotranspiration* werden durch das sehr aufwendige und kostenintensive *Lysimeter* (= *Verdunstungswaage*) erzielt. Hierbei handelt es sich um ein kastenartiges Gerät, das mit Boden und Vegetation des umgebenden natürlichen Standorts aufgefüllt und in den Boden eingelassen wird. Durch Abwiegen erhält man die Differenz aus dem Gesamtgewicht im wassergesättigten Zustand (z.B. nach einem ausgiebigen Niederschlagsereignis) und dem Gewicht zum Zeitpunkt des Wägevorgangs. Gibt man kein Wasser hinzu, sondern bedient sich bei der Messung nur des gefallenen Regenwassers, wird jeweils die *aktuelle Evapotranspiration* zwischen zwei Wägezeitpunkten gemessen. Füllt man jedoch Wasser hinzu und hält die Anlage im wassergesättigten Zustand, so kann man auch die *potentielle Evapotranspiration* erfassen.

Aufgrund der aufwendigen bzw. recht ungenauen Messmethoden sind neben der Anwendung der *Wasserhaushaltsgleichung* eine Reihe von Berechnungsverfahren zur Verdunstung auf der Basis von operationellen Klimamessdaten entwickelt worden. Die grundlegenden Berechnungen basieren auf den zeitgleichen Arbeiten (1948) von PENMAN in Großbritanien, THORNTHWAITE in den USA und BUDYKO in der UdSSR. Sie beruhen auf den Haupteinflussgrößen des Verdunstungshaushalts: Sättigungsdefizit, Windgeschwindigkeit und Temperatur. PENMAN (1948) hat die umfassendste Verdunstungsformel für die *potentielle Evapotranspiration* vorgelegt, in der er die Einflüsse des Wärmehaushalts über die Energiebilanz bestimmt und sie mit dem Wasserhaushalt und den Ventilationsbedingungen des Verdunstungsvorgangs verbindet. Die Anwendung der heute international verbreiteten PENMAN-MONTEITH-Formel (MONTEITH & UNSWORTH 1995) zur Berechnung der *aktuellen Evapotranspiration* erfordert viele beobachtete meteorologische Parameter (s. Formelanhang).

Weitere Ansätze haben die folgenden Autoren vorgelegt: Den Strahlungsanteil wie auch den Ventilationsfeuchte-Anteil haben u.a. HOFMANN (1956) und TURC (1961) für die Berechnungen herangezogen. ALBRECHT (1962) benutzt das Sättigungsdefizit und an Stelle der gemessenen Windgeschwindigkeit einen empirischen Faktor. HAUDE (1963) hat für die Berechnung der potentiellen Verdunstung das Sättigungsdefizit zum Mittagstermin 14.00 Uhr als Grundparameter verwandt. LAUER und FRANKENBERG (1981, 1986, 1988) bestimmen für eine Weltklimaklassifikation die *potentielle Landschaftsverdunstung* über die Äquivalenttemperatur als Gesamtenergiemaß von fühlbarer und latenter Wärme, das Sättigungsdefizit als Feuchteglied sowie einen vegetations- und standortspezifischen Korrekturfaktor.

6.3 Wasserdampf in der Atmosphäre

6.3.1 Dampfdruck und Sättigungsdampfdruck über ebenen Wasserflächen

Die durch Verdunstung in die Atmosphäre gelangten Wassermoleküle bilden dort das unsichtbare Gas Wasserdampf. Wie jedes atmosphärische Gas im Luftgemisch üben die Wassermoleküle einen Druck auf ihre Umgebung aus und tragen damit zum *Luftdruck* bei. Dieser sogenannte *Partialdruck* (Teildruck) des Wasserdampfs wird auch als *Dampfdruck* bezeichnet und ist gleichzeitig ein Maß für den aktuellen Wasserdampfgehalt der Atmosphäre. Er wird in Druckeinheiten (hPa) angegeben. Je höher der Dampfdruck ist, desto größer ist die atmosphärische Wasserdampfmenge. Überschreitet der Dampfdruck allerdings einen bestimmten Wert, werden die Wassermoleküle so stark komprimiert, dass die zwischenmolekularen Anziehungskräfte wirksam werden können und sich die gasförmigen Wassermoleküle wieder in einem Flüssigwasserverband anordnen. Es kommt zur *Kondensation*. Der Dampfdruck, bei dem Kondensation eintritt, wird auch als *Sättigungsdampfdruck* bezeichnet. Er beschreibt einen Gleichgewichtszustand, bei dem gleich viele Wassermoleküle den Flüssigwasserverband verlassen wie aus der Gasphase wieder zu ihm stoßen (s. Kap. 6.1). Dieser Gleichgewichtszustand zwischen flüssigem und gasförmigem Wasser wird durch die CLAUSIUS-CLAPEYRONsche Gleichung wie folgt beschrieben:

$$E = E_0 \cdot \exp\left(\frac{L_V}{R_W \cdot T_0} \cdot \frac{T - T_0}{T}\right)$$

mit: E = *Sättigungsdampfdruck [hPa],* E_0 = *Sättigungsdampfdruck bei 0°C = 6,11 [hPa],* T = *Aktuelle Lufttemperatur [K],* T_0 = *273,15 K [=0°C],* R_W = *Gaskonstante für Wasserdampf* $[J \cdot kg^{-1} \cdot K^{-1}]$, L_V = *spezifische Verdunstungswärme* $[J \cdot kg^{-1}]$

Der Sättigungsdampfdruck ist demnach keine Konstante, sondern hängt von der Lufttemperatur ab. Je höher die Lufttemperatur ist, desto größer wird der Term auf der rechten Seite und damit der Sättigungsdampfdruck. Warme Luft (z.B. Tropen) kann demnach mehr Wasserdampf enthalten, als kalte Luft (z.B. Polargebiete). Da die Kondensation bei maximaler Wasserzufuhr durch Verdunstung temperaturabhängig einsetzt, wird die Lufttemperatur, bei der Sättigung und Kondensation eintritt, auch als *Taupunkt* bzw. *Taupunkttemperatur* bezeichnet (s. Formelanhang). Allerdings erreicht die Luft nicht immer den Sättigungszustand. Die Differenz aus Sättigungsdampfdruck und aktuellem Dampfdruck wird auch als *Sättigungsdefizit* bezeichnet. Je größer das Sättigungsdefizit ist (z.B. in warmen Wüstengebieten), desto mehr Wasserdampf kann potenziell noch in die Luft überführt werden. Sättigungsdampfdruck und aktueller Dampfdruck können unter Verwendung der aktuellen Luft- bzw. Taupunkttemperatur mit der empirischen MAGNUS-Formel berechnet werden (s. Formelanhang).

Durch welche Mechanismen in der Atmosphäre Übersättigung und damit Kondensation eintreten kann, beschreibt Abbildung 6.5.

Wird ein Luftpaket (z.B. mit T=25°C) durch konvektive oder gezwungene Hebung an Gebirgen und Fronten abgekühlt (Fall a), überschreitet der aktuelle Dampfdruck bei Erreichen der Taupunkttemperatur (hier 10°C) den thermisch möglichen Sättigungsdampfdruck. Es kommt zu einer Übersättigung, so dass Kondensation (und Wolkenbildung) die Folge ist. Der gleiche Effekt wird erreicht, wenn einem Luftpaket durch kontinuierliche Verdunstung bei gleichbleibender Temperatur immer mehr Wasserdampf zugeführt wird (Fall b). Auch hier tritt ab einem bestimmten Punkt Übersättigung und Kondensation ein. In der bewegten Atmosphäre kommt es besonders im Bereich der

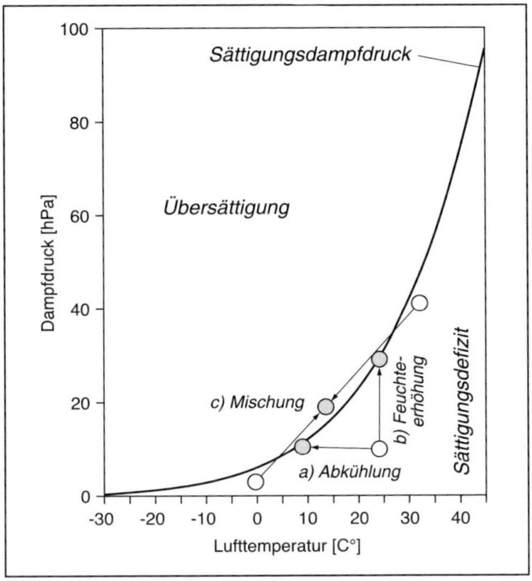

Abb. 6.5: Kurve des Sättigungsdampfdrucks über ebenen Wasserflächen

Frontalzonen an atmosphärischen Fronten häufig zur Mischung von Luftmassen mit unterschiedlichen Eigenschaften (Fall c). Obwohl beide Ausgangsluftmassen (0°C bzw. 30°C) im Beispiel Untersättigung aufweisen, kommt es nach der Mischung zur Kondensation. Mischung bedeutet eine lineare Kombination der Eigenschaften. Im Beispiel führt dies zu einer Mischungstemperatur von (30+0)/2=15°C und einem Mischungs-Dampfdruck von (42,43+6,1078)/2=24,27 hPa. Tatsächlich liegt aufgrund der exponentielle Krümmung der Kurve des Sättigungsdampfdrucks die Grenze zur Übersättigung in der Mischluftmasse von 15°C aber bei 17,044 hPa. Damit wäre der aktuelle Dampfdruck in der Mischluftmasse wesentlich höher als ihr thermisch zulässiger Sättigungswert, so dass Kondensation einsetzen muss.

In der höheren Troposphäre bzw. auf der Winterhalbkugel und den Polargebieten liegt häufig ein *Dreiphasensystem* von Wasser vor. Hier sind Sättigung und Übersättigung etwas komplizierter. In der Atmosphäre kann unter bestimmten Voraussetzungen (Fehlen von Kondensationskernen) unterkühltes Flüssigwasser bis etwa –40°C vorkommen. Erst bei kälteren Temperaturen kommt es zu spontanem Gefrieren. Das unterkühlte Wasser steht dabei in Wechselwirkung mit Wasserdampf und festen Wasserteilchen (z.B. Schnee, Eis). Wie aus Abbildung 6.6 zu entnehmen ist, liegt der Sättigungsdampfdruck von Eis unter dem Wert für unterkühltes Flüssigwasser.

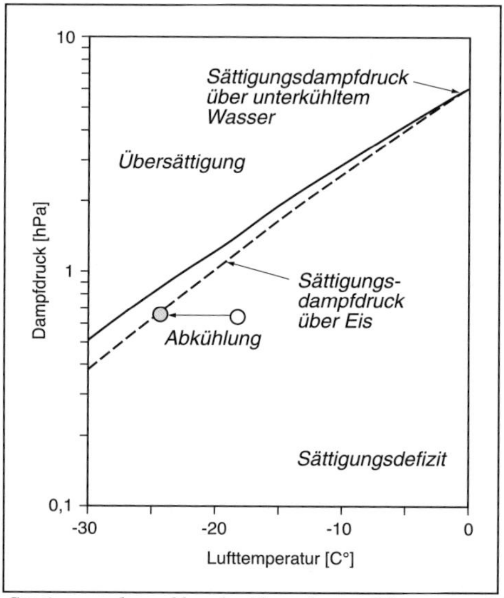

Abb. 6.6: Kurve des Sättigungsdampfdrucks über ebenen Wasser- und Eisflächen bei Temperaturen unter dem Gefrierpunkt

Wird also ein untersättigtes Luftteilchen in einem solchen Dreiphasensystem abgekühlt, muss der Wasserdampf auf den vorhandenen Eisteilchen deponiert werden, da der Sättigungsdampfdruck über Eis früher erreicht wird als über Wasser. Die Dampfdruckverhältnisse führen sogar dazu, dass Wassermoleküle, die den Flüssigwasserverband von unterkühlten Wassertropfen im Zuge der Verdunstung verlassen, ebenfalls aufgrund des niedrigeren Sättigungsdampfdrucks auf den Eisteilchen deponiert werden. Es kommt somit zu einem Netto-Massenfluss von den unterkühlten Wassertropfen zu den Eisteilchen, so dass die Eisteilchen auf Kosten von Wassertropfen wachsen können. Dieser Mechanismus ist von großer Bedeutung für die Niederschlagsbildung über die Eisphase in den Mittelbreiten (Bergeron-Findeisen-Prozess).

6.3.2 Weitere Feuchtemaße

Neben dem Dampfdruck gibt es weitere Feuchtemaße, die in der Klimatologie Verwendung finden. Ihre Berechnungsgrundlage ist im Formelanhang niedergelegt.

Die *relative Luftfeuchte* ist das Verhältnis zwischen aktuellem Dampfdruck und Sättigungsdampfdruck (Sättigungsverhältnis) in Prozent. 100% bedeutet Sättigung. Die Differenz der Luftfeuchte zur Sättigungsfeuchte (100%) nennt man *relatives Sättigungsdefizit*.

Die *spezifische Feuchte* beschreibt die Masse an Wasserdampf (kg) pro kg feuchter Luft. Das *spezifische Mischungsverhältnis* ist die Masse an Wasserdampf (kg) pro kg trockener Luft. Beide Größen sind sogenannte konservative Feuchtemaße. *Konservative Feuchtemaße* zeichnen sich dadurch aus, dass sich das Massenverhältnis zwischen Luft und Wasserdampf bei adiabatischen Vertikalbewegungen eines Luftpakets nicht ändert. Obwohl sich das Volumen bei der Hebung ausdehnt, wird ein Luftpaket von 1 kg immer den selben Wasserdampfgehalt in kg aufweisen, wenn der Wasserdampf nicht aus ihm entfernt wurde (z.B. durch Kondensation und Niederschlag). Bezogen auf die Vollsättigung des Wasserdampfs kann die *spezifische Sättigungsfeuchte* formuliert werden. Aus der Differenz zur aktuellen spezifischen Feuchte ergibt sich das *spezifische Sättigungsdefizit*.

Nicht konservativ gegenüber Vertikalbewegungen verhält sich die Luftfeuchte in kg pro Volumen (m^3) feuchter Luft, die sogenannte *absolute Feuchte*. Analog zur spezifischen Feuchte lassen sich das *absolute Mischungsverhältnis*, die *absolute Sättigungsfeuchte* sowie ein *absolutes Sättigungsdefizit* formulieren. Betrachtet man eine Luftsäule vom Boden bis zur Obergrenze der Atmosphäre (Länge in m) mit eine Grundfläche von 1 m^2, so kann man die absolute Feuchte aller würfelförmigen Teilsegmente (m^3) über die Säule integrieren (Summe von $kg \cdot m^{-3} \cdot m = kg \cdot m^{-2} = l \cdot m^{-2} = mm$). Der gesamte Säulen-Wasserdampfgehalt, der nach vollständiger Kondensation potenziell als Niederschlag ausfallen könnte, wird auch als *niederschlagsverfügbares Wasser* (= *Precipitable Water*) bezeichnet.

In Tabelle 6.1 sind die temperaturabhängigen Sättigungsfeuchten zusammengetragen.

Tab. 6.1: Der höchstmögliche Wasserdampfgehalt (=100% relative Luftfeuchte) in der Atmosphäre bei verschiedenen Temperaturen

Lufttemperatur [°C]	**50**	**40**	**30**	**20**	**10**	**0**	**-10**	**-20**	**-30**	**-40**	**-50**
Sättigungsdampfdruck über Wasser [hPa]	124,1	73,8	42,4	23,3	12,3	6,1	2,9	1,2	0,5	0,2	0,04
Absolute Sättigungsfeuchte [$g \cdot m^{-3}$]	83,0	51,0	30,3	17,3	9,4	4,8	2,1	1,1	0,5	0,2	0,1
Spezifische Sättigungsfeuchte [$g \cdot kg^{-1}$] bei Normaldruck (1013 hPa)	76,2	45,3	26,0	14,3	7,6	3,8	1,8	0,8	0,3	0,1	0,02

Es wird deutlich, dass in warmen Klimaten (Tropen) bzw. in Bodennähe potenziell wesentlich höhere Wasserdampf-Konzentrationen erreichbar sind, als in kalten Klimaten (Polargebiete, bzw. große Höhen).

Die Luftfeuchtigkeit ist für den Menschen in physiologischer Hinsicht von Bedeutung, da ihr Ansteigen bei höheren Temperaturen und geringer Windgeschwindigkeit (turbulente Abkühlungsgröße) *Schwüle* verursacht, indem der Wärmeausgleich durch Transpirations- (= Verdunstungs-)kälte deutlich erschwert wird. Die Schwülegrenze liegt etwa bei einer Äquivalenttemperatur von 50°C.

6.3.3 Messung der Luftfeuchtigkeit

Das international benutzte Standardgerät zur Messung der Luftfeuchte ist das *Psychrometer* in Form des ASSMANNschen Aspirationspsychrometers, das ein trockenes und ein feuchtes ventiliertes Thermometer enthält (s. Kap. 5.1). Die Ventilation des befeuchteten Thermometers führt zu Verdunstung bis zum Erreichen des Sättigungsdampfdrucks. Da für die Verdunstung fühlbare Wärme aufgewendet werden muss, zeigt das feuchte Thermometer eine niedrigere Temperatur an als das trockene. Je größer die Temperaturdifferenz ist, umso größer ist das Sättigungsdefizit und desto kleiner die aktuelle Luftfeuchte. Zeigen beide Thermometer die gleiche Temperatur, ist der Taupunkt erreicht. Aus der Differenz zwischen den abgelesenen Werten beider Thermometer (=*psychrometrische Differenz*) kann mit Hilfe von Psychrometertafeln bzw. der *SPRUNGschen Formel* (s. Formelanhang) die relative Luftfeuchte bzw. der Dampfdruck bestimmt werden.

Psychrometersensoren werden heute z.B. auf der Basis von Platin-Widerstandsthermometern (Pt-100) auch an automatischen Klimastationen betrieben, so dass die kontinuierliche Aufzeichnung der Luftfeuchte in hoher Zeitdichte möglich ist. Allerdings muss von Zeit zu Zeit das Wasserreservoir manuell aufgefüllt werden. Vollautomatisch arbeiten demgegenüber kapazitive Messfühler. Sie basieren auf der elektrischen Kapazitätsänderung (angegeben in µFarad) von Messkondensatoren bei Feuchteänderung. Unter elektrischer Kapazität versteht man die Aufnahmefähigkeit eines Kondensators für die Elektrizitätsmenge von 1 Coulomb bei einer Spannungsänderung von 1 Volt. Die Kapazität hängt von dem Material zwischen den Kondensatorplatten ab. Hier wird ein wasseraufnehmender Polymer-Kunststoff verwendet. Je höher die Luftfeuchte ist, desto mehr Wasserdampf nimmt der Kunststoff auf (und umgekehrt) und die Kapazität des Kondensators steigt. Die Kapazitätsänderung, die mit einem Datalogger aufgezeichnet werden kann, steht damit in einem definierten Zusammenhang zur Luftfeuchte. Insgesamt sind kapazitive Feuchtefühler gegenüber der Psychrometermessung etwas ungenauer, vor allem bei niedriger Luftfeuchte unter 30% und nahe der Sättigungsmarke (>95%).

6.4 Zeitliche und räumliche Verteilung der Wasserhaushaltsglieder

6.4.1 Horizontale Verteilung

Abbildung 6.7 stellt die jahreszeitliche Regionalisierung der einzelnen Wasserhaushaltsglieder aus dem globalen Wasserhaushalt (Abb. 6.1) sowie die

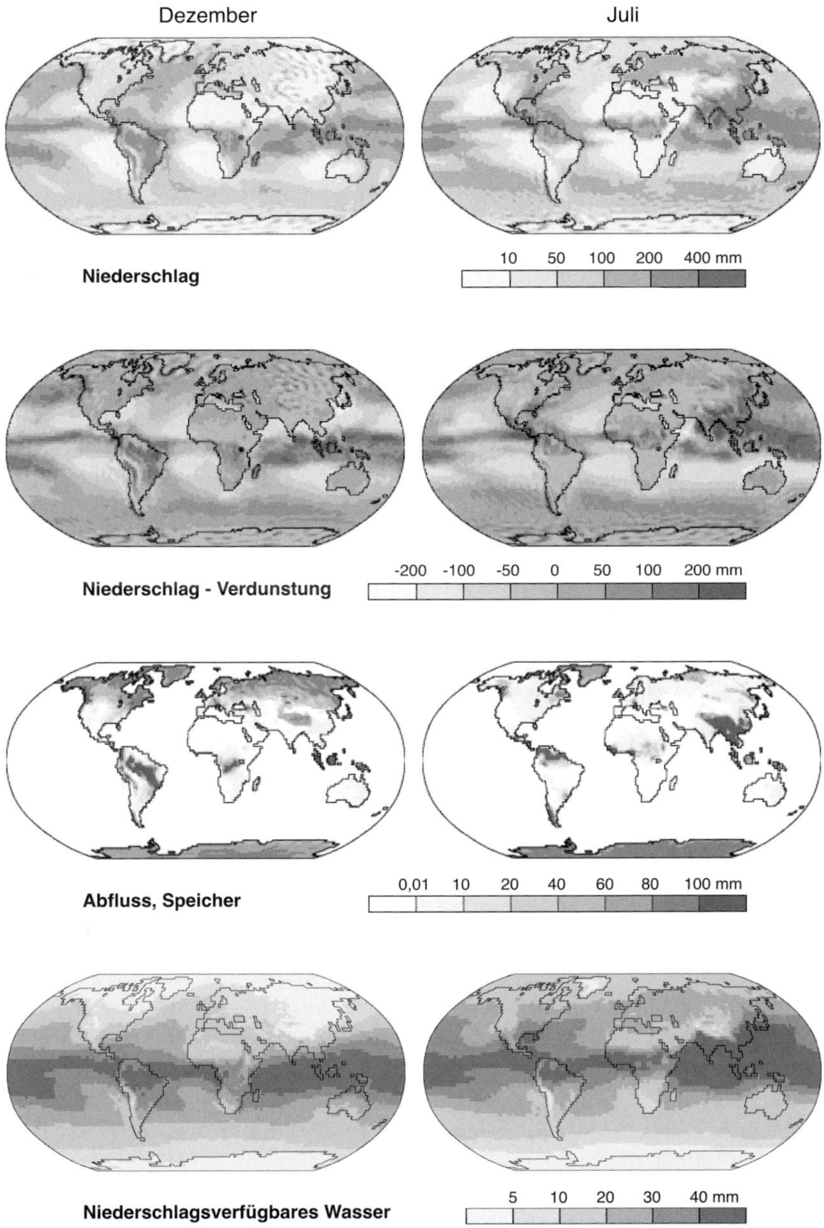

Abb. 6.7: Jahreszeitliche Ausprägung (Dezember und Juli) der einzelnen Wasserhaushaltsglieder (Daten: NCAR/NCEP Reanalyse Projekt, Klimatologie 1959-97)

Wasserdampfverteilung in der Atmosphäre in Form des niederschlagsverfügbaren Wassers dar.

Hohe Niederschläge fallen in den tropischen Regionen (Ozeangebiete und Regenwälder) sowie über den Meeresflächen der Mittelbreiten, besonders auf der jeweiligen Sommerhalbkugel. Die subtropischen Trockengebiete, die polaren Eiswüsten und die ozeanischen Regionen im Bereich der subtropischen Hochdruckzellen verzeichnen demgegenüber reduzierte Regenmengen. Auf der Nordhalbkugel fallen im Sommer besonders die Monsunregen im indischen und ostasiatischen Raum ins Gewicht, aber auch in Mitteleuropa finden sich erhöhte Niederschläge über dem Kontinent.

Bei der Luftfeuchte spiegelt sich deutlich der Einfluss der Lufttemperatur auf die Wasseraufnahmefähigkeit der Atmosphäre wider (Kap. 6.3.1). Grundsätzlich nimmt die Luftfeuchte mit der Temperatur zu den Polen hin ab. In den Tropen finden sich ganzjährig die höchsten Wasseräquivalente. Besonders die höheren Breiten der jeweiligen Winterhalbkugel und ganzjährig die Polargebiete weisen eine extrem niedrige Luftfeuchtigkeit auf. Der winterliche Kältepol der Nordhalbkugel in Sibirien sticht mit minimalen Wasseräquivalenten hervor. Eine regionale Reduktion der Luftfeuchtigkeit gegenüber der zonal ausgerichteten Struktur findet über den Trockengebieten (z.B. Sahara) sowie den subtropischen Hochdruckzellen statt. Insgesamt zeigen sich erwartungsgemäß große Übereinstimmungen zwischen Niederschlags- und Luftfeuchtekarten. Erhöhte Niederschläge sind regional an hohe Luftfeuchten und damit höhere Lufttemperaturen gebunden. Bezogen auf die *absolute Feuchte* im *Bodenniveau* ergibt sich für die inneren feuchten Tropen bei ca. 20 $g \cdot m^{-3}$ und Temperaturen zwischen 25 und 27°C fast immer eine hoher Sättigungsrad (relative Feuchte >80%). Durch die abnehmende Temperatur mit den Breitenkreisen sinkt die absolute Feuchtigkeit kontinuierlich bis zum Polgebiet ab (auf ca. 2 $g \cdot m^{-3}$), die relative Feuchte dagegen geht in den Trockengebieten der randlichen Tropen und Subtropen auf mittlere Werte um 50-60%, in den Wüsten sogar auf <40% zurück. In Abhängigkeit von der Wärmeabnahme gegen die Pole hin steigt die relative Feuchte wieder auf Mittelwerte um 85% an. Generell gilt, dass die Südhalbkugel durchweg höhere relative Feuchtigkeitswerte aufweist als die Nordhalbkugel. Die Ursa-che liegt in den vergleichsweise niedrigeren Temperaturen der hohen Breiten und der größeren Wasserdampf-Mengen in den mittleren Breiten der Südhalbkugel.

Die Verdunstung auf der Erde ist von den meteorologischen Bedingungen und dem verfügbaren Wasser abhängig. Die reale Verdunstung entspricht über den Meeren der potentiellen, da genügend Wasser zur Verfügung steht. Die höchsten Verdunstungsraten treten auf den randtropischen Meeren der Passatzone auf. Hier wirkt die hohe Windgeschwindigkeit zusätzlich verdunstungsfördernd. Auch die *warmen Meeresströmungen* haben hohe Verdunstungswerte (z.B. Golfstrom, Kuro-Shio, Brasil-Strom, Agulhas-Strom). In der äquatorialen Tiefdruckrinne ist die Verdunstung über den Ozeanen etwas geringer, da in den Mallungen nur schwache Luftbewegung herrscht und das Sättigungsdefizit wegen der hohen relativen Feuchte reduziert ist. Die *kalten Meeresströmungen* hingegen hemmen die Verdunstung beträchtlich. Auf den Kontinenten liegt das Maximum im Bereich der äquatorialen Konvergenz, da die Feuchtewerte über den Regenwäldern am größten sind und zur Evaporation beträchtliche Feuchtigkeitsmengen durch die Transpiration der Pflanzen hinzukommen. Äußerst gering ist die *reale* Verdunstung in den randtropi-schen Trockengürteln der Festländer. An den Küsten der Trockengebiete vollzieht sich allgemein ein schroffer Übergang von Höchstwerten der realen Verdunstung über dem Meer zu den wüstenhaften Kontinenten. Dieser Über-gang ist dort am extremsten, wo die Trockengebiete unmittelbar an die Ozeane grenzen, wie in Arabien, der westlichen Sahara und in West-Australien. Die potentiellen Verdunstungswerte sind jedoch in den Wüsten der Erde sehr hoch.

Generell nimmt die reale Verdunstung mit der geographischen Breite ab, auf den Meeren kontinuierlich, auf den Festländern in Abhängigkeit vom Grad der Kontinentalität. Zwischen den Mediterrangebieten und den subpolaren Räumen nimmt die mittlere wirkliche Jahresverdunstung pro 1°C Temperaturabnahme mit der geographischen Breite um 35 mm ab. Doch sind auf den Festländern und den Meeren die Unterschiede sehr groß, da auch das Wasserangebot durch die sich verändernden Niederschläge gleichfalls Einfluss auf den mittleren Verdunstungswert pro Jahr nimmt. So entsteht ein zweites *Maximum*, allerdings mit erheblich geringeren Werten in den maritim getönten Festländern der mittleren Breiten, weil die Höhe der Verdunstung durch Luftmassenaustausch über die Westwinddrift schnell ansteigt. Über Mitteleuropa beträgt sie im Mittel ca. 400 bis 550 mm. In den *subpolaren* Breiten sinkt sie auf Werte unter 250 mm. In *polaren Breiten* sind die Verdunstungshöhen auf Kontinenten und Ozeanen kaum noch zu unterscheiden.

Das Verhältnis von Niederschlag und Verdunstung ist auf einzelnen Kontinenten sehr unterschiedlich ausgeprägt. Es ist ein guter Indikator, ob aride oder humide Bedingungen den jeweiligen Raum prägen. Gebiete mit überwiegend *aridem* Charakter weisen ganzjährig nur geringe Unterschiede zwischen Niederschlag und Verdunstung auf, die Bilanz bleibt im Jahresverlauf negativ. Das trifft über den Meeresflächen für die subtropischen Hochdruckgebiete gleichermaßen zu wie für Teile der subtropischen Festlandswüsten (Sahara, Gobi etc.). Auch die polaren Eiswüsten v.a. der Antarktis sind durch eine ganzjährig negative Bilanz zwischen Niederschlag und Verdunstung gekennzeichnet. In den winter- oder sommer-wechselfeuchten Gebieten der Erde (z.B. Mediterrangebiet, Pampa in Südamerika etc.) wechseln sich positive und negative Bilanzwerte jahreszeitlich ab. Gebiete *humiden* Charakters wie z.B. die innertropischen Ozeanflächen zeigen ganzjährig eine positive Bilanz. Die Regenwälder weisen vor allem während der Regenzeit extrem hohe Niederschlagsüberschüsse auf. Auch die Kontinente reagieren unterschiedlich. Das trockenere Australien verdunstet im Jahresmittel ca. 90% des Niederschlags, in Afrika beträgt der Wert ca. 80%. In den übrigen Kontinenten, z.B. Südamerika, liegen die Verdunstungsanteile bei ca. 65%. Im Bereich des Golfstroms und im Nordpolarmeer ist der Niederschlag ganzjährig etwa doppelt so hoch wie die Verdunstung (55%).

Der festländische Abfluss bzw. die saisonale Zwischenspeicherung von Schnee und Eis ergibt sich als Folge von Niederschlag, Verdunstung und Temperatur. Während die großen Wüsten (Sahara) das ganze Jahr über in weiten Teilen so gut wie keinen Abfluss aufweisen, orientiert sich der Abfluss in den Tropen und Subtropen am Niederschlagsaufkommen der jeweiligen Regenzeit. Auffallend hohe Abflüsse verzeichnen der Amazonas im Dezember sowie die ostasiatischen Monsungebiete im Juli. Die borealen Gebiete der Nordhalbkugel sind im Winter durch einen hohen Speicheranteil von Schnee und Eis gekennzeichnet, der zum Sommer bereits wieder freigesetzt ist.

6.4.2 Vertikale Verteilung

Mit der Meereshöhe nimmt der Gehalt an absoluter Feuchte vor allem temperaturbedingt ab (Tab. 6.2). Hinzu kommt, dass mit zunehmender Höhe der Wasserdampf weitgehend kondensiert und als Niederschlag ausgefallen ist. Während am Boden noch deutliche Gradienten der Luftfeuchte zwischen Tropen, Mittelbreiten und Polargebieten bestehen, haben sich die Feuchtigkeitswerte bis zum 500 hPa Niveau fast aneinander angeglichen.

Tab.6.2: Abnahme der absoluten Feuchte mit der Höhe

Luftdruck [hPa]	**Mittlere Höhenlage [m]**	**Tropen [$g \cdot m^{-3}$]**	**Mittelbreiten [$g \cdot m^{-3}$]**	**Polargebiete [$g \cdot m^{-3}$]**
500	5500	3	2	1,5
750	2500	7	4	2,0
1000	0	19	7	2,5

Der größte Teil der atmosphärischen Feuchtigkeit ist in den unteren Luftschichten unterhalb des 500 hPa-Niveaus (ca. 5.500 m) enthalten. Jahreszeitliche Schwankungen machen sich fast nur in den unteren 3 bis 5 km stärker bemerkbar.

Von großer Bedeutung für die Energetik der atmosphärischen Zirkulation ist die Kondensationsrate des atmosphärischen Wasserdampfs, da die Konvektion von Luftpaketen und damit der Aufbau potentieller Energie in größeren Höhen fast ausschließlich über die Freigabe latenter Wärme erfolgt.

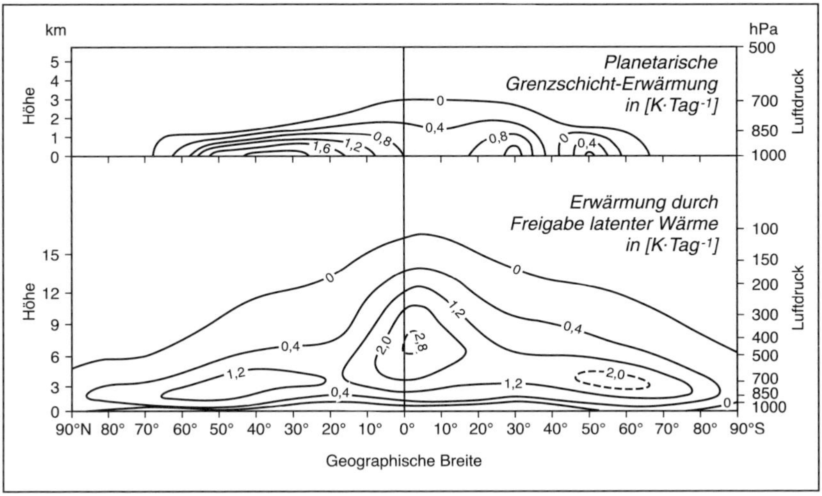

Abb. 6.8: Meridionalschnitt der mittleren täglichen Erwärmungsraten durch fühlbare und latente Wärmefreisetzung, Nordwinter (nach DEFANT *1976b)*

Während die Erwärmung der Atmosphäre durch fühlbare Wärme zum Großteil auf die atmosphärische Grenzschicht beschränkt ist, reicht die tägliche Erwärmung aufgrund von Kondensationswärme wesentlich höher. Darüber hinaus werden mehr als doppelt so hohe Energiebeträge durch Kondensationswärme freigesetzt. Am Äquator ist die Freisetzung latenter Wärme in etwa 7 km Höhe am höchsten. Kondensationswärme-Gewinne können fast bis zur Tropopause verzeichnet werden, so dass hier durch den Kondensationsprozess die größten Beträge potentieller Energie erzeugt werden können. Zu den Polargebieten nehmen Höhenerstreckung und Betrag der latenten Wärmefreigabe ab. Allerdings finden sich sekundäre Maxima in den Mittelbreiten beider Halbkugeln in etwa 3 km Höhe, die auf eine intensive Kondensationstätigkeit an atmosphärischen Fronten (außertropische Zyklone) schließen lassen.

7 Wolken und Niederschlag

7.1 Wolken in der Atmosphäre

Wolken sind das sichtbare Produkt der Kondensation und Deposition von Wasserdampf in der Atmosphäre (Kap. 6.3.2). Sie stellen eine Ansammlung von kleinen, teils unterkühlten Wassertröpfchen (*Wasserwolken*), von Eiskristallen (*Eiswolken*) oder eine Mischform (*Mischwolken*) dar. Die Fallgeschwindigkeit der Wolkenteilchen ist so gering, dass sie in der Schwebe gehalten werden. Wolken sind durch die Freisetzung von latenter Wärme Energielieferanten für die Troposphäre und spielen damit eine zentrale Rolle im Wärmehaushalt des Klimasystems (Kap. 6.4.2). Sie sind gleichzeitig Voraussetzung für Niederschlag und somit ein wichtiges Zwischenprodukt im Wasserkreislauf (Kap. 6.1). Darüber hinaus nehmen sie eine zentrale Rolle im Strahlungshaushalt der Erde ein (*Cloud Forcing*, Kap. 3.5.2). Für die meisten Klimaregionen sind bestimmte Wolkenarten typisch. Dennoch können nahezu an allen Stellen der Erde sämtliche Wolkenformen vorkommen. Sie sind Kennzeichen der jeweiligen Wetterlage und Vorzeichen für die künftige Wetterentwicklung.

Vorraussetzung für die Wolkenbildung ist die *adiabatische Abkühlung* von Luftpaketen bis zum Erreichen des Taupunkts (Kap. 6.3.2). Die Höhenlage, in der Kondensation einsetzt, wird als *Kondensationsniveau* bezeichnet. Bei gezwungener Hebung an Gebirgen und Fronten spricht man vom *Hebungskondensationsniveau* (s. Formelanhang), bei thermischer Turbulenz vom *Cumuluskondensationsniveau* und bei der turbulenten Mischung von Luftmassen unter einer niedertroposphärischen Inversion vom *Mischungskondensationsniveau.* Da Wolkenluftpakete durch Kondensation gegenüber der wolkenfreien Umgebungsluft erwärmt werden (latente Wärmefreisetzung), erfahren sie einen weiteren Auftrieb (Kap. 5.5.3). Je höher die Kondensationsrate ist, je mehr latente Wärme also freigesetzt wird, desto stärker ist der Auftrieb und desto höher kann die Wolke wachsen. Bei sehr starker Freisetzung von latenter Wärme in der Wolke können sogar thermische Inversionsschichten durchbrochen werden.

Ob bei ausreichender Verfügbarkeit von Wasserdampf Wasser-, Eis- oder Mischwolken entstehen, hängt von der Temperatur und dem Reinheitsgrad der Atmosphäre ab. Wenn nur wenige *Kondensations-* bzw. *Gefrierkerne* vorhanden sind, kann der Gefriervorgang von Wasser hinausgezögert werden. Versuche in Kondensationskammern haben ergeben, dass reine Wassertropfen erst ab etwa –40°C (233 K) spontan gefrieren. Diese Temperatur wird daher auch als *Eiskeimgrenze* bezeichnet. Unterhalb des Gefrierpunktes (0°C) ist das Vorkommen von unterkühltem Wasser daher keine Seltenheit (s. Tab. 7.1).

Tab. 7.1: Temperaturabhängige Zusammensetzung von Wolken

Lufttemperatur [°C]	**Wasserphase**
0°C bis –12°C	überwiegend unterkühlte Wassertropfen
<-12 bis –20°C	Mischwolke (gleich häufig)
<-20 bis –40°C	überwiegend Eisteilchen
<–40°C	reine Eiswolke

Wasserwolken mit Temperaturen von -10°C kommen häufig vor; in Einzelfällen wurden sie auch noch bei Temperaturen unter -35°C beobachtet. Auf Gegenständen mit einer Temperatur <0°C gefriert unterkühltes Wasser dagegen sofort.

7.2 Kondensation, Deposition und Wolkenbildung

Die Kondensation in der Atmosphäre ist von den Verhältnissen über ebenen Wasserflächen zu unterscheiden (Kap. 6.3.1). Sie findet in der Regel an kugelförmigen Wassertropfen statt. Bei derartig gekrümmten Oberflächen ist für Wassermoleküle eine geringere Kraft ($N=kg \cdot m \cdot s^{-2}$) erforderlich, die molekulare Anziehung im Flüssigwasserverbund zu überwinden und in die dampfförmige Phase überzutreten. Um die Wassermoleküle im Flüssigwasserverbund zu halten, muss daher pro Flächeneinheit ein höherer Dampfdruck (Druck = Kraft pro Fläche; $Pa = N \cdot m^{-2}$) aufgewendet werden. Für den Gleichgewichtszustand bedeutet dies, dass der Sättigungsdampfdruck über Wassertropfen höher sein muss, als über ebenen Wasserflächen.

Die im Vergleich zu einer ebenen Fläche reinen Wassers notwendige *Übersättigung* bei der Kondensation von Wolkentropfen ergibt sich aus der Gleichung von Lord KELVIN:

$$\frac{E_{Tr}}{E} = \left(1 + \frac{2 \cdot \sigma}{\rho_{fw} \cdot R_w \cdot T} \cdot \frac{1}{r}\right)$$

E_{Tr}/E= Übersättigung [0 bis 1; Angaben in %·100], E_{Tr}= Sättigungsdampfdruck über einem Tropfen [hPa], E= Sättigungsdampfdruck über einer ebenen Wasserfläche [hPa], T=Temperatur [K], r= Tropfenradius [m], σ= Oberflächenspannung von Wasser $7{,}4\cdot10^{-5}$ [$N\cdot m^{-1}$], R_w= spezifische Gaskonstante für Wasserdampf [$J\cdot kg^{-1}\cdot K^{-1}$], ρ_{fw}= Dichte von Wasser [$kg\cdot m^{-3}$]

Bei konstanter Temperatur zeigt sich eine direkte Beziehung der Übersättigung zum Tropfenradius (Abb. 7.1).

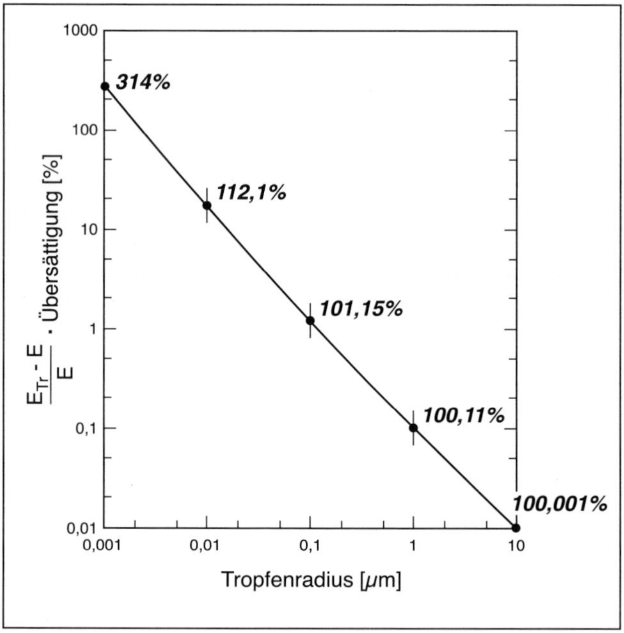

Abb. 7.1: Zum Tropfenwachstum notwendige Übersättigung in Abhängigkeit des Tropfenradius (Krümmungseffekt) bei homogener Kondensation (verändert nach ROEDEL 1992)

Je kleiner der Tropfenradius auf der rechten Seite der Gleichung wird, desto größer muss die notwendige Übersättigung sein, damit noch Kondensation und damit Tropfenwachstum stattfinden kann. Dieses Verhalten wird als *Krümmungseffekt* bezeichnet. Für die Kondensation in einer reinen Atmosphäre (*homogene Kondensation*) muss man davon ausgehen, dass sich erste Wassermoleküle zu einem verschwindend kleinen, initialen Tropfen zusammenballen (r<0,001 µm). Dafür wären aber Übersättigungen von mehreren 100% (bis 900%) notwendig, die in der realen Atmosphäre kaum vorkommen.

In der Natur ist die Kondensation von Wolkentropfen daher an das Vorhandensein von Kondensationskernen gebunden. Als Kondensationskerne dienen feste hygroskopische Teilchen bzw. in Wasser lösliche Salze aus dem Aerosol, die durch turbulenten Transport von der Erdoberfläche in die niedere Troposphäre verbracht werden. Dabei ist zu berücksichtigen, dass die Konzentration von Kondensationskernen aus dem Aerosol nach oben hin schnell abnimmt. So geht der mittlere Anteil an sogenannten *Großen Teilchen* (r=0,1 bis 1µm) von etwa 1000 Kernen pro cm^3 Luft in Bodennähe auf 0,1 Kerne pro cm^3 in 3 km Höhe signifikant zurück. Nennenswerte Konzentrationen von Kondensationskernen finden sich also vor allem in der turbulent durchmischten Peplosphäre. Durch Kerne initiierte Kondensation wird als *heterogenen Kondensation* oder *Nukleation* bezeichnet. Die Kondensationskerne erleichtern das Tropfenwachstum, da sie einen gewissen Anfangsradius für den initialen Tropfen zur Verfügung stellen. Das Tropfenwachstum beginnt damit, dass sich der Kern mit einer Wasserhaut überzieht. Durch den derart erhöhten Anfangsradius wird der Krümmungseffekt soweit reduziert, dass die notwendige Übersättigung gegenüber freien Wasserflächen im Vergleich zur homogenen Kondensation deutlich geringer ausfällt. Darüber hinaus führen nach dem RAOULTschen Gesetz (2. Term auf der rechten Seite) auch gelöste Stoffe in einem Tropfen zu einer deutlichen Erniedrigung der zur Kondensation notwendigen Übersättigung. Dieses Verhalten wird als *Lösungseffekt* bezeichnet und ergänzt den Krümmungseffekt wie folgt:

$$\frac{E_{Tr}}{E} = 1 + \left(\frac{2 \cdot \sigma}{\rho_{fw} \cdot R_w \cdot T} \cdot \frac{1}{r}\right) - \left(\frac{m_S \cdot G}{\rho_{fw} \cdot \pi \cdot \beta} \cdot \frac{1}{r^3}\right) = 1 + \frac{A}{r} - \frac{B}{r^3}$$

E_{Tr}/E= Übersättigung [0 bis 1; Angaben in %·100], E_{Tr}= Sättigungsdampfdruck über einem Tropfen [hPa], E= Sättigungsdampfdruck über einer ebenen Wasserfläche [hPa], T=Temperatur [K], r= Tropfenradius [m], σ= Oberflächenspannung von Wasser $7{,}4\cdot10^{-5}$ [$N\cdot m^{-1}$], R_w= spezifische Gaskonstante für Wasserdampf [$J\cdot kg^{-1}\cdot K^{-1}$], ρ_{fw} = Dichte von Wasser [$kg\cdot m^{-3}$], m_S = Masse des gelösten Stoffs [kg], G = Proportionalitätsfaktor [$kg\cdot kmol^{-1}$] 0,04 für NaCl, β = Molekluargewicht der gelösten Substanz [$kg\cdot kmol^{-1}$] 58 für NaCl, A und B zusammengefasste Werte

Der Lösungseffekt entsteht aufgrund der Anziehung von Wasserdampfmolekülen durch hygroskopische Luftbeimengungen (v.a. Salzkristalle). Je konzentrierter die Lösung bei einem bestimmten Radius ist (je höher m_S), desto größer wird der Lösungsterm (2. Term auf der rechten Seite) und desto niedriger das Gesamtergebnis der Gleichung, die zur Kondensation an Tröpfchen notwendige Übersättigung. Je kleiner das Tröpfchen bei gleicher Stoffmenge (m_S) ist, desto größer wird der Lösungsterm, d.h. der Lösungseffekt ist besonders effektiv bei kleinen Tropfen, bei denen aber auch der Krümmungseffekt besonders stark wirkt. Der Zusammenhang zwischen Krümmungs- und Lösungseffekt kann mit Hilfe des KÖHLER-Diagramms beschrieben werden (Abb. 7.2).

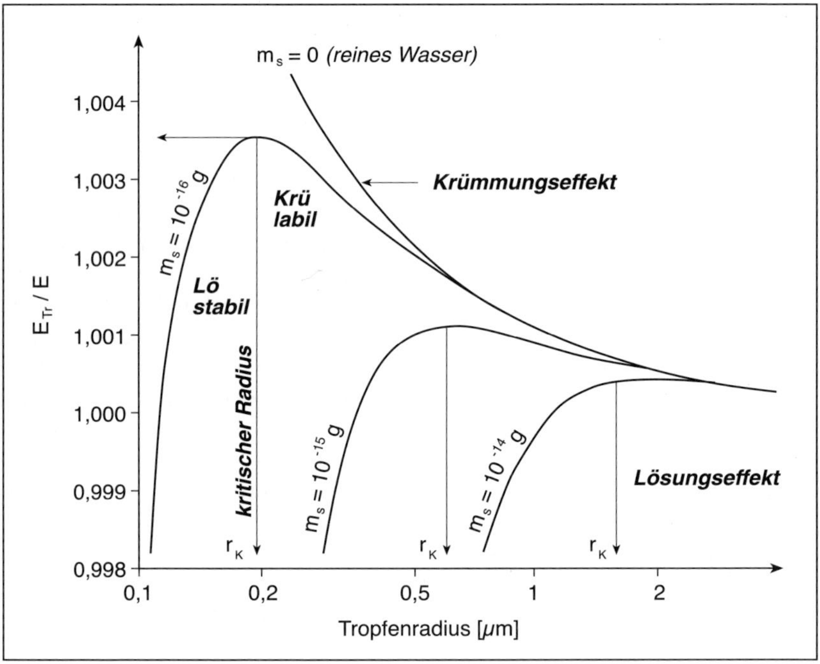

Abb. 7.2: Sättigungsverhältnisse bei heterogener Kondensation, die Massenangaben des gelösten Stoffs (m_S) beziehen sich auf Kochsalz (NaCl)

Bei relativ großen Tropfen (z.B. 2 µm) sind Krümmungs- und Lösungseffekt insgesamt klein, es ist nur eine geringe Übersättigung für das Tropfenwachstum durch Kondensation notwendig. Mit zunehmender Stoffmenge und abnehmendem Radius (also zunehmender Konzentration der Lösung in kg Stoff pro m^3 Wasser) wird der Lösungseffekt immer bedeutender und kann den für die Tropfenbildung hinderlichen Krümmungseffekt immer stärker kompensieren bzw. sogar überkompensieren. So lässt sich z.B. für eine Ladung von 10^{-16} g NaCl ein kritischer Radius definieren, ab dem die Kondensation durch den Lösungseffekt stabil wird. Dieser Radius liegt im vorliegenden Beispiel bei etwa 0,2 µm (Abb. 7.2). Erhöht man nun die gelöste Masse, so wächst der kritische Radius immer weiter an und der durch den

Krümmungseffekt hervorgerufene labile Gleichgewichtszustand (führt zur Verdunstung von Tropfen) wird frühzeitiger kompensiert. Je kleiner der Tropfenradius bei gleichbleibender Masse des gelösten Stoffs wird, desto stärker ist der Lösungseffekt. Bei einem initialen Tröpfchen, das eine Wasserhaut um ein Salzkristall ausgebildet hat, muss der Lösungseffekt daher sehr intensiv sein, während er immer weiter nachlässt, je mehr Wassermoleküle am Tropfen angelagert werden. Der hohe Lösungseffekt bei sehr kleinen Tröpfchen führt nun dazu, dass Kondensation in der Natur sogar schon bei Sättigungsverhältnissen einsetzt, wo über ebenen Wasserflächen keine Kondensation möglich wäre (E_{Tr}/E bis 80%), d.h. bei Dampfdruckwerten, die unter dem Sättigungsdampfdruck von ebenen Wasserflächen liegen (Untersättigung).

Insgesamt führt ein großes Angebot an Kondensationskernen dazu, dass bei ausreichender Versorgung mit Wasserdampf gute Bedingungen für die Wolkenbildung vorherrschen. Aus diesem Grund wurde im Lee einiger Städte mit hoher anthropogener Produktion von Kondensationskernen verschiedentlich eine höhere Frequenz von Wolkenbildung und Niederschlag beobachtet. Allerdings kann bei einer Überlast von Kondensationskernen auch der gegenteilige Effekt eintreten. Da kleine Tropfen besonders effektiv im Sammeln von Wasserdampf sind (hoher Lösungseffekt), können sie bei hoher *Dampfkonkurrenz* nicht weiter anwachsen, so dass kein Niederschlag mehr gebildet wird. Da kleintropfige Wolken darüber hinaus bei übereinstimmendem Wassergehalt mehr Solarstrahlung reflektieren als großtropfige, hat eine Veränderung der anthropogenen Emission von Aerosolen auch indirekte Auswirkungen auf den Strahlungshaushalt im Klimasystem.

Die Bildung von Eiswolken durch Deposition von Wasserdampf auf Eisteilchen läuft grundsätzlich nach den gleichen Gesetzen ab, wie die heterogene Kondensation. Neben einer ausreichenden Konzentration von Wasserdampf ist die Verfügbarkeit von *Gefrierkernen* (*Eiskeime, Kristallisationskeime*) eine zentrale Voraussetzung. Dabei handelt es sich entweder um kleine Aerosolpartikel (*Depositionskerne*) oder gefrorene Wassertropfen (*Eiskerne*). Reine Depositionskerne müssen Eis hinsichtlich ihrer Gitterstruktur sehr ähnlich sein und kommen in der Atmosphäre daher nur selten vor. Es handelt sich meist um Tröpfchen, die vor dem Gefrieren an einem festen Teilchen oder einer Salzlösung kondensiert sind. Sie sind in den unteren Schichten der Troposphäre allerdings nur in so geringer Konzentration vorhanden (zwischen 0°C und -40°C liegt diese bei ~1 Kern m^{-3} bis l^{-1} Luft), dass die Bildung von Eiskristallen kaum möglich ist und die Wolkentröpfchen lange als unterkühlte Wassertropfen erhalten bleiben. Darüber hinaus sorgt auch die *Gefrierpunktserniedrigung* von –1,86°C (*kryoskopische Konstante*) je Mol an gelöstem Stoff pro Liter Wasser für eine Verzögerung des Gefriervorgangs hin zu niedrigeren Temperaturen.

Erst ab Temperaturen unter -40°C (*Eiskeimgrenze*) gefrieren initiale Tröpfchen aus unterkühltem reinen Wasser spontan, so dass eine ausreichende Anzahl an Eiskernen für das Depositionswachstum vorhanden ist. Außer in den Polargebieten, wo Eiskerne auch aus aufgewirbeltem Schnee in Bodennähe verfügbar sind, können sich Eiswolken daher nur in großer Höhe (>8 km in der Standardatmosphäre) ausbilden.

7.3 Wolkentypen

Um die Beobachtungen von Wolken weltweit vergleichbar zu machen, hat man schon früh die Wolken klassifiziert. Die erste Klassifikation mit lateinischen Bezeichnungen der Wolkenarten geht auf den englischen Admiral LUKE HOWARD zurück, der seine Typisierung im Jahre 1803 veröffentlichte. HOWARD unterschied vier Grundarten: Die Haarlocke (*Cirrus*), die glatte Schicht (*Stratus*), den Haufen (*Cumulus*) und den Schleier (*Nimbus*). Die daraus abgeleitete, heute international gültige Klassifikation unterscheidet vier *Wolkenfamilien*, die sich an Höhenlage und Vertikalerstreckung der Wolken orientiert (Tab. 7.2, DWD 1990).

Tab. 7.2: Wolkenfamilien nach der internationalen Wolkenklassifikation der WMO

Wolkenfamilie	Polargebiete	Mittelbreiten	Tropen
Hohe Wolken	3 bis 8 km	5 bis 13 km	6 bis 18 km
Mittelhohe (Alto-) Wolken	2 bis 4 km	2 bis 7 km	2 bis 8 km
Tiefe Wolken	0 bis 2 km	0 bis 2 km	0 bis 2 km
Wolken mit großer Vertikalerstreckung	0 bis 8 km	0 bis 13 km	0 bis 18 km

Das hohe Wolkenstockwerk ist in der Regel durch Eiswolken, das mittelhohe durch Mischwolken und das untere durch Wasserwolken gekennzeichnet. Aufgrund der unterschiedlichen thermischen Schichtung der Atmosphäre in den Tropen, Mittelbreiten und Polargebieten ergeben sich abweichende Höhenintervalle.

Die vier Wolkenfamilien sind in 10 *Wolkengattungen* unterteilt (Abb. 7.3). Unter die hohen Wolken fallen *Cirrus* (Ci), *Cirrostratus* (Cs) und *Cirrocumulus* (Cc), bei den mittelhohen Wolken unterscheidet man *Altostratus* (As) und *Altocumulus* (Ac), die niedrigen Wolken umfassen Stratus (St) und *Stratocumulus* (Sc) und zur Familie mit großer Vertikalerstreckung gehören *Nimbostratus* (Ns), *Cumulus* (Cu) und *Cumulonimbus* (Cb). Ähnlich wie in der Biologie unterscheidet man hinsichtlich ihrer Erscheinungsform (Form, optische Effekte) noch nach Arten, Unterarten und Sonderformen, die mit lateinischen Kürzeln belegt werden. So steht *Ac lent* beispielsweise für *Altocumulus lenticularis*, eine linsenförmige Altocumulus-Wolke bzw. *As tr* für *Altostratus translucidus*, eine optisch durchscheinende Altostratus-Wolke.

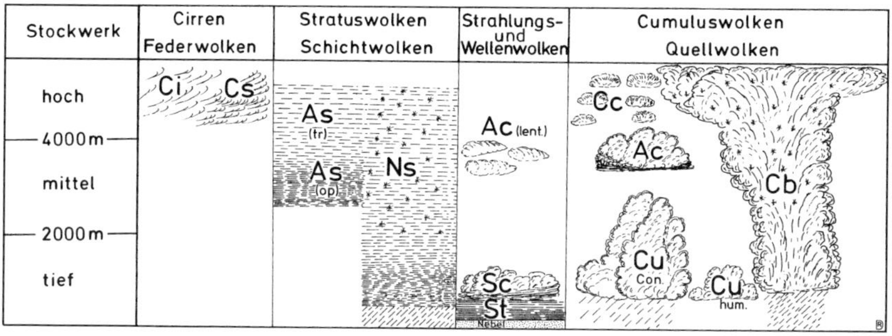

Abb. 7.3: Wolkengattungen und -arten

Stratiforme Wolken (*Schichtwolken, Stratuswolken*) sind in der Regel an stabile oder schichtweise labile Verhältnisse in der Atmosphäre gebunden. Die meist plane Wolkenobergrenze ist durch eine Temperaturinversion begrenzt, dynamische Scherungsturbulenz und thermische Turbulenz (Kap. 3.2) unterhalb und in der Wolke sind schwach ausgebildet. Schichtwolken werden durch gezwungene Hebung an Hindernissen und Fronten (Hebungskondensationsniveau), durch Mischungsvorgänge (Mischungskondensationsniveau) oder strahlungsbedingt (z.B. Strahlungsnebel) gebildet. Sie sind in der Regel räumlich ausgedehnt und haben einen relativ langandauernden *Lebenszyklus* (Zeit von der Wolkenbildung bis zur Auflösung). Zähe Stratusdecken können mitunter über mehrere Tage erhalten bleiben. Eine Ausnahme bilden Ns-Wolken, bei denen eine hochreichend turbulente Durchmischung u.a. durch Freisetzung größerer Mengen an latenter Wärme gewährleistet ist.

Cumuliforme Wolken (*Cumuluswolken, Haufenwolken, Blumenkohlwolken*) bilden sich unter schichtweise bzw. hochreichend labilen Verhältnissen. Den Initialimpuls für die Wolkenbildung liefert in der Regel die differentielle Erwärmung am Boden und die thermische Turbulenz (*Cumuluskonvektion*). In größeren Höhen bleibt die Konvektion von Luftpaketen und damit das vertikale Wachstum der Wolke durch intensive Freisetzung von latenter Wärme bei hohen Vertikalwinden (hoher Durchfluss = hohe Kondensationsrate) erhalten. Das bodennahe Zusammenfließen von Luftmassen (*Konfluenz*), wie es z.B. im Bereich der ITCZ großräumig stattfindet, kann die Bildung von Cumuluswolken deutlich verstärken. Da die thermische Konvektion blasenartig organisiert ist (Kap. 3.2), haben cumuliforme Wolken eine blumenkohlartige Struktur. Ist die Schichtung hochreichend labil, können sie bis zur Tropopause anwachsen. Für Einzelzellen (z.B. einzelne Wärmegewitter) ist die Flächenausdehnung gegenüber Schichtwolken gering, sie durchlaufen den gesamten Lebenszyklus in etwa 30 bis 60 Minuten. Besonders an Kaltfronten der Mittelbreiten bzw. in den Tropen können sich mehre Zellen aneinander reihen (*Squall Lines*) oder zu einem großen Wolkensystem zusammenwachsen (*Multikonvektive Komplexe, Superzellen*). Diese konvektiven Systeme nehmen wesentlich größere Flächen ein und haben eine größere Persistenz.

Cirrus-Wolken (Ci) bestehen aus büschel- oder fadenförmig angeordneten Eiskristallen. Sie entwickeln sich durch Aufgleitvorgänge und Deposition in der oberen Troposphäre, in der nur noch wenig Wasserdampf vorhanden ist. Durch die meist geringe Schichtdicke schwächen sie das Sonnenlicht kaum.

In der mittelhohen Atmosphäre bilden sich durch Hebungs- und Aufgleitvorgänge graue, gleichförmige feucht-stabile Schichtwolken (*Altostratus, As*) aus. In dünner, sonnendurchlässiger Ausbildung werden sie als *Altostratus translucidus* (*As tr*), bei zunehmender Dicke über mehrere tausend Meter als *Altostratus opacus* (*As op*) bezeichnet. Bei fortgesetztem Aufgleiten entwickelt sich besonders an Warmfronten der Mittelbreiten *Nimbostratus* (*Ns*), eine durch alle Stockwerke hindurchreichende Schichtwolke, aus der anhaltende Niederschläge (Landregen, Schnee, Schneeregen) fallen.

Bei der *Stratus*-Wolke (St) handelt es sich um eine niedrige, graue, und wenige Dekameter dicke feucht-stabile Wolke, aus der nur selten Niederschläge fallen. Sie bildet sich meist nach Strahlungsnächten aus einem angehobenen Boden- oder auch Hochnebel und wird bei der Erwärmung aufgelöst. Länger anhaltend sind Stratusdecken, wenn in den Mittelbreiten warm-feuchte Mittelmeerluft bodennahe Kaltluft überströmt. *Nebel* ist eine Sonderform niedriger Stratuswolken. Man bezeichnet auf dem Erdboden aufliegende Wolken dann als Nebel, wenn die horizontale Sichtweite (s. Formelsammlung) kleiner als 1 km ist. Bei einer Sichtweite zwischen 1 und 4 km spricht man von *Dunst*. Das Sichtweitekriterium führt dazu, dass an einer von (Konvektions-)Wolken eingehüllten Bergstation ebenfalls Nebel gemeldet wird. Genetisch ist diese aufliegende Wolke aber als *Wolkennebel* anzusprechen. In der Regel entsteht *Boden*- oder *Hochnebel* durch die nächtliche Abkühlung feuchter Luft (Kap. 5.5.4). *Advektionsnebel* entstehen durch Mischungsvorgänge beim Überströmen warm-feuchter Maritimluft über kalte Unterlagen (*Meernebel* über kalten Meersströmungen, *Küstennebel* über ausgekühlten Küstengebieten, *Warmluftnebel* an winterlichen Warmfronten).

Die Wolkenbasis von *Cumuluswolken* (*Cu*) liegt meist in 1 bis 2 km über dem Erdboden (Cumuluskondensationsniveau). Ist die konvektive Grundschicht durch eine Temperaturinversion nach oben hin begrenzt, bilden sich kleine Haufenwolken mit geringer Höhenerstreckung (*Cumulus humilis, Cu hum*). Sie sind Begleiterscheinung beständiger Schönwetterperioden in den Mittelbreiten bzw. typische Anzeiger einer gut ausgebildeten *Passatinversion* in den Subtropen. Ist die Atmosphäre hochreichend labil geschichtet, kann das Wolkenwachstum ungehindert fortschreiten (Abb. 7.4).

Im *Wachstumsstadium* bilden sich blumenkohlartig aufquellende Wasserwolken, *Cumulus congestus (Cu con)*, die in den Mittelbreiten meist keinen Niederschlag bringen. Sie sind die Vorstufe des *Cumulonimbus (Cb)*, der

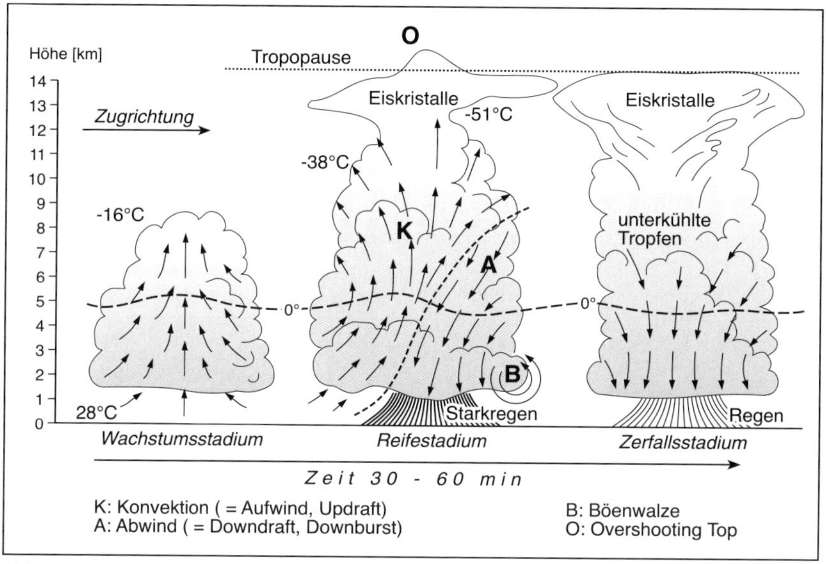

Abb. 7.4: Lebenszyklus einer Cumuluswolke (verschiedene Quellen)

typischen *Gewitterwolke*. Der *Cb* stellt das *Reifestadium* der Cumuluskonvektion dar und ist durch einen Eisschirm (*Cirrenschirm*) jenseits der Eiskeimgrenze charakterisiert. Im Luvbereich der Wolke garantieren starke Aufwinde (*Updraft*) eine hohe Kondensationsrate und ein Wachstum bis zur Tropopause. Ist die Kondensation übermäßig stark und wird dadurch viel latente Wärme freigesetzt, kann die Konvektion die Tropopauseninversion durchbrechen (*Overshooting Tops*). Dadurch wird besonders in den Tropen in geringen Mengen Wasserdampf auch bis in die Stratosphäre verfrachtet. In der Regel dehnt sich der Cirrenschirm aber unterhalb der Tropopause seitwärts aus (*Divergenz*), da die Luftpakete in der stabilen Tropopausenschichtung nicht mehr weiter aufsteigen können und damit zur Seite ausweichen müssen. Die starken Aufwinde in der Wolke führen zu einer turbulenten Mehrfachdurchmischung der Niederschlagsteilchen, die so auf extrem große Radien (tennisballgroße Hagelkörner) anwachsen können. Auf der Leeseite der Wolke entladen sich die Niederschlagsteilchen als Starkregen bzw. Graupel- und Hagelschauer. Aus der intensiven Niederschlagstätigkeit resultieren kalte Abwinde (*Downdraft*), die sich bei sehr hohen Fallgeschwindigkeiten (*Downburst*) im Vorfeld der Zelle als *Böenwalzen* bemerkbar machen können. Ist ein Großteil des Niederschlags aus der Wolke ausgefallen und kommt der konvektive Initialimpuls zum Erliegen, ist das *Zerfallsstadium* der Cb-Wolke erreicht. Die Wolke und der Cirrenschirm haben sich weit ausgedehnt, schwache Niederschläge fallen nur noch aus dem unteren Teil der Wolken.

Der Aufwind kommt zum Erliegen und wird im unteren Bereich durch reine Abwinde ersetzt, die letztlich zur Wolkenauflösung beitragen.

Der *Cumulonimbus* ist die typische Wolkenform der tropischen Regenzeit und der thermischen Konvektion (Wärmegewitter) über dem sommerlich erhitzten Festland der Mittelbreiten, tritt hier aber häufiger im Zusammenhang mit Kaltfronten auf.

Aufgrund ihrer Genese unterscheiden sich verschiedene Wolken hinsichtlich ihrer mikrophysikalischen Eigenschaften (Tab. 7.3).

Tab. 7.3: Typische Eigenschaften von Wolken (nach Liou 1992 und anderen Quellen)

Wolkentyp	**Tropfenkonzentration [cm^{-3}]**	**Typische Radien* [µm]**	**Flüssigwassergehalt* [$g \cdot m^{-3}$]**
Stratus	464	1 bis 16	0,24
Nimbostratus	330	1 bis 20	0,40
Altostratus	450	1 bis 13	0,41
Cumulus humilis	293	3 bis 33	0,33
Cumulus congestus	207	2 bis 40	0,66
Cumulonimbus	72	2 bis 100	2,50
Cirrus	-	20 bis 500	0,15

*Bei Cirren typische Kristalllänge und Eiswassergehalt

Stratiforme Wolken, die meist unter kühleren Bedingungen (weniger Wasserdampf) entstehen, sind in der Regel durch kleine Tropfen und Wassergehalte gekennzeichnet, weisen aber eine höhere Tropfenkonzentration (Anzahl der Tropfen pro Luftvolumen) auf. Demgegenüber entwickeln sich die Eigenschaften von Cumuluswolken in Abhängigkeit ihres Lebenszyklus-Stadiums. Niedrige Schönwetter-Cumuli sind durch kleine Wassergehalte charakterisiert, allerdings sind die Tropfen größer als bei Schichtwolken. Größe und Wassergehalt nehmen über Cumulus congestus Wolken zum Cb bei gleichzeitig abnehmender Tropfenkonzentration deutlich zu. Da Cumuluswolken unter wärmeren Bedingungen entstehen, ist ihr hoher Flüssigwassergehalt auch eine Folge der überdurchschnittlichen Verfügbarkeit von Wasserdampf. Hohe Eiswolken weisen in der Regel größere Teilchen auf, da Eiskristalle aufgrund ihrer Stabilität wesentlich größer werden können als flüssige Wolkentropfen. Weil in der hohen Troposphäre das Angebot an Wasserdampf deutlich reduziert ist, sind die erreichbaren Wassergehalte von Cirren allerdings sehr gering.

7.4 Räumliche Verteilung der Bewölkung

Die geographische Verteilung der Bewölkung auf der Erde ist von außerordentlich großer Bedeutung, da der Strahlungshaushalt maßgeblich durch die

Menge der Wolken mitbestimmt wird. Die flächendeckende Wolkenbeobachtung von der Erdoberfläche aus ist allerdings nicht möglich. Durch Beobachter an meteorologischen Beobachtungsstationen wird regelmäßig der *Bedeckungsgrad* (in Achteln) abgeschätzt. Mit Hilfe von *Ceilometern* (Wolkenhöhenmesser) kann die Höhe der Wolkenbasis (*Ceiling*) erfasst werden. Verlässliche Bewölkungskarten konnten erstmals mit Hilfe von Bilddaten aus dem globalen Wettersatellitensystem erstellt werden. Die erste globale Wolkenklimatologie wurde im Rahmen des *ISCCP* (International Satellite Cloud Climatology Project) satellitengestützt erstellt (Abb. 7.5).

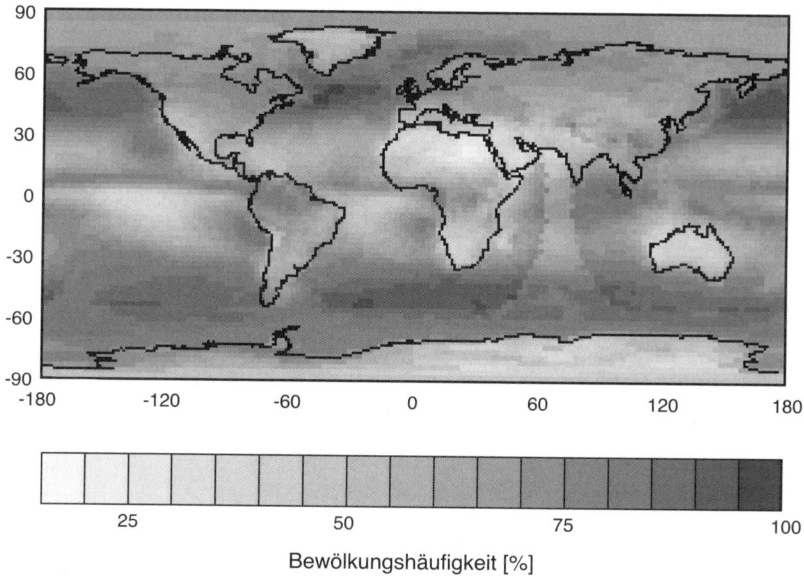

Abb. 7.5: Mittlere jährliche Bewölkungshäufigkeit 1983-2001 (Daten: ISCCP)

Die größten Bewölkungshäufigkeiten (maßgeblich Schichtbewölkung) finden sich wegen der intensiven Mischung von Luftmassen im Bereich der Frontalzone. Grundsätzlich ist die Bewölkung dabei über Ozeanen höher als auf den Festländern.

Eine zweite wesentliche Verdichtung der Bewölkung tritt im Bereich der *Innertropischen Konvergenzzone* (ITCZ) auf, wo die stärksten konvektiven Vorgänge (Konvektionsbewölkung) im Zusammenhang mit der Konvergenz der Passate zu verzeichnen sind. Die Zone hoher Bewölkung erstreckt sich über den Ozeanen als ein schmales, äquatorparalleles Band zwischen den Gebieten relativer Wolkenarmmut im Bereich der subtropischen Hochdruckzellen. Über den Kontinenten ist die äquatornahe Konvektions-Bewölkung weniger klar ausgeprägt, da sich die Zentren der Konvektivität im jahreszeitlichen Rhythmus der Einstrahlung in Richtung Wendekreis der jeweiligen Sommerhalbkugel verlagern. Nur die Regenwaldgebiete treten mit einer hohen Wolkenfrequenz klar hervor.

Die subtropischen Trockengebiete und Wüsten sind aufgrund des fehlenden Wasserdampfs durch Bewölkungsminima gekennzeichnet, ebenso wie die Gebiete der subtropischen Hochs über den Ozeanen, wo absteigende Luftbewegung für adiabatische Wolkenauflösung sorgt. Nur im Bereich der kalten Meeresströmungen (Humboldt-Strom, Benguela-Strom etc.) an den Westküsten der Kontinente findet sich eine erhöhte Frequenz niedriger Wolken (Meernebel).

In den *polaren Breiten*, vor allen Dingen über dem Nordpolarmeer, tritt rasche Kondensation ein, da der Wasserdampf bei den kalten Temperaturen schnell zur Kondensation neigt. Die Antarktis ist durch eine geringere Wolkenintensität gekennzeichnet.

7.5 Niederschlagsbildung

Flüssiger oder fester Niederschlag (*Hydrometeore*) entsteht dann, wenn die Wolkenteilchen immer weiter anwachsen und so an Gewicht zunehmen, dass sie gegenüber der Schwerkraft nicht mehr in der Schwebe gehalten werden können. Fallende Niederschlagsteilchen können aber, je nach Temperatur und Sättigungsdefizit entlang der Fallstrecke, auf dem Weg zur Erdoberfläche wieder verdunsten bzw. in ihrer Größe abnehmen (Tab. 7.4). Für den Wasserhaushalt ist derjenige Anteil an Teilchen interessant, der als Niederschlag wirklich zur Erdoberfläche gelangt.

Tab. 7.4: Verdunstungsstrecke von Tropfen bei 900 hPa, 5°C und einer relativen Luftfeuchte von 90%

Tropfenradius [µm]	10	30	100	300	1000
Verdunstungsstrecke [m]	0,03	2,5	150	2900	42000

In einer ruhenden Atmosphäre (kein Horizontal- und Vertikalwind) müssen die Niederschlagsteilchen den aerodynamischen Reibungswiderstand der Luft überwinden, um zum Erdboden zu gelangen. Die Fallgeschwindigkeit von Tropfen (*Terminal Velocity*) ergibt sich unter diesen Voraussetzungen aus:

$$v(D) = a \cdot \left(\frac{D}{D_r}\right)^b \cdot \left(\frac{\rho_s}{\rho}\right)^{0,5}$$

v(D) = Terminal velocity [cm·sec^{-1}], D = Tropfendurchmesser [cm], a = 2115 cm·sec^{-1}, b = 0,8, D_r = 1 cm, ρ_s = Dichte feuchter Luft am Boden [kg·m^{-3}] und ρ = Luftdichte in der Wolke [kg·m^{-3}]

Grundsätzlich nimmt demnach die Fallgeschwindigkeit mit steigender Tropfengröße und abnehmender Luftdichte in der Wolke zu (Tab. 7.5). Ob ein Teilchen aus einer Wolke ausfällt, hängt letztlich von dem Verhältnis zwischen Schwerkraft und der dem Fall entgegengesetzten aerodynamischen Reibung ab. Bei Wolkenteilchen dominiert der Reibungseinfluss, bei fallendem Niederschlag überwiegt der Einfluss der Schwerkraft. Die Grenze zwischen Wolken- und Regentropfen liegt in der ruhenden Atmosphäre bei einem Durchmesser von etwa 100 µm (= Radius 50 µm).

Tab. 7.5: Abgrenzung von Wolken- und Regentropfen in einer ruhenden Atmosphäre und Fallgeschwindigkeit (nach WARNECKE 1991)

	Tropfendurchmesser [µm]	**Fallgeschwindigkeit [m·sec^{-1}]**
Großer Regentropfen	5000	8,9
Kleiner Regentropfen	1000	4,0
Feiner Regen	500	2,8
Niesel	200	1,5
Großer Wolkentropfen	100	0,3
Gewöhnlicher Wolkentropfen	50	0,076
Kleiner Wolkentropfen	10	0,003

Abwinde in der Wolke können die Fallgeschwindigkeit beschleunigen, so dass auch kleinere Tröpfchen die Erdoberfläche erreichen. Starke Aufwinde (Konvektion) bewirken das Gegenteil, indem sie auch große Tröpfchen in der Schwebe halten oder ein Mehrfachzyklus von Aufsteigen und Fallen in der Wolke hervorrufen.

Zur Niederschlagsbildung ist ein effektives Wachstum von Wolkentropfen notwendig. Je nach Tropfengröße und Umweltbedingungen (Temperatur, Luftfeuchte) zeichnen verschiedene Mechanismen für das Wachstum verantwortlich (Abb. 7.6).

Wachstum durch *Nukleation* und Anlagerung von Wasserdampf an Tropfen oder Eisteilchen (*Diffusionswachstum*) ist bei der Niederschlagsbildung wenig effektiv, da bereits ab einer Tropfengröße von ~5 µm die Diffusion von Wasserdampf zu den Wolkenteilchen zu lange Zeiträume in Anspruch nimmt. Ein großer Wolkentropfen mit einem Radius von 50 µm benötigt zum weiteren Anwachsen durch Diffusion bereits 2,8 Stunden, ein kleiner Regentropfen (r=500 µm) schon mehrere Tage. Der kurze Lebenszyklus von konvektiven Systemen im Zusammenhang mit hohen Regenraten und großen Tropfen

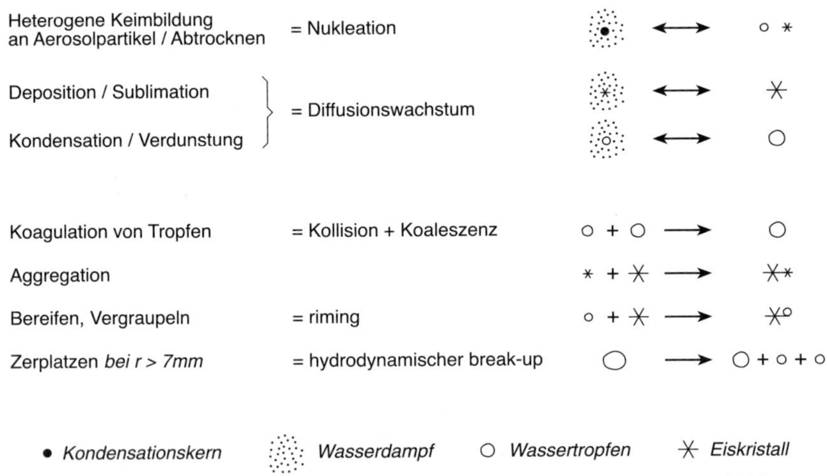

Abb. 7.6: Prozesse des Tropfenwachstums (verändert nach Beheng & Wacker 1993)

zeigt, dass es effektivere Mechanismen für die Niederschlagsbildung geben muss.

Der für die Niederschlagsbildung maßgebliche Prozess ist die *Koagulation*. Darunter versteht man die Vereinigung von Tropfen durch *Kollision* (Zusammenstoß) und darauffolgende *Koaleszenz* (Ineinanderfließen, Anhaften). Koagulation von Wolkentropfen zu Regentropfen wird in diesem Zusammenhang als *Autokonversion* bezeichnet, die Vergrößerung von festen Regenteilchen durch die Anlagerung von Wolkenpartikeln als *Akkreszens*. Darüber hinaus wird unter Koagulation auch die Vereinigung von beliebigen Hydrometeoren durch Kollision und Anhaften verstanden. Bei dem Zusammenschluss von zwei Eisteilchen spricht man von *Aggregation*, bei der Vereinigung von Eisteilchen und Tropfen von *Bereifung* bzw. *Vergraupelung (riming)*. Regentropfen können allerdings nicht unbegrenzt wachsen, da der aerodynamische Widerstand beim Fallen mit zunehmender Tropfengröße wächst und die Oberflächenspannung der Tropfen diesen Kräften nicht unbegrenzt standhalten kann. Bei Radien >7 mm kommt es daher zum Zerplatzen der Tropfen (*hydrodynamisches break-up*). Allerdings wird diese Tropfengröße in der Regel nicht erreicht, da die labilen großen Tropfen vorher durch Kollisionsprozesse auseinandergerissen werden.

Besonders effektiv ist das Wachstum von Teilchen in *hochdynamischen Gewitterwolken*. Hier werden sogar die schweren Eisteilchen durch turbulente Aufwinde mehrmals nach oben gerissen, bevor sie endgültig die Erdoberfläche erreichen. Dabei können sie immer weiter Wolkentropfen anlagern, so dass extreme Größen von Hagelkörnern (r>10 cm) durch das exzessive Wachstum erreicht werden können.

In den *Mischwolken* der Mittelbreiten findet die Niederschlagsbildung im Bereich atmosphärischer Fronten vor allem über die Eisphase statt (Abb. 7.7).

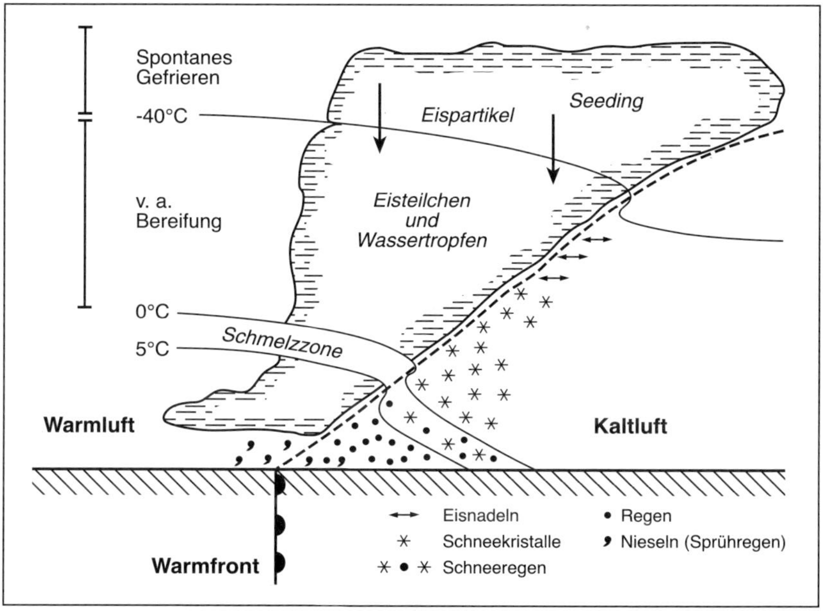

Abb. 7.7: Niederschlagsbildung an einer winterlichen Warmfront (ergänzt und verändert nach WARNECKE *1991)*

Im oberen Teil der Wolke (Ns) bilden sich bei Temperaturen <-40°C ausreichend große Eispartikel, die in tiefere Wolkenschichten fallen können, wo eine Mischphase aus Eisteilchen und unterkühlten Wassertropfen vorherrscht. Die kontinuierliche Verlagerung der Eisteilchen wird als *Seeding* bezeichnet. Aufgrund des niedrigeren Sättigungsdampfdrucks über Eis (Kap. 6.3.1) können die Eisteilchen den verfügbaren Wasserdampf nicht nur durch Deposition besser anlagern, es kommt auch zu einem Massenfluss von Wassermolekülen der Wolkentropfen zu den Eisteilchen. Die Eisteilchen wachsen zu Lasten der Wassertropfen. Da Eisteilchen insgesamt größer und schwerer werden können als Regentropfen (= höhere Fallgeschwindigkeit), werden höhere Regensummen am Boden erreicht. Die Niederschlagsbildung über die Eisphase wir auch als BERGERON-FINDEISEN-Prozess bezeichnet. Ob der Niederschlag am Boden als Regen oder Schnee ankommt, hängt von der Temperaturschichtung in der unteren Troposphäre ab. Bei winterlichen Warmfronten kann im präfrontalen Kaltluftsektor Schnee, im postfrontalen Warmluftsektor Regen erwartet werden (Abb. 7.7).

7.6 Niederschlagsarten

Niederschlag kann aufgrund verschiedener Kriterien klassifiziert werden. Man unterscheidet nach dem Aggregatzustand (Phase) in flüssige (*Regen*) und feste (*Hagel, Graupel, Schnee*) Niederschläge. Nach dem Ort der Entstehung ist eine Untergliederung in *fallende* (z.B. Regen, Schnee) und *abgesetzte Niederschläge* (z.B. Tau, Reif) möglich. Die statistische Einteilung der Niederschläge wird über Kenngrößen wie Andauer, Intensität und Ergiebigkeit (z.B. Starkregen, Landregen) vorgenommen und hinsichtlich der Niederschlagsgenese unterscheidet man *zyklonale* (z.B. an Warmfronten), *konvektive* (z.B. in Gewittern) und *orographische* Niederschläge (z.B. Steigungsregen).

Die vertikale Schichtung der Lufttemperatur, die Vertikalerstreckung der Wolken und die dynamischen Prozesse in der Wolke sind für die Ausprägung der Phase verantwortlich. Bei warmen Temperaturen bildet sich flüssiger Niederschlag aus. Große Eisteilchen finden sich vor allem in dynamischen Cb's, wo durch die Größe und die hohe Fallgeschwindigkeit ein Auftauen bis zum Boden auch in warmen Klimaten häufig nicht möglich ist. Man unterscheidet *Graupel* ($r < 2{,}5$ mm), der auch in Ns-Wolken entsteht, und *Hagel* ($r > 2{,}5$ mm), der Radien bis über 10 cm erreichen kann. *Schnee* fällt aus Mischwolken mit geringer Konvektion, die Größe der Schneeflocken nimmt mit abnehmender Temperatur (= weniger Wasserdampf in der Luft) ab.

Die aus Wolken fallenden Hydrometeore werden als *fallender Niederschlag* (Regen, Schnee, Graupe, Hagel) bezeichnet. *Schneeregen* bildet sich, wenn die Schneeflocken im Bereich einer bodennahen Inversion ($T>0°C$) teilweise schmelzen. Beim Wiedergefrieren von Wolkentropfen entstehen *Eiskörnchen*. Man spricht von *abgesetzten Niederschlägen*, wenn sich die Temperatur von Oberflächen (Boden, Blätter etc.) so weit abkühlt (v.a. nachts und im Winter), dass der Sättigungsdampfdruck an der Grenzfläche zur Atmosphäre überschritten wird. Bei Oberflächentemperaturen über 0°C wird auf den Oberflächen durch Kondensation *Tau* gebildet, bei Temperaturen unterhalb des Gefrierpunkts bildet sich durch Deposition von Wasserdampf *Reif*. Zu den abgesetzten Niederschlägen zählen auch Phänomene, bei denen Wasser aus Wolken (z.B. Nebel) an Oberflächen (z.B. Vegetation) ausgekämmt wird bzw. sich fallende Hydrometeore dort niederschlagen. Bei Oberflächentemperaturen unter dem Gefrierpunkt bildet sich je nach Tropfengröße *Rauhreif* (kleine Tropfen) bzw. *Rauhfrost* (nässender Nebel). Fallen unterkühlte Regentropfen auf kalte Äste ($T < 0°C$), bildet sich *Rauheis* oder *Nadeleis* (bei kleinen Tropfen und leichtem Wind). Im Straßenverkehr werden Rauheisbeläge auch als *gefrierender Regen* angesprochen.

Als statistische Maßzahlen zur Beschreibung von Niederschlägen dient die *Niederschlagssumme* (in mm = $l \cdot m^{-2}$) und die *Niederschlagsintensität*

(Regendichte) als Summe pro Zeiteinheit ($mm \cdot Zeit^{-1} = l \cdot m^{-2} \cdot Zeit^{-1}$). Als *Regenrate* wird die Intensität bezogen auf eine Stunde angegeben ($l \cdot m^{-2} \cdot h^{-1}$). Die gängigen Niederschlagstypen und ihre quantitativ-qualitative Definition sind in Tabelle 7.6 aufgezeigt.

Tab. 7.6: Statistische Abgrenzung von Niederschlagstypen (Mittelbreiten) (verschiedene Quellen)

Benennung	**Zeitdauer**	**Intensität [$mm \cdot h^{-1}$]**	**Quelle**
Landregen	bis 6 h	≥0,5 bis 17	Frontalbewölkung
Dauerregen	> 6 h	≥0,5 bis 17	Frontalbewölkung
Starkregen	meist kurz (bis 10 min)	>17	Cb
Regenschauer, Platzregen	kurz	hoch, schnell wechselnd	Cb
Schneeschauer	kurz	wechselnd	Ns, konvektiv
Wolkenbruch	kurz	bis 200	Cb
Nebeltrauf	lang	~4	Nebel
Niesel-/Sprühregen	lang	~4	Stratuswolken, >0°C

Für die Mittelbreiten können Starkregen über eine empirische Gleichung abgegrenzt werden (s. Formelsammlung). Es werden maximale Intensitäten um 16 $mm \cdot min^{-1}$ erreicht (z.B. Füssen, 25.5.1902). In den Tropen können Starkniederschläge aufgrund des höheren Wassergehalts der Atmosphäre deutlich ergiebiger ausfallen (Maximalwert von ~38 $mm \cdot min^{-1}$).

7.7 Niederschlagsmessung

Die *Niederschlagsmessung* erfolgt mit einem *Regenmesser*, der in einer Höhe zwischen 1 bis 1,5 m angebracht wird. Der standardmäßig verwendete *HELLMANN-Regenmesser* verfügt über eine genormte Auffangfläche von 200 cm^2. Bei kleinen Tropfen und hohen Windgeschwindigkeiten kann es zu signifikanten Verdunstungsverlusten und Windfehlern (~4-40%) kommen, bevor die Regentropfen von der trichterförmigen Auffangfläche in das Messgefäß abgeleitet werden. Zur Messung des Flüssigwasser-Äquivalents fester Niederschläge muss der Regenmesser beheizt werden. An automatischen Klimastationen werden heute in der Regel *Niederschlagswippen* betrieben. Das Regenwasser wird von der Auffangfläche auf eine Kippwaage geleitet, die zwei Reservoirs von 0,1 mm aufweist. Ist ein Reservoir vollgelaufen, schlägt die Kippwaage um und löst dabei einen Magnetschalter aus. Der Datalogger summiert die 0,1 mm Impulse der Kippwaage zur Niederschlagssumme auf. Mit dieser Messkonfiguration ist eine kontinuierliche, zeitlich hochaufgelöste Messung von Regensumme und -intensität möglich (*Ombrometer*).

Da Niederschlag ein raum-zeitlich hochvariables Phänomen ist (v.a. konvektiv), geben Punktmessungen mit Ombrometern die räumliche Niederschlagsverteilung nur sehr ungenau wieder. Aus diesem Grund werden indirekte Niederschlagsmessungen mit Hilfe von Mikrowellen vorgenommen. *Niederschlagsradars* (*R*adio *D*etection *A*nd *R*anging) liefern raum-zeitlich hochaufgelöste Information über Regenfelder, indem ausgesendete Mikrowellen von Hydrometeoren reflektiert werden und die mit Hilfe der Radar-Antenne aufgezeichnete Intensität der Reflexion (Z) in direktem Zusammenhang zur Regenrate steht (*Z/R-Beziehung*):

$$Z = A \cdot R^B$$

Z = Radarreflektivität [dBZ = 10·log(Z)], R = Regenrate [mm·h^{-1}*], A, B = empirische Koeffizienten i.A. von Tropfenspektrum und Aggregatzustand des Niederschlags, klimatologische Gleichung des DWD; Landregen A~200 und B~1,45; Gewitter A~451 und B~1,36*

In Deutschland hat der DWD ein flächendeckendes Messnetz von Niederschlags-Radargeräten aufgebaut (Abb. 7.8).

Heute werden zunehmend Doppler- und polarimetrische Radargeräte eingesetzt. Die Genauigkeit der Radar-Messung ist aber noch mit vielen Unsicherheiten behaftet. Statische und dynamische *Festzielechos* (*Clutter*, z.B. Berge und Inversionen) verändern das reine Niederschlagssignal, die *Dämpfung* der Mikrowellen durch Niederschlagsfelder muss berücksichtigt werden (Dämpfungskorrektur), schmelzende Eisteilchen rufen überproportional starke Radarechos hervor (*Bright-Band*) und die genaue Z/R-Beziehung ist in der Regel nicht bekannt. Zur umfangreichen Theorie und Problematik der Radar-Niederschlagsmessung sei an dieser Stelle auf die einschlägige Literatur verwiesen (z.B. MEISCHNER 1991, JAENEKE 1995, SELTMANN 1997, LANG 1997). Zur globalen und regionalen Erfassung von Niederschlagsfeldern werden auch Wettersatellitendaten verwendet. Derartige Verfahren eignen sich besonders zur flächendeckenden Erfassung konvektiver Niederschläge (s. BENDIX et al. 2001).

Für klimatologische Anwendungen wird die räumliche Verteilung der Niederschlagsmengen mit Hilfe von *Isohyeten*-Karten (Linien gleicher Niederschlagssummen) dargestellt.

7.8 Horizontale Raummuster des Niederschlags

Auf der Erde erreichen die Jahresniederschläge, soweit sie bisher durch Messstationen erfasst sind, Summen von 1 mm·Jahr^{-1} bis ca. 12.000 mm·Jahr^{-1}. Ihre Verteilung ist gebunden an die Wasserdampftransporte vertikaler und

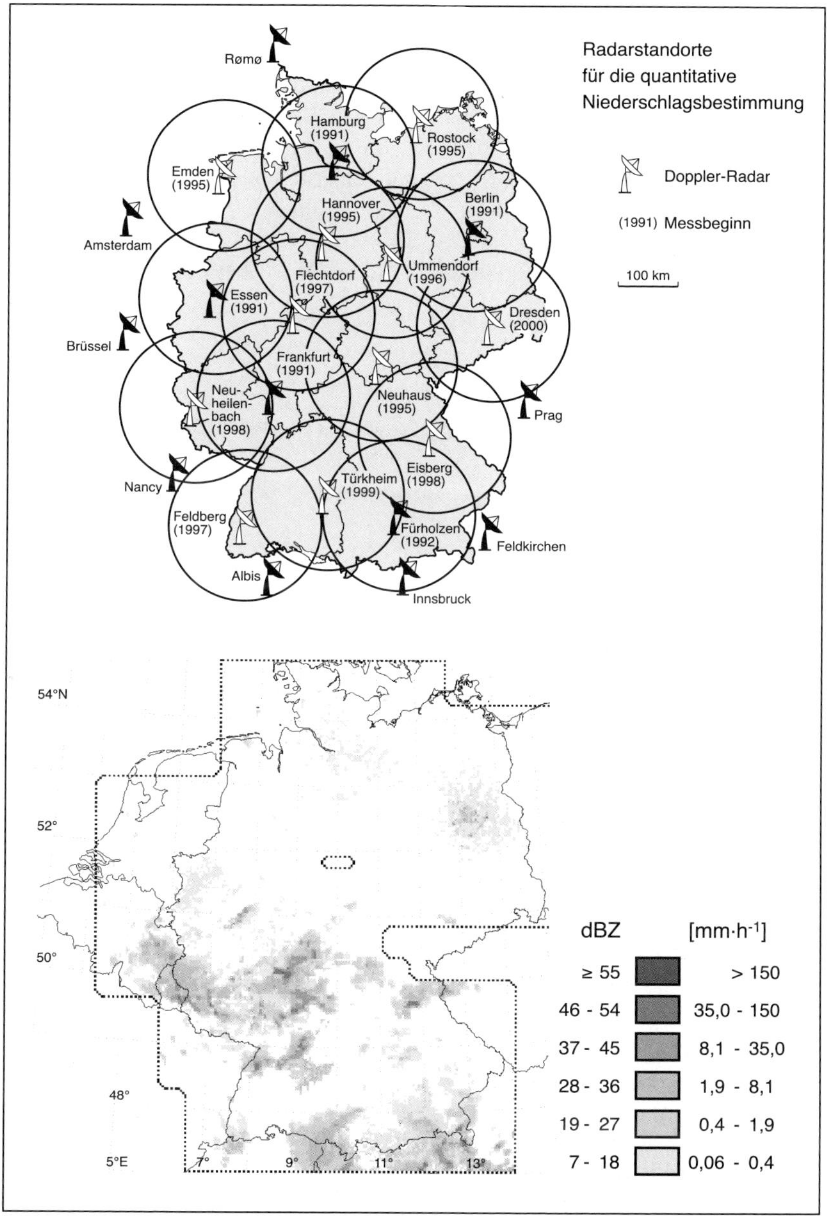

Abb. 7.8: Der Radarverbund des DWD und das Radarkomposit BRD vom 18. Juli 1994, 13:15 UTC (Quelle: DWD)

horizontaler Art, die durch die atmosphärische Zirkulation in Abhängigkeit von den geographischen Faktoren und in den Auseinandersetzungen mit den Grundbedingungen des Erdballs (Lage, Breite, Land/Meer, Relief) zu einer bestimmten räumlichen Verteilung auf der Erde führen.

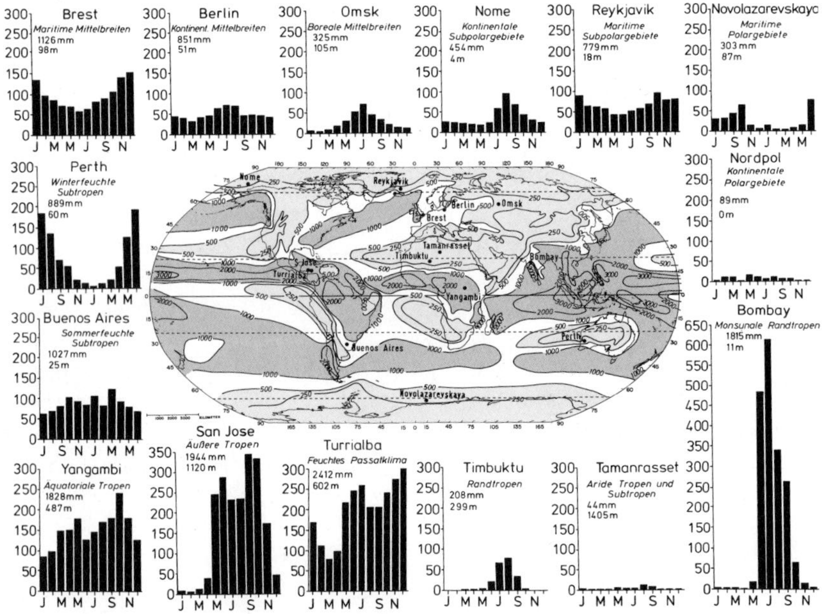

Abb. 7.9: Mittlere jährliche Niederschlagsmengen und Typen des Jahresgangs

Die Karte der Jahresniederschläge lässt aber unschwer einige Regeln erkennen (Abb. 7.9):

Die *Jahressummen* der Niederschläge ändern sich auffallend mit der *geographischen Breite*. Es gibt zwei *Maximalzonen* von Niederschlägen, wovon sich die primäre im Gürtel der inneren Tropen fast geschlossen entlang des Äquators um die Erde zieht und die sekundäre in den mittleren Breiten auftritt. Die beiden *Minimalgebiete* liegen im tropisch-subtropischen Trockengürtel und den Polarräumen. Die Breitenabhängigkeit ist am gleichförmigsten auf der wasserreichen Südhalbkugel.

In den *inneren Tropen* zwischen 15°S und 20°N fällt annähernd die Hälfte der globalen Niederschlagssumme. Die größte zusammenhängende Zone maximaler Niederschläge liegt im Bereich der indomalayischen Inselwelt. In den *tropisch-subtropischen* Trockengebieten verhindert die überwiegende Stabilität der Atmosphäre im Bereich der subtropischen Hochdruckzellen konvektive Vorgänge und damit ein höheres Aufkommen an Niederschlägen.

In den *Mittelbreiten* zwischen 45°-60° beider Halbkugeln liegt ein weiteres geschlossenes Gebiet hoher Niederschlagstätigkeit. Es ist an die hohe Niederschlagswirksamkeit von Warm- und Kaltfronten gebunden. Die höchsten Niederschläge fallen über den Ozeanen und küstennahen Bereichen. Das Aufkommen an Frontalniederschlägen ist in kontinentaleren Räumen zwar reduziert, konvektive Prozesse im Sommer kompensieren aber z.T. die Defizite. Die maximalen Niederschläge in den Mittelbreiten erreichen höchstens 50% der Niederschläge äquatorialer Gebiete, erklärbar durch die breitenabhängige Abnahme der Gesamtwasserdampfmenge in der Atmosphäre.

In den *Polarregionen* ist der Niederschlag durch die Wasserdampfarmut erheblich reduziert, wenn auch im kalten Klima trübes Nieselwetter sehr häufig ist, weil die relative Feuchte durch niedrige Wärmegrade schnell 100% erreicht.

Die *Niederschlagskarte der Erde* lässt auch die *hygrische Asymmetrie der Kontinente* deutlich erkennen. Sie resultiert aus einer in verschiedenen Breitenzonen unterschiedlichen Exposition der Landmassen gegenüber der planetarischen Zirkulation. Die monsunartigen Westwinde in der innertropischen Konvergenzzone der Festländer erbringen den *äquatorialen Westküsten* der Kontinente sowohl im indomalayischen Archipel als auch im Bereich der afrikanischen Guinea-Bucht und an der Westküste Kolumbiens hohe Niederschläge, die zum Teil durch Luv-Effekte von Gebirgen verstärkt werden. Beispiele sind der Kamerun-Berg mit >10.000 mm und westkolumbianische Stationen mit >7.000 mm.

Die *randtropischen Ostküstenbereiche* erhalten im Sommer Niederschläge aus zenitalen Gewitteraktivitäten, eingebettet in die labile, störungsreiche sommerliche Passatströmung. Im Winter erhalten die ostexponierten, schwach aufragenden Gebirge durch Zwangshebung zusätzlich intensive *orographische Niederschläge*, wenn der Passat in den frühen Wintermonaten durch seine störungsarme Stetigkeit über den Kontinenten Trockenheit verursacht. Diese Niederschläge können die Jahressummen auf Rekordhöhen bringen. Davon sind der gesamte Ostküstenbereich der indomalayischen Inselwelt zwischen den Philippinen und der nördlichen Ostseite Australiens ebenso die ostexponierten Hänge der mittelamerikanischen Landbrücke, der Guayana-Staaten, der Serra do Mar Brasiliens und der madagassischen Ostküste wie auch die ostexponierten Gebirge der Karibik und des Pazifik betroffen. Mittlere Niederschläge >4.000 mm sind dort die Regel, mit Spitzenwerten, die den doppelten Betrag erreichen. Die leeseitigen, strömungsabgewandten Räume leiden im Winter durch die wolkenauflösenden Absinkvorgänge der Passatströmung unter Trockenheit.

In den *Außertropen* kehrt sich das Verhältnis wieder zugunsten der Westküsten um, weil hier großräumig die westliche Zirkulation vorherrscht.

Zusammen mit dem Luv-Effekt an Gebirgen treten erneut Maxima der Niederschläge auf, so in Westpatagonien, im kanadischen Britisch-Columbia, an der norwegischen Küste, in Tasmanien und Teilen Neuseelands.

7.9 Jahresgangtypen des Niederschlags

In Abhängigkeit der solarthermischen Grundbedingungen bilden sich auf der Erde regionalbezogene Jahresgänge des Niederschlags heraus, die jedoch durch das Relief, die Land/Wasser-Verteilung und die Konfiguration der Kontinente Abwandlungen erfahren können. Dennoch lassen sich Modelltypen des Jahresgangs unterscheiden (vgl. Abb. 7.9).

1. Der *äquatoriale Typ* der immerfeuchten Tropen mit Niederschlägen zu allen Jahreszeiten, Maxima nach den Sonnenhöchstständen und relativen Minima zu den Solstitien (*Yangambi*). Im Normalfall zeigt die Kurve einen fast symmetrischen Gang mit zwei relativen Maxima und zwei relativen Minima. Die Niederschläge entstehen beim Zusammenströmen der Passate, wobei besonders heftige gewittrige Entladungen infolge des hohen Wasserdampfgehaltes der Atmosphäre nach dem Sonnenhöchststand auftreten. Dieser Typ erstreckt sich mit nur relativ geringer Meridionalausdehnung über die äquatorialen Teile Südamerikas, Afrikas und des Indonesischen Archipels, insbesondere im Bereich der aufsteigenden Äste der zonalgerichteten äquatorialen *Walker-Zirkulation*, wo Mengen über 2.000 mm fallen und im Luv der monsunalen Strömung auch Höchstwerte erreicht werden. Am klarsten ist dieser Typ auf den Meeren innerhalb der ITCZ über dem Atlantik und dem Pazifik, sowie, allerdings mit geringeren Niederschlagsmengen, auch in den äquatorialen Höhentropen ausgebildet.

Gegen die Wendekreise hin wachsen die Maximalstände des Niederschlags allmählich zusammen, da sich die beiden Zenitstände der Sonne bis zur Kulmination zum Solstitial-Termin am Wendekreis selbst zeitlich annähern. Daraus ergibt sich:

2. *Der Typ der äußeren Tropen*, der gleichfalls noch eine doppelte Regenzeit anzeigt. Die Regenmaxima, deren Charakter von gewittrigen Schauerniederschlägen passatischer Störungen, verbunden mit monsunalen Effekten, geprägt ist, liegen im Früh- bzw. Spätsommer. Charakteristischerweise wird die kleine Regenzeitunterbrechung im Sommer in den lateinamerikanischen Tropen der Nord- wie der Südhalbkugel *Veranillo* (kleiner Sommer) genannt *veranillo del San Juan* bzw. *Veranillo del Niño* (San José). Die zeitliche Abfolge der Niederschläge wird durch passatische Störungen (*Easterly Waves*), meist in Form von gewittrigen Schauerniederschlägen geprägt, die schließlich zum Höhepunkt der

Regenzeit in monsunartige Regen von kürzerer oder längerer Dauer übergehen können, wenn die ITCZ kurzfristig westliche Strömung auslöst (Südwest auf der Nordhalbkugel, Nordwest auf der Südhalbkugel). Die Regenzeit endet wieder mit Gewittern aus Passatstörungen, die in die Ostwinde eingelagert sind.

3. *Der Typ der Randtropen* kennt nur noch eine Regenzeit und eine Trockenzeit. Die Regenzeit wird in Richtung auf die Wendekreise weniger intensiv und ist von kürzerer Dauer (2-3 Monate). Die winterliche Trockenzeit hingegen ist unter der Herrschaft des Ostpassats von längerer Dauer (*Timbuktu*). Die Niederschlagsperiode stimmt nicht genau mit dem räumlichen und zeitlichen Zenitalstand der Sonne überein, sondern hinkt dem Sonnenstand ein bis zwei Monate hinterher. Dieser randtropische Trockentyp ist vor allem auf den Landmassen der Westküsten der Kontinente und den westlich angrenzenden Meeren vertreten. Die winterliche Trockenzeit ist eine ausgeprägte, fast regenlose Phase mit negativer Wasserbilanz über sieben Monate.

Innerhalb des tropischen Regenregimes treten zwei weitere Gangtypen auf:

a) Der Monsuntyp der Tropen, der vor allem die randlichen Gebiete S- und SE-Asiens betrifft (*Bombay*). Er drückt sich in einer überhöhten Menge, z.T. auch längeren Andauer der tropischen Sommerniederschläge aus. Sie sind ihrerseits bedingt durch eine sehr niederschlagswirksame, hochreichende Konvektion, andererseits gebunden an frontal zyklonale Störungen im Strömungsfeld des SW-Monsuns. Lage und Ausdehnung der asiatischen Festlandmasse gegenüber dem südlich anschließenden Indischen Ozean spielen eine wesentliche Rolle. In abgeschwächter Form kommt dieser Typ auch in Nord-Australien, in der Guinea-Bucht Westafrikas sowie an der Westseite der mittelamerikanischen Landbrücke vor. An der Dauer und Ergiebigkeit der Niederschläge sind Relief und Expositionseinflüsse beteiligt, wie im südlichen Himalaya, in den West-Ghats, am Kamerun-Berg und in den Nordanden Kolumbiens.

b) Ein weiterer Regengangtyp (*randtropischer Passat-Typ*) tritt an den randtropischen Ostküsten auf, wo dem solartropischen Regengang der äußeren Tropen winterliche Steigungsregen aufgeprägt werden (*Turrialba*). Die Niederschlagskurve zeigt dann neben dem sommerlichen Gewitter- und Schauermaximum der Zenitalniederschläge und Passatstörungen auch ein winterliches Advektionsmaximum orographischer Steigungsniederschläge, das von der steifen Passatströmung, in die häufig noch Kaltluftmassen aus höheren Breiten eingelagert sind, herrührt. Von der Gesamtniederschlagsmenge von 2.412 mm an der Station *Turrialba* gehen ca. 750 mm auf das Konto der winterlichen Passat-Steigungsregen (ca. 35%). Solche Jahresgangtypen charakterisieren Stationen der Ostküste der Philippinischen

Inseln, in Neuguinea, Mittelamerika, an der südamerikanischen Küste Brasiliens, an der Südostküste Afrikas, insbesondere Madagaskars. Zum Teil werden auch hier Rekordwerte des Niederschlags erreicht, wie z.B. auf den Hawaii-Inseln.

4. Im Bereich der tropisch-subtropischen Trockenräume fallen nur noch ephemere Niederschläge unter dem Regime des trockenen Passats. Es ist der *Typ der randtropisch-subtropischen Trockengebiete*, der vor allem an den Westseiten der Kontinente und ihrer angrenzenden Ozeane ausgebildet ist und unter der permanenten Herrschaft des Subtropenhochs steht. Während die seltenen Niederschlagsereignisse auf der tropischen Seite an sommerliche Passatstörungen gebunden sind, werden sie auf der Polseite von winterlichen außertropischen Zyklonalregen ausgelöst. Dieser Typ charakterisiert die tropisch-subtropischen Wüstenräume der Erde: Sahara (*Tamanrasset*), arabische Wüste, Trockengebiete des Vorderen Orients sowie Steppen und Wüsten Südwest-Afrikas, des Westens Nordamerikas (Mojave- und Gila-Wüste), Südamerikas (Atacama) und in Zentral-Australien. An den Westküsten unterstützen kalte Meeresströmungen die Regenarmut. Nebel und Taufall bieten einen gewissen Ersatz an Regen-Feuchtigkeit, am auffälligsten in den Küstenwüsten von Chile, Perú und in der Namib.

5. In den *Subtropen* dominieren an der Westseite der Kontinente die Winterregen, an den Ostseiten die Sommerregen. Es gibt daher zwei *subtropische Regengangtypen*, die durch die unterschiedlichen Zirkulationsbedingungen ihre räumliche Verteilung erhalten.

a) Der *subtropische Sommerregentyp* (z.T. mit Regen zu allen Jahreszeiten) an den Ostseiten der Kontinente entsteht infolge monsunähnlicher Strömungen vom Meer zum Land, auf dem im Sommer tiefer Druck ausgebildet ist (*Buenos Aires*). Dieser Typ ist vor der ostasiatischen Küste, in Südost-Australien, in Teilen Südost-Afrikas, in den Sommerregenbereichen im SE der USA sowie im Bereich der Subtropen Südamerikas im Umfeld der Pampa verbreitet. Winterliche Regen fehlen aber keineswegs.

b) Der *subtropische Winterregentyp* hat eine auffällige jahresperiodische Niederschlagsverteilung mit Regen im Winter und bemerkenswert regenarmen Sommern (*Perth*). Er ist an den subtropischen Westseiten der Kontinente und ihren vorgelagerten Ozeanbereichen verbreitet. Er repräsentiert eine alternierende Klimazone, die ihre Existenz der halbjahres-periodischen Verschiebung der Grenze zwischen der Passatzirkulation im Sommer und der Frontalzirkulation im Winter verdankt. Im Winter kann die Zyklonentätigkeit der Westwindzone der Mittelbreiten sich durchsetzen, weil die Subtropenhochs abgeschwächt und äquatorwärts verlagert sind. Die sommerliche Trockenzeit wird geprägt von der divergierenden Strömung im Einflussbereich des Subtropenhochs. Dieser Niederschlagstyp findet sich im europäischen Mittelmeergebiet, in Kalifornien, Mittelchile, im Kapland, im Südwesten Australiens und im westexponierten Bereich Ost-Australiens (*Adelaide*).

6. Den *Mittelbreiten* sind ebenfalls zwei *Niederschlagstypen* eigen. Grundsätzlich erhalten die mittleren Breiten Niederschläge zu allen Jahreszeiten. Doch besitzen sie unterschiedliche Maxima.

a) Der *ozeanische Typ der Mittelbreiten* (*Brest*) weist ein schwaches Maximum im Winter auf bei sonst recht gleichmäßiger Verteilung über das ganze Jahr. Die Küstengebiete der Ozeane sowie die Gebirgszonen entsprechen diesem Typ. Die zyklonale Dynamik bestimmt die niederschlagswirksamen Prozesse. Das spätherbstliche, winterliche Maximum entsteht durch die äußerst aktive Zyklogenese gegen den Winter hin, wenn das Temperaturgefälle zwischen den niederen und höheren Breiten am stärksten ausgebildet ist.

b) Der *kontinentale Typ der Mittelbreiten*: Die Kontinentalgebiete, meist schon knapp 100 km von den Küsten entfernt, kennzeichnen etwas feuchtere Sommer und trockenere Winter bei Regen zu allen Jahreszeiten. Das Regenregime der Mittelbreiten wird vornehmlich aus frontalen Niederschagsereignissen gesteuert, die die Niederschlagsversorgung über das ganze Jahr sicherstellen. Doch wirkt sich in den Niederschlagssummen der Sommermonate die Tatsache aus, dass der Wasserdampf dann erhöhte Werte aufweist und durch stärkere Erwärmung der Binnenländer konvektive Effekte die Niederschlagstätigkeit unterstützen. In Europa (*Berlin*) liefern die drei Sommermonate Juni bis August ca. 35% des Jahresniederschlags. In den Ostküstengebieten, zum Beispiel in Nordasien, sind es sogar 58%. Die Niederschlagsmengen nehmen erst weit im Inneren der Kontinente (*Omsk*) in den hochkontinentalen Bereichen stärker ab.

7. Auch in den subpolaren Breiten bleibt der Gegensatz maritim/kontinental bestehen. Der *ozeanische* und der *kontinentale Subpolar-Typ* (*Reykjavik u. Nome*) unterscheiden sich in ihren Jahresabläufen lediglich durch geringere Niederschlagsmengen.

8. Erst die länger andauernde Schneedecke im Winter verursacht einen eigenständigen, maritimen und kontinentalen *polaren Typ* vorherrschender Winter- und Frühjahrsniederschläge. Jenseits von 70° Breite nehmen auf beiden Halbkugeln die Niederschläge meist auf weniger als 300 mm ab (*Novolazarevskaya*).

Die *Niederschlagsjahreszeiten* bezogen auf die Breitenkreise sind in Abbildung 7.10 schematisch zusammengefasst.

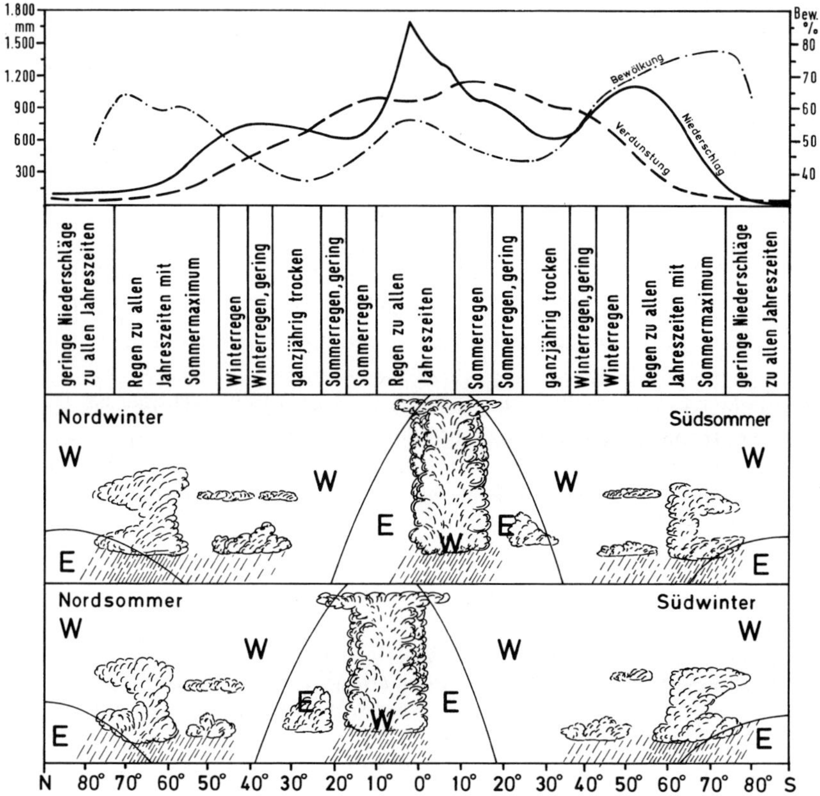

Abb. 7.10: Das Alternieren der Niederschlagszonen auf der Erde (verändert nach FLOHN *1960 und* PLEIß *1977)*

Der *tägliche Gang* der Niederschläge zeigt nur schwach ausgebildete Charakteristika. Lediglich beim Typ der *tropischen Zenitalniederschläge*, d.h. konvektiver Niederschlagsbildung aufgrund der täglichen Erwärmung der Erdoberfläche, ist am ehesten ein charakteristischer Gang erkennbar (Abb. 7.11).

7.10 Hypsometrische Verteilung des Niederschlags

Die Niederschläge haben eine charakteristische vertikale Verteilung. Da die Niederschlagsbildung an Kondensationsvorgänge gebunden ist, liegt die

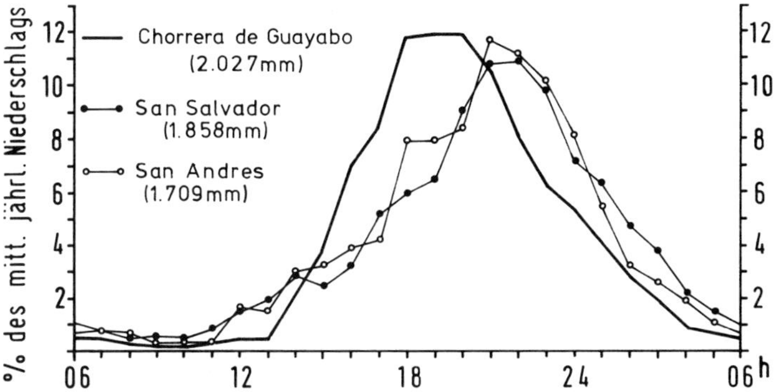

Abb. 7.11: Tagesgang des Niederschlags in % des jährlichen Niederschlagsmittels in den Tropen (nach LESSMANN *1967)*

maximale Zone der Niederschläge mit ganz wenigen Ausnahmen nicht in der untersten Höhenstufe der Atmosphäre (Abb. 7.12).

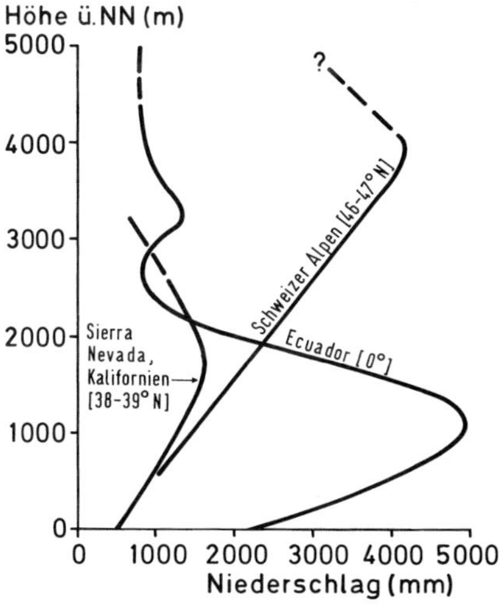

Abb. 7.12: Vertikale Höhenstufung der Niederschläge in den Tropen (Ecuador), Subtropen (Kalifornien) und Mittelbreiten (Alpen) (nach LAUER *1976,* ARMSTRONG/STIDD *1967,* HAVLIK *1969)*

Zwei Grundtypen lassen sich unterscheiden (WEISCHET 1965):

1. Der *Advektionstyp* der Mittelbreiten (Schweizer Alpen) ist gekennzeichnet durch eine Maximalzone der Niederschläge in Höhen zwischen

3000 und 4000 m. Das Auftreten dieses Typs ist an frontale Aufgleitvorgänge advektiv herangeführter, feuchter Luftmassen gebunden. Obwohl der absolute Wasserdampfgehalt der Luft mit zunehmender Höhe abnimmt, kommt es zur Ausbildung dieser maximalen Höhenstufe des Niederschlags, weil die (vertikale) Windgeschwindigkeit und damit die Kondensationsrate bis zu diesem Punkt mit der Höhe zunimmt. Spätestens oberhalb dieser Stufe wird der Wasserdampfgehalt so gering, dass die hohe Windgeschwindigkeit zu einer weiteren Steigerung der Kondensationsrate nicht mehr beitragen kann (Havlik 1969).

2. Der *Konvektionstyp*: In den Gebirgslandschaften mit vorwiegend konvektivem Niederschlagsgeschehen, z.B. in den *feuchten Tropen*, liegt das Maximum der Niederschläge bereits in Höhen zwischen 1.000 und 1.500 m. Allerdings treten in größeren Höhen weitere Kondensationsstufen auf. In den feuchttropischen Gebirgen sind bis zu vier Kondensationsniveaus mit Niederschlag ausgebildet. In diesen Kondensationsniveaus kommt es zur Ausbildung von charakteristischen Vegetationshöhenstufen, (z.B. *Wolkenwälder* im Bereich des unteren, maximalen Kondensationsniveaus und den höchsten Niederschlägen oder *Nebelwälder*, die im nässenden, meist zweiten Kondensationsniveau in der Nähe der Waldgrenze gedeihen) (Lauer 1976). Für die tropischen Konvektions-Niederschlagsstufen gilt aber, dass die erste Maximalstufe des Niederschlags nur dann bei ca. 1.000 bis 1.500 m ü. Meer auftritt, wenn die Fußstufe genügend Wasserdampf zur Verfügung stellt. Je niederschlagsärmer die Fußstufe ist, desto größer ist das Intervall zur Bildung der ersten Maximalstufe des Niederschlags.

In den sommerfeuchten *Subtropen* erfolgt die Ausbildung der Maximalstufe des Niederschlags nach tropischem Muster, sofern die konvektiven Niederschläge den Jahresgang des Regens bestimmen. In den *winterregenbetonten Subtropen* herrscht wie in den *Mittelbreiten* der advektive Niederschlagstyp mit dominierendem Aufgleitregen mit einer maximalen Niederschlags-Höhenstufe im Niveau von ca. 3.500 m Höhe vor. In den kontinentalen Außertropen bei ausgesprochenen konvektiven Regenereignissen folgt die maximale Niederschlagsstufe der Tropenregel. Umgekehrt gibt es den advektiven Typ auch in den Tropen, z.B. in den Monsungebieten.

8 Luftdruck und Wind

8.1 Luftdruck

Der Luftdruck hat fundamentale Bedeutung für das Wettergeschehen im Klimasystem, da von seiner Verteilung die Entstehung von Luftbewegungen (Wind) bis hin zur atmosphärischen Zirkulation abhängt. Er beschreibt die Beschleunigung ($m \cdot s^{-2}$) einer Masse (kg) von Luftmolekülen aufgrund der Erdanziehung (Schwerkraft) in einer Luftsäule, die eine definierte Grundfläche (z.B. 1 m^2) aufweist und bis zur Obergrenze der Atmosphäre reicht.

$$p = \frac{m \cdot g}{F} = \frac{\text{Kraft}}{\text{Fläche}}$$

p = Luftdruck [Pa = $kg \cdot m^{-1} \cdot s^{-2}$], m = Masse der Luftmoleküle [kg], g =Schwerebeschleunigung [$m \cdot s^{-2}$], m·g = Kraft [$kg \cdot m \cdot s^{-2}$=1 N], F = Begrenzungsfläche der Luftsäule [m^2]

Der Luftdruck ist die Kraft, die senkrecht auf die Oberflächen der (gedachten) Luftsäule wirkt. Für die betrachtete Luftsäule wirkt er damit gleichermaßen auf die Seitenflächen wie nach oben und unten. Der Gesamtdruck der Luft setzt sich aus den Teildrücken (*Partialdruck*) der einzelnen Gaskomponenten (N_2, O_2 etc.) zusammen. Je geringer die Masse eines Gases ist, desto kleiner muss sein Partialdruck sein. Der Luftdruck wird in der Einheit hPa angegeben (=100·Pa). Hektopascal entspricht der nicht mehr zulässigen Einheit Millibar (1 hPa = 1 mbar). Werden Luftdruckwerte kartographisch dargestellt, zeichnet man Linien gleichen Luftdrucks, die *Isobaren*.

In einer hydrostatisch ruhenden, isothermen Atmosphäre sind alle Seitendrücke benachbarter Luftsäulen gleich und zwischen der verbleibenden aufwärtsgerichteten Druckkraft und der abwärtsgerichteten Schwerebeschleunigung besteht ein Gleichgewicht. Damit ergibt sich der Luftdruck in einer bestimmten Höhe alleine aus der Masse (dem Gewicht) der darüber liegenden Luftmoleküle auf die Grundfläche der Säule. Je kleiner die Masse (das Gewicht) an Luftmolekülen in einer Luftsäule ist, desto weniger Kraft und damit Druck üben sie auf die untere Begrenzungsfläche der Säule aus. Da die Luftdichte und damit die Masse an Luftmolekülen in der Säule mit der Höhe abnimmt, muss auch der Luftdruck auf die Grundfläche der Säule im jeweiligen Höhenniveau zurückgehen. In der ruhenden Atmosphäre ist die Abnahme des Luftdrucks mit der Höhe daher nur eine Funktion der Luftdichte. Die Höhenabnahme wird durch die hydrostatische Grundgleichung beschrieben:

$$\frac{\Delta p}{\Delta z} = -\rho \cdot g$$

$\Delta p/\Delta z$ = Luftdruckabnahme im Höheninterval Δz [$hPa \cdot m^{-1}$], ρ = Luftdichte [$kg \cdot m^{-3}$], g =Schwerebeschleunigung [$m \cdot s^{-2}$]

Die Gleichung berücksichtigt aber nicht, dass Luft ein kompressibles Medium ist. Mit zunehmendem Auflastdruck, d.h. je größer die Masse (das Gewicht) der Luft über einem Luftvolumen (z.B. Würfel von 1 m^3) ist, können mehr Luftmoleküle im gleichen Luftvolumen (m^3) konzentriert werden, die Luftdichte ($kg \cdot m^{-3}$) steigt. Sie muss folgerichtig im Bodenniveau sehr hoch sein, während sie mit der Höhe deutlich abnimmt. Der Luftdruck in einer bestimmten Höhe unter Berücksichtigung der Komprimierbarkeit der Luftsäule lässt sich mit Hilfe der *barometrischen Höhenformel* (s. Formelanhang) ableiten. Sie zeigt, dass die Druckabnahme mit der Höhe nicht linear, sondern exponentiell verläuft (s.a. Abb. 8.1).

Während die Druckabnahme in Bodennähe sehr schnell vonstatten geht (-200 hPa auf 2 km zwischen 900 und 700 hPa), verlangsamt sie sich mit abnehmendem Auflastdruck der Luftmoleküle (= abnehmende Kompression) und somit mit zunehmender Höhe (-200 hPa auf 7,5 km zwischen 300 und 100 hPa).

In unterschiedlich temperierten, in sich isothermen Atmosphären nimmt der Luftdruck aber verschieden stark mit der Höhe ab (Abb. 8.2). In der warmen Atmosphäre folgt aus der höheren Temperatur gegenüber der kalten Luftsäule eine Zunahme der BROWNschen Molekularbewegung, die in Volumenausdehnung umgesetzt wird (s. Kap. 5.5.3). Geht man davon aus, dass die umgebenden Luftsäulen in beiden Luftmassen jeweils identische Eigenschaften haben, ist eine Volumenausdehnung zur Seite nicht möglich, da der Druck auf die Seitenflächen der Säulen gleich dem Seitendruck innerhalb der Säule ist. Die Volumenausdehnung in der warmen Luftsäule kann dementsprechend nur nach oben wirken, die aufwärtsgerichtete Druckkraft steigt an.

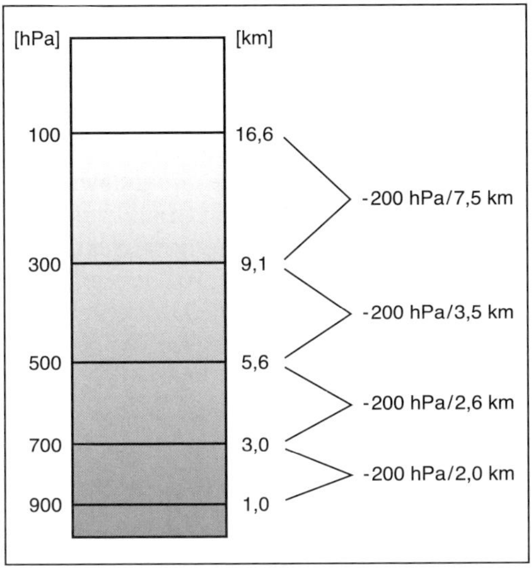

Abb. 8.1: Abnahme des Luftdrucks mit der Höhe in der US-Standardatmosphäre

Das hat eine gegenüber der kalten Säule veränderte Vertikalverteilung der Luftmoleküle und damit der Luftdichte zur Folge. Die Verhältnisse sollen an einem einfachen Beispiel erläutert werden (Abb. 8.2).

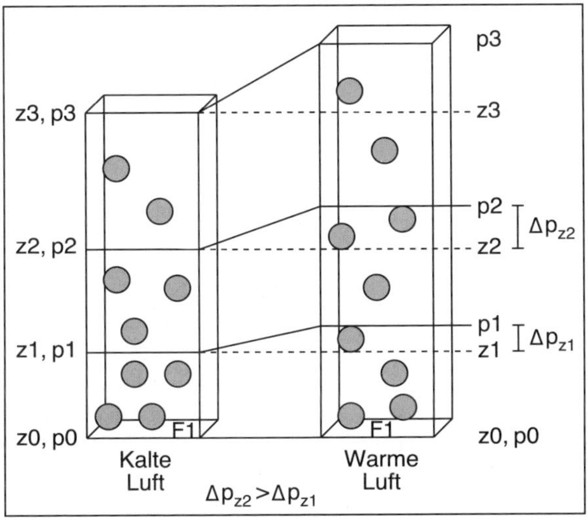

Abb. 8.2: Schema zur Abnahme des Luftdrucks mit der Höhe in warmer und kalter Luft

Sowohl in der kalten wie in der warmen Luftsäule üben je 9 Luftmoleküle ihren Druck auf die Fläche F1 (z.B. 1 m^2) aus. Ihr Gewicht und somit der Druck im Bodenniveau (Druckfläche p0) sind gleich (z.B. 1000 hPa). In der kalten Luftmasse herrscht mit 4 Molekülen bis zur Höhenstufe z1 eine hohe Luftdichte vor, während in der warmen Luft in diesem Höhensegment nur noch 3 Luftmoleküle zu finden sind. Auf der Höhenfläche z1 lasten in der kalten Luft dementsprechend nur noch die verbleibenden 5 Moleküle (p1 z.B. 900 hPa), während in der warmen Luft noch 6 Moleküle ihren Druck auf die Fläche z1 ausüben. Somit ist der Luftdruck auf der Höhenfläche z1 in warmer Luft höher, als in der kalten Luftsäule. Die Druckfläche p1 muss also in der warmen Luft höher liegen. Diese Verhältnisse verstärken sich noch mit der Höhe. Auf der Höhenfläche z2 (p2 z.B. 700 hPa) lasten in kalter Luft nur noch 2 Moleküle, während in der Warmluft noch 4 Moleküle ihren Druck ausüben. Die Druckdifferenz auf z2 vom hohen Druck in der warmen Luft zum niedrigeren Druck in der Kaltluft hat sich gegenüber der Höhenfläche z1 verstärkt. Zusammenfassend ergibt sich aus dem angeführten Beispiel, dass der Luftdruck in kalter Luft wesentlich schneller mit der Höhe abnimmt als in Warmluft und sich mit zunehmender Höhenlage der Abstand der Isobarenflächen (p0, p1 etc.) vergrößert. Das bedeutet einen nach oben zunehmenden horizontalen Druckgradienten von der warmen zur kalten Luft (Abb. 8.2, $\Delta p_{z2} > \Delta p_{z1}$).

8.2 Horizontale Druckgradienten und die Entstehung des Windes

In der realen Atmosphäre ist die Schichtung selten so homogen, wie im vorhergehenden Kapitel beschrieben wurde. Vielmehr kommen aufgrund von differentieller Erwärmung (z.B. Land-Wasser Gegensatz während der täglichen Einstrahlungsperiode) auch kleinräumig kalte und warme Luftsäulen nebeneinander vor. In diesem Fall ist die Voraussetzung, dass sich Volumenänderungen durch eine Temperaturerhöhung in der Luftsäule nur vertikal auswirken können, nicht mehr gültig, da der Druck auf die Seitenwände der Säule nicht mehr unbedingt mit dem Seitendruck der benachbarten Säulen übereinstimmt. Daraus folgt, dass sich die Volumenausdehnung durch Druckerhöhung auch lateral auswirken muss und horizontale Bewegungen von Luftmolekülen (Wind) möglich werden. In Abbildung 8.3 ist die Ausbildung einer Windzirkulation aufgrund von lateralen Druckunterschieden schematisch dargestellt.

Zu Beginn der Einstrahlungsperiode (Abb. 8.3-1) ist die Atmosphäre über einem Gebiet isotherm geschichtet. Luftdruck und Temperatur nehmen mit der Höhe ab und die Isothermen (T1 etc.) verlaufen parallel zu den Isobaren. In einer so geschichteten Atmosphäre findet keine horizontale Luftbewegung statt. Dieser Zustand wird auch als *Barotropie* bezeichnet. Nun

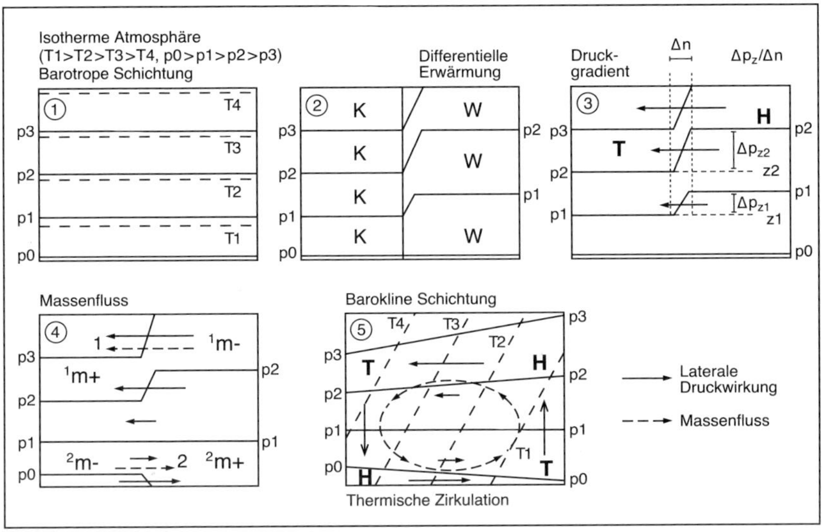

Abb. 8.3: Entstehung einer direkten thermischen Zirkulation (verändert nach WARNECKE *1991)*

(Abb. 8.3-2) wird die rechte Luftsäule z.B. durch die tägliche Einstrahlung überproportional stark erwärmt. Damit stehen eine kalte und eine warme Luftsäule direkt nebeneinander. Analog zur Abbildung 8.2 dehnt sich die Luft in der warmen Säule zuerst vertikal aus, wobei der Bodendruck (p0) in beiden Luftmassen noch gleich bleibt. Da der Druck in warmer Luft mit zunehmender Höhe größer wird als in der benachbarten Kaltluft (Abb. 8.2), bildet sich an der Grenzfläche beider Säulen ein Druckgefälle zwischen Warm- (Hochdruck H) und Kaltluft (Tiefdruck T) aus, der sogenannte *Druckgradient* (Abb. 8.3-3). Er beschreibt den horizontalen Druckunterschied auf einer Höhenfläche (z.B. z1) bezogen auf eine bestimmte Strecke (Δn). Der Druckgradient wird nun mit zunehmender Höhe größer ($\Delta p_{z2} > \Delta p_{z1}$). Die Volumenausdehnung in der Warmluft (W) und der dadurch ansteigende Druck auf die Seitenflächen der Warmluftsäule führen nun dazu, dass eine laterale Druckwirkung (Kraft) auf die angrenzende Kaltluft (K) ausgeübt wird, die sogenannte *Gradientkraft*:

$$F_p = -\frac{m}{\rho} \cdot \frac{\Delta p}{\Delta n}$$

Fp = Gradientkraft [kg·m·s^{-2}], Δp/Δn =Horizontaler Druckgradient entlang der Strecke Δn [Pa·m^{-1}], ρ = Luftdichte [kg·m^{-3}], m = Masse [kg]

Je stärker der Druckgradient (Δp) und je kürzer die Strecke (Δn) ist, entlang derer er auftritt, desto größer wird die Gradientkraft. Im Beispiel nimmt sie mit der Höhe zu.

Letztlich werden Luftmoleküle in Richtung des Druckgradienten beschleunigt (sie können sich auf Kosten der kalten Luft ausdehnen) und es kommt zu einem horizontalen Massenfluss (Wind) von der warmen zur kalten Luftsäule in der Höhe (^{1}m in Abb. 8.3 - 4), also *vom hohen zum tiefen Luftdruck*.

$$\frac{\Delta v}{\Delta t} = -\frac{1}{\rho} \cdot \frac{\Delta p}{\Delta n}$$

$\Delta v/\Delta t$ = *Beschleunigung der Luftmoleküle* [$m \cdot s^{-2}$], $\Delta p/\Delta n$ =*Horizontaler Druckgradient entlang der Strecke* Δn [$Pa \cdot m^{-1}$], ρ = *Luftdichte* [$kg \cdot m^{-3}$], v = *Windgeschwindigkeit* [$m \cdot s^{-1}$], t = *Zeit* [s]

Der Verlust an Luftmolekülen aus der warmen Säule und der gleichzeitige Gewinn in der kalten Säule führt nun dazu, dass weniger Luftmoleküle mit ihrem Gewicht auf der Basis der warmen und mehr auf der Basis der kalten Luftsäule lasten. Am Boden bildet sich daher in der kalten Luft ein hoher, in der warmen Luft ein tiefer Luftdruck aus. Die Folge ist ein zur Höhe umgekehrter Druckgradient und ein darauf folgender horizontaler Massenfluss von der Kaltluft zur Warmluft (^{2}m in Abb. 8.3 - 4), vom *Hoch zum Tief*. Würde der horizontale Massenfluss in beiden Höhenniveaus uneingeschränkt weitergehen, wären in kurzer Zeit Massenüberschüsse auf der jeweiligen Tiefdruckseite (*Konvergenz = Nettogewinn*) und Massendefizite auf der jeweiligen Hochdruckseite (*Divergenz = Nettoverlust*) die Folge. Bei fortwährender Einstrahlung auf der Warmluftseite und damit der Erhaltung des Antriebs für den Massenaustausch müssen aber aus *Kontinuitätsgründen* Defizite und Überschüsse ausgeglichen werden (*Kontinuitätsgleichung, Massenerhalt*), da in den Defizitgebieten sonst in kurzer Zeit keine Luftmoleküle mehr zur Verfügung stehen würden. Der Ausgleich erfolgt über die vertikale Verlagerung von Luftmolekülen aus den Konvergenz- (Überschuss-) gebieten (Abb. 8.3-5). Aus dem Bodentief der Warmluft werden kontinuierlich Luftmoleküle vertikal nach oben verlagert, aus dem Höhentief in der Kaltluft vertikal nach unten. Zusammen mit den horizontalen Windfeldern bildet sich eine geschlossene und direkte *thermische Zirkulationszelle*. Sie wird auch als *EULER-Wind* bezeichnet.

Der EULER-Wind gilt streng genommen nur für kleinräumige reibungsfreie Zirkulationenszellen ohne Einfluss der Corioliskraft. Die thermische Zirkulation ist grundsätzlich bestrebt, den Augleich zwischen hohem und niedrigem Luftdruck herbeizuführen. Solange der Temperaturunterschied (z.B. am Tag durch kontinuierliche Einstrahlung und differentielle Erwärmung) aufrechterhalten bleibt, wird die eingeleitete Zirkulation nicht zur Ruhe kommen. Sie strebt allerdings einen stationären Zustand an, bei dem im Bodenniveau gleich viel Luft vom kalten ins warme Gebiet wie in der Höhe vom warmen ins kalte weht und bei dem die Zirkulationsgeschwindigkeit durch die Erwärmung im rechten Teil und die dadurch aufrechterhaltene Temperaturdifferenz bestimmt wird. Die Isothermen liegen dann nicht mehr parallel zu den Isobaren, sondern sind schräg zu ihnen angeordnet. Diesen Zustand, der Zirkulationssysteme erzeugt, nennt man *baroklin (Baroklinität)*. Erst wenn die differentielle Erwärmung beendet ist (z.B. in der Nacht), wird der Druckgradient sich ausgleichen und die Zirkulation zum Erliegen kommen.

Das Prinzip der kleinräumigen Luftbewegungen äußert sich auf der Erde an vielen Küsten als *Land/See-Windphänomen*, bei unterschiedlicher Bodenbedeckung mit differentiellen Erwärmungsraten auch als *Feld-/Waldwind, Land-/Stadtwind (= Flurwind)* oder als *Berg-/Talwind*.

8.3 Druckschwankungen

Der *Tagesgang* des Luftdrucks ist durch eine planetarische Druckwelle mit halbtägiger Periode gekennzeichnet (10.00 Uhr und 22.00 Uhr Maxima, 04.00 Uhr und 16.00 Uhr (Ortszeit) Minima). Sie beträgt ca. 1,3 hPa, ist aber durch die von der Strahlung, Erwärmung und Abkühlung bewirkten täglichen Luftdruckschwankungen völlig überlagert. Der *jährliche Gang* des Luftdrucks ist allgemein in äquatorialen Gebieten klein und nimmt mit der geographischen Breite zu. Der kontinentale Typ ist durch winterliche Maxima und sommerliche Minima gekennzeichnet, der ozeanische Typ hingegen zeigt die Minima im Winter und die Maxima eher im Sommer (in den mittleren Breiten). Nach der Subarktis und Arktis hin verlagern sich die Maxima ins Frühjahr und die Minima in den Herbst.

Die *unperiodische Variabilität* des Luftdrucks ist in der Frontalzone der Westwinddrift besonders auffallend, wo die wandernden Zyklonen mit ihrem Wechsel zwischen tieferem und höherem Luftdruck für einen raschen Wandel sorgen. In den randlichen Tropen verursachen die passatischen Störungen eine gewisse aperiodische Schwankung, während sie in den inneren Tropen im ganzen sehr gering bleiben. Doch führen dort schon sehr schwache Luftdruckgegensätze zu äußerst wirkungsvollen Witterungserscheinungen im Zusammenhang mit den kräftigen Energieumsätzen in der feucht/labilen Atmosphäre. Höchste Variabilität des Luftdrucks begleitet besonders die tropischen Wirbelstürme.

8.4 Wetterkarte

Instrumente zur Messung des Luftdrucks sind das *Flüssigkeitsbarometer*, das *Anaeroidbarometer* und der *Barograph* als Schreibgerät. Die gemessenen Luftdruckverhältnisse werden mehrmals am Tag in Wetterkarten übertragen. Die Wetterkarte ist die Grundlage für die Wettervorhersage, aber ebenso ein wichtiges Forschungsmittel für die Klimatologie.

Die *Bodenwetterkarte* enthält die zeitgleich erhobenen Wettermeldungen von operationell betriebenen meteorologischen Stationen. Die Luftdruckmeldungen werden mit Hilfe der barometrischen Höhenformel (s. Formelanhang) auf Meeresniveau reduziert und als *Isobaren* (Linien gleichen Luftdrucks) in die Karte eingezeichnet. Je enger die Isobaren geschart sind, desto stärker ist der horizontale Druckgradient. Zusätzlich werden atmosphärische Fronten (*Kalt-/Warmfronten*) aufgenommen. Die Ausprägung der Klimaelemente (Temperatur, Bewölkung etc.) sowie beobachtete Wettererscheinungen werden in Form von Symbolen und Zahlen nach einem international vereinbarten Schema kodiert (*Internationaler Wetterschlüssel*) und vervollständigen den Karteninhalt (Abb. 8.4).

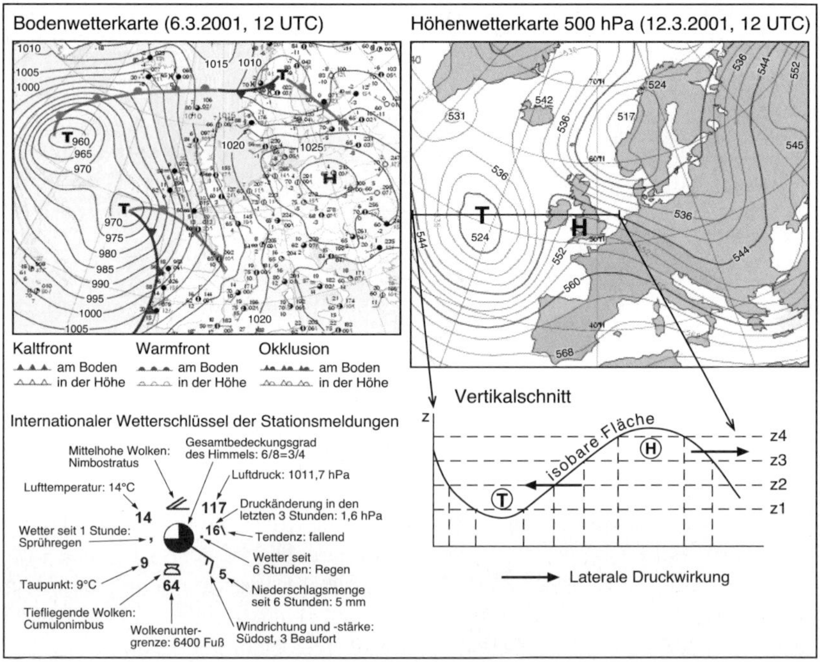

Abb. 8.4: Boden- und Höhenwetterkarte (zusammengestellt aus verschiedenen Quellen)

Radiosonden liefern Daten des Luftdrucks, der Luft- und Taupunkttemperatur sowie über das Windfeld aus höheren Luftschichten. Sie werden an gasgefüllten Ballons zeitgleich an ausgewählten Stationen aufgelassen und funken ihre Daten zur Bodenstation. Aus diesen Beobachtungen werden *Höhenwetterkarten* konstruiert (Abb. 8.4). In ihnen wird nicht der Luftdruck, sondern die Höhenlage (*absolute Topographie*) einer Fläche gleichen Drucks (*isobare Fläche*) dargestellt, die auch als *Geopotential (Geopotentialfläche)* bezeichnet wird. Die Linien gleicher Höhe werden in Dekametern angegeben (z.B. 524 = 5240 m). Hohe Geopotentialwerte verweisen auf einen hohen Luftdruck und damit ein Potential an lateraler Druckwirkung, die Voraussetzung für Zirkulationsvorgänge. Im Routinewetterdienst werden Karten der 850, 700, 500, 300, 200 und 100 hPa-Fläche erstellt. Bedeutend sind die 850 hPa Fläche (ca. 1500 m) als Begrenzung der Peplosphäre sowie die 500-300 hPa Flächen als Niveau der Jetstreams. Zu Vorhersagezwecken wird auch der Abstand zweier Druckflächen, die *relative Topographie*, kartographisch umgesetzt. Sie ist eine Funktion der Dichte der zwischen den Höhenniveaus befindlichen Luft und gibt somit einen Anhaltspunkt für die Temperatur der betrachteten Luftschichten.

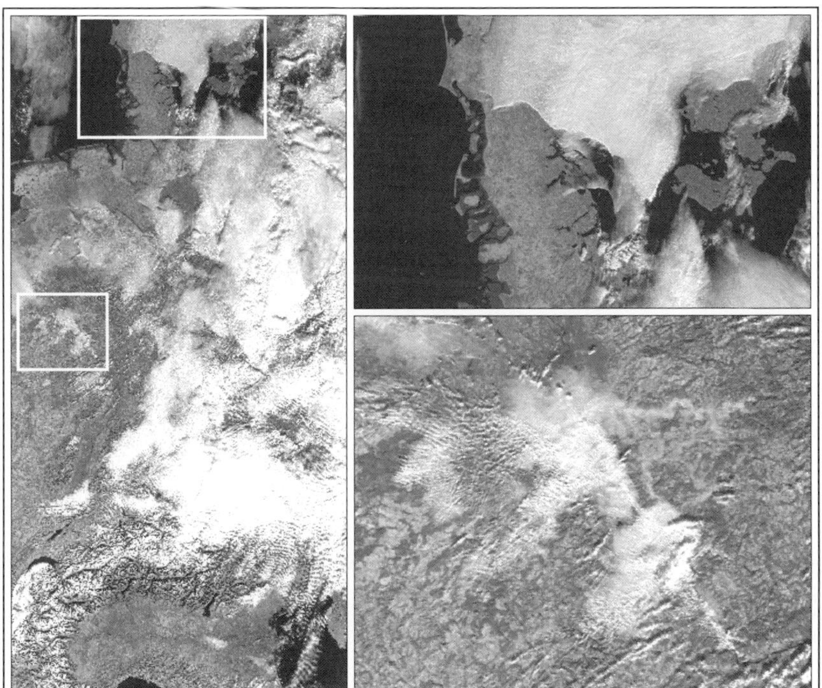

Abb. 8.5: TERRA-MODIS-Aufnahmen vom 7.12.2001, 10:20 UTC, Kanal 2 (0,841-0,876 µm), 250 m Daten (Datenempfang: Marburg Satellite Station)

Neben Messdaten werden zur Analyse der Wettersituation und zur Erstellung der Wetterkarten vermehrt die Aufnahmen geostationärer bzw. sonnensynchroner *Wettersatelliten* herangezogen, da sie die großräumige Verteilung und Struktur von Wolkenfeldern und atmosphärischen Fronten gut wiedergeben (Abb. 8.2).

8.5 Mesoskalige Windsysteme

8.5.1 Land-/Seewind

Kleinräumige thermische Windsysteme können sich dann ungestört ausbilden, wenn eine ausreichende differentielle Erwärmung (Strahlungswetter) vorliegt und der großräumige (synoptische) Wind nur schwach ausgeprägt ist.

Ein typisches Beispiel eines thermisch bedingten, tagesperiodischen Zirkulationssystems (analog zu Abb. 8.3) auf kleinem Raum ist der *Land-/Seewind*. Das Land wird von der Sonne tagsüber stärker erwärmt als das Meer, so das eine thermische Zirkulation einsetzt, deren bodennaher Ast (Seewind) vom Meer (Hochdruck) zum Land (Tiefdruck) verläuft. Die kühlere Seeluft dringt in die Küstenebenen ein und bringt dort eine erhebliche Abkühlung und Feuchtezunahme mit sich, die landeinwärts zum Teil mit Konvektionsvorgängen (aufsteigender Ast der Zirkulationszelle, *Seewindfront*), Wolkenbildung und Niederschlag einhergeht. In der Höhe findet sich die seewärts gerichtete Ausgleichszirkulation mit absteigender Luftbewegung (= Wolkenauflösung) über den Küstengewässern. Die Zirkulation wirkt bis in die frühen Abendstunden. Sie wechselt ihren Drehsinn in der Nacht und zum frühen Morgen, wenn die Landoberfläche stark ausgekühlt ist (Hoch) und sich ein Temperatur- bzw. Druckgradient zu den nun wärmeren Küstengewässern (Tief) etabliert hat. Der bodennahe Ast der Zelle zeigt vom Land zum Meer (Landwind), über den Küstengewässern kommt es zur Konvektion und Wolkenbildung (*Landwindfront*) und über der Küstenebene werden bei absteigender Luftbewegung die tagsüber gebildeten Wolkenfelder aufgelöst.

Die Voraussetzung für die Ausbildung eines solchen Systems ist grundsätzlich ein ausreichend großer Druckgradient zwischen Landoberfläche und Meer. Da der Druckgradient am Tag in der Regel höhere Werte erreicht, ist der nächtliche Landwind generell schwächer ausgeprägt. Die Geschwindigkeit der Winde beträgt in den Tropen bis zu 10 $m \cdot s^{-1}$. In den mittleren Breiten sind sie wesentlich kleiner. An den Küsten der niederen Breiten stellt der Seewind, der dort mit einem Temperaturrückgang bis zu 10°C verbunden sein kann, eine wohltuende Erfrischung dar. Oft ist das Einsetzen der Seewindbrise durch einen ausgesprochenen Knick in der vormittäglichen Temperaturkurve zu erkennen.

In den *Mittelbreiten* erstreckt sich der Seewind etwa über 10 bis 20 km landeinwärts. Die Vertikalerstreckung der Zirkulationszelle erreicht tagsüber einige hundert Meter, in der Nacht zum Teil nur 50 m. In den *Tropen* und *Subtropen* dagegen, wo die Temperaturdifferenzen deutlich höher sind, kann sie bis auf Mächtigkeiten 1.000 m anwachsen. Der Seewind ist noch 100 km von der Küste ins Landesinnere nachweisbar.

Die Konfiguration der Küstenlinie kann modifizierend auf die Ausprägung des Land-Seewind-Phänomens wirken (Bendix 2000). Im Bereich von Halbinseln trifft der Seewind von zwei Seiten aufeinander (*Konfluenz*). Intensive Konvektionsvorgänge mit Niederschlägen und sogar Gewittern im Bereich der konvergierenden Strömungsäste können die Folge sein. Über Buchten wirkt eher eine divergente Strömung zu allen Ufern, so dass hier der absteigende Ast der Zirkulationszelle besonders stark ausgeprägt ist. In der Nacht kehren sich die Verhältnisse um: Buchten werden aus allen Richtungen der umgebenden Landmasse durch Landwind (Konfluenz) betroffen, so dass intensive Konvektion die Folge ist. Halbinseln weisen eine besonders starke Divergenz auf.

8.5.2 Hangwind, Berg-Talwind

In Gebirgstälern kann sich bei Strahlungswetter das Berg-Talwind-Phänomen ausbilden. Es besteht aus einer *Querzirkulation*, dem sogenannten *Hangwindsystem*, und einer Zirkulation entlang der Talachse. An Gebirgshängen tritt nur die *Hangwindzirkulation* auf.

Grundlage für die Ausbildung einer direkten thermischen Zirkulation zwischen Talgrund und Talhängen bzw. zwischen Vorland und Berghängen ist die differentielle Erwärmung (Abb. 8.6) während der täglichen Einstrahlungsperiode. Geneigte Hänge sind durch das Lambertsche Kosinusgesetz (Kap. 2.2) besonders bei niedrigeren Sonnenhöhen (z.B. Mittelbreiten, am Morgen) strahlungsbegünstigt, so dass sich hier eine dünne Lufthaut ausbilden kann, die gegenüber der Tal- bzw. Vorlandluft stärker erwärmt wird. Diese warme Luftschicht stellt eine barokline Zone dar, eine thermische Ausgleichszirkulation ist die Folge. In Gebirgstälern sind hiervon vor allem sonnenexponierte Hänge betroffen, die sich schneller erwärmen als beschattete.

Die Zirkulationszelle kehrt nachts ihren Drehsinn um und es entsteht ein Hangabwind mit aufsteigender Luftbewegung im Talgrund bzw. über dem Vorland und einer Ausgleichzirkulation in der Höhe. Allerdings spielen die thermischen Ausstrahlungsvorgänge am Hang eine untergeordnete Rolle. Vielmehr verhält sich kalte Luft in gegliederter Topographie wie Wasser, sie fließt in Richtung des Gefälles ab. Im Talrelief ist die nächtliche langwellige Ausstrahlung auf den Talschultern stärker als im Tal selbst, wo der durch die Hänge eingeschränkte Horizont (freier Anteil des oberen Halbraums, Him-

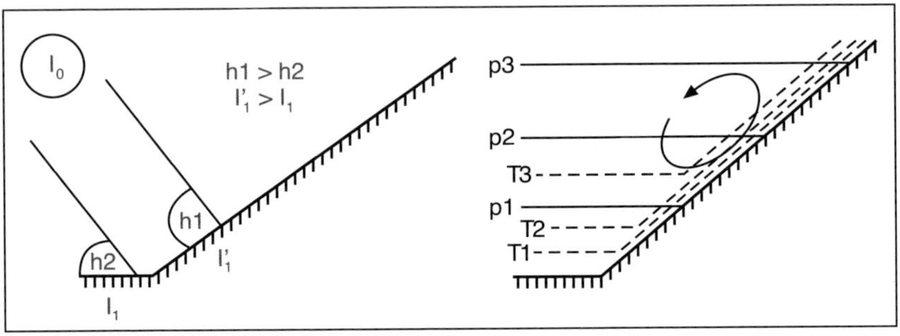

Abb. 8.6: Entstehung des thermischen Hangaufwindes (ergänzt und verändert nach WARNECKE *1991)*

melssicht) die Ausstrahlung gegenüber den Talschultern deutlich reduziert. Die Folge ist ein schnelleres Anwachsen der Kaltluftpolster auf den Randhöhen, die bei Erreichen einer gewissen Mächtigkeit in paketartigen Schüben zum Talgrund abfließt. Gegenüber dem thermischen (*anabatischen)* Hangaufwind (2-4 $m{\cdot}s^{-1}$) dominiert in der Nacht daher ein schwerkraftbedingter (*katabatischer*), etwas schwächer ausgeprägter (2-3 $m{\cdot}s^{-1}$) Hangabwind. Katabatische Winde treten bei entsprechendem Gefälle auch über Eisflächen auf *(Gletscherwind* bei Talgletschern und Polareis). In der Antarktis können sie mittlere jährliche Geschwindigkeiten von bis zu 19 $m{\cdot}s^{-1}$ erreichen.

Die Längszirkulation in Tälern wird nicht nur durch die Querzirkulation (Hangwinde) hervorgerufen, sondern am Tag maßgeblich durch die stärkere Aufheizung des gesamten Taleinzugsgebiets gegenüber dem Vorland geprägt. Tagsüber weht der Wind aus dem Vorland talaufwärts (*Talwind*), in der Nacht strömt die Luft talab ins Vorland (*Bergwind*) (Abb. 8.7).

Dabei ergibt sich eine typische tagesperiodische Interaktion von Quer- und Längszirkulation. Mit dem Sonnenaufgang setzt der Hangwind ein, während der Bergwind von der Nacht her noch talab weht (Abb. 8.7a). Vormittags, ca. 2 bis 3 Stunden nach Sonnenaufgang, hat sich das gesamte Talsystem stärker erwärmt als das Umland, da neben der strahlungsbedingten Bevorzugung der geneigten Hänge auch das zu erwärmende Luftvolumen in den Tälern wesentlich kleiner ist als im Vorland. Entsprechend den dadurch entstehenden, großräumigen Druckgradienten (vom Hoch über dem Vorland zum Tief im Talrelief) ergibt sich der Talwind (Abb. 8.7b). Er erreicht sein Maximum ca. um 2 bis 3 Uhr nachmittags mit Windstärken, die über der Talmitte in Extremfällen auf bis zu 15 $m{\cdot}s^{-1}$ ansteigen können. Aus Gründen des Massenausgleichs findet sich in größeren Höhen über dem Talwind eine zum Vorland gerichtete Strömungskomponente (*Antihöhenwind*).

Gegen Abend, meist kurz nach Sonnenuntergang, kippt die Hangwindzirkulation um, während der Talwind noch bis in die frühen Nachtstunden erhal-

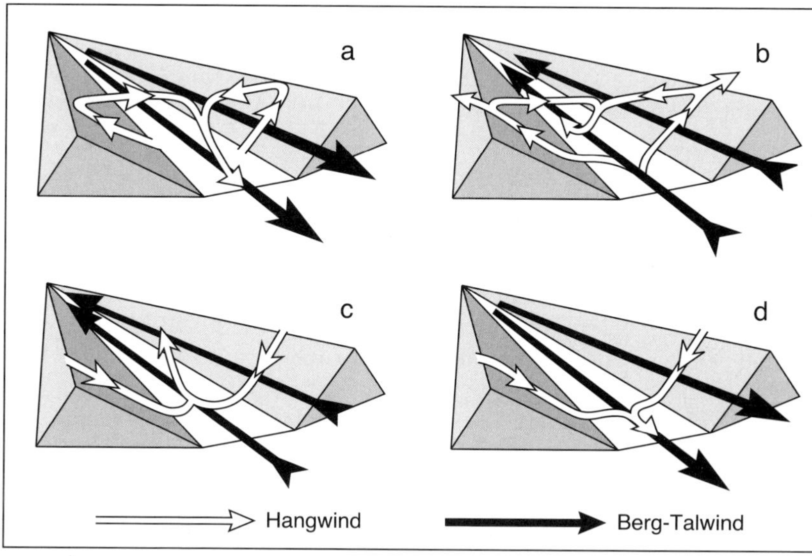

Abb. 8.7: Beziehung zwischen Hang- und Berg-Talwind-System (nach DEFANT *1949 aus* HÄCKEL *1985)*

ten bleibt (Abb. 8.7c). Schließlich setzt sich in der Nacht der vorwiegend katabatische Bergwind mit maximalen Windstärken um den frühen Morgen hin durch (Abb. 8.7d). Häufig bilden sich an Talverengungen gegen Morgen Kaltluftseen aus, die die mittlere Frostgrenze zuweilen um 500 m absinken lassen können.

Untersuchungen in den Alpen, aber besonders auch die Erkenntnisse aus den Tropen, haben die von A. WAGNER (1932, 1938) postulierte geschlossene Querzirkulation mit einem Hangaufwind auf beiden Talseiten und einer Rückströmung über der Talmitte als Grundlage der *Berg/Talwinde* bestätigt, jedoch verlangt dieses geschlossene System einen symmetrischen Aufbau der Talerwärmung. Bei asymmetrischer Hangerwärmung verläuft die abwärtsgerichtete Strömung am Schattenhang und die aufwärtsgerichtete Strömung am Sonnenhang (s. dazu URFER-HENNEBERGER 1970).

8.5.3 Orographische Fallwinde – der Föhn

Ein mesoskaliges Phänomen, das aber ebenso in die großräumige Zirkulation eingebettet ist, ist der *Föhn*. Dieser Fallwind kommt auf der Lee-Seite aller größeren Gebirge vor, wo der zunächst gegen das Gebirge gerichtete Wind nach Überschreiten der Pass- bzw. Kammhöhe in die Niederungen einfällt. Dabei sind warme und kalte Fallwinde (z.B. Bora) zu unterscheiden. Ein bekanntes Beispiel für einen warmen Fallwind ist der Alpenföhn, dessen Genese in Abbildung 8.8 schematisch dargestellt ist. Kennzeichen warmer Fallwinde ist die Tatsache, dass die Ausgangsluftmasse im Luv kälter ist, als die Luftmasse im Bodenniveau nach der Gebirgsüberströmung (Lee).

Die *thermodynamische Föhntheorie* erklärt diese Temperaturgegensätze mit Hilfe der Staubewölkung auf der Alpensüdseite (Abb. 8.8). Die Alpen werden aus Süden angeströmt, wodurch die Luftpakte orographisch zum Aufsteigen gezwungen werden. In der Poebene hat die Ausgangsluftmasse auf Meeresniveau eine Temperatur von z.B. 20°C. Beim Aufsteigen kühlt sie sich bis zum Erreichen des Hebungskondensationsniveaus (z.B. 1000 m) trockenadiabatisch (um 1°C pro 100 m) ab. Darüber kondensiert die Luftfeuchtigkeit aus und es kommt zur Wolkenbildung (*Staubewölkung*), so dass sich die Temperaturabnahme mit der Höhe auf den feuchtadiabatischen Gradienten (hier ~0,5°C pro 100 m) reduziert. Wichtig ist ferner, dass die Feuchtigkeit in Form von Niederschlag aus den Wolken ausfällt, so dass bei Erreichen der Kammhöhe (z.B. 3200 m) nur noch eine Restfeuchte in der Luft vorhanden ist. Auf der Leeseite steigen die Luftpakete strömungsbedingt ab. Die beim Aufsteigen auf der Luv-Seite entstandene Wolkenschicht löst sich dabei schon unmittelbar hinter dem Zentralkamm auf, wo sie vom Lee aus als *Föhnmauer* sichtbar ist. Auf den ersten Metern ist die Temperaturzunahme der absteigenden Luftpakete noch feuchtadiabatisch, da ein Teil der fühlbaren Wärme zur Verdunstung des Wolkenwassers verwendet wird. Durch *Leewellen* in der Höhenströmung können im Bereich der aufsteigenden Wellenachse allerdings noch linsenförmige Altocumuli entstehen (Ac lent). Ab etwa 3000 m erwärmen sich die absteigenden Luftpakete trockenadiabatisch. Obwohl das Alpenvorland höher liegt (z.B. 500 m) als das Ausgangsniveau der Luftmasse (z.B. 0 Meter), erreicht die Luftmasse im leeseitigen Bodenniveau (Alpenvorland) bei einer Ausgangstemperatur von 20°C bereits Temperaturen von 25°C.

Neuere Studien zum Föhn haben allerdings gezeigt, dass die thermodynamische Föhntheorie in der Realität nur eingeschränkt gültig ist (SEIBERT 1993). Neben Unterschieden im Strömungsfeld tritt Föhn auch häufig bei Strahlungswetter, also ohne Wolken- und Niederschlagsbildung auf. Der im relativen Vergleich warme Fallwind ist in diesen Fällen nur dann zu erklären, wenn die Ausgangsluftmasse stabil geschichtet ist (Abb. 8.8), da sowohl aufsteigende wie auch absteigende Luftpakete einheitlich (trockenadiabatisch) abgekühlt bzw. erwärmt werden. In der Poebene ist eine derartige stabile Schichtung in der Peplosphäre vor allem im Winter und den Übergangsjahreszeiten häufiger zu beobachten (GIULIACCI 1985). Weist die stabil geschichtete, ruhende Ausgangsluftmasse im Bodenniveau (z.B. 0-1000 m) z.B. eine Temperaturzunahme von 0,4°C pro 100 m (Inversion) auf, startet die Ausgangsluftmasse in 100 m Höhe mit 6°C, obwohl im Bodenniveau (Poebene) die Lufttemperatur nur 2°C beträgt. Die Luftpakete kühlen sich dann bis zur Kammhöhe trockenadiaba-

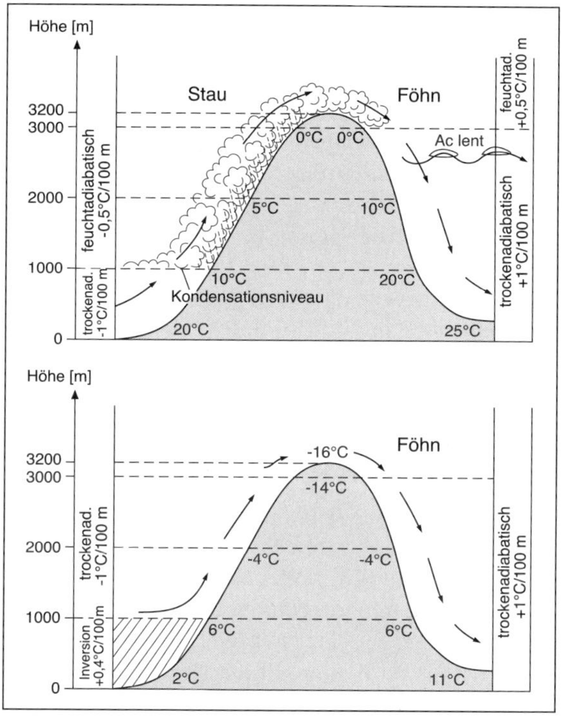

Abb. 8.8: Schematische Darstellung des Alpen-Südföhns, oben thermodynamische Föhntheorie

tisch auf −16°C ab und erwärmen sich bis zur 1000 m Höhenlinie im Lee auf den gleichen Temperaturbetrag (6°C), wie er auch im Luv vorhanden war. Allerdings erfolgt auch der weitere Abstieg bis zum Bodenniveau des Alpenvorlands (~500 m) trockenadiabatisch, so dass die Luftmasse am Boden eine Temperatur von 11°C aufweist und damit ebenfalls wärmer ist, als die Ausgangsluft der Poebene. Je stabiler die Schichtung im Luv der Gebirge ist, desto stärker wird sich der Föhneffekt im Lee ausbilden können.

Bei kalten *Fallwinden* ist die Ausgangsluftmasse im Gegensatz zum leeseitigen Zielort so kalt, dass auch durch die adiabatische Erwärmung bei höheren Fallstrecken auf der Lee-Seite die Temperaturdifferenz zwischen Luv und Leeseite nicht kompensiert werden kann. Die klassische *Bora* an der dalmatinischen Küste ist meist verbunden mit einer Mittelmeer-Zyklone, die Kaltluft aus dem nordalpinen Bereich ansaugt.

Föhn-Winde entwickeln sich an allen größeren Gebirgen. Besonders häufig sind sie an der Ostseite der Rocky Mountains. Dort werden sie als *Chinook* bezeichnet. Verwandt mit dem Föhn ist auch der *Tehuantepecer*, ein orkanartiger

Nordsturm, der im gleichnamigen Golf dann einsetzt, wenn ein über dem Golf von Mexiko erfolgender und von stürmischen Nordwinden (*Norte*) begleiteter Kaltlufteinbruch im Isthmus von Tehuantepec den Durchlaß zum Pazifik findet. In Patagonien tritt an den West- und Osthängen der Kordilleren je nach Wetterlage sehr häufig der föhnartige Fallwind *Puelche* auf. In Argentinien (Mendoza, 950 m ü. Meer) ist ein *Höhenföhn*, die *Zonda*, bekannt (GEORGII 1952a, b).

8.6 Messung der Luftbewegung

Als Messgröße der Luftbewegung gelten Windrichtung und Windstärke.

Die *Windrichtung* wird in Grad (0-360°, Nord=0°, Ost=90°, Süd=180°, West=270°) gemessen und entspricht der Himmelsrichtung, aus der der Wind weht. Für eine vereinfachte Betrachtung werden auch Richtungssektoren in einer 16-skaligen Windrose in Form von Buchstabenkombinationen angegeben: Ost (E), Süd (S), West (W) Nord (N) und die entsprechenden Unterteilungen NNE, NE, ENE, ESE, SE, SSE, SSW, SW, WSW, WNW, NW, NNW. Die Messung erfolgt mit einer *Windfahne*. Bei automatischen Wetterstation handelt es sich um einen drehbaren Widerstand (Potentiometerprinzip wie z.B. Lautstärkeregler am Radio), wobei der elektronisch erfasste Widerstand einer bestimmten Windrichtung zugeordnet ist. Bei der Installation muss der Messgeber auf Norden ausgerichtet werden.

Die *Windgeschwindigkeit* beschreibt die Bewegung von Luftpaketen und wird in der Regel in der Einheit $m \cdot s^{-1}$ angegeben. Im internationalen Gebrauch sind noch Konten (kn) sowie $km \cdot h^{-1}$ (s. Formelanhang). Die Luftbewegung wird mit einem Schalenkreuz-*Anemometer* gemessen. Die auf den englischen Admiral BEAUFORT zurückgehende BEAUFORT-Skala teilt die Windstärke in 13 Stufen nach ihren Wirkungen ein (Tab. 8.1).

Tab. 8.1: Klassifikation von Windphänomenen nach der Windgeschwindigkeit

Bezeichnung	**Beaufort**	$\mathbf{m \cdot s^{-1}}$	$\mathbf{km \cdot h^{-1}}$	**kn**
Orkan	12	32,7-36,9	118-133	64-71
Orkanartiger Sturm	11	28,5-32,6	103-117	56-63
Schwerer Sturm	10	24,5-28,4	89-102	48-55
Sturm	9	20,8-24,4	75- 88	41-47
Stürmischer Wind	8	17,2-20,7	62-74	34-40
Steifer Wind	7	13,9-17,1	50-61	28-33
Starker Wind	6	10,8-13,8	39-49	22-27
Frische Brise	5	8 ,0-10,7	29-38	16-21
Mäßige Brise	4	5,5-7,9	20-28	11-15
Schwache Brise	3	3,4-5,4	12-19	7-10
Leichte Brise	2	1,6- 3,3	6-11	4-6
Leiser Zug	1	0,3-1,5	1-5	1-3
Windstille	0	0-0,2	0-1	0-1

9 Die planetarische Zirkulation

9.1 Strahlungsbilanz und Grundelemente der planetarischen Zirkulation

Die horizontale Verteilung der Strahlungsbilanz im System Erde-Atmosphäre ist nicht ausgeglichen, sondern wird im Jahresmittel bei etwa 40° Breite negativ (Abb. 9.1). Um eine ausgeglichene Bilanz zu erreichen, müssen die Defizite in den höheren Breiten durch den Transport von fühlbarer und latenter Wärme aus den niederen Breiten ausgeglichen werden (s. a. Kap. 3 u. 4).

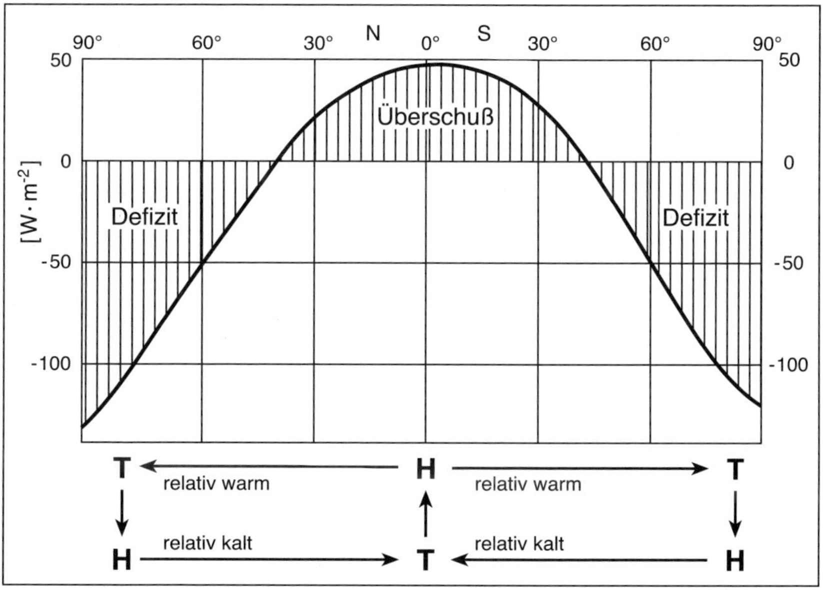

Abb. 9.1: Mittlere meridionale Strahlungsbilanz und potenzielle thermische Ausgleichszellen (verändert nach KLAUS *1989)*

Der Transport wird durch die globale atmosphärische Zirkulation geleistet. Würde man nur den Druckgradienten als antreibende Kraft der Zirkulation zugrunde legen, könnte man im Sinne des EULERschen Windes (s. Abb. 8.3) eine einfache thermische, meridional (Nord-Süd) ausgerichtete Zirkulationszelle jeweils nördlich und südlich des Äquators konstruieren, die einen solchen Austausch gewährleisten würde. Allerdings sind die tatsächlichen Verhältnisse in der Atmosphäre wesentlich komplexer, da die Bewegung von Luftpaketen im Strömungsfeld neben der Gradientkraft durch verschiedene andere Faktoren beeinflusst wird. Dies sind:

- Die *Coriolisbeschleunigung* (C) durch die ablenkende Wirkung der Erdrotation.
- Die *Zentrifugalkraft (Fliehkraft)* (Z) bei gekrümmten Isobaren bzw. rotierenden Systemen. Sie kann in eine horizontale und eine vertikale Komponente untergliedert werden.
- Die *Reibungskraft* (R) als durch die Rauhigkeit der Erdoberfläche auftretende Bremswirkung in der unteren Troposphäre.
- Die *Schwerkraft*.

Diese Faktoren führen dazu, dass kein direkter meridionaler Energieaustausch zwischen Äquator und Pol im Sinne einer singulären thermischen Zelle möglich ist. Vielmehr sind verschiedene Elemente der atmosphärischen Zirkulation am Transport von fühlbarer und latenter Wärme beteiligt (Abb. 9.2).

Der Austausch zwischen Tropen und Subtropen (0-30°) wird auf beiden Halbkugeln im statistischen Mittel durch eine meridionale Zirkulationszelle, die sogenannte *HADLEY-Zelle*, garantiert. Hier fließen relativ warme Luftmassen entlang dem Druckgefälle in der Höhe (z.B. 500 hPa) vom Äquator in Richtung der Wendekreise, während sich am Boden relativ gesehen kühle Luftpakete in Richtung Äquator verlagern. Auch in den hohen Breiten etwa zwischen 60° und 90° existiert eine solche meridionale Zirkulationszelle. Hier werden am Boden aus den Polarhochs kalte Luftpakete in Richtung *Mittelbreiten* verlagert, in der Höhe ist die Strömung folgerichtig umgekehrt. In den Mittelbreiten ist der meridionale Energieausgleich über thermische Zellen durch die Wirkung der *Coriolisbeschleunigung* größtenteils unterbunden. Dem vornehmlich zonal (West-Ost) ausgerichteten Grundstrom der höheren Troposphäre (~300 hPa Niveau, Abb. 9.2, oben) sind je nach Atmosphärenzustand mehr oder weniger starke Oszillationen (Wellen) überlagert. Dabei unterscheidet man in *stehende Wellen (planetarische Wellen, lange Wellen, ROSSBY-Wellen*, ~300 hPa-Niveau) mit großer Wellenlänge (~6000 km) und relativ kleine, *wandernde Wellen*störungen (*kurze Wellen*) in den unteren Schichten der Troposphäre. Die stehenden Wellen sind häufig über längere

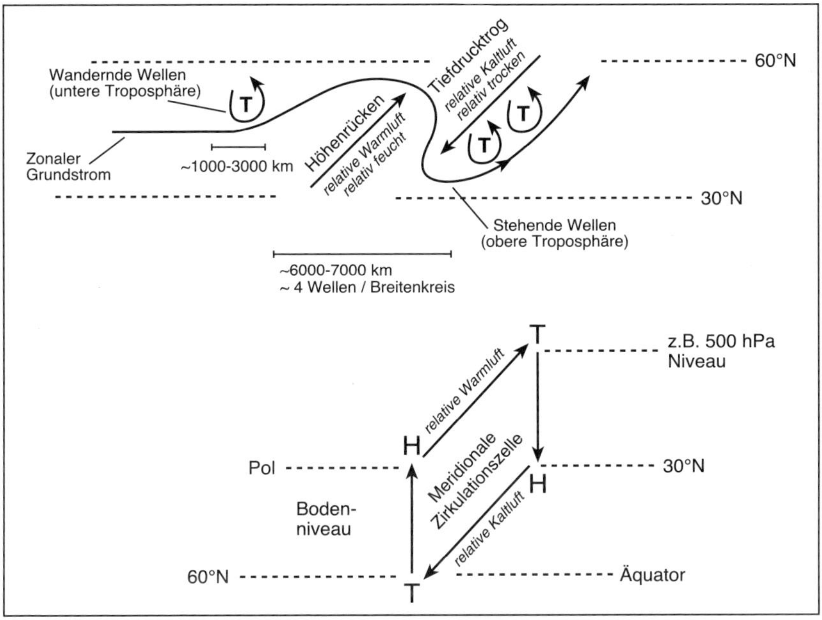

Abb. 9.2: Elemente der atmosphärischen Zirkulation in Bezug zum Energieaustausch (Nordhalbkugel)

Perioden ortsfest bzw. bewegen sich nur sehr langsam vorwärts. Dadurch kann sich das Temperaturfeld dem Druckfeld anpassen und die Isothermen verlaufen annähernd parallel zu den Strömungslinien (barotrop). Im Bereich der *Hochdruckrücken* wird Wärme aus den Subtropen in Richtung der höheren Breiten verfrachtet, während sich in den *Tiefdrucktrögen* Kaltluft in Richtung Äquator verlagern kann. Die wandernden Wellen (z.B. ektropische Zyklonen) werden entlang der Stromlinien der stehenden Wellen nach Osten verlagert.

Die Wärmeflüsse sind je nach Breitenlage und System unterschiedlich ausgeprägt.

Insgesamt überwiegt auf der Nordhalbkugel leicht der Transport fühlbarer Wärme. Im Sommerhalbjahr sind die Flüsse aufgrund der geringeren energetischen Gradienten zwischen niederen und höheren Breiten insgesamt geringer und die relative Bedeutung im Transport von latenter Wärme nimmt signifikant zu, da die Verdunstung aufgrund höherer Einstrahlung generell ansteigt (SPETH 1974). Insgesamt werden im Bereich der HADLEY-Zelle im Mittel die größten Beträge von fühlbarer und latenter Wärme transportiert. Die Flüsse im Wellenregime der Mittelbreiten sind überwiegend positiv (Abb. 9.3), d.h. es wird fühlbare und latente Wärme nach Norden bzw. relativ trockene Kaltluft nach Süden verlagert. Die Maxima liegen in der Frontal-

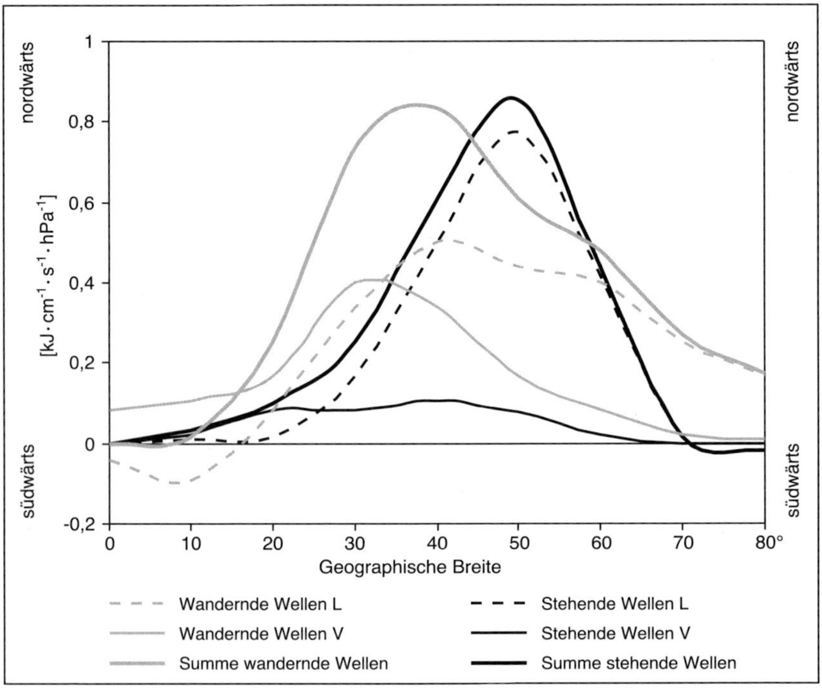

Abb. 9.3: Mittlere meridionale Flüsse von fühlbarer (L) und latenter (V) Wärme im Wellenregime für das Winterhalbjahr auf der Nordhalbkugel pro Zentimeter und Sekunde und Hektopascal zwischen 1000 und 50 hPa Niveau. Positive Werte entsprechen einem nordwärts gerichteten, negative einem südwärts gerichteten Transport (nach Speth *1974).*

zone zwischen 30°-60°N. Stehende Wellen transportieren im Winter überwiegend fühlbare Wärme (L), während im Sommer, wenn auch in geringerem Maße, fast ausschließlich latente Wärme meridional verlagert wird (Speth 1974). Wandernde Wellen sind durch einen ausgeglicheneren Transport von latenter Wärme mit Maximum in niederen Breiten (30°N) und fühlbarer Wärme mit Maximum bei 40°N gekennzeichnet. In der Summe überwiegt der Energieaustausch durch wandernde Wellen sowohl im Winter als auch im Sommer der Nordhalbkugel.

9.2 Zirkulationselemente der reibungsfreien Troposphäre

Oberhalb der Peplopause wirkt sich die Bodenreibung nicht mehr auf die Windströmung aus. Daher kann die Höhenzirkulation als weitestgehend reibungsfrei angesehen werden. Durch die ablenkende Wirkung der Erdrotation sowie Krümmungseffekte im Strömungsfeld ist die Ausgleichszirkulation aber nicht durch die Äste einer einfachen thermischen, vom Äquator zum Pol verlaufenden Zelle beschreibbar. In den Mittelbreiten muss vielmehr aus dem Zusammenwirken der oben angeführten Einflussfaktoren ein zonal/meridional ausgerichtetes Wellenregime entstehen.

9.2.1 Corioliskraft und geostrophischer Wind

Ein einfaches Schema mag die Wirkung der Erdrotation auf die reibungsfreie Höhenströmung erläutern (Abb. 9.4). Betrachtet man die Erde als Scheibe, die sich mit den darüber liegenden Luftmolekülen um ihre Achse (Pol) dreht, dann müssen die über einem Breitenkreis rotierenden Luftpakete unterschiedliche Geschwindigkeiten aufweisen. Ein Teilchen am Äquator legt nämlich bei einer Erdumdrehung eine Strecke von etwa 40.070 km·24 h^{-1}, an den Wendekreisen (23,5°) von ~36.778 km·24 h^{-1} und an den Polarkreisen (66,5°) von 15.996 km·24 h^{-1} zurück. Damit hat es am Äquator mit ~1670 km·h^{-1} eine deutlich höheren *Drehgeschwindigkeit (Winkelgeschwindigkeit)* als im Bereich des Polarkreises (~667 km·h^{-1}). Bewegt sich ein Luftpaket also entlang eines Breitenkreises von A nach B, nimmt seine Winkelgeschwindigkeit mit zunehmender Breite ab.

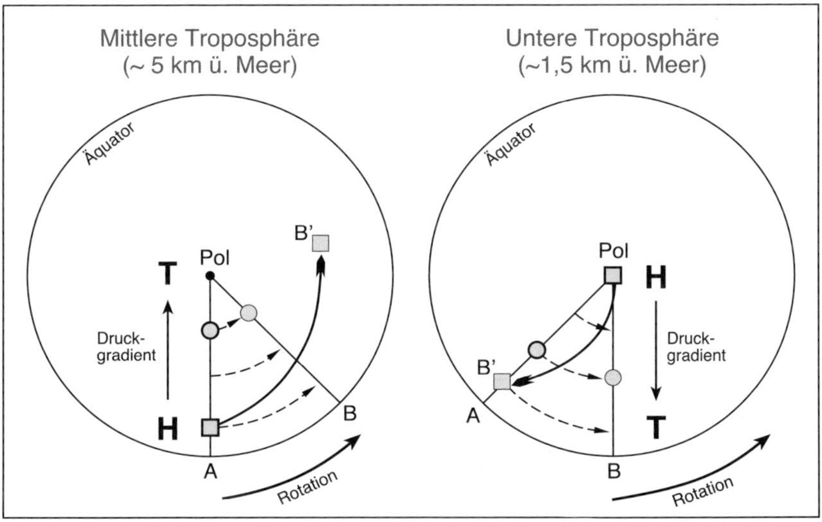

Abb. 9.4: Wirkung der Erdrotation auf die Luftströmung (verändert und ergänzt nach HÄCKEL *1990)*

Wirkt nun ein meridionaler Druckgradient auf die Luftteilchen ein, so setzen sie sich in Richtung des tiefen Drucks in Bewegung. Legt man das Druckgefälle zwischen polarer Kaltluft und äquatorialer Warmluft zugrunde

(Abb. 9.1), wird ein Luftpaket in der Höhenströmung (z.B. 500-300 hPa Niveau) in Richtung Pol beschleunigt, während sich ein Teilchen in der reibungsfreien unteren Troposphäre (z.B. 850 hPa Niveau) äquatorwärts verlagert. Da die Teilchen vorerst die Winkelgeschwindigkeit ihrer Ursprungs-Breitenlage beibehalten (*Trägheitseffekt, Massenträgheit*), entspricht diese nicht mehr der Drehgeschwindigkeit eines beliebigen Zielbreitenkreises. Bewegt sich also ein Teilchen in der Höhenströmung von A nach B und wird dabei durch den Druckgradienten nach Norden beschleunigt (Abb. 9.4 links), so wird es den Luftpaketen der höheren Breiten aufgrund seiner höheren Winkelgeschwindigkeit vorauseilen, es findet eine Ablenkung nach Osten (B') statt. Das Resultat wäre eine Westströmung, wie sie für die Höhenströmung der Mittelbreiten (*Westwindzone*) charakteristisch ist (Abb. 9.2). Umgedreht gelangt ein Teilchen, das in der unteren Troposphäre dem Druckgradient folgend äquatorwärts beschleunigt wird, in Breitenkreise mit höherer Drehgeschwindigkeit und wird gegenüber den dort schnelleren Luftpaketen hinterherhinken (Abb. 9.4 rechts). Die Folge ist eine Ablenkung nach Westen (B') und damit eine Ostkomponente im Windfeld. Winde mit östlich dominierter Strömungskomponente finden sich bevorzugt in den Subtropen (*Passate*) und den höheren Breiten (*polare Ostwinde*).

Die ablenkende Wirkung der Erdrotation wird durch den *Coriolisparameter* (f) bzw., bezogen auf die bewegte Masseneinheit der Luftpakete, durch die *Corioliskraft* (C) beschrieben:

$$C = 2 \cdot m \cdot v \cdot \omega \cdot \sin(\phi)$$

C = Corioliskraft [kg·m·s^{-2}], m = Masse der Luftpakete [kg], v = Windgeschwindigkeit [m·s^{-1}], ω = Winkelgeschwindigkeit der Erde [~7,29·10^{-5} s^{-1}], ϕ = Geographische Breite [°], Coriolis-Parameter $f = 2 \cdot \omega \cdot \sin(\phi)$

Da die Ablenkung letztlich aus der Massenträgheit der meridional verlagerten Luftpakete entsteht, handelt es sich streng genommen nur um eine Scheinkraft. Bei einer gegebenen Masse ist die Corioliskraft von der Windgeschwindigkeit und der geographischen Breite abhängig. Sie nimmt mit zunehmender Breite und zunehmender Windgeschwindigkeit (also ansteigendem Druckgradienten) zu (Abb. 9.5). Am Äquator ist die ablenkende Wirkung gleich 0, da sich der Sinus von 0° und damit C zu 0 ergibt, es findet keine Ablenkung der großräumigen Strömung statt. Teilt man die Corioliskraft durch die Masse der Luftpakete, so resultiert die häufig verwendete *Coriolisbeschleunigung* (m·s^{-2}).

Für die Höhenzirkulation beider Halbkugeln ergibt sich nun folgende Situation (Abb. 9.6). Nahe des Äquators ist die Corioliskraft noch gering und die Gradientkraft dominiert das Höhenwindfeld. Der Höhenwind ist auf der

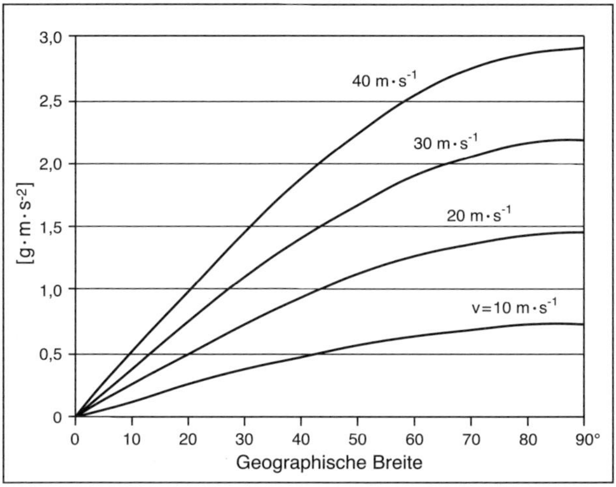

Abb. 9.5: Corioliskraft in Abhängigkeit von Geographischer Breite und Windgeschwindigkeit

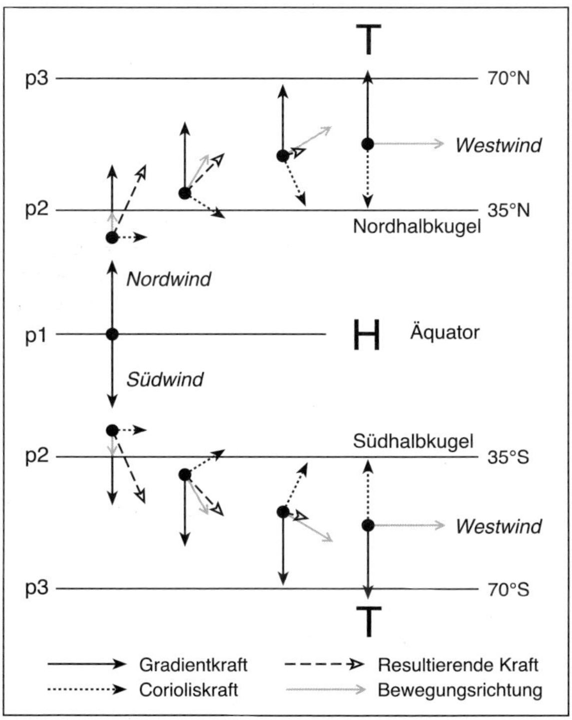

Abb. 9.6: Entstehung des geostrophischen Windes in der Höhenströmung (~500-300 hPa Niveau bzw. >5 km ü. Meer)

Nordhalbkugel daher als Nordwind und auf der Südhalbkugel als Südwind ausgeprägt. Er weht senkrecht zu den Isobaren und entspricht damit dem postulierten oberen Ast der HADLEY-Zelle.

Mit zunehmender Breite gewinnt die Corioliskraft an Stärke und wirkt der Gradientkraft entgegen. Sowohl auf der Nord- als auch auf der Südhalbkugel resultiert nun eine zunehmende Ablenkung nach Osten. Im Bereich der Frontalzone stehen Gradient- und Corioliskraft im Gleichgewicht. Die Luftpakete bewegen sich in Folge breitenkreisparallel nach Osten und somit parallel zu den Isobaren. Dieser isobarenparallel wehende Westwind wird als *geostrophischer Wind* bezeichnet.

Ein Charakteristikum des geostrophischen Windes ist es nun, dass die Druckgradienten zwischen Äquator und Pol in den Mittelbreiten nicht mehr direkt ausgeglichen werden können und auch der meridionale Energietransport unterbunden wird. Es ist daher klar, dass der reine geostrophische Wind in der realen Zirkulation kaum vorkommen kann. Vielmehr modifizieren andere Kräfte (z.B. Vorticity, Zentrifugalkraft, Reibungskraft, Schwerkraft) das ideale geostrophische Windfeld. Solche Komponenten werden auch als *ageostrophisch* bezeichnet bzw. die resultierenden Winde als *ageostrophischer Wind*.

9.2.2 Gradientwind bei kreisförmigen Isobaren

Ein Grund für Abweichungen gegenüber einem rein zonalen geostrophischen Wind ist die Tatsache, dass die Isobaren in der realen Atmosphäre meist nicht (wie in Abb. 9.6 vorausgesetzt) ideal geradlinig verlaufen, sondern gekrümmt sind (s. Wetterkarten Abb. 8.4). Im Bereich von Hoch- und Tiefdruckgebieten sind sie sogar annähernd kreisförmig angeordnet. Im Zentrum befindet sich entweder eine Zone tiefen (Tiefdruckgebiet) oder hohen Luftdrucks (Hochdruckgebiet). Setzt man voraus, dass der Wind analog zu Abb. 9.6 weiterhin parallel zu den Isobaren weht, müssen die Luftpakete um die Druckzentren im Inneren der kreisförmigen Druckgebilde rotieren (Abb. 9.8). Bei rotierenden Systemen ist allerdings eine weitere Trägheitskraft zu berücksichtigen, die *Zentrifugalkraft*. Sie wirkt immer von der Rotationsachse weg nach außen und ist abhängig von der Bahngeschwindigkeit und dem Radius des rotierenden Systems:

$$Z = m \cdot \frac{v^2}{r}$$

Z = Zentrifugalkraft [kg·m·s^{-2}], r = Radius des rotierenden Systems bzw. Abstand von der Drehachse [m], v = Bahngeschwindigkeit der Luftpakete [m· s^{-1}], m = Masse der Luftpakete [kg]

Je höher die Bahngeschwindigkeit und je kleiner der Radius des rotierenden Systems bei konstanter Masse bewegter Luftpakete ist, desto stärker ist die Zentrifugalkraft. Wirkt die Gradientkraft nach außen (Hochdruckgebiet), ergänzen sich Gradient- und Zentrifugalkraft. Besteht ein nach innen gerichteter Druckgradient (Tiefdruckgebiet), wirkt sie der Gradientkraft entgegen.

Aus dem Zusammenspiel von Gradient-, Coriolis- und Zentrifugalkraft ergeben sich für Hoch- und Tiefdruckgebiete auf der Nordhalbkugel die folgenden Verhältnisse (Abb. 9.7, oben):

Da in *Hochdruckgebieten* die Ablenkung des Windes bei nach außen wirksamer Gradientkraft nach rechts verläuft, drehen sich Hochdruckgebiete auf der Nordhalbkugel im Uhrzeigersinn. Zusätzlich addiert sich die Zentrifugalkraft auf die Gradientkraft. Aus der resultierenden höheren Windgeschwindigkeit folgt ein Anstieg der Corioliskraft in Größenordnung des Betrags der Zentrifugalkraft, so dass der isobarenparallele Wind erhalten bleibt.

In *Tiefdruckgebieten* zeigt sich eine gegenläufige Tendenz. Da die Gradientkraft nach innen wirkt, kommt es zu einer Ablenkung der Luftpakete nach links, so dass ein zum Hochdruck umgekehrter Drehsinn die Folge ist. Tiefdruckgebiete rotieren auf der Nordhalbkugel daher gegen den Uhrzeigersinn. Da die Gradientkraft nach innen, also zum Tiefdruckkern wirkt, wird die Zentrifugalkraft von der Gradientkraft abgezogen. Die daraus resultierende Abnahme der Windgeschwindigkeit führt wiederum zur Abnahme der Corioliskraft, so dass auch hier eine isobarenparallele Strömung erhalten bleibt.

Weil die Gradientkraft in Tiefdruckgebieten auf Kosten der Zentrifugalkraft reduziert wird, herrscht bei gleichem Isobarenabstand (bzw. identischer Gradientkraft) in Hochdruckgebieten eine höhere Windgeschwindigkeit als in Tiefdruckgebieten.

Auf der Südhabkugel (Abb. 9.7, unten) führt die Corioliskraft dazu, dass sich der Drehsinn der Druckgebiete umkehrt. In Hochdruckgebieten bedeutet dies eine Ablenkung der Luftpakete nach links und damit eine Rotation gegen den Uhrzeigersinn, in Tiefdruckgebieten nach rechts und damit im Uhrzeigersinn.

Die beschriebene *ageostrophische* Zirkulation als Resultat von Gradient-, Coriolis- und Zentrifugalkraft wird als *Gradientwind* bezeichnet. Fehlt der Einfluss der Corioliskraft (z.B. am Äquator bzw. bei Tornados aufgrund ihrer geringen Raumausdehnung), ergibt sich daraus der *zyklostrophische* Wind.

Auffallend ist, dass auch durch den Gradientwind rotierender Zirkulationssysteme kein horizontaler Ausgleich zwischen hohem und tiefem Luftdruck in der Höhenzirkulation ermöglicht wird.

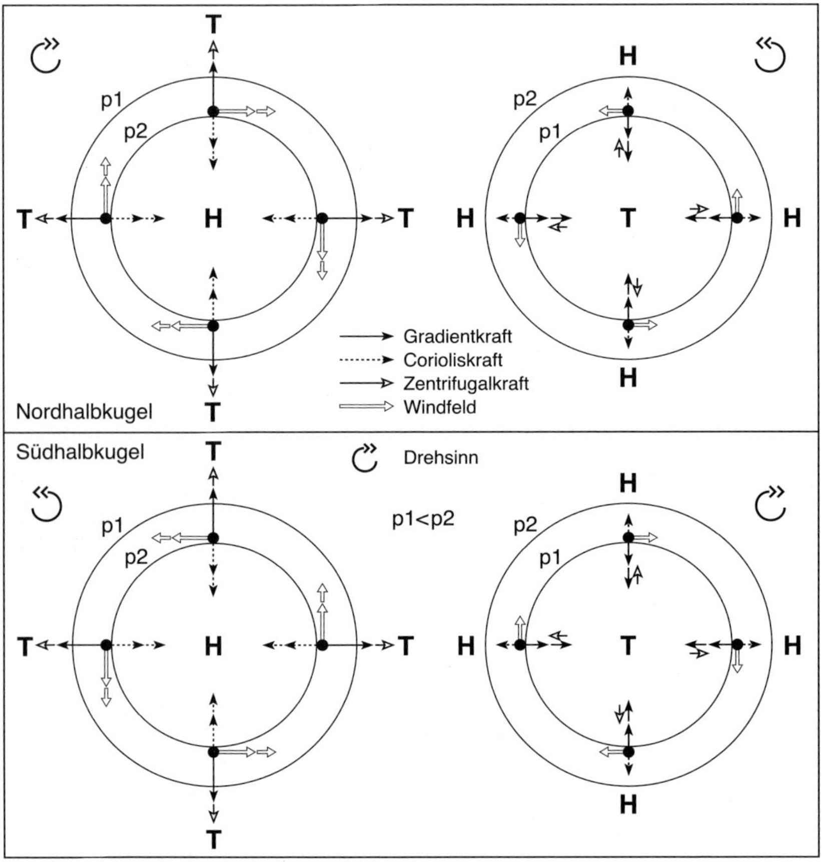

Abb. 9.7: Entstehung des Gradientwindes in der Höhenströmung (~500 hPa Niveau bzw. ~5 km ü. Meer)

9.2.3 Wellen in der Höhenströmung

Komplizierter werden die Verhältnisse, wenn sich wellenartige, isobarenparallele Stromlinien ausbilden, wie sie für stehende Wellen in der realen Höhenströmung typisch sind. Dazu muss ein Initialimpuls (z.B. an Hochgebirgen, s. dazu Kap. 9.4.1.2) die geostrophische Höhenströmung so ablenken, dass die Wellenbildung eingeleitet wird.

Hinzu kommt, dass eine rein zonale Strömung (West- oder Ostwind) aufgrund der Kräftegleichgewichte von Schwerkraft und Vertikalkomponente der Zentrifugalkraft von seiner rein zonalen Bahn leicht abgelenkt wird.

Betrachtet man dazu ein über der Erde stationär befindliches Luftpaket. Dieses Luftpaket rotiert also mit der Erde in Ostrichtung. In diesem Fall stehen die zum Erdinneren gerichtete Schwerkraft und die durch die Erdrotation nach außen (zum Weltall) gerichtete vertikale Komponente der Zentrifugalkraft im Gleichgewicht. Bewegt sich aber ein Teilchen nach Osten (beschleunigter Westwind), ist seine Drehgeschwindigkeit größer als die der Erdrotation, die Zentrifugalkraft steigt an. Da die Schwerkraft zum Erdmittelpunkt, die Zentrifugalkraft aber senkrecht auf den jeweiligen Breitenkreis wirkt, ergibt sich eine leichte Ablenkung der zonalen Strömung in südliche Richtung. Bewegt sich ein Luftpaket von Ost nach West (zonaler Ostwind), ist seine Drehgeschwindigkeit geringer als die Erdrotation, die Zentrifugalkraft nimmt ab und eine Strömungsneigung nach Norden ist die Folge.

Allerdings ist der beschriebene Effekt so gering, dass zur Wellenbildung eine zusätzliche externe Ablenkung notwendig ist, damit sich eine nennenswerte ageostrophische (im Beispiel Abb. 9.8 eine polwärts gerichtete) Strömungskomponente (wie bei Punkt A in Abb. 9.8) ausbilden kann. Die Luftpakete kommen damit in höhere Breiten, wodurch die Corioliskraft bei gleichbleibender Gradientkraft ansteigt und die Strömung wieder zunehmend in die zonale Richtung ablenkt. Dadurch kommt es allerdings zur Krümmung der Stromlinien (und damit auch der Isobaren, B), so dass die damit einsetzende Zentrifugalkraft mit zunehmendem Krümmungsradius der Coriolisbeschleunigung entgegenwirkt. Am Wellenscheitel (C) sind die Kräfteverhältnisse ausgeglichen, so dass eine zonale Strömung entsteht.

Allerdings haben die Luftpakete und damit die Strömung eine antizyklonale Rotationsneigung erhalten, so dass sie in der Folge äquatorwärts verlagert werden. Es bildet sich ein *Höhenrücken* aus. Die Corioliskraft nimmt in Folge ab und die Krümmung der Stromlinien geht mehr und mehr in eine geradlinige Strömung über, so dass die Zentrifugalkraft aussetzt. In niederen Breiten ist die Corioliskraft so zurückgegangen, dass sich die Strömung mehr und mehr dem zonalen Grundstrom anpassen muss. Die Folge ist wiederum eine Krümmung der Stromlinien (E). Allerdings ergibt sich hier eine zyklonale Rotation (F) und ein *Tiefdrucktrog* entsteht. Die zyklonale Rotation führt dazu, dass die Luftpakete polwärts verlagert werden und sich der Wellenzyklus weiter fortsetzen kann. Höhenrücken und Tiefdrucktröge entstehen letztlich dadurch, dass sich in Bereich der Wellenrücken und -täler Luftmassen unterschiedlicher Temperatur (und damit Dichte) gegenüber dem rein zonalen Grundstrom pol- bzw. äquatorwärts ausdehnen können.

In neueren Lehrbüchern der *Meteorologie* wird die Rotationsneigung häufig nicht mit den oben verwendeten Kräftegleichgewichten erklärt, sondern ein Zirkulationsmaß verwendet, das vor allem für numerische Zwecke besonders geeignet, aber im Verständnis auch wesentlich komplizierter ist. Hierbei handelt es sich um die *Vorticity* (bzw. *Wirbelgröße*). Die *absolute Vorticity*

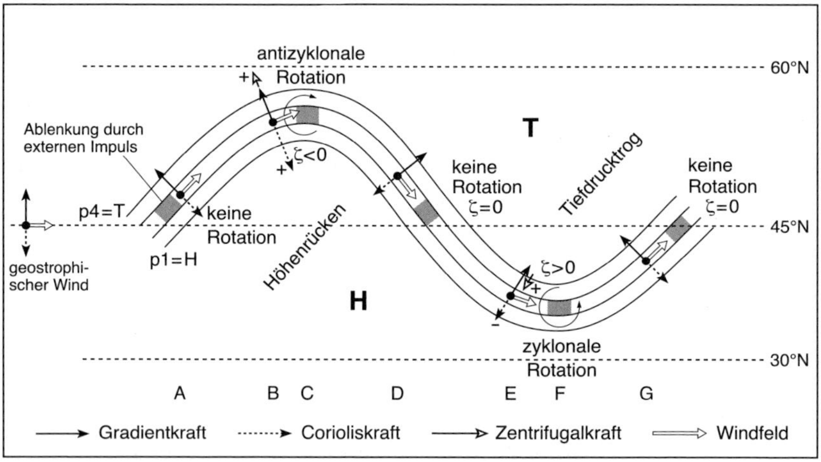

Abb. 9.8: Kräfteverhältnisse bei der Wellenbildung und relative Krümmungsvorticity, Nordhalbkugel (verändert nach LILJEQUIST *&* CEHAK *1994 und* KRÜGER *1994)*

umfasst den Drehimpuls durch die Erdrotation (Coriolisparameter = *planetare Vorticity*) einerseits und die dem rotierenden Koordinatensystem der Lufthülle überlagerte Eigenrotation von Zirkulationselementen andererseits. Letzterer Anteil am gesamten Drehimpuls wird als *relative Vorticity* (ξ) bezeichnet. Vorticity tritt in Folge von Windscherungen (*Scherungsvorticity*) oder gekrümmten Stromlinien (*Krümmungsvorticity*, Abb. 9.8) auf. Das Konzept der relativen Vorticity kann man sich leicht an einem in einer homogen fließenden Flüssigkeit (bzw. Luft) schwimmendem Holzstück (bzw. Luftpaket) verdeutlichen. Das Holzstück erhält bei geradlinigen und homogenen Stromlinien keinen eigenen Drehimpuls, d.h. es bewegt sich mit der Strömung, während es im Bereich von gekrümmten Stromlinien in Krümmungsrichtung rotiert. Im Bereich von Hochdruckrücken drehen sich Luftpakete auf der Nordhalbkugel im Uhrzeigersinn, die relative Vorticity ist negativ. Um Tiefdrucktröge rotieren sie gegen den Uhrzeigersinn, die relative Vorticity ist positiv. Im folgenden wird allerdings das Konzept der Wirbelgröße nicht weiter verwendet, sondern aus Gründen der Vereinheitlichung das Prinzip der Kräfteverhältnisse beibehalten. Für interessierte Leser sei auf die ausführliche Darstellung der Vorticity in ETLING (1996) verwiesen.

Die Folge der relativen Wirbelgröße im Zusammenspiel mit der Erdrotation bzw. der in Abbildung 9.8 beschriebenen Kräfteverhältnisse ist, dass ein einmal ausgelenktes Luftpaket um eine zentrale Breite (hier 45°N) hin- und herpendelt und die Stromlinien dementsprechend ein mehr oder weniger ausgeprägtes Wellenmuster ausbilden, das Grundlage zum Verständnis von stehenden Wellen ist. Gleichzeitig wird die Strömung aber um den zonalen

Grundstrom (Westwind) stabilisiert. Dieser stabilisierende Effekt wird auch als β-*Effekt* bezeichnet.

9.2.4 Massenträgheit bei konvergierenden und divergierenden Isobaren

Bei den Betrachtungen zum geostrophischen Wind und Gradientwind wurden mit gleichem Abstand parallel zueinander verlaufende Isobaren vorausgesetzt. In der realen Atmosphäre kommt es aber u.a. durch die großräumige Land-/Wasserverteilung und die darauf folgende differentielle Erwärmung entlang von Breitenkreisen zur unterschiedlichen Ausprägung der thermischen Schichtung, die bis in die reibungsfreie obere Troposphäre reicht. Die Folge ist in bestimmten Gebieten eine engere Scharung der Isobaren (bzw. Isohypsen in der absoluten Topographie der Höhenwetterkarte Abb. 9.9). Solche Bereiche sind durch starke Druckgradienten auf engstem Raum gekennzeichnet. Daraus resultieren hohe Windgeschwindigkeiten, die auch als *Strahlströme* (bzw. *Jet Streams*) bekannt sind.

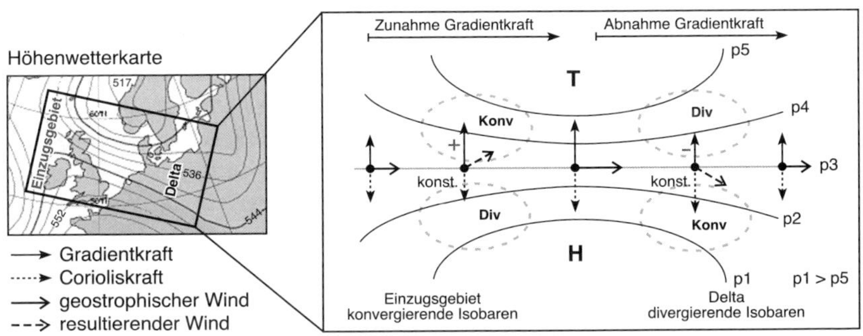

Abb. 9.9: Druckfeld eines hochtroposphärischen Strahlstroms

Aus Abbildung 9.9 ist ferner zu entnehmen, dass in bestimmten Bereichen meridionale Massentransporte im reibungsfreien Höhenwindfeld möglich werden. Bei einer weiten Scharung der Isobaren (bzw. Isohypsen) zu Beginn der Strömung auf der linken Seite stehen Coriolis- und Gradientkraft noch im Gleichgewicht. Es herrscht der geostrophische Wind mit einer dem Druckgradienten angepassten, relativ geringen Corioliskraft. Im Bereich der zusammenlaufenden (konvergierenden) Isobaren, dem sogenannten *Einzugsgebiet* des Strahlstroms, nimmt der Druckgradient und damit die Gradientkraft kontinuierlich zu. Die Windgeschwindigkeit bleibt aber aus Trägheitsgründen noch eine gewisse Zeit konstant, so dass sich auch die davon abhängige Corioliskraft vorerst nicht ändert. Der resultierende Windvektor erfährt nun durch das Übergewicht der Gradientkraft eine Ablenkung nach Nordost, also zum tiefen Druck. Erst im Zentrum des Strahlstroms wird der Gleichgewichtszustand zwischen der jetzt dem Druckgradienten angepassten Corioliskraft und der Gradientkraft erreicht. Im *Deltabereich* laufen die Isobaren auseinander (divergieren) und der Druckgradient nimmt kontinuierlich ab. Da die Luftpakete aus Trägheitsgründen vorerst ihre hohe Geschwindigkeit beibehalten, bleibt auch die Corioliskraft auf konstant hohem Niveau. Durch die abnehmende Gradientkraft erfolgt nun eine Ablenkung der Strömung nach Südost, also zum hohen Luftdruck.

Die Massenverlagerungen im Einzugsgebiet und im Deltabereich müssen Einfluss auf die Bodendruckverteilung haben. Im Einzugsgebiet muss der Bodendruck unter der polwärtigen Zone der *Massenkonvergenz* (Zufluss) ansteigen, da über dieser Fläche nun mehr Luftpakete ihren Druck ausüben. Demgegenüber fällt der Bodendruck im Bereich der äquatorseitigen *Massendivergenz* (Ausfluss), da in diesem Gebiet weniger Luftpakte ihren Druck auf die Bodenfläche auswirken. Im Deltabereich kehren sich die Verhältnisse um.

9.3 Zirkulationselemente unter Reibungseinfluss

Abgesehen von den langen Wellen, deren Genese in einem späteren Kapitel behandelt wird, bietet die Strömungssituation in der reibungsfreien Höhenzirkulation wenig Möglichkeiten für den notwendigen meridionalen Energieaustausch. In der unteren Troposphäre (Peplosphäre) kommt aber die *Dissipation* (Reibung) als zentrale ageostropische Komponente hinzu. Sie spielt eine zentrale Rolle für den Ausgleich von Druckgradienten und Wärmeenergie.

9.3.1 Der geotriptische Wind

Die Reibung kann als negative Beschleunigung, also Abbremsung von beschleunigten Luftpaketen (Wind) verstanden werden. Sie ist besonders groß, wenn der Luftströmung (Gelände-) Hindernisse entgegenstehen. Es ist daher nicht verwunderlich, dass der Reibungseinfluss auf eine Luftströmung mit der Höhe exponentiell ab- und die Windgeschwindigkeit gleichzeitig zunimmt (Abb. 9.10 links). Über den Ozeanen wird in Bodennähe noch etwa 70-80% der geostrophischen Windgeschwindigkeit erreicht, über Hügelländern nur noch 40-50%. Die Reibungswirkung reicht etwa bis zur Peplopause, darüber beginnt die mehrheitlich reibungsfreie Strömungszone. Die Zunahme der Windgeschwindigkeit mit der Höhe lässt sich durch das *logarithmische Windgesetz* (s. Formelanhang) quantitativ beschreiben.

Bezogen auf horizontal bewegte Luftpakete wirkt die Reibung immer entgegengesetzt zur Bewegungsrichtung. Bei Luftströmungen, die der Ablenkung durch die Erdrotation unterliegen, bedeutet die Reduktion der Windgeschwindigkeit gleichzeitig eine Veränderung im Gleichgewichtszustand zwi-

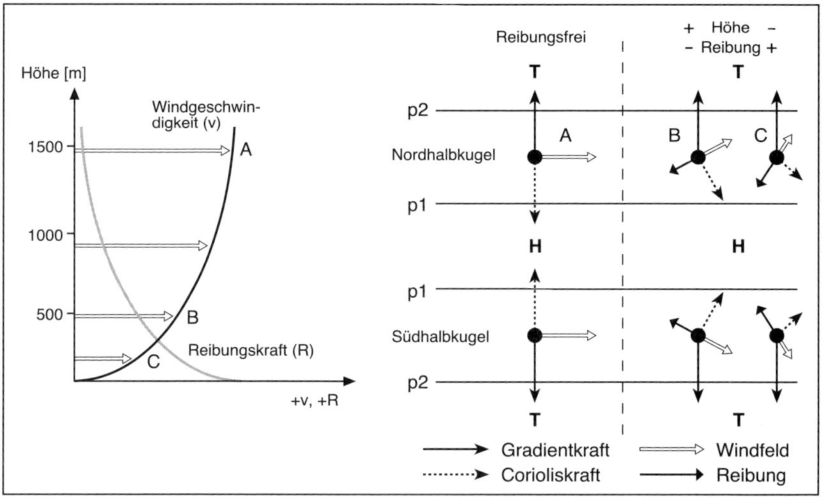

Abb. 9.10: Entstehung des geotriptischen Windes unter Reibungseinfluss

schen Gradient- und Corioliskraft. Bei geradlinigen Isobaren führt dies dazu, dass die Windrichtung umso mehr vom rein zonalen geostrophischen Wind abweicht, je stärker die Reibung ist. Den Wind unter Reibungseinfluss nennt man *geotriptisch*. Aus Abbildung 9.10 (rechts) ist zu entnehmen, dass die Ablenkung in Richtung der Gradientkraft, also zum tieferen Druck hin erfolgt. Da die Reibung mit abnehmender Höhe zunimmt, muss die Ablenkung gegenüber dem reinen geostrophischen Wind der reibungsfreien Troposphäre nach unten hin immer stärker werden. Geht man vom bodennahen Windfeld aus, vollzieht die Windrichtung auf der Nordhalbkugel bis zum geostrophischen Wind in der Höhe (~1500 m) eine Rechtsdrehung, auf der Südhalbkugel eine Linksdrehung (Abb. 9.10). Der Ablenkungswinkel zwischen geostrophischem und wahrem (in 10 m Höhe gemessenem) Wind ist abhängig von der geographischen Breite und der Rauhigkeit der Unterlage (Tab. 9.1).

Tab 9.1: Mittlere Ablenkung zwischen wahrem und geostrophischem Wind (in Grad) bei neutraler Schichtung (nach WARNECKE *1991)*

Geographische Breite → **Rauhigkeit**	20°	45°	70°
Ozean	30	20	15
Land (sehr glatt)	40	30	25
Land (mittlere Rauhigkeit)	45	35	30
Land (hohe Rauhigkeit)	50	40	40

Die Rauhigkeit nimmt kleinräumig mit zunehmender Bebauungs- bzw. Vegetationsdichte und -höhe zu. Die Topographie spielt vor allem großräumig eine wichtige Rolle. Gebirgiges Gelände hat eine höhere Rauhigkeit als Flachland. Die Ablenkung ist somit am größten über Landoberflächen mit einer hohen Rauhigkeit und am niedrigsten über den Ozeanen. Da die Reibungskraft der Corioliskraft entgegenwirkt, muss die Winddrehung dort besonders hoch sein, wo die Corioliskraft nur kleine Beträge erreicht (in den niederen Breiten). Die Winddrehung fällt bei labiler Schichtung ~5° geringer aus, aber ~10° höher bei stabiler Schichtung.

Die Reibung führt insgesamt dazu, dass sich im Gegensatz zu den Verhältnissen in der freien Troposphäre Druckunterschiede in der Peplosphäre rasch ausgleichen können. Je stärker die Reibung wird, also je näher an der Erdoberfläche die Luftströmung auftritt, desto effektiver und schneller wird der Druckausgleich erfolgen. Mit dem Massenfluss vom hohen zum tiefen Druck eröffnet sich gleichzeitig die Möglichkeit für einen meridionalen Energieausgleich.

9.3.2 Der geotriptische Wind bei kreisförmigen Isobaren

Analog zum Gradientwind in der reibungsfreien Troposphäre muss nun der Wind unter Reibungseinfluss bei kreisförmig angeordneten Isobaren, also Tief- und Hochdruckgebieten, betrachtet werden (Abb. 9.11).

Hier ist neben der Dissipation noch die Zentrifugalkraft zu berücksichtigen. Die Reibung führt dazu, dass auch bei gekrümmten Isobaren eine Ablenkung zum tiefen Druck erfolgt. Für Hochdruckgebiete bedeutet dies eine *Massendivergenz*, also Ausströmen von Luftpaketen aus dem Hochdruckkern. Für Tiefdruckgebiete ergibt sich eine *Massenkonvergenz*, also ein Einströmen von Luftpaketen zum Tiefdruckkern. Der Drehsinn der Zellen verändert sich gegenüber dem reibungsfreien Gradientwind nicht.

Insgesamt könnten sich Druckunterschiede durch einen Massenfluss vom Hoch zum Tief schnell ausgleichen, da der Druck im Tief durch die zusätzlichen Luftpakete zunehmen und im Hoch durch den Verlust von Luftpaketen abnehmen müsste. Tatsächlich stellt man in der realen Atmosphäre aber fest, dass Hoch- und Tiefdruckgebiete relativ lange persistent bleiben können. Aus Gründen des Massenerhalts muss das mit der Zeit beträchtliche Massendefizit in Hochdruckgebieten bzw. der Massenüberschuss in Tiefdruckgebieten daher auf andere Weise ausgeglichen werden. Hier eröffnet sich eine Beziehung zur reibungsfreien Höhenzirkulation, indem in Hochdruckgebieten absteigende Luftbewegung vorherrscht und somit die am Boden abfließenden Luftpakete vertikal von oben nachgeführt werden. Analog dazu wird der Massenüberschuss in Tiefdruckgebieten durch aufsteigende Luftbewegung kompensiert. Allerdings erfordern die Vertikalbewe-

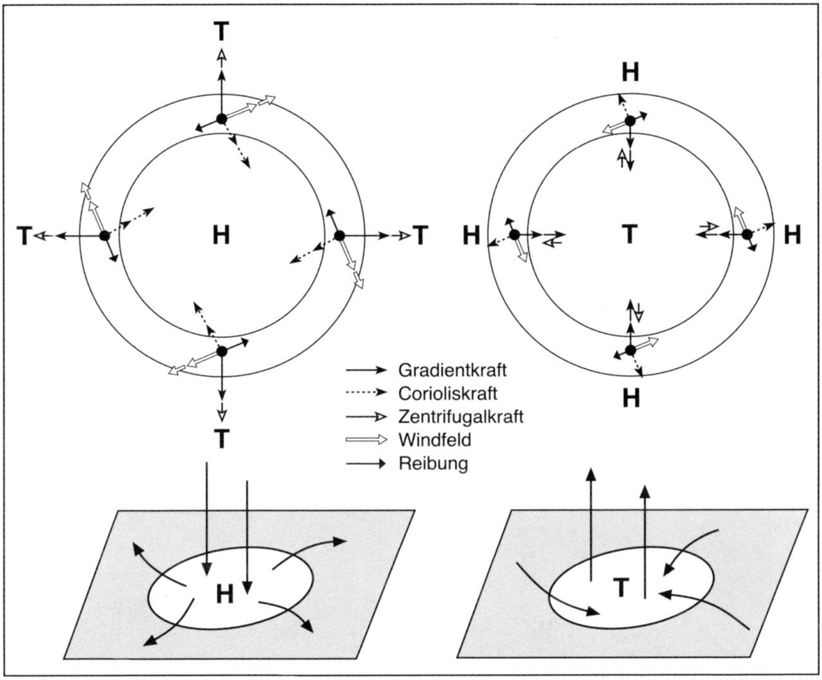

Abb. 9.11: Der geotriptische Wind bei gekrümmten Isobaren (Nordhalbkugel)

gungen die entsprechenden Ausgleichszirkulationen in der Höhe, also Massenkonvergenz über Hochdruckgebieten und Massendivergenz über Tiefdruckgebieten. Die genauen Beziehungen zwischen Boden- und Höhenzirkulation werden in einem späteren Kapitel (9.4.1.2, wandernde Wellen) noch näher erläutert.

9.4 Dynamik der atmosphärischen Zirkulation

Entsprechend der Druckverteilung auf der Erdoberfläche und den daraus resultierenden Strömungselementen der globalen Zirkulation, die in den vorhergehenden Kapiteln erläutert wurden, ergeben sich verschiedene großräumige Windsysteme (Abb. 9.12):

1. Die *außertropische Westwindzirkulation* der mittleren und hohen Breiten mit einer im Mittel westlich-oszillierenden Strömung. Sie ist von stationären und wandernden Wellen durchsetzt. Betrachtet man die meridional auftretenden, zellulären Zirkulationssysteme, kann man für die Frontalzone eine indirekte meridionale Zelle (FERREL-Zelle, zur Dreizellentheorie s.

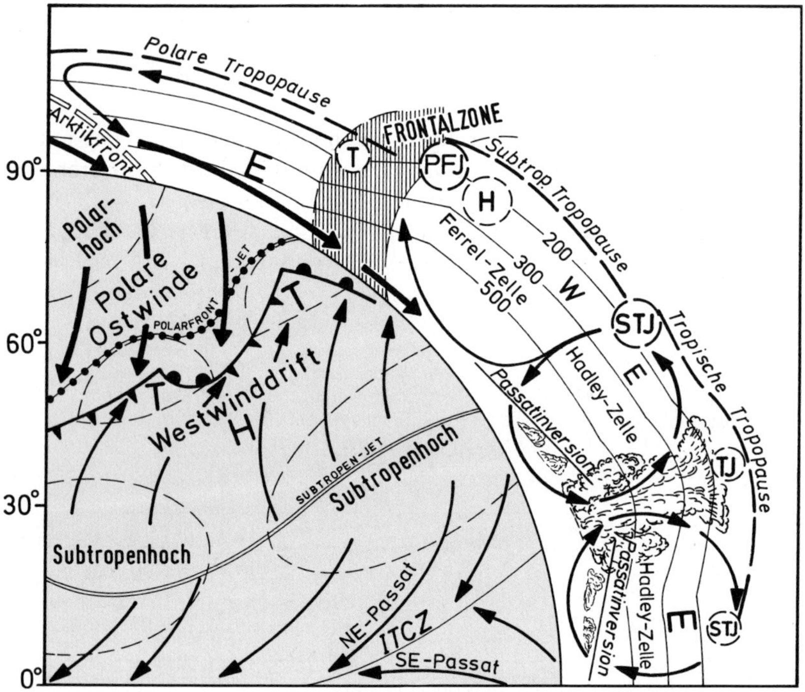

Abb. 9.12: Der dreidimensionale Aufbau der atmosphärischen Zirkulation (verändert nach Klaus *1989). (T = Tief, H = Hoch, E = Ostwind, W = Westwind, STJ = Subtropenjet, TJ = Tropenjet)*

Schönwiese 1994) formulieren, die allerdings in der Realität aufgrund der Corioliskraft (Westdrift) keine wirkliche Bedeutung besitzt.

2. Die *tropische Passatzirkulation* in den niederen Breiten zwischen etwa 35° Nord und 30° Süd, gekennzeichnet durch die aus NE (bzw. SE) wehenden Passatwinde am Boden, die von den subtropischen Hochdruckgebieten (*Roßbreiten*) beider Halbkugeln mit beständiger Geschwindigkeit gegen die innertropische Konvergenzzone (ITCZ) strömen.

Die Inhomogenität der Erdoberfläche, ihre Land/Wasser-Verteilung und ihr Relief bewirken weiterhin eine Reihe von *sekundären* Zirkulationsphänomenen, unter denen großräumig ausgebildet sind:

- Die *tropische Monsun-Zirkulation.*
- Die *äquatoriale Zonalzirkulation* (*Walker*-Zirkulation).
- Die *Ostwindzirkulation* über den Polen der Erde.

9.4.1 Außertropische Westwindzirkulation

9.4.1.1 Der Polarfrontjet

Die Ausprägung von Wellenstörungen in den Mittelbreiten sind eng mit den Temperaturgradienten und der Strömungsdynamik im Bereich der Frontalzonen beider Halbkugeln verbunden. In den Mittelbreiten ist die Windgeschwindigkeit im Bereich des stärksten Temperatur- und Druckgefälles direkt unterhalb der Tropopause in ca. 40 bis 65° Breite am höchsten (Abb. 9.13). Die eigentliche Polarfrontalzone ist eine 100 bis 200 km breite, vertikal aufgerichtete, aber polwärts geneigte Fläche, in der Druck- und Temperaturflächen sich nicht mehr barotrop, d.h. gleichgeschichtet verhalten, sondern sich durch unterschiedlich dichte Druck- und Temperaturflächen schneiden und daher eine *barokline Instabilität* verursachen. In diesem Bereich verläuft die Grenzschicht zwischen der Kaltluft höherer Breiten und der Warmluft niederer Breiten.

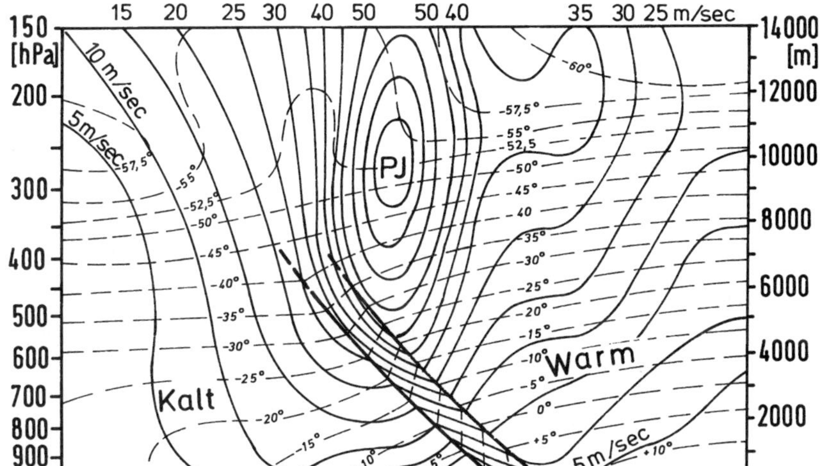

Abb. 9.13: Die Lage der Frontalzone im Wind- und Temperaturfeld der mittleren Breiten (nach PALMÉN/NEWTON, aus FLOHN 1971) (PJ = Polarjet)

Die drastische Temperatur- und Druckabnahme in der Frontalzone zieht eine immer stärkere Luftmassenbeschleunigung nach sich, so dass sich zwischen dem 150 und 500 hPa-Niveau (Maximum bei 300 hPa) der Polarfrontjet (PFJ bzw. PJ) ausbilden kann. Innerhalb des *Strahlstroms* treten unterschiedliche Geschwindigkeiten auf. Bei stärkerer Ausbildung des meridionalen Druckgefälles in der planetarischen Frontalzone verstärkt sich die planeta-rische Höhen-Westdrift zu besonders intensiven Strahlströmen mit Wind-geschwindigkeiten zwischen 100 $km \cdot h^{-1}$ und im Einzelfall bis 500 $km \cdot h^{-1}$.

9.4.1.2 Stehende Wellen

Das regelmäßige Mäandrieren der Westströmung in der Frontalzone und damit die Ausprägung der Wellenzirkulation in den Mittelbreiten hat verschiedene Gründe. In der reibungsfreien Troposphäre muss ein externer Anfangsimpuls vorhanden sein, der die Schwingung der Westströmung einleitet. Ein Grund ist der globale Verlauf der Isothermen (s. Abb. 5.4) und damit auch der Isobaren, der sich im jahreszeitlichen Rhythmus an der unterschiedlichen Erwärmung von Land und Wasser orientiert. Sie verlaufen nicht breitenkreisparallel und spiegeln vor allem die jahreszeitlich wechselnde Lage der kontinentalen Hitzetiefs der jeweiligen Sommerhalbkugel bzw. der Kältehochs im Winter wider (s. Abb. 9.24).

In globalen Höhenwetterkarten kann man allerdings feststellen, dass die mehr oder weniger ortsfeste Lage der stehenden Wellen mit ihrer Wellenlänge von etwa 6000 km scheinbar auch mit den Übergängen vom Meer zum Land bzw. großräumigen Geländeerhebungen (Kettengebirge) zusammenhängt, deren Einfluss bis in die hohe Troposphäre reicht und damit die Entstehung langer Wellen an bestimmten Punkten der Erdoberfläche steuert (Abb. 9.14).

Geht man von einem geostrophischen Wind aus, so werden beim Überströmen des Gebirges die Stromlinien zwischen Gebirge und Tropopause zusammengepresst. Da nun eine identische Anzahl von Luftpaketen (a, Querschnitt vor dem Gebirge) durch einen geringeren Querschnitt (b, Gebirgskamm bis zur Tropopause) gezwängt werden, muss die Strömungsgeschwindigkeit ansteigen, es liegt eine *Geschwindigkeitsdivergenz* vor. Bei gleichbleibender Gradientkraft führt die Geschwindigkeitszunahme zu einem Anwachsen der Corioliskraft. Hinter dem Kettengebirge bleibt die hohe Geschwindigkeit aus Trägheitsgründen (ähnlich wie im Delta der Höhenströmung, s. Abb. 9.9) einige Zeit erhalten, so dass eine Ablenkung der Strömung in Richtung Äquator erfolgt. Im Isobarenbild bildet sich ein Tiefdrucktrog aus, in dem sich kältere Luft nach Süden verlagern kann.

Durch die beschriebene Ablenkung gelangt das Luftpaket aber in niederen Breiten unter den Einfluss abnehmender Corioliskraft. Gleichzeitig geht nun auch die Windgeschwindigkeit zurück und bei konstanter Gradientkraft als Folge nochmals die Corioliskraft. Das Resultat ist ein polwärtiges Auslenken der Strömung in Richtung des Druckgradienten. Im Isobarenbild zeigt sich ein Höhenrücken mit einer polwärtigen Verlagerung von relativ warmer Luft.

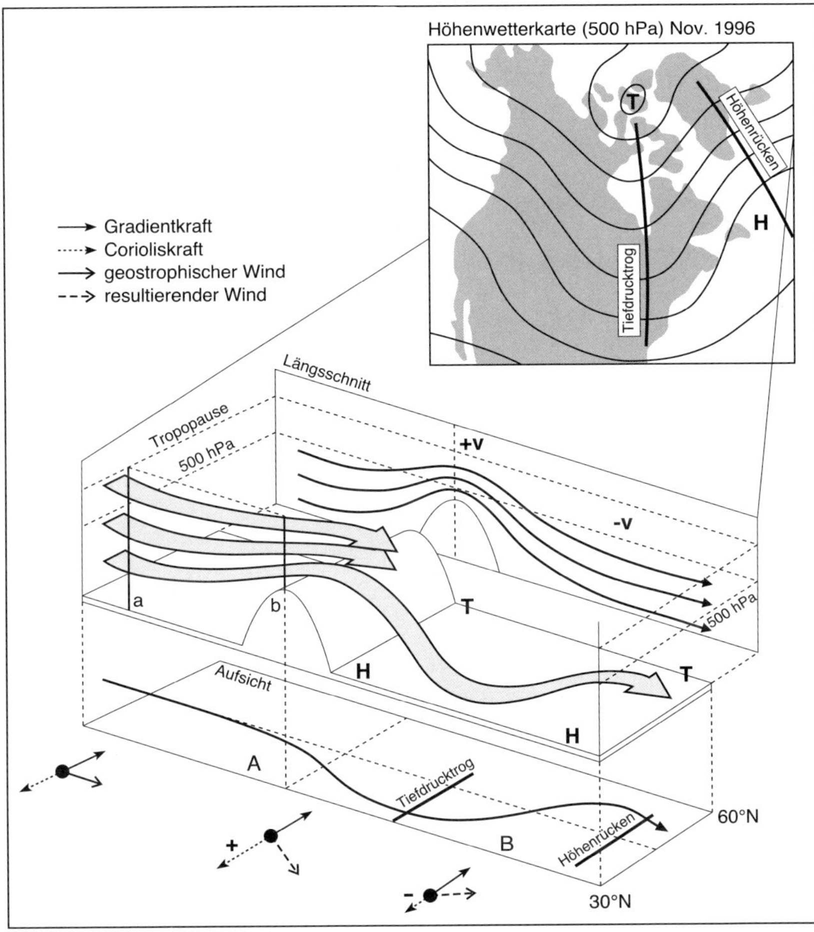

Abb. 9.14: Entstehung von stehenden Wellen durch Kettengebirge, Bsp. Nordamerika (verändert nach ETLING *1996)*

In der Regel bilden sich auf den Erdumfang verteilt meist drei bis fünf stehende Wellen aus (Abb. 9.15). Die statistisch abgesicherten quasi-stationären Tiefdrucktröge liegen vor den Ostküsten der Kontinente Amerikas und Asiens, ein weiterer, schwächerer im westlichen Rußland. Hochdruckrücken haben eine Häufung vor den Westküsten Nordamerikas und Europas.

Da auf der jeweiligen Winterhalbkugel die meridionalen Temperatur- und Luftdruckgradienten zwischen Tropen und Polargebieten wesentlich stärker ausgebildet sind als im Sommer, ergibt sich im Winter eine wesentlich engere

Scharung der Isohypsen, der Polarfrontjet ist stärker ausgeprägt. Im Sommer der Nordhalbkugel rückt der schwächere Polarfrontjet polwärts vor.

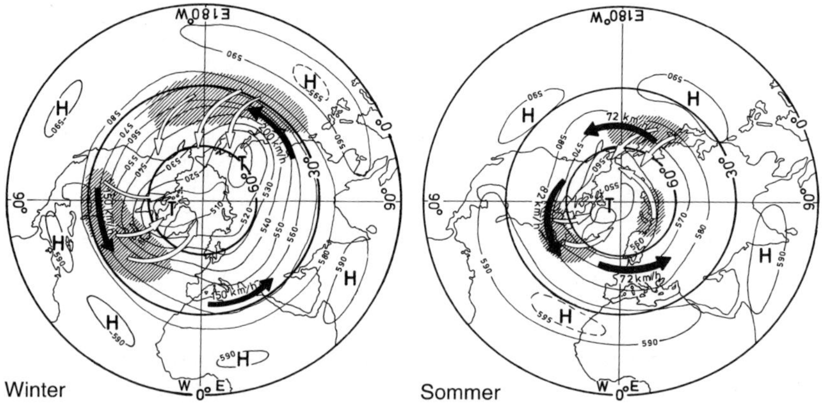

Abb. 9.15: Mittlere Topographie der 500 hPa-Fläche sowie Lage und Geschwindigkeit des Polarfront-Strahlstroms (PFJ) in km·h⁻¹. Herkunftsgebiete (schraffiert) und meridional/-horizontaler Transport (Pfeile) der latenten Wärme in der Nordhemisphäre (nach SPETH 1974)

Auf der Südhalbkugel ist die Wellenbildung aufgrund der vergleichsweise kleinen Landmassen weniger deutlich und die Stromlinien der Höhenströmung weisen einen zonaleren Charakter auf (Karten s. LILJEQUIST & CEHAK 1994). Zyklonale Tröge stabilisieren sich aber häufig vor der Ostküste des südlichen Südamerika, dem südlichen Afrika und im südlichen zentralen Pazifik.

Für die Ausprägung von Wetterlagen in den Mittelbreiten ist vor allem die Amplitude der Wellen sowie Lage eines Gebiets zur Welle (Höhenrücken, Tiefdrucktrog) von Interesse. Erfahrungswerte haben gezeigt, dass die zonal gestreckte Weströmung instabil wird und zu mäandrieren beginnt, wenn im 500 hPa-Niveau der mittleren Breiten der meridionale Temperaturgradient 6°C auf 1000 km unter trockenen Verhältnissen (bzw. 3,5°C unter feuchten) überschreitet. Bei eng liegenden Isobaren, also hohen Temperaturgradienten, herrscht ein eher zonales Strömungsbild vor, das als *High-Index* Zirkulation bezeichnet wird (Abb. 9.16 a). In dieser Situation ist der meridionale Wärmeaustausch reduziert. Bei geringeren Temperaturgradienten ist die Strömung entweder nur schwach ausgeprägt oder sie beginnt stark zu oszillieren. Es bilden sich Wellen mit großer Amplitude, die dem sogenannten *Low-Index-Typ* entsprechen (Abb. 9.16 b). In diesem Fall ist der meridionale Energieaustausch deutlich intensiviert. Mäandriert die Strömung sehr stark, können sich im Höhenwindfeld quasistationäre Zyklonen (aus Tiefdrucktrögen) bzw. Antizyklone (aus Hochdruckrücken) abspalten (*Cut-Off-Effect*, Abb. 9.16 c), die mehrere Tage ortsfest bleiben. Eine vorrübergehenden Blockierung der Westdrift ist die Folge, weshalb eine solche Situation auch als *Blocking Action* bezeichnet wird. Die Westströmung wird durch diese Druckgebilde nach Norden oder Süden umgelenkt.

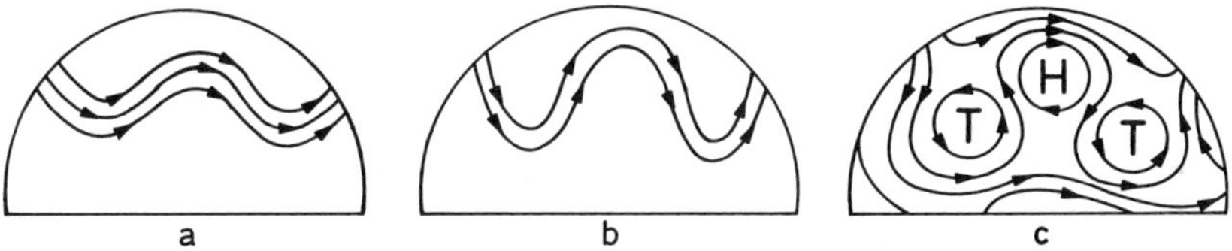

Abb. 9.16: Zonale und meridionale Höhenströmung: a) High-Index, b) Low-Index und c) Cut-Off-Effekt

Die verschiedenen Typen der Höhenzirkulation wechseln sich periodisch ab und bestimmen so das großräumige Wettergeschehen in den Mittelbreiten. Liegt ein Gebiet beim meridional ausgeprägten *Low-Index* Typ z.B. im Bereich des Tiefdrucktrogs, ist eher kaltes, im Bereich des Höhenrückens eher warmes Wetter zu erwarten. Abgespaltene Antizyklonen bestehen aus warmer Luft und garantieren daher persistent wolkenfreies Strahlungswetter, während die Zyklonen als abgeschnürte Kaltlufttropfen meist mit großräumiger Bewölkung und Niederschlag einhergehen.

9.4.1.3 Wandernde Wellen

Wandernde Wellen bilden sich in der unteren Troposphäre unter Reibungseinfluss als Hochdruckgebiete (Antizyklone) und Tiefdruckgebiete (außertropische Zyklone), die sich mit der westlichen Höhenströmung der stehenden Wellen ostwärts verlagern (Abb. 9.17). Wie in den vorhergehenden Kapiteln schon angedeutet wurde, ist die Ausbildung der bodennahen Druckgebilde aber nicht unabhängig von der Höhenströmung zu sehen.

Konvergenzen und Divergenzen im Deltabereich der oberen Troposphäre (s. auch Abb. 9.9) wechselwirken mit den Bodendruckfeldern. Ist das Delta (wie in Abb. 9.17) nicht vollständig ausgebildet, sondern die Konvergenz und Divergenz der Isobaren (bzw. Stromlinien) findet im Bereich von Wellen statt, so sind Massendefizite und Massenüberschüsse nur einseitig (hier polwärtig) zu verzeichnen (s. dazu auch HÄCKEL 1990). In Abbildung 9.17 führt die polwärtige Konvergenz im Einzugsgebiet der Strahlströme (300 hPa) dazu, dass sich der Bodendruck erhöht. Gleichzeitig verstärkt sich der Hochdruck durch die antizyklonale Vorticity der Wellen im Bereich des Hochdruckrückens im 500 hPa-Niveau. Die am Boden aus dem Hochdruck ausfließende Kaltluft (Massendivergenz) kann nun aus dem Konvergenzbereich

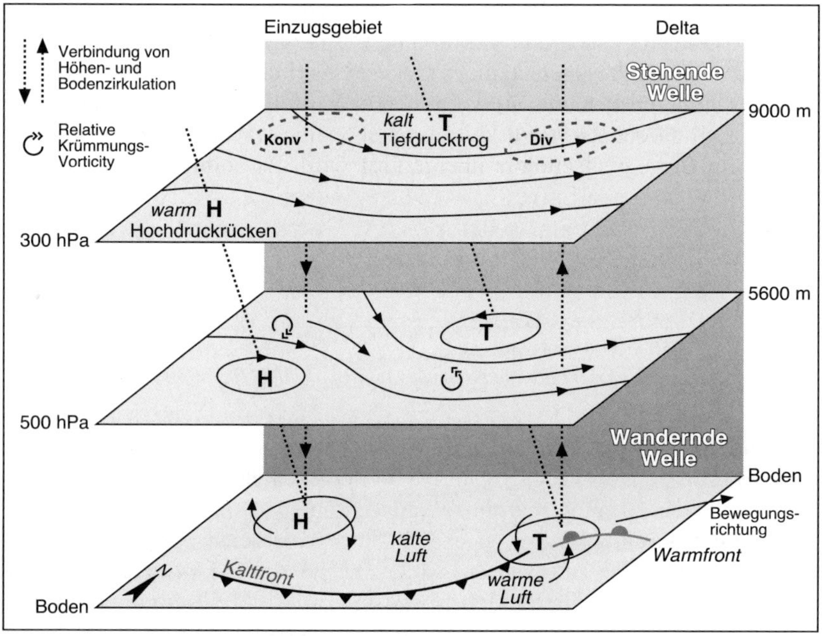

Abb. 9.17: Entstehung wandernder Wellen aus der Höhenströmung

des oberen Strömungsfeldes durch absteigende Luftbewegung im Hoch kompensiert werden. Am Boden wird aus dem Hoch somit Kaltluft südwärts verlagert. Die polwärtige Divergenz im Deltabereich des Höhendruckfelds (300 hPa-Niveau) bewirkt einen gegenteiligen Effekt. Das Massendefizit an Luftpaketen in der Höhe führt zu einer Senkung des Luftdrucks am Boden. Die zyklonale Krümmungsvorticity der Wellenzirkulation (500 hPa) unterstützt die Ausbildung des Tiefdruckgebiets am Boden. Gleichzeitig führt aber die Massenkonvergenz im Bodentief dazu, dass Luftpakete aufsteigen und das polwärtige Massendefizit im Höhendruckfeld ausgleichen können. Bodennahe Tiefdruckgebiete sind sehr effektiv im meridionalen Austausch von fühlbarer und latenter Wärme. Auf der Vorderseite dringt warme Luft gegen Kaltluft nach Norden vor (entlang einer *Warmfront*), auf der Rückseite bricht Kaltluft in die südlicher gelegene Warmluft (entlang einer *Kaltfront*) ein. Bildung, Lebenszyklus und Witterungsvorgänge von außertropischen Zyklonen werden in einem späteren Kapitel (12.1) noch ausführlich behandelt.

Die wandernden Wellen von 1.000 bis 3.000 km Durchmesser bewegen Luftmassen unterschiedlicher Eigenschaften. Das Aufgleiten von Luftmassen (*Advektion*) an der Warmfront ist mit Wolken- und Niederschlagsbildung und Freiwerden latenter Wärme verbunden. Diese Vorgänge sind außerordentlich wetterwirksam und fördern den meridionalen Wärmetransport aus den Wärmeüberschussgebieten der niederen Breiten in die Wärmedefizitgebiete der höheren Breiten. Sie verfrachten Warmluft polwärts. Andererseits schiebt sich an der *Kaltfront* kalte Luft unter die warme, wobei potentielle Energie in Bewegungsenergie übergeführt wird. Es kommt zur *Konvektion* mit Labilisierung von Luftmassen und zur Bildung von Wolken und Niederschlag, wodurch ebenfalls wieder latente Wärme freigesetzt wird.

Durch die intensiven Witterungsprozesse der kurzen Wellen in der unteren Troposphäre verringert sich allmählich der meridionale Temperatur- und damit der Druckgradient. Fallen sie unter den für die Oszillation stehender Wellen kritischen Wert, bildet sich auch im Höhenwindfeld eine schwache zonale Strömung aus. Dadurch wird allerdings wiederum der meridionale Druck- und Wärmeausgleich blockiert, so dass sich erneut kritische Gradienten aufbauen können. Damit beginnt der Zyklus von Oszillationen in der Höhenströmung und Bildung wandernder Wellen in der unteren Troposphäre erneut.

Nördlich der außertropischen Westdrift im Bereich der Pole bauen sich häufig flache, 2 bis 3 km starke, jedoch veränderliche Hochdruckzellen als Konsequenz der ständigen Abkühlung der Erdoberfläche auf. Aus diesen Kaltluft-Hochdruckgebieten strömen Winde aus östlichen Richtungen in der unteren Troposphäre gegen die mittleren Breiten. Im Bereich der Arktik- bzw. Polarfront gehen die Kaltluftvorstöße schließlich in die wandernden Zyklonen über. Die polaren Ostwinde sind somit Teile der außertropischen Westwindzirkulation.

9.4.2 Tropische Passatzirkulation

Die *tropische Passatzirkulation* tritt in den niederen Breiten etwa zwischen 35° Nord und 30° Süd auf. Sie ist eine großräumige, vertikale Meridionalzirkulation im Sinne des thermischen Zirkulationskonzepts von HADLEY, weshalb sie auch als HADLEY-*Zirkulation* bezeichnet wird. Die geschlossene Zelle ist durch einen aufsteigenden Ast im Bereich der Innertropischen Konvergenzzone (ITCZ) und einen absteigenden Ast im Bereich der Wendekreise gekennzeichnet. Der aufsteigende Ast ist mit Kondensation und Wolkenbildung verbunden. Hochreichende Konvektionswolken (*Cumulonimbus*) durchstoßen zum Teil sogar die Tropopause (*Overshooting Tops*). Hier wird potentielle Energie erzeugt und latente Wärme freigesetzt, die die Konvektion noch verstärkt. Der absteigende Ast in den Subtropen ist durch Erwärmung und Wolkenauflösung gekennzeichnet. Es ist die Zone der Subtropenhochs. In der Höhe ergibt sich aus dem Temperatur- und Druckgradienten zwischen Äquator und Pol eine polwärtige Strömung und am Boden eine

Strömungskomponente in Richtung Äquator. Allerdings wirkt in gewisser Entfernung vom Äquator auf beide Strömungsäste die Corioliskraft ein, so dass eine direkte meridionale (längengradparallele) Zirkulation nicht möglich ist, sondern eine gegenüber den Längengraden gekrümmte Zelle entsteht (Abb. 9.18).

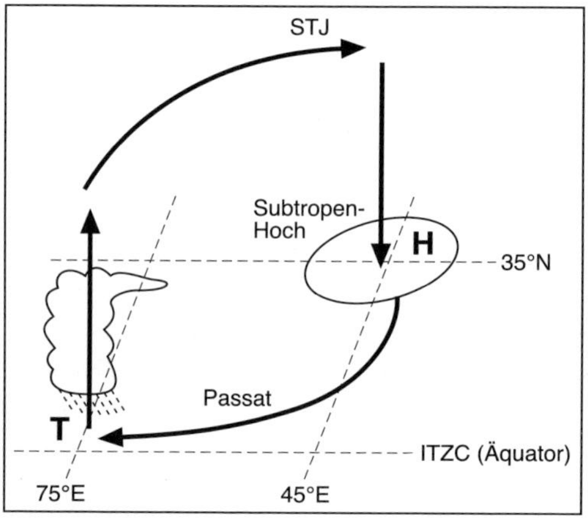

Abb. 9.18: HADLEY-Zelle und Passatzirkulation

In der Höhe ergibt sich mit zunehmender Breitenlage eine Strömungsumlenkung nach Osten. Über den Subtropenhochs hat die westliche Strömung Strahlstrom-Charakter und wird als *Subtropen-Jet* (STJ) bezeichnet (vgl. Abb. 9.12). Der Subtropen-Jet strömt – ähnlich wie der Polarfront-Jet – als mäandrierendes Band um die Erde und ist auf beiden Hemisphären ausgebildet. Die polwärts aus dem subtropischen Jet abfließenden Luftmassen werden Teil der außertropischen Westströmung und stützen dort den energetischen Umsatz im Bereich der Frontalzone und des *Polarfront-Strahlstroms* (PFJ).

Am Boden ergibt sich eine Ablenkung nach Westen, so dass die Passatströmung mit einer östlichen Strömungskomponente entsteht. Die gegen die äquatoriale Tiefdruckrinne rückströmenden Luftmassen (auf der Nordhalbkugel als NE-Passat bzw. auf der Südhalbkugel als SE-Passat) wehen stetig mit Windgeschwindigkeiten von ca. 10 $m \cdot s^{-1}$.

In der passatischen Oströmung müssen zwei Strömungsschichten unterschieden werden: die *Passat-Grundschicht* und die *Passat-Oberschicht.* (Abb. 9.19).

Die Oberschicht ist durch wolkenfreie Warmluft gekennzeichnet, die wasserdampfarm ist und sich beim Absinken ständig erwärmt (Absinkinversion, Abb. 5.11). Sie setzt sich aber nicht bis zur Erdoberfläche durch. Von der Grundschicht her wirken Prozesse entgegen, die von der Heizwirkung der

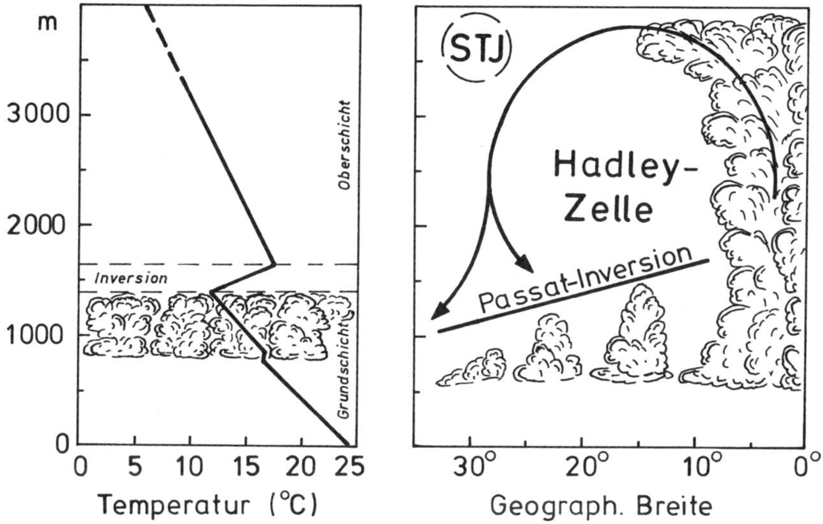

Abb. 9.19: Schematische Darstellung der Passatinversion und ihre dynamische Wirkung (nach verschiedenen Autoren)

Erdoberfläche herrühren und Konvektion auslösen. Diese wird durch dynamische Turbulenz noch unterstützt. In der Nähe der Erdoberfläche werden auch größere Wasserdampfmengen aufgenommen, insbesondere über den Meeren. Doch reicht selbst auf den aufgeheizten Landflächen die Intensität der Konvektion nicht aus, die absteigende Luftbewegung der HADLEY-Zelle zu kompensieren. An der Grenzschicht von aufsteigender und absteigender Luftbewegung bildet sich die *Passatinversion* aus, die häufig durch niedrige Quellwolken (*Cumulus humilis*) gekennzeichnet ist. Gegen den Äquator hin steigt sie jedoch an, da sich die turbulenten Aufstiegsvorgänge in der Bodenschicht intensivieren, während der Absinkvorgang in der passatischen Oberschicht an Stärke abnimmt. In der Nähe der *innertropischen Konvergenzzone* ist die Inversion weitestgehend aufgelöst.

Die ungestörte Passatzirkulation ist auf dem Meer deutlicher ausgebildet als auf dem Land, besonders über dem Atlantik und dem Pazifik. Dies gilt auch für die ITCZ entlang des Wärmescheitels.

9.4.3 Tropische Monsunzirkulation

Die Abgabe fühlbarer Wärme von der Erdoberfläche in die Atmosphäre macht in den kontinentalen Tropen den zwei- bis dreifachen Betrag gegenüber den Meeren aus. In subtropischen Breiten bilden sich auf den Festländern im Sommer der Halbkugel bei Sonnenhöchststand starke Hitzetiefs

(Abb. 9.20). Der Luftdruck in diesen Hitzetiefs ist deutlich niedriger als im Bereich des Äquators. Dadurch kommt es in Bereichen mit starken Land-Meer Gegensätzen zu erhöhten Druckgradienten zwischen dem (über dem Meer befindlichen) Subtropenhoch der Winterhalbkugel und dem gegenüberliegenden Hitzetief über Land der jeweiligen Sommerhalbkugel. Die Folge ist eine Zirkulation über den Äquator, also von der Süd- zur Nordhalbkugel im Nordsommer und umgekehrt im Südsommer.

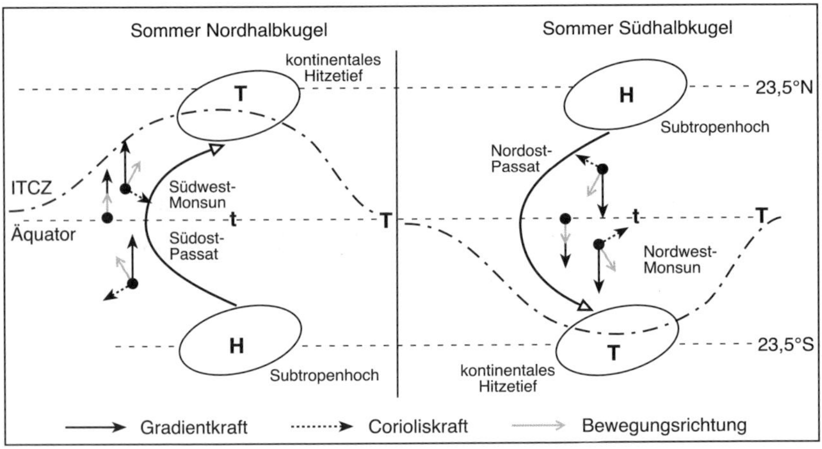

Abb. 9.20: Prinzip der sommerlichen Monsunzirkulation

Die Zirkulation aus den Subtropenhochs rekrutiert sich bis zum Äquator aus der jeweiligen Passatzirkulation, dem NE-Passat im Nordsommer und dem SE-Passat im Südsommer. Bei Überschreiten des Äquators wechselt der Drehsinn der Corioliskraft. Aus dem SE-Passat der Südhalbkugel wird so ein SW-Monsun (nordhemisphärischer Sommermonsun) und dem NE-Passat der Nordhalbkugel ein NW-Monsun (südhemisphärischer Sommermonsun). Die ITCZ als quasi-äquatorparalleler Tiefdrucktrog verlagert sich bis zu den Hitzetiefs der jeweiligen Halbkugel bzw. löst sich über den erhitzten Kontinenten sogar auf.

Die monsunartigen westlichen Winde sind in unterschiedlicher Stärke in allen Kontinenten der Tropen ausgebildet. Der Land/Wasser-Gegensatz begünstigt vor allem in *Südasien* aber auch in *Westafrika*, in *Nordaustralien* und an der *NW-Küste Südamerikas* gut ausgebildete Hitzetiefs, die eine Monsun-Zirkulation initiieren. Da ein Großteil der Monsunzirkulation über dem warmen tropischen Meer stattfindet, können die Luftpakete auf ihrem Weg zu den festländischen Hitzetiefs große Mengen an Wasserdampf aufnehmen. Durch die starke Konvektion in den Hitzetiefs und die darauf folgende Abkühlung der Luftpakete beim Aufsteigen entstehen über dem erhitzten Festland ergiebige Starkniederschläge, die Monsunregen.

Allerdings erreichen die Monsunregen nicht in allen Jahren die äußerste Position. So kommt es, dass in den Randtropen in einigen Jahren geringere Niederschläge auftreten als in anderen. Dürren in den randtropischen Gebieten sind die Folge, wie zum Beispiel im Sahel, auf dem Dekkan-Plateau in Indien, im südlichen Afrika, in Mittelamerika und im randtropischen Südamerika.

Abb. 9.21 zeigt, dass das Monsun-Phänomen auf der Nordhalbkugel stärker und weiträumiger ausgebildet ist als auf der Südhalbkugel.

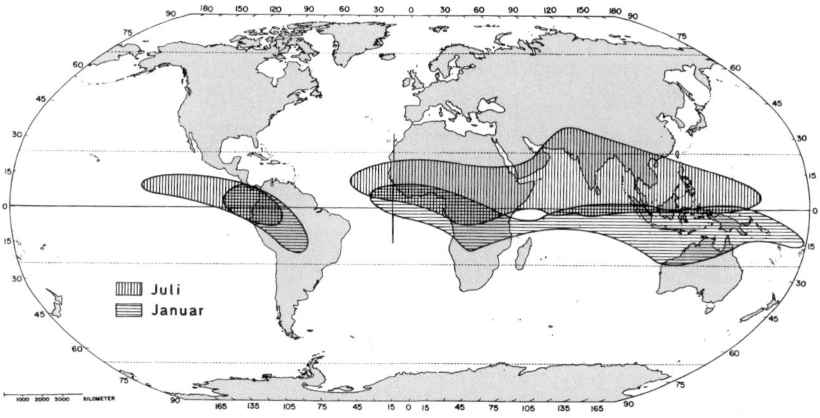

Abb. 9.21: Tropische Westwindströmung (Monsun) in der unteren Troposphäre (nach FLOHN *1960)*

Dies ist vor allem auf die größeren Festlandsmassen Zentral-, Süd- und Südostasiens zurückzuführen. Der südasiatische Sommermonsun, das großräumigste und stärkste Phänomen seiner Art auf der Erde, beruht vor allem auf dem *Massenerhebungseffekt* Hochasiens. Das Hitzetief bildet sich hier nicht nur über dem indischen Subkontinent aus, sondern erfasst darüber hinaus auch die ausgedehnten Hochflächen des Himalaya und des Hochlands von Tibet. Dieser mächtige Gebirgsstock reicht bis in die mittlere Troposphäre (~600 hPa Niveau), wo die Druckgegensätze im Vergleich zu der in dieser Höhe schon sehr kühlen Atmosphäre über dem indischen Ozean extrem stark ausgeprägt sind. Dadurch ergibt sich ein intensives, vertikal 5-7 km mächtiges Monsunphänomen. Das kontinentale Hitzetief saugt die feuchten Luftmassen des Indik mit hoher Durchflussgeschwindigkeit an, so dass die Kondensationsraten im südostasiatischen Monsungebiet weltweit extreme Größen erreichen. Sie sind an der Südabdachung des Himalaya besonders stark, wo gezwungene Hebung der anbrandenden Monsunwinde Konvektion und Kondensationsrate noch verstärken. Es ist daher nicht verwunderlich, dass sich dort einer der weltweit niederschlagsreichsten Orte befindet, nämlich Cherrapunji (1.313 m ü. Meer, 25°15°N, 91°44'E) mit einen Jahresmittel von 11.633 mm.

Die Kondensation, das Freiwerden von latenter Wärme, die dadurch gesteigerte Konvektion und der Aufbau potentieller Energie über dem Monsungebiet sind so enorm, dass die gesamte Zirkulation bis hin zum afrikanischen Kontinent beeinflusst wird (Abb. 9.22).

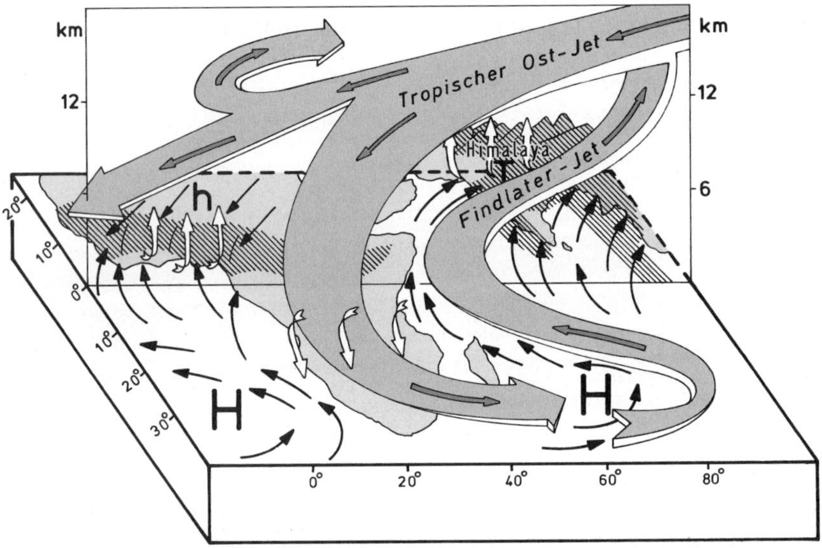

Abb. 9.22: Das dreidimensionale Bild der Luftströmung im Bereich des afroasiatischen Monsungebiets (verändert und ergänzt nach SUBBARAMAYYA & RAMANADHAM 1981)

Der indische Sommermonsun hat seinen Ursprung auf dem südhemisphärischen Indik, wo er zunächst als SE-Passat gegen Afrika strömt. Von besonderer Bedeutung für die latente Wärmezufuhr ist der Bereich der Strömungsumkehr am Äquator. Hier treffen die SE-Passate auf die Ostabdachung des ostafrikanischen Hochlands. Die Stromlinien werden lateral zusammengepresst (Stau- und Düseneffekt) so dass bei gleichzeitiger Umlenkung der Strömungsrichtung auf den SW-Monsun zwischen dem 950 und 750 hPa-Niveau eine jetartige Beschleunigung der Monsunzirkulation stattfindet, der sogenannte FINDLATER-Jet. Dieser Jet zeichnet für die hohe Durchflussgeschwindigkeit und damit die hohen Kondensationsraten im Monsungebiet mit verantwortlich.

Die starke Niederschlagstätigkeit über dem indischen Subkontinent und der angrenzenden Himalaya-Südabdachung, verbunden mit einer weiteren Erwärmung der Hochatmosphäre, führt zu einer Verstärkung des Höhenhochs (300 hPa-Niveau) über dem Hitzetief Tibets. Östlich des indischen

Monsungebiets entwickelt sich der ostasiatische Monsun in ähnlicher Weise, ist aber aufgrund der Heizwirkung des Indo-Malayischen Archipels und den daraus resultierenden höheren Transportraten von Wasserdampf in der Monsunzirkulation noch stärker ausgeprägt. Die Folge ist eine nochmalige Verstärkung des Höhenhochs östlich des Hochlands von Tibet. Damit ergibt sich ein Druckgradient zwischen den Höhenhochs über Hochasien und dem dagegen relativ niedrigen (Hoch-)Druck über Afrika (300 hPa-Niveau). Die Folge ist die Ausprägung einer zonalen Höhenzirkulation von Ost nach West, die aufgrund der hohen Erzeugungsraten potentieller Energie über Hochasien und damit dem Entstehen eines extrem baroklinen Felds Jetstärke aufweist. Dieser Höhenstrahlstrom (*tropical easterly jet*) erreicht Geschwindigkeiten von 100 $km \cdot h^{-1}$.

Da aber der Strahlstrom im *Delta-Bereich* in der Hochatmosphäre über Pakistan eine Geschwindigkeitsverminderung mit divergenter Luftbewegung und Absinktendenz erfährt, beginnen bereits dort die wüstenhaften Landstriche, die sich von der Wüste Tharr über die Arabische Halbinsel in den Sahara-Raum und auf den Atlantischen Ozean fortsetzen. Letztlich ist die starke Monsunzirkulation für die Trockenheit der Sahara verantwortlich. Da im *Winter* die Sahara und auch die tropischen Randgebiete des Sahel und Sudan ohnehin durch die Passatströmung aus der nahen subtropischen Hochdruckzelle beherrscht werden, bildet sich hier das größte Trockengebiet der Erde aus.

Über Afrika erreicht in der gleichen Zeit die Monsunströmung aus der Guinea-Bucht mit dem Vorrücken der innertropischen Konvergenzzone nicht einmal den 20. Breitengrad, obwohl auch dort das nördliche Hinterland, die Sahara, sich außerordentlich aufheizt und die Monsunströmung stärker wirksam sein müsste. Sie wird durch die übermächtige Wirkung des tropischen Ost-Jets unterdrückt. Er erzwingt ein Aufsteigen der Luftmassen auf seiner Südseite (Monsun über den Guinea-Küstenräumen) und Absteigen auf der Nordseite über der Sahara (subtropisch-kontinentale Warmluft) und damit in der Höhe eine gegen den Druckgradienten gerichtete *Querzirkulation*, von FLOHN als *Anti-HADLEY-Zelle* bezeichnet.

Ein Teil der Luftmassen des Ost-Jets wird mit einer Südkomponente über den Äquator in das Defizit-Gebiet im Süden Afrikas und den westlichen Indik transportiert. Diese steigt erst dort in der Antizyklone der Südhemisphäre ab, gleichsam als Massenausgleich zwischen der Nord- und der Südhalbkugel.

Die *Winter-Monsun-Situation* in Südasien, d.h. die Umkehrung der Strömung von Südwest auf Nordost (*NE-Monsun*), ist im Grunde eine nord-östliche Passatströmung, deren Niederschläge auf dem indischen Subkontinent an Störungen des Passats mit Luv-Effekten gebunden sind.

9.4.4 Walker-Zirkulation

In der Äquatorialregion ist eine Zirkulation wirksam, die für einige klimatische Vorgänge der Inneren Tropen von großer meteorologischer Bedeutung ist. Sie ist benannt nach dem englischen Tropenmeteorologen Gilbert T. Walker (Bjerknes, 1969). Da die Corioliskraft unmittelbar am Äquator keine meridionale Ablenkung der Luftströmung zulässt, kann sich in diesen Breiten eine Zonalzirkulation ausbilden, wobei die Strömungsrichtung dem jeweiligen Druckgefälle folgt. Das thermische Zirkulationssystem erhält seinen Antrieb aus der unterschiedlichen Erwärmung von Land- und Wassermassen, aber auch aus Unterschieden in den Wärmeverhältnissen der Oberflächen selbst (z. B. Warm- und Kaltwasserbereiche in den Ozeanen) (Flohn 1975). In der unteren Troposphäre herrscht über den Meeren relativ hoher Luftdruck, dem niederer Luftdruck in den angrenzenden Festländern gegenübersteht. Die wasserdampfangereicherte Luftströmung folgt dem Druckgefälle und wird auf dem Festland in niederschlagsträchtige Konvektionsbewegungen übergeführt. Die latente Wärme unterhält die Zellen relativen Hochdrucks in der oberen Troposphäre, von wo aus dann ein Rückstrom in Bewegung gesetzt wird und über Kaltwasserbereichen z. B. an der Westküste Südamerikas im Bereich des Humboldtstroms und an der Westküste Afrikas im Bereich des Benguela-Stroms durch Absinken den Kreislauf schließt (Abb. 9.23). Daher liegen die aufsteigenden Zirkulationsäste generell im Bereich der relativ warmen Kontinentalgebiete oder großflächiger Warmwasservorkommen (z. B. indomalaisches Archipel) und die absteigenden Äste finden sich über den Ozeanen bzw. hierin eingebetteten Kaltwassergebieten. Die Walker-Zirkulation ist am intensivsten in Bereichen mit hohen Druckgradienten und geringster Oberflächenrauhigkeit ausgebildet, weshalb sie auf den Festländern kaum nachweisbar ist. Über dem Meer ist sie am stärksten im Bereich des Pazifik und Atlantik, weniger im westlichen Indik.

Die Walker-Zirkulation ist als statistisches Phänomen anzusehen und am Äquator in die tropische Meridionalzirkulation (Hadley-Zelle) eingebunden

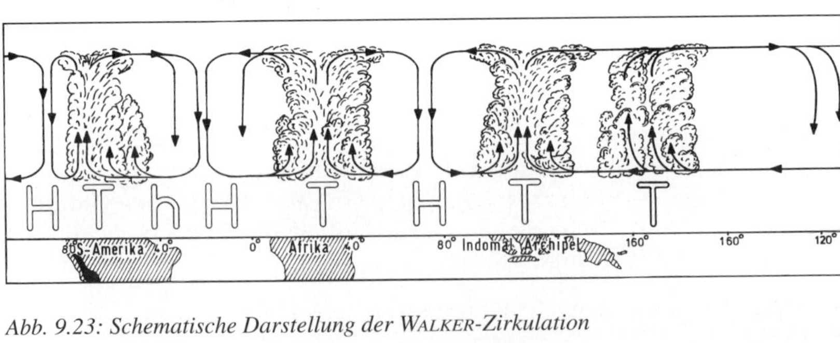

Abb. 9.23: Schematische Darstellung der Walker-Zirkulation

Sie kann ihren Drehsinn umstellen, wenn die Klimazonen durch Auftreten von atmosphärischen Anomalien leicht nach Süden verschoben sind und die Kaltwasserauftriebsküsten etwa im Zusammenhang mit dem ENSO-Phänomen der Niño-Strömung an der südamerikanischen Westküste über Telekonnektionsprozesse die großräumige Zirkulation beeinflussen und anomale Witterungsprozesse ausgelöst werden.

9.5 Mittlere Luftdruck- und Windgürtel

Zusammenfassend soll mit Abbildung 9.24 der jahreszeitliche Wechsel im Bodendruck- und Bodenwindfeld dargestellt werden, um die in den vorhergehenden Kapiteln besprochenen Elemente der atmosphärischen Zirkulation raum-zeitlich einzuordnen.

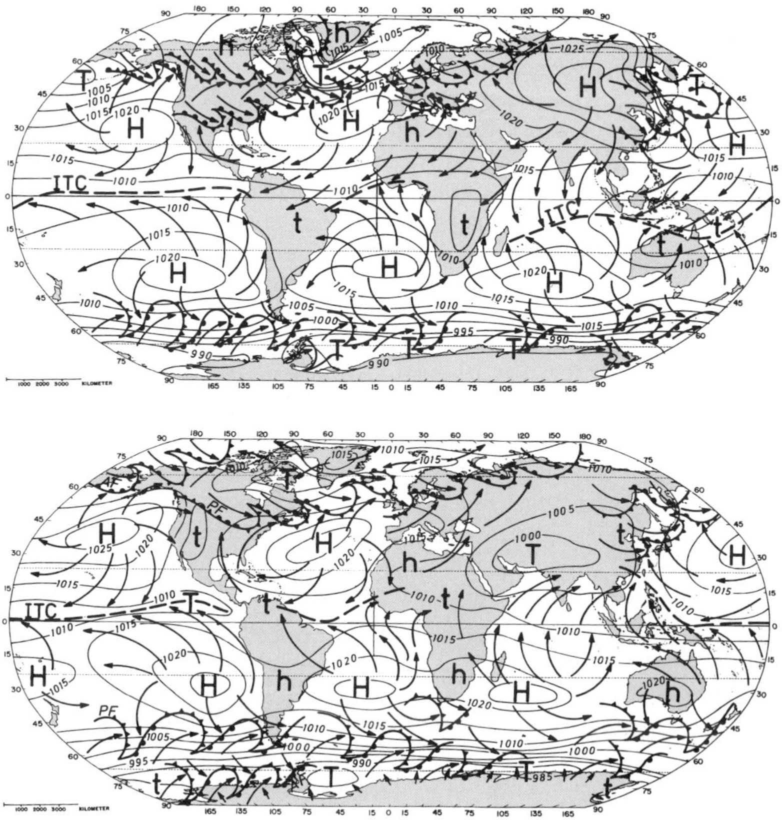

Abb. 9.24: Mittlere Luftdruck- und Windverteilung (auf den Meeresspiegel reduziert) für Januar und Juli

Das Bild der großräumigen Luftdruckverteilung wird von markanten, breitenparallel angeordneten Hoch- und Tiefdruckgürteln an der Erdoberfläche gekennzeichnet: 1. die äquatoriale Tiefdruckrinne als Konfluenzgebiet der nord- und südhemisphärischen Passate, 2. der subtropische Hochdruckgürtel, 3. der subpolare Tiefdruckgürtel und 4. die polaren Hochdruckgebiete. Die äquatoriale Tiefdruckrinne wird polwärts durch einen fast geschlossenen Ring hohen Luftdrucks begrenzt. Er wird auch als *Rossbreiten* bezeichnet, weil in seinem Windstillen-Bereich die großen Segler zuweilen so lange aufgehalten wurden, dass viele Pferde eingingen und wegen Futterknappheit über Bord geworfen werden mussten. Seine Achse schmiegt sich auf der Südhalbkugel etwa dem 30. Breitengrad an. Auf der Nordhalbkugel pendelt er, durch die asiatische Landmasse bedingt, zwischen dem 30. und 50. Breitenkreis. Während auf der Südhalbkugel alle drei Ozeane Kerne höchsten Luftdrucks darstellen, weist die Nordhalbkugel nur zwei Hochdruckzellen über dem Pazifik und dem Atlantik auf (pazifisches Hoch und Azorenhoch). Diese *dynamischen Subtropenhochs* sind Steuerzentren der globalen Zirkulation und Quelle der Passatzirkulation. Sie bleiben ganzjährig stabil, verschieben sich auf der jeweiligen Sommerhalbkugel in ihrer Lage etwas polwärts, auf der Winterhalbkugel in Richtung Äquator.

Polwärts des Rossbreitengürtels schließen sich auf beiden Halbkugeln Zonen außerordentlich schneller Druckabnahme und stürmischer, westlicher Winde an, die als *außertropische Westdrift* bezeichnet werden. Die Zone hoher Windgeschwindigkeit beginnt auf der Südhemisphäre schon in den 40er Breiten, die deshalb in der Seemannssprache als *roaring forties*, gefolgt von den *furious fifties* und den *shrieking sixties* bekannt sind. Bei 60°S liegt der mittlere Luftdruck unter 990 hPa. Teilweise beträgt er sogar weniger als 985 hPa. Auf der Nordhemisphäre ist der Druckgradient wesentlich schwächer. Durch die Verteilung von Land und Meer erfahren außerdem die einzelnen Luftdruckgürtel merkliche Verschiebungen. Weiter polwärts schließt sich die subarktische bzw. subantarktische Tiefdruckrinne an, auf der Nordhalbkugel mit ausgeprägten Aktionszentren niedrigen Barometerstandes bei Island (*Islandtief*) und den Alëuten (*Alëutentief*). Es sind Zentren einer starken Westströmung, wo sich Sturmtiefs entwickeln, die von West nach Ost ziehen. Die subantarktische Tiefdruckrinne umkreist die gesamte Hemisphäre, doch steigt der Luftdruck unmittelbar vor der Küste des antarktischen Kontinents wieder leicht an. Die Winde wehen dort aus S bis SE, teilweise mit orkanartiger Stärke. Über der Antarktis ist hoher Bodenluftdruck ausgebildet.

Die Mittelwerte des Luftdrucks ergeben, dass der Druckunterschied im Westwindgürtel über den Landmassen der Nordhalbkugel wegen der stärkeren reibungsbedingten Austauschvorgänge über den Festländern nur halb so groß ist wie über den Ozeanen. Auch die stärkere polwärtige Verschiebung des Hochdruckringes auf der Nordhemisphäre ist eine Folge der größeren Landbedeckung. Ebenso wird die Lage der tropischen Tiefdruckrinne nördlich des Äquators fast ausschließlich der größeren Landbedeckung der Nordhemisphäre zugeschrieben. Andererseits wirkt sich der Eisrand der Antarktis auf die Ozeane aus, wodurch kühle Wassermassen vor allem auf den Westseiten der Süd-Kontinente ungehinderten Zutritt zur tropischen Meereszirkulation erhalten (*Humboldt- und Benguela-Strom*), während auf der Nordhemisphäre der Abfluss kühlen Wassers im wesentlichen auf den *Ostgrønland-Strom*, den *Labrador-Strom* und auf den *Oya-Shio-Strom* beschränkt bleibt. Im Durchschnitt liegt die Oberflächentemperatur des Meeres über der gesamten Südhemisphäre um 1,5°C tiefer als über der Nordhalbkugel. Der Wärmescheitel wird daher auf 5 bis 7°N verschoben. Dies ist zugleich die mittlere Lage der äquatorialen Tiefdruckrinne.

Bemerkenswert sind die jahreszeitlich alternierenden, *thermischen Druckgebilde* über den Kontinenten. Im Nordwinter tritt das starke und ausgedehnte *sibirsche Kältehoch* zum Vorschein, dass im Sommer einem relativen Tiefdruck weicht. Im Nordsommer ergeben sich *Hitzetiefs* an den nördlichen Wendkreisen (v.a. asiatische Monsuntief) bzw. im Südsommer auf der Südhalbkugel im Bereich der südlichen Wendekreise (Nordwest-Australien, Chaco-Tief, südliches Afrika), die auf der jeweiligen Winterhalbkugel relativem Hochdruck weichen.

B Regionale Klimatologie

10 Witterung und Klima in den Tropen

10.1 Warmtropen – Kalttropen, Feuchttropen – Trockentropen

Die Tropen sind ein ständiges Strahlungsüberschussgebiet. Als Klimazone sind die Tropen daher in erster Linie ein *Wärmegürtel* der Erde, bedingt durch die Stellung des Planeten zur Sonne, ein Gebiet thermischer Uniformität, die Zone ohne merkliche Temperaturjahreszeiten in allen Höhenstufen vom Meeresspiegel bis ins Hochgebirge aufgrund gleichmäßiger Einstrahlung. Da thermische Jahreszeiten fehlen, aber Tag und Nacht größere Temperaturgegensätze hervorrufen, werden die Tropen auch als Gebiet des *Tageszeitenklimas* bezeichnet. Die Abnahme der Temperatur mit der Höhe erfolgt unter isothermen Bedingungen und gliedert den Raum in Wärme-Höhenstufen, so dass sich heiße und warme Tieflandtropen (*Warmtropen*) von kühlen und kalten Gebirgstropen (*Kalttropen*) unterscheiden lassen (LAUER 1975). Die *gleichmäßige horizontale Temperaturverteilung* in der nahezu barotropen unteren Troposphäre über den Tropen bestimmt Witterung und Wetter. Auf einer Strecke von 1.000 km beträgt der mittlere Temperaturgradient nur 1°C gegenüber 5-10°C auf 1.000 km im Bereich der Außertropen.

Den *thermischen Tropen* kann man *hygrische Tropen* gegenüberstellen; denn die Jahreszeiten sind durch Regen- und Trockenzeiten verschiedener Länge und Intensität von ganzjähriger Humidität bis ganzjähriger Aridität gegliedert. Da die Regenmengen wie auch die Dauer der Regenzeit von den inneren Tropen zu den äußeren abnehmen, lassen sich *Feucht-Tropen* von *Trocken-Tropen* unterscheiden.

Im solaren Regelfall wird die Regenzeit vom Äquator zu den Randtropen immer kürzer, entsprechend die Trockenzeit immer länger, ebenso verringern sich die Niederschlagsmengen, was sich deutlich auch im ökologischen Wandel des Naturraums ausdrückt (Abb. 10.1).

Mit Annäherung an die Wendekreise und dem zeitlichen Zusammenrücken der Sonnenhochstände in den Übergangsgebieten zu den Randtropen verändert sich das *doppelte* Niederschlagsmaximum zu den Äquinoktial-Zei-

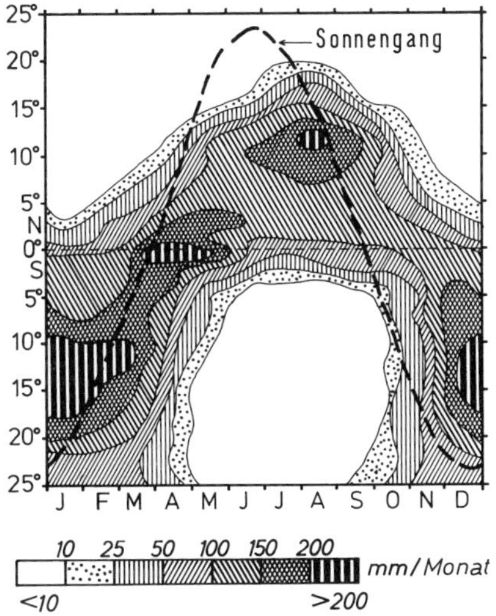

Abb. 10.1: Saisonale Niederschlagsverteilung über Ostafrika (32°E) (nach FLOHN *1964)*

ten allmählich zu *einem* sommerlichen Maximum zur Zeit des Sonnenhöchststandes in der Nähe des Wendekreises (vgl. Kap. 7).

Der Gegensatz *Innertropen-Randtropen* betrifft auch die atmosphärische *Feuchtigkeit*. Über dem Ozean hat die tropische Bodenluft ca. 80% Feuchte. Sie ist auf dem Land über dem Regenwald ähnlich hoch, nimmt aber gegen die Randtropen langsam auf <50% ab und hat in der passatischen Oberschicht nur Werte zwischen 10 und 30%.

10.2 Witterungstypen und Vorgänge in der Passatzirkulation

Die *Witterungsvorgänge* in den Tropen werden von der Passatzirkulation bestimmt. Sie ist am reinsten auf den *Ozeanen* ausgebildet. Auf den *Festländern* verursacht die Erwärmung eine starke turbulente Durchmischung und Labilisierung der feuchten Luft – verstärkt durch feuchtadiabatische Vorgänge –, bei der weitere Energien durch Kondensationswärme freigesetzt werden.

Der vorherrschende Typ der Witterung im Bereich der innertropischen Konvergenz sind die *Zenitalniederschläge*. Sie haben jedoch vielfache Erscheinungsformen. Einfache Konvektionszellen bilden *Cumulus congestus*-Wolken oder *Cumulonimbus*-Wolken von ca. 2 bis 10 km Durchmesser. Sie treten vorwiegend am Rand der Konvergenzzone im Bereich der durchbrochenen Passatinversion auf und entladen sich in kurzfristigen, heftigen, schauerartigen Regengüssen, die nicht immer gewittrig sein müssen. Sie häufen sich in den Nachmittagsstunden. Über dem äquatorialen Regenwaldbereich wachsen die einzelnen Konvektionszellen zu riesigen Wolkenkomplexen zusammen (Cluster). Aus ihnen fallen langandauernde, kräftige Zenitalniederschläge. Erst mit Hilfe von Satellitenaufnahmen wurde es möglich, die zeitlichen wie räumlichen Mechanismen des Werdens und Vergehens dieser Cluster quantitativ zu analysieren. Die Wolkenfelder können um 300 bis 500 km Durchmesser erreichen. Ihre Obergrenze ragt bis weit in die obere Troposphäre hinein, wo sich ein Eisschirm bei 12 bis 14 km Höhe bildet. Die regenbürtigen Wolken beziehen den nötigen Wasserdampf zu einem großen Teil aus dem *kleinen Wasserkreislauf* über den immerfeuchten Regenwäldern im Kongo- und Amazonas-Becken und dem indomalayischen Insel-Archipel. Aus diesen Clustern fallen im Durchschnitt mehr als 100 mm Niederschlag wöchentlich vorwiegend am späten Nachmittag und in den frühen Nachtstunden.

Das *innertropische Konvergenzgebiet* ist aber nicht frei von *Strömungsstörungen*. Die sich an ihnen bildenden Gewitterzellen bewegen sich in einer monsunartigen Westströmung. In der Guinea-Bucht in Westafrika, an der äquatorialen Küste Kolumbiens und Pánamas sorgen sie für großen Regenreichtum mit Werten über 5.000 mm im Jahr und Rekordmengen z.B. am Fuße des Kamerun-Bergs mit ca. 11.000 mm. Die Ursache dafür kann nicht nur durch den *Bucht-Effekt* oder die dahinter aufragenden Berge als *Luv-Effekt* begründet werden. Vielmehr bewirkt die Corioliskraft bereits unmittelbar nördlich und südlich des Äquators bei niedrigem Bodendruck konvergierende und in der Höhe divergierende Strömung mit Hebungs-Tendenz, die die Niederschläge verursachen. Bei Meeresbuchten kommt der nächtliche Effekt konvergierender Landwinde hinzu, der über See dichte Bewölkung mit starken Regenfällen hervorruft. Am Tag – bei einsetzendem *See-Wind* – heizt sich das Festland auf. Spätestens am Nachmittag bauen sich riesige Wolkentürme über dem Festland auf, aus denen sich gegen Abend wolkenbruchartige Niederschläge ergießen. Dieser Typ wird auf den malayischen Inseln beobachtet und in der Literatur als *Tropical Western Disturbance Line* bezeichnet.

Im *Passat-Bereich der äußeren Tropen* treten durch wellenförmige Labilisierung der passatischen Ostströmung N-S-verlaufende, sich über 20 Längengrade erstreckende Störungslinien auf, generell als *Easterly Waves* bezeichnet (Abb. 10.2). Ihre relativ geringe Wanderungsgeschwindigkeit von Ost nach West beträgt zwischen 15 und 20 $km \cdot h^{-1}$. In der Strömung bilden sich markante Konvergenz-(*Rückseite*) und Divergenz-(*Vorderseite*) Bereiche aus. Vor der Troglinie herrscht sonniges Wetter mit einzelnen *Cumulus*-Wolken und Dunst bei tiefliegender Passat-Inversion. In der Front selbst aber quellen die Wolken auf, so dass die Inversion durchbrochen wird, verbunden mit Hebungsvorgängen der feuchteren Bodenluft. Es entwickeln sich hochreichende *Cumulus congestus* und *Cumulonimbus*-Zellen. Aus ihnen fallen Starkregen, zum Teil als sehr heftige Gewitterschauer unter Verstärkung des Windes.

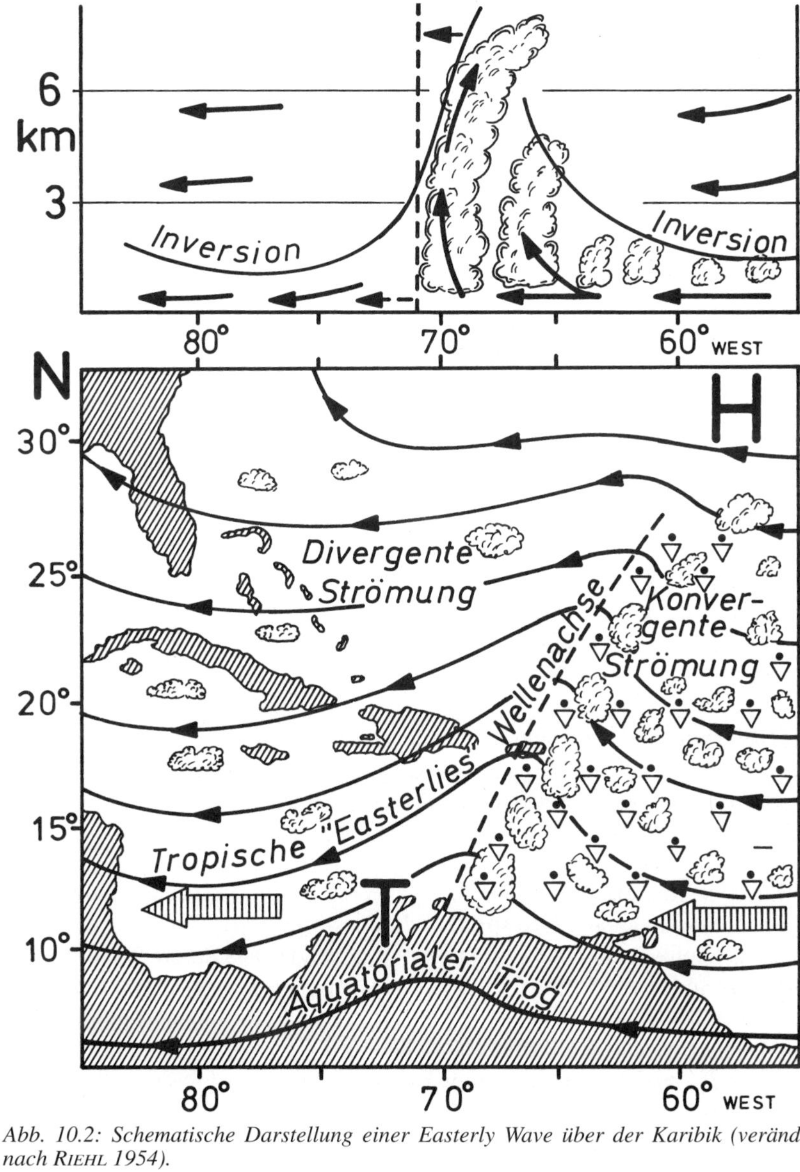

Abb. 10.2: Schematische Darstellung einer Easterly Wave über der Karibik (verändert nach RIEHL *1954).*

Die Störungslinien sind an die feuchtere und wärmere Jahreszeit gebunden, wenn die ITCZ sich gegen den Wendekreis hin verschiebt, die Passatströmung sich labilisiert und einen Druckfalltrog auslöst. Diese Wellenstörungen werden durch den *Tropical Easterly Jet* gesteuert, der mit der herannahenden Monsun-Front in Interaktion tritt. Die monsunalen Luftmassen liefern den Wasserdampf für die auftretenden Niederschläge. Je instabiler die Wellen sind, desto stärkere Niederschläge fallen. Die *Easterly Waves* werden durch die tropische Passatströmung in westliche Richtung versetzt. Sie wandern z.B. über Westafrika hinweg und können bis in den Karibischen Raum über den Ozean verfolgt werden (Abb. 10.3).

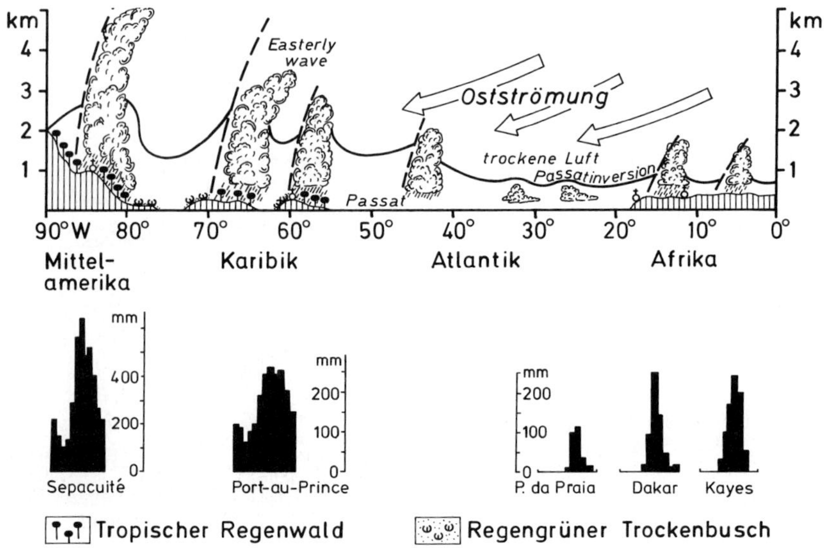

Abb. 10.3: Schematische Darstellung des Durchzugs einer Passatstörung (Easterly Wave) mit charakteristischen Witterungsmerkmalen und Niederschlagsverhältnissen entlang ihrer Zugbahn zwischen Westafrika und der Karibik (verändert nach BOUCHER *1975).*

Häufig stehen die Störungen auch mit einem außertropischen Höhentrog in Verbindung, dessen Kaltluft die Wellenstörung zum Teil initiiert. Sie macht sich selbständig und sorgt z.B. im Westen Afrikas für einen nicht unerheblichen Teil der Niederschläge im Sudan und Sahel (n. TETZLAFF et al. 1985 zu 85%), ebenso auch im Karibischen Raum. Passatstörungen bestimmen darüber hinaus die Witterung in den anderen maritimen Bereichen der Tropen z.B. im Nordpazifik, vor Madagaskar und im Golf von Bengalen sowie in NE-Australien.

Eine weitere Niederschlags-Quelle sind die *Squall-Lines (Ligne des Graines)*. Darunter versteht man abgeschlossene Wirbel um eine kurzlebige meridionale Konvergenz-Linie, in deren Trog geringe Abkühlung ausreicht, um Wolkentürme aufzubauen und Schauer mit Graupeln und Hagel auszulösen. Ihre Lebensdauer beträgt im Höchstfalle 24 Stunden. Doch fallen in kurzer Zeit bis zu 100 mm Niederschlag. Sie leiten in der Sudan/Sahel-Zone die Regenzeit ein und beenden sie auch. Die Windgeschwindigkeiten erreichen zum Teil bis zu 20 $m \cdot s^{-1}$.

An den Gebirgsbarrieren verstärken sich die passatischen Störungen, z.B. an den Karibischen und Hawaiischen Inseln, an der Ostküste Mittelamerikas und vor Madagaskar, auf den nördlichen Philippinen und in Nordostaustralien. Diese regenbürtigen Luv-Effekte sind besonders wirksam nach der ausklingenden zenitalen Regenzeit, wenn der Passat in den Herbstmonaten der jeweiligen Halbkugel über dem Ozean große Geschwindigkeiten erreicht und zur Hebung an den Luv-Seiten gezwungen wird (Abb. 10.4).

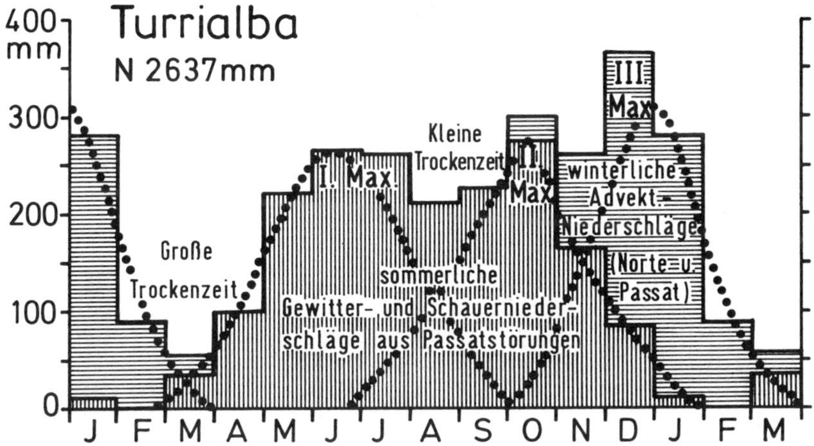

Abb. 10.4: Typen des Niederschlags auf den Luv-Seiten der Randtropen am Beispiel Turrialba (Costa Rica)

In den *semiariden Randtropen* ist die Witterung während der langen Trockenzeit durch eine stabile Passatströmung mit gut ausgebildeter Inversion zwischen der Ober- und der Grundströmung gekennzeichnet. Diese Sperrschicht verhindert Wolken- und Niederschlagsbildung. Es kommt lediglich zu *Cumulus humilis*-Bewölkung.

Das Satellitenbild (Abb. 10.5) zeigt eine Reihe der genannten Phänomene der tropischen Witterung. Der Sonnenstand nähert sich – zum Zeitpunkt der Aufnahme von der Südhalbkugel kommend – dem Äquator. Infolgedessen konzentrieren sich riesige Wolken-Cluster um den Äquator als Anzeichen höherer Niederschlagsaktivität über dem westlichen Zentralafrika und entlang der Guinea-Küste. Die Bewölkung setzt sich als schmales Band über dem Atlantik fort, das die ITCZ deutlich anzeigt. Sie liegt dort fast ganzjährig unter geringer Veränderung der Breitenlage. In ihr konvergieren die nordöstlichen und südöstlichen Passatwinde, angezeigt durch die wolkenlosen Meeresflächen nördlich und südlich des Konvergenzstreifens.

Abb. 10.5: METEOSAT-Aufnahme vom 7.3.1978, 12.00 Uhr

Die zahlreichen konvektiven Gewitterzellen im östlichen und südöstlichen Afrika deuten darauf hin, dass die südhemisphärische, tropische Regenzeit mit Ausnahme im äußersten Süden noch nicht beendet ist. In der Winterregenzone bei Kapstadt sind bereits Wolken zu erkennen, die die beginnende Winterregen-Saison ankündigen.

Die *Sudan-* und *Sahel-Zone* sowie die Sahara selbst sind, mit wenigen Ausnahmen, fast wolkenfrei. Die schmalen Wolkenbänder im äthiopischen Hochland zeichnen den Gebirgsrand zur vorgelagerten afrikanischen Grabenzone an. Sie lassen sich als Kondensationsniveaus einer Staubewölkung deuten, verursacht durch die Hang/Talwind- bzw. Land/Seewind-Zirkulation.

10.3 Witterungstypen der Monsunzirkulation

In der *Monsunströmung* bilden sich geschlossene zyklonale Störungen aus, wenn auch ohne Beteiligung wirklicher Fronten. Es sind spezielle Monsun-Depressionen, die z.B. vom Golf von Bengalen her nach Nordwesten ziehen. Sie sind begleitet von ausgedehnten Schlechtwettergebieten, oft mit orkanartigen Stürmen und reichlich Niederschlägen (Abb. 10.6). Sie werden durch die passatische Oberströmung mit Tendenz zu polwärtigem Ausscheren gesteuert. Ebenso werden sie von im Norden vorbeiziehenden Höhentrögen der Westdrift beeinflusst, die in ihren Ausläufern über das Hochland von Tibet bis etwa 28° Breite vordringen können. Wenn die monsunalen Zyklonen unter die Einwirkung der Höhentröge geraten und nach Norden ziehen, kommt es über Teilen des Plateaus von Dekkan zu großräumigen Winddivergenzen und damit zu Trockenphasen, auch als Monsun-Pausen bezeichnet. (vgl. Kap. 9).

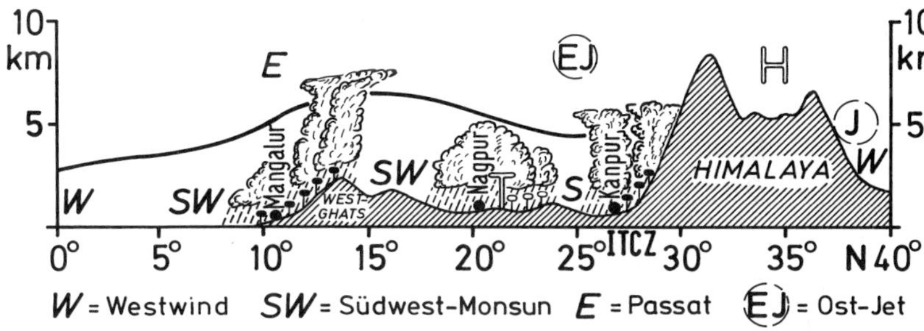

Abb. 10.6: Schema der Luftströmung über Indien während des Sommermonsuns

Die Luftfeuchtigkeit in der bodennahen Troposphäre wird durch die Südwestwind-Strömung geliefert. Mächtige *Nimbostratus*-Wolkendecken bilden sich aus. Es fallen sintflutartige Regen auf dem flachen Land. Der Wassergehalt der Monsunluft ist sehr hoch. In Nordindien werden teilweise 60-70 mm·Tag^{-1} gemessen. Im Verein mit den Luv-Effekten, die vor allem die Westküsten Vorder- und Hinter-Indiens sowie den Rand des Himalaya und den Nordosten des Subkontinents betreffen, bringen die Zyklonen zum Teil verheerende Niederschläge mit den höchsten Mengen.

Das Monsunphänomen ist meteorologisch ein außerordentlich spannendes Schauspiel, das selbst Schriftsteller verarbeitet haben (Bromfield: Der Große Regen). Cherrapunjee gilt als der regenreichste Ort des indischen Monsunbereichs. Hier fallen zwischen März und Oktober 98% der Niederschläge, allein im Juli im Mittel beinahe 3.000 mm, im August 2.000 mm, im ganzen Jahr um die 12.000 mm. Für die Niederschlagsauslösung an dieser Stelle treffen mehrere Faktoren zusammen, sowohl die intensive zyklonale Tätigkeit als auch das Luv-Phänomen, das den Ort auf einem 1.200 m hoch gelegenen Plateau frontal, aber etwa 45° gegen den tiefen Druck erfasst. Zudem liegt der Ort in der Zone maximaler Niederschläge unterhalb des ersten Kondensationsniveaus.

10.4 Tropische Wirbelstürme

Tropische Wirbelstürme entstehen im Bereich der innertropischen Konvergenzzone ausschließlich über Ozeanen, vor allem im Spätsommer und Herbst, wo die Wassertemperaturen 27°C überschreiten und atmosphärische Wellenstörungen mindestens vier Breitengrade vom Äquator entfernt auftreten, weil die Mitwirkung der *Corioliskraft* erst dann gegeben ist. Voraussetzung ist eine Konvergenz am Boden und eine stärkere Divergenz in der Höhe, damit die Luft abfließen kann. Tröge im Subtropen- bzw. im Polarfrontjet schaffen diese Voraussetzungen. Tropische Wirbelstürme sind energetisch nur über Ozeanen stabil. Beim Übertritt aufs Land wird die Reibung wirksam und die kontinuierliche Zufuhr von latenter Wärme unterbrochen. Damit wird das Sturmzentrum instabil, es kommt zur Hebung der Luft und zu Regenfällen. Danach bricht der Wirbel zusammen.

Wirbelstürme gehören zu den größten Wetterkatastrophen, die die Erde kennt. Sie haben einen Durchmesser bis zu 300-600 km. Der Wind weht mit Orkanstärke. Er kann eine Geschwindigkeit bis 100 $m \cdot s^{-1}$ erreichen. Im Auge der Zyklone werden die tiefsten Luftdruckwerte festgestellt (gemessenes Minimum 890 hPa). Das Auge des Orkans hat ca. 20 bis 70 km Durchmesser. Dort ist es nahezu windstill. Es herrscht absteigende Luftbewegung mit adiabatischer Erwärmung. Die Zuggeschwindigkeit ist unterschiedlich, beträgt aber im Sturmstadium etwa 20 $km \cdot h^{-1}$. Der Weg wird durch die subtropischen Antizyklonen gesteuert, die westlich umströmt werden und am Ende ihrer Bahn in normale Westwind-Zyklonen übergehen. Über kälterem Wasser verlieren sie schnell ihren Wirbelsturmcharakter (Abb. 10.7). Niederschlagsmengen von täglich 500 mm sind keine Seltenheit.

Auf der *Nordhemisphäre* sind drei große tropisch-subtropische Zyklonengebiete zu unterscheiden: West-Indien einschließlich des östlichen Pazifik (*Hurricane*); Indischer Ozean besonders im Bereich des Golfs von Bengalen (*tropische Zyklonen*) sowie Philippinen, China-See und Japanisches Meer (*Taifune*). Auf der *Südhemisphäre* sind es die *Mauritius-Orkane* des Indischen Ozeans und die *Willy-Willies* vor der NE- und NW-Küste Australiens. Über dem südlichen Atlantik vor der Ostküste Südamerikas und im östlichen Südpazifik westlich der südamerikanischen Küste fehlen sie völlig, weil in

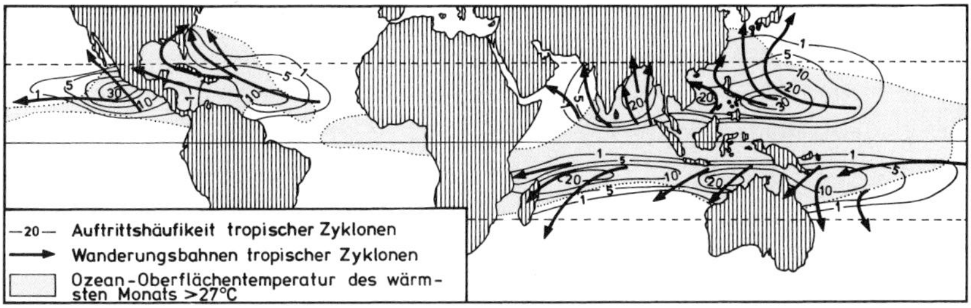

Abb. 10.7: Auftrittshäufigkeit und Bahnen tropischer Zyklonen (verändert nach BARRY & CHORLEY *1992)*

diesen Gebieten die ITCZ niemals südlich des Äquators verläuft und außerdem die kalten Meeresströmungen (Benguela und Humboldt) stabilisierend bis hin zum Äquator wirken.

10.5 Problemklimate in den Tropen

Abweichend von den solaren Bedingungen im allgemein feuchten äquatorialen Tropengürtel kommen durch die besonderen Reliefbedingungen, die Lagebeziehungen von Land und Meer im Zusammenhang mit der atmosphärischen Zirkulation und den Meeresströmungen azonale Klimabedingungen zustande, die an zwei Beispielen erläutert werden sollen. Es sind zugleich Räume hoher klimatischer Variabilität.

10.5.1 Die Guinea-Küste

An der Guinea-Küste im Bereich von Ghana und Togo tritt ein bezeichnendes Trockenheits-Phänomen auf (Abb. 10.8). Hier entfällt bei sonst allgemeiner Monsunströmung aus Südwest während des Sommers bei küstenparalleler Strömung ein Teil der sommerlichen Regenmengen, obwohl in dieser Zeit nördlich der Küste die innertropische Konvergenzzone für monsunale Niederschläge sorgt.

Während die Niederschlagsmessungen an der Station Monrovia (4.735 mm) zwei zusammengerückte Maxima in den Monaten Juni und September mit einer kleinen Trockenzeit im August erkennen lassen, ist die Niederschlagsstärke reduziert (an der Station Lomé 815 mm, 5° N) und die aride Phase im Sommer über mehrere Monate (Juni bis September) ausgedehnt. In dieser Zeit wirken sich absteigende Luftmassen eines schwachen Hochs aus, verursacht durch den südhemisphärischen Ast der HADLEY-Zirkulation. Die divergente Strömung führt zur Trockenheit. Kühle Auftriebswasser, durch den ablandigen Effekt der Luftströmung und die Auslenkung der Meeresströmung durch den Ekman-Effekt hervorgerufen, verstärken das Trockenheits-Phänomen.

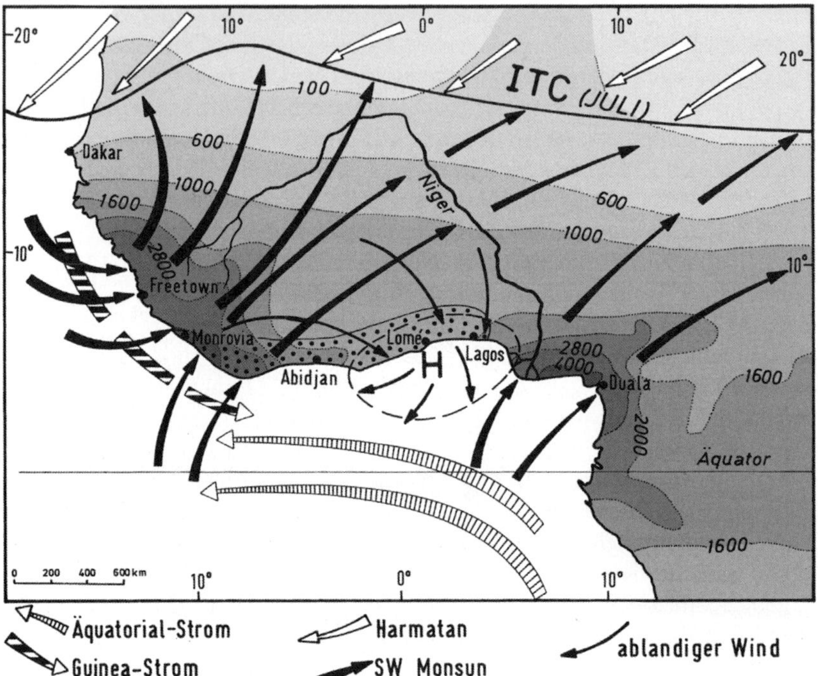

Abb. 10.8: Das Trockenheitsphänomen an der Guinea-Küste (Westafrika). Rote Punkte: Bereich mit einer „kleinen Trockenzeit" in der Hauptmonsun-Phase

10.5.2 NE-Brasilien

Eine besonders aufschlussreiche Zirkulationsanomalie betrifft *NE-Brasilien*, wo die Niederschläge in mehreren Bezirken von Jahr zu Jahr beträchtlich schwanken und auch längere Dürre-Perioden feuchteren gegenüberstehen (Abb. 10.9). Es ist ein Raum von hoher agrarwirtschaftlicher Labilität. Die Extreme der Jahresmenge des Niederschlags betragen an der Station Quixeramobim max. 1.452 mm und min. 208 mm. Normalerweise fallen Niederschläge in den Monaten Januar bis Mai in der südsommerlichen Regenzeit, die im Zusammenhang mit der normalen Lage der ITCZ und starker Konvektion auftreten, während in anderen Jahren das Passat-Regime mit vorherrschenden Ostwinden erhalten bleibt und Dürre verursacht.

In regenreichen Jahren wird durch das intensive Vordringen des nordhemisphärischen NE-Passats die ITCZ weit nach Süden abgedrängt, was Niederschläge über NE-Brasilien begünstigt, während in den regenarmen Jahreszeiten der SE-Passat vorherrscht und die ITCZ auf der Nordhalbkugel

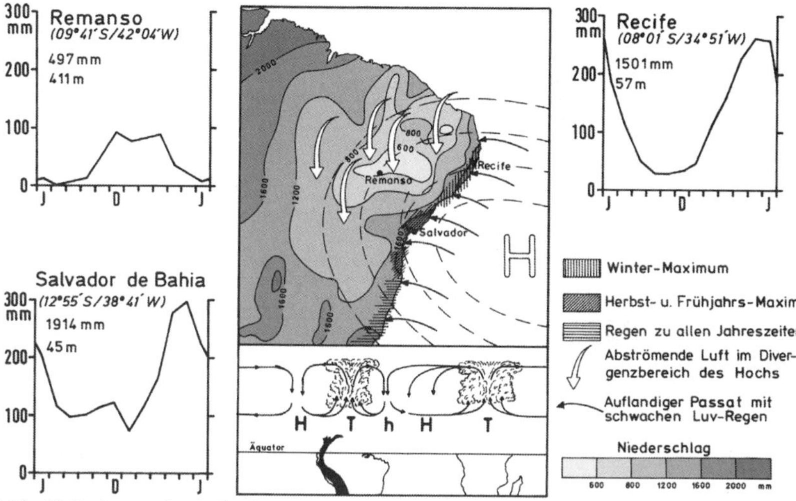

Abb. 10.9: Atmosphärische Situation und Sommer-Dürre im NE-brasilianischen Trockengebiet

bleibt. Die Anomalie der sommerlichen Dürre hängt mit dem Einfluss des südatlantischen Hochdruckgebietes zusammen, das bis zum Nordosten Brasiliens wirksam wird. Es unterstützt einen kräftigen Passat, der zugleich eine kalte Wasserzunge der Benguela-Strömung entlang des Äquators bis an die NE-Küste Brasiliens antreibt. Dies hat zur Folge, dass der Passat vor der Küste weniger Wasserdampf aufnimmt und seine absinkende, divergierende Luftströmung die Konvektion mit Niederschlagsereignissen über dem Inneren NE-Brasiliens weitgehend unterdrückt. Diese Anomalie steht mit dem ENSO-Phänomen in Verbindung (vgl. Kap. 14).

10.6 Die tropisch-subtropischen Trockengebiete

Die tropisch-subtropischen Trockengebiete der Erde liegen zum großen Teil an den Westseiten der Kontinente. Dort werden die Einflüsse der quasi-stationären Hochdruckzellen ganzjährig wirksam (vgl. Abb. 9.24). In diesem Bereich verringern sich die tropischen Sommer- und außertropischen Winterregen allmählich. Peraride, aride und semiaride Gebiete scharen sich um eine *Trockenachse* als schmale Überschneidungsflächen beider Niederschlagstypen (Abb. 10.10).

Die *Trockenachsen* in der zentralen Sahara und an der Westküste Südamerikas werden in ihren regenlosen Kernbereichen (Vollwüste) von keinem der beiden Regenregime erreicht, es sei denn als ein episodisches Ereignis. Im westlichen Nordamerika, Westaustralien und südwestlichen Afrika hingegen

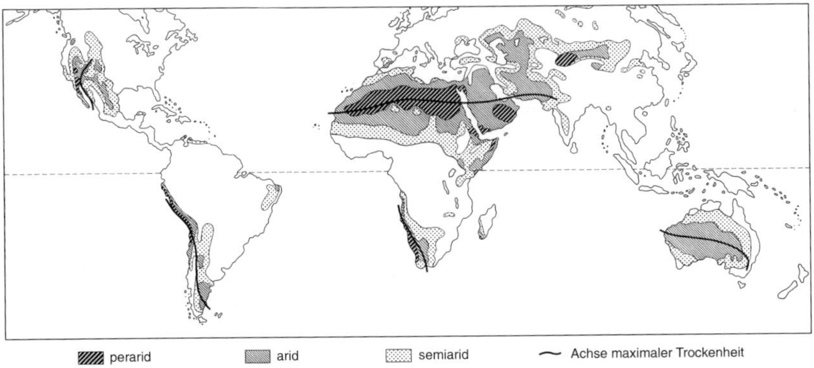

Abb. 10.10: Die Trockengebiete der Erde mit der Achse maximaler Trockenheit

entstehen durch die alternierende Überlappung spärlicher tropischer und außertropischer Niederschläge ökologisch günstige Halbwüsten mit hohem Biodiverstätsgrad.

10.7 Küstenwüsten – Feuchtluftwüsten und Binnenwüsten –

Küstenwüsten sind die extremsten Wüstentypen der Erde. Sie liegen im tropisch-subtropischen Trockenraum an den Küsten mit kalten Meeresströmungen, die von absinkender atmosphärischer Höhenströmung überlagert werden.

Die bekanntesten Küstenwüsten der Erde befinden sich im Einflussbereich des *Humboldt-Stroms, Benguela-Stroms, Kanaren-Stroms, Kalifornien-Stroms* sowie an der somalischen und pakistanischen Küste. Klassische Beispiele der *Küstenwüsten* sind die *Atacama* an der peruanisch-nordchilenischen Küste und die Namib an der Küste SW-Afrikas, beide im Einflussbereich der quasi-stationären subtropischen Hochdruckzellen. Sie verursachen eine stabile Luftschichtung mit einer ausgeprägten Inversion in den mittleren Höhen um ca. 800 m ü. Meer am Westfuß der Anden und um etwa 600 m ü. Meer vor dem Escarpment an der Westküste Südafrikas.

Im Bereich der *Atacama*-Wüste treiben süd-südwestliche Winde kühle Wassermassen aus den antarktischen Gewässern längs der Küste nach Norden, unterstützt durch eine beständige Strömungsdivergenz, die im Sinne der *Ekmanspirale* kalte Auftriebswasser aus den tieferen Ozeanschichten an die Oberfläche fördert (*Upwelling*). Die negativen Abweichungen der Temperatur der Wasserflächen können gegenüber dem Breitenkreismittel bis zu 9°C betragen. Unter der Inversionssperrschicht reichert sich Wasserdampf an. Nächtliche Ausstrahlung verursacht Hochnebelbildung. Durch den Temperaturgegensatz zwischen der kühlen Luft über dem Meer und dem stark erhitzten Land stellt sich in Küstennähe ein Ausgleichswind ein mit einem tagsüber vom Meer ins Land gerichteten Seewind und einem nächtlichen Landwind (Bergwind). Nebel, die mit dem Seewind ins Land driften, sind nässend und ernähren eine spärliche Vegetation an Teilen des Küstenstreifens, vor allem an Hügeln und Dünen.

Jenseits des Einflussgebietes häufigen Nebels, der eine scharfe Obergrenze und je nach der Topographie auch eine ebenso scharfe Binnenlandgrenze ausbildet, liegt die eigentliche, heiße und trockene *Binnenwüste*, in der sich seit Menschengedenken nur wenige Regengüsse ereignet haben. Die Küstenstation Iquique im Einflussbereich des Nebels hat im 30-jährigen Mittel nur 2 mm Niederschlag im Winter. Die Station Canchones im Binnenland der Atacama liegt genau auf der Trockenachse und ist regenlos. In den *Küstenwüsten* ist daher grundsätzlich zwischen *Feuchtluftwüsten* an der Küste im unmittelbaren Einfluss der Nebel und reinen *Binnenwüsten* weiter landeinwärts zu unterscheiden.

Die *Atacama-Binnenwüste* gilt als der trockenste Landstrich der Erde. Die tägliche wie auch die jährliche Schwankung der Temperatur ist in den Feuchtluftwüsten relativ gering, wohingegen im binnenwärtigen Wüstenbereich hohe Tages- und Jahresschwankungen auftreten. Die Tagesschwankungen betragen in der Binnenwüste der Atacama im Minimum 20°C im Sommer (Januar) und 29°C im Winter (August), Mittelwerte zwischen 27,4°C im Juni und 32°C im Dezember, Minima zwischen 10,4°C im Januar und 0°C im August. Im Bereich der Feuchtluftwüste an der Küsten hingegen erniedrigen sich die Temperaturschwankungen erheblich und betragen durchschnittlich zwischen 5°-7°C (Iquique 21°C) (WEISCHET 1966).

Die *Feuchtluft-Küstenwüste* und die trockene, etwa 1000 m höher gelegene *Binnenwüste* der *Atacama* sind nur 30 km voneinander entfernt. Durch den Heizeffekt auf den Hochflächen des Altiplano der Anden wird ein Höhenhoch gestützt, das sich mit dem südpazifischen Hoch verbindet und seinerseits infolge divergenter Strömung zu Trockeneffekten führt. Die geringe Wasserdampfmenge, die auf dem Altiplano nur noch 9 $g \cdot m^{-3}$ beträgt, verdampft beim föhnartigen Abstieg der Passatströmung fast vollständig. Da auch vom Pazifik her ein Wasserdampftransport unterbunden ist, werden jegliche Kondensationsprozesse über der Binnenwüste verhindert. Die spärlichen sommerlichen Tropenniederschläge beginnen an den Westhängen der Anden erst ab einer Höhe von ca. 2000 m (Kondensationsstufe).

In der Namib tritt unter dem Einfluss der kühlen *Benguela-Strömung* das *Feuchtluftwüsten-Phänomen* etwas abgeschwächt auf. Die südatlantische Antizyklone und die kalten Auftriebswässer verursachen auch hier eine Temperaturinversion unterhalb 800 m ü. Meer. Die Temperatur nimmt auf ca. 15°C ab, die relative Feuchte nimmt bis auf 100% zu (Abb. 10.11). Es entsteht dichter Nebel an der Inversionsuntergrenze. Die Mächtigkeit des Hochnebels wächst proportional zur Abkühlung nach unten hin häufig bis zu 300 m. In Walvis-Bay (Namibia) ist die mittlere Jahrestemperatur von 16°C für die Breitenlage um 5°C zu kalt. Landeinwärts steigen die Temperaturen an. Die Hochnebeldecke löst sich nach etwa 50 bis 70 km auf. An der Küste fällt aus der Hochnebeldecke vereinzelt leichter Sprüh- und Nieselregen, der über dem Meer stärker ist als über dem Land. Die Nebelnässe versorgt eine spärliche Vegetation, insbesondere zahlreiche Flechten und Geophyten. Die 20-jährige Niederschlagsreihe von Walvis-Bay hat ein langjähriges Mittel von 11 mm, mit dem Hauptanteil von 3 mm im März. Eine ausgesprochene Binnenwüste ist nicht ausgebildet, da die Feuchtluftwüste im Binnenland in eine Halbwüste mit sehr schwachen Sommerregen übergeht (vgl. Abb. 11.4).

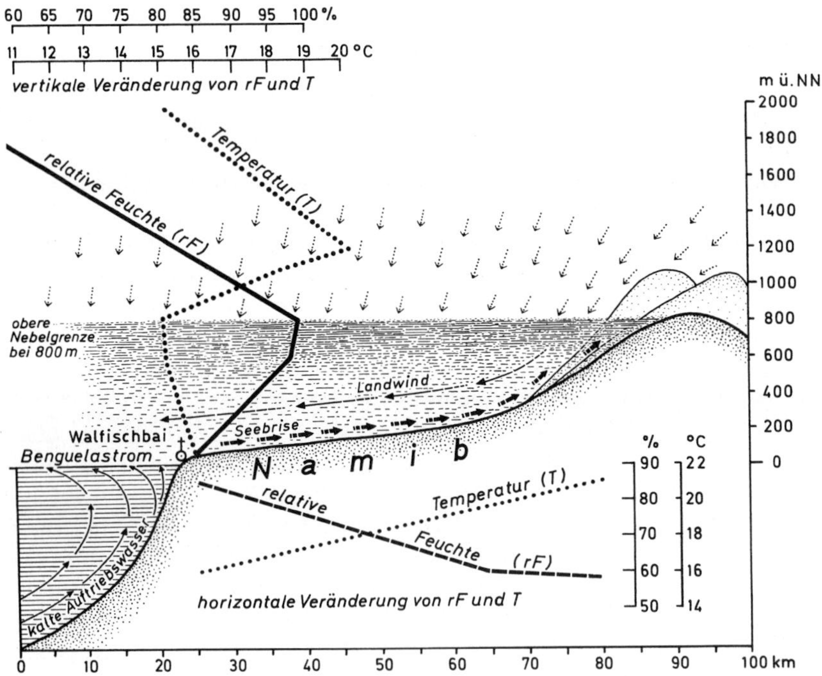

Abb. 10.11: Horizontale und Vertikale Veränderung von relativer Feuchte und Lufttemperatur im Bereich der Feuchtluftwüste Südwestafrikas (bzw. Walvis-Bay) (nach Daten von JACKSON *1940 und* BESLER *1972)*

Die Nebelbildung verlagert sich an den Küsten der *Feuchtluftwüsten* im Jahresverlauf durch schwaches Wandern der Zirkulationssysteme mit Sommernebelmaxima vorwiegend im polwärtigen und Winternebelmaxima im äquatorwärtigen Teil.

11 Witterung und Klima in den Subtropen

Die subtropischen Klimagürtel sind als Landschaftsraum hoher Sommer- und mäßiger Winterwärme *thermisch* definiert. Die Feingliederung ist *hygrisch* bestimmt, indem sich durch die Länge der Regen- und Trockenzeiten *feuchte* und *trockene* und nach dem Regenregime *winterfeuchte* und *sommerfeuchte* (z.T. *immerfeuchte*) Gebiete unterscheiden.

Die *witterungsklimatische* Charakterisierung der Subtropen als geschlossene Klimazone ist gekennzeichnet durch das *Alternieren* des Klima-Regimes zwischen Sommer und Winter. Im Sommer partizipieren sie am Passat-Regime und geraten im Winter unter die Herrschaft der Westwinddrift der Mittelbreiten, jedoch in mindestens zwei Ausprägungsformen, die durch die Lage der subtropischen Hochdruckzellen auf den Ostseiten der Meere bedingt sind.

Die *Westseiten* stehen im Sommer stark unter dem Einfluss der subtropischen Antizyklonen. Im Winterhalbjahr dominiert die Mittelbreiten-Westdrift und verursacht winterliche Niederschläge. An den *Ostseiten* der Kontinente verliert die subtropische Antizyklone ihre Wirkung zugunsten des Einflusses der permanenten Höhentröge, auf den Westseiten der Ozeane mit sommerlichen Regen und einer winterlichen Trockenzeit, die jedoch unmittelbar an der Küste durch auflandige monsunartige Winde und außertropische Kaltluftströme häufig von Niederschlägen unterbrochen ist.

Im *Binnenland* der Subtropen ist ein Kontinentalklima ausgebildet, je nach Lage mit Tendenz zu Winter- oder Sommermaxima der Niederschläge und reliefabhängigen Mengen.

11.1 Subtropische Winterregengebiete – Das europäische Mittelmeergebiet

Die *winterregengeprägten Subtropen* sind relativ kleine, aber sehr ausgeprägte Landschaftsräume auf der Erde; mit ca. 1,66 Mio km^2 nehmen sie lediglich ca. 1% der Festlandsflächen und außerhalb der europäischen Mediterraneis nur schmale Streifen der Westküsten ein, doch dringen in den stark aufgelösten Landstrichen des europäischen Mittelmeeres die Niederschläge – gebunden an wandernden Zyklonen im Winter – weit ins Landesinnere vor und beeinflussen noch die Westabhänge des Hindukusch, des Pamir und des westlichen Himalaya. Auf der Nordhalbkugel liegen die Mediterrangebiete zwischen 32° und 45°N, auf der Südhalbkugel zwischen 28° und 38°S.

Nordhalbkugel: 1. Das *europäische* Winterregengebiet rund um das Mittelmeer mit Einflüssen bis in den Vorderen Orient. 2. Das *kalifornische* Winterregengebiet mit Einflüssen auf die Höhen der Gebirgsumrahmung.

Südhalbkugel: 1. Das *südamerikanische* Winterregengebiet im mittleren Chile. 2. Das *südafrikanische* Winterregengebiet um Kapstadt und 3. Die *australischen* Winterregengebiete um Perth und Adelaide.

Die Winterregentendenz setzt sich in allen genannten Gebieten in Richtung Äquator in die subtropisch-tropischen Trockengebiete bis an die Tropengrenze und andererseits auch über die polwärtige Grenze der Subtropen in die hochozeanischen Räume der Mittelbreiten fort. Das *subtropische Winterregenklima* weist zwei ökologische Stressfaktoren auf: eine exzessive, sommerliche Trockenzeit, die zudem in die Vegetationsperiode fällt, und eine ausgeprägte *Niederschlagsvariabilität* besitzt (vgl. ROTHER 1984). Im feuchteren Teil bei ca. 7 bis 9 humiden Monaten und Niederschlägen >500 mm gibt es trotz ökologischer Nachteile auch viele Vorteile; denn die Niederschläge fallen hauptsächlich im späten Herbst und im Frühjahr und unterstützen somit den frühen Wachstumsprozess durch die relativ geringe Frostfrequenz; das Temperaturintervall von 2 bis 13°C auf der Nordhalbkugel und 6 bis 13°C auf der Südhalbkugel entspricht weitgehend Gunstfaktoren des Wachstums.

Die Pflanzenwelt der Winterregengebiete ist in ihren phänologischen Merkmalen den klimatischen Bedingungen dieses Raumes angepasst. Die mittleren Niederschlagsmengen betragen zwischen 500 und 1.000 mm. Die Spitzenwerte liegen sogar bis zu 4.500 mm (an der dalmatinischen Küste). Sie nehmen in Richtung auf die Trockengebiete des tropisch-subtropischen Wüstengürtels kontinuierlich ab. Die hohe *Niederschlagsvariabilität* verursacht Dürreschäden (vgl. ROTHER 1984, S. 42). Die mittlere Abweichung beträgt in vielen Räumen um die 15 bis 20%; d.h. in feuchten Jahren fallen 20% mehr, in trockenen 20% weniger Niederschläge, als die langjährigen Mittel erkennen lassen.

Das europäische Winterregengebiet empfängt seine maximalen Niederschläge keineswegs nur im Winter, sondern auch im Herbst und Frühjahr (Abb. 11.1). Kontinentalitätsgrad und Nord-Süd-Wandel im Zusammenhang mit dem Alternieren des Klimaregimes sind die Ursache.

Winterregen, z.T. mit Herbst-Maximum, treten fast am gesamten Küstensaum des Mittelmeeres auf. Der Norden der Mediterraneis hat ausgesprochene Herbst- und/oder Frühjahrsmaxima. Die Frühjahrsgipfel (z.T. auch Winter) im Atlasgebirge und in Hochanatolien stehen im Zusammenhang mit der Erwärmung im Frühjahr, wenn die Sonne bei ihrem Nordwärtsgang kon-

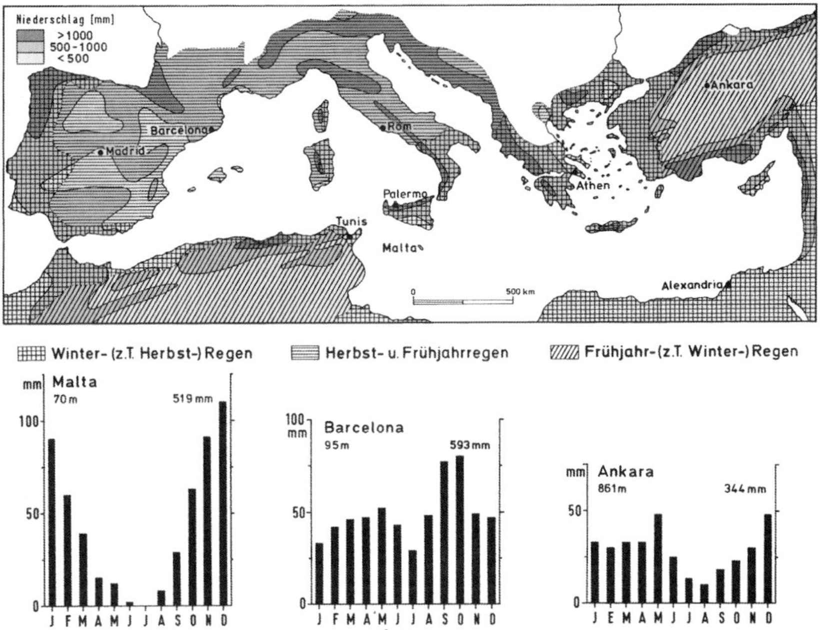

Abb. 11.1: Mittlere jährliche Niederschlagsmengen und die jahreszeitliche Verteilung der Niederschläge im Mittelmeerraum sowie die Regengangtypen

vektive Niederschläge auslöst. Im nördlichen Mittelmeergebiet ist die winterliche Regenzeit länger als im südlichen, da dieser Raum bei der Verschiebung der Klimagürtel länger an Niederschlagsereignissen aus der Westdrift partizipiert. Die Dauer der Trockenzeit nimmt von 2 bis 3 Monaten im Nordwesten bis auf 5 bis 6 Monate im Südosten zu. Insofern lässt sich die winterfeuchte Mediterraneis in einen winterfeuchten semihumiden Bereich und einen winterfeuchten semiariden Bereich gliedern.

Zwei Mechanismen führen hauptsächlich zu unterschiedlichen Maximalzeiten der Niederschläge: Die wirklichen *Mittwinterregen* sind größtenteils allochthonen Ursprungs und fallen aus Zyklonen, die entlang der Mediterran-Front von Westen bis nach Kleinasien ziehen. Dabei ergeben sich für das Mediterrangebiet zonale Wetterlagen, während über Westeuropa und dem Nordmeer in dieser Zeit ein blockierendes Hoch das Eindringen der Zyklonen nach Mitteleuropa verhindert. Meist liegt im Mittwinter diese Front mitten über dem Mittelmeer (Abb. 11.2), so dass Norditalien, das nördliche Spanien, z.T. auch das nördliche Griechenland noch im randlichen Einfluss des blockierenden Hochs liegen, wohingegen das zentrale Mittelmeer und seine Küsten, vor allem der Nordsaum Nordafrikas und die Inseln Malta (vgl. Diagramm Abb. 11.1) Sizilien, Kreta und Zypern auf der wetteraktiven Südseite

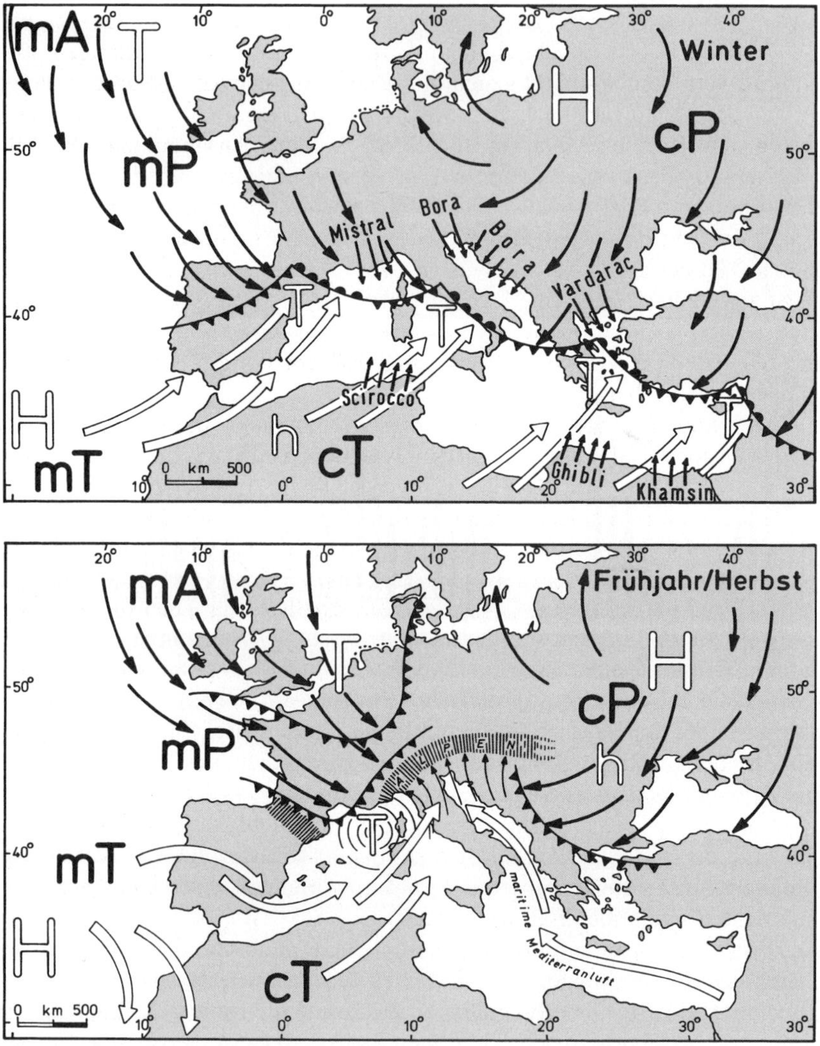

Abb. 11.2: Die vorherrschende Zirkulation für die beiden Hauptniederschlagstypen (Winter- z.T. Herbst- und Herbst-Frühjahrsregen)

liegen und deshalb maximale Niederschläge zwischen Dezember und Februar erhalten.

Die *Herbst-* und *Frühjahrs-Maxima* entstehen, wenn über Mitteleuropa ein zentrales Tief polare oder arktische Luft über Frankreich, z.T. kanalisiert durch das Rhône-Tal, ins Mittelmeer lenkt. Diese verwirbelt sich mit tropischen Luftmassen über dem Tyrrhenischen Meer und im Golf von Lyon und

Genua und bildet eine mächtige Zyklone, meist *Genua-Zyklone* genannt, aus (Abb. 11.2). Sie verursacht charakteristische Witterungserscheinungen. Die Kaltluft von Norden drängt gegen die Alpen. Auf der Alpen-Südseite steigt Warmluft auf und verursacht hier Steigungsregen. Durch das Zusammentreffen entsteht über den Alpen ein Höhenhoch mit einer Ansammlung potentieller Energie. Das Massendefizit auf der Alpen-Südseite wird ausgeglichen durch intensive Strömung im Rhône-Tal, meist verbunden mit *Mistral* oder auch boraartigen Winden in den Alpen. Diese Luftmassen werden um das Genua-Tief herum als Kaltfront gegen Osten gesteuert, während vor der Kaltfront aus Südwesten warme Luft als *Schirokko* nach Norden drängt. Häufig ziehen abgespaltene, wandernde Zyklonen des *Genua-Tiefs* nach Osten über die Wiener Senke und nach Südost- und Osteuropa und führen auch dort zu Aufgleitniederschlägen (*Vb-Wetterlage*).

Das Genua-Tief mit seinen Witterungserscheinungen bringt insbesondere in Ober- und Mittelitalien, im Bereich Südfrankreichs, auch im östlichen Spanien (vgl. Diagramm Barcelona Abb. 11.1) sowie auf den Balearen und an der dalmatinischen Küste hohe Niederschläge vorwiegend im Herbst. Sie treten aber in abgeschwächter Form im Frühjahr auf, wodurch der zweite Gipfel vor allem auf der spanischen Meseta und in Südfrankreich zu erklären ist. Zu diesen beiden Jahreszeiten liegt Nordafrika noch bzw. schon wieder im Einflussbereich des Azorenhochs.

In Kleinasien treffen polar/kontinentale Luftmassen aus Osteuropa auf die tropisch/kontinentalen Luftmassen aus Afrika aufeinander, die gegen das Frühjahr hin am ehesten niederschlagswirksam werden (vgl. Diagramm Ankara Abb. 11.1).

Im Sommer verursacht der stationäre Keil des Azorenhochs über der gesamten Mediterraneis Trockenheit. An seinem östlichen Rand im Bereich der Ägäis bilden sich in Verbindung mit dem asiatisch-saharischen Hitzetief die bekannten *Etesienwinde*, in der wissenschaftlichen Literatur auch als Wurzelzone des Passats bezeichnet. Sie begünstigen langanhaltende Trockenheit im östlichen Mittelmeergebiet.

11.2 Südafrika – Subtropisches Sommer- und Winterregengebiet

Das südliche Afrika jenseits des 20. Breitengrades gehört dem südhemisphärischen, subtropischen Klima an. Die halbinselhafte Lage zwischen zwei Ozeanen mit unterschiedlich temperierten Meeresströmungen bedingt einen starken Einfluss maritimer Luftmassen auf den Küstenbereich. Der Benguela-Strom an der Westküste führt kühle Wasser nach Norden, während an der Ostküste der Agulhas-Strom warme Wasser nach Süden verfrachtet. Dies bedingt eine *thermische* und *hygrische* Asymmetrie des Klimas im südlichen Afrika. Die mittleren Jahrestemperaturen differieren zwischen *Durban* (Ostküste) und *Port Nolloth* im Westen (auf dem 30. Breitenkreis) um 7 K. Mittlere jährliche, wahre Temperaturen spiegeln deutlich die Hochlage dieses Subkontinents wider, mit dem Kulminieren der kühlen Temperaturen im Bereich der Drakensberge und dem Südrand der Karroo.

Für die *hygrischen* Klimate im südlichen Afrika sind neben dem Ost-West-Kontrast die Luftdruck- und Windverhältnisse ausschlaggebend. Die fast N-S-laufenden Isohyeten teilen Südafrika in einen feuchteren östlichen und einen trockenen westlichen Bereich (Abb. 11.3). Die 400-mm-Isohyete trennt auf dem Hochland die humiden Klimate im Osten von den ariden im Westen etwa auf dem 24. Längengrad. Lediglich an der Südküste zieht sich die Humidität von Osten her bis in den Bereich des Tafelbergs bei Kapstadt. Das unterschiedliche Niederschlagsregime trennt Südafrika in ein *subtropisches Sommer-* (*Pretoria* Abb. 11.3), das den größten Teil des Subkontinents einnimmt, und ein subtropisches *Winterregengebiet*, dessen Zentrum im Kapland liegt (Kapstadt, Abb. 11.3).

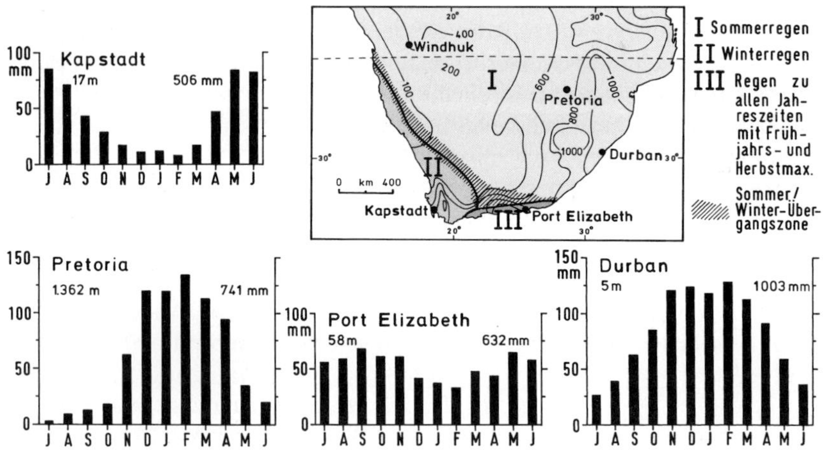

Abb. 11.3: Jährliche Niederschlagsmengen und Jahresgangtypen im subtropischen Südafrika

Im *Sommerregengebiet* fallen 80% der Niederschläge zwischen Oktober und März. Die Regenzeit beginnt an der Ostküste und wandert sukzessive nach Westen unter ständiger Verkürzung der Regenzeit. Im Bereich um Kapstadt fallen 80% der Niederschläge im Winterhalbjahr zwischen April und September. Auch hier verkürzt sich die Regenzeit in Richtung auf die Küstenwüste Namib, die praktisch regenlos ist mit Ausnahme von zeitweisem Nebel-Nieselregen.

Im Überschneidungsgebiet der Sommer- und Winterregen-Subtropen entstehen an der S- und SE-Küste durch eine Kumulierung der winterlichen und sommerlichen Wetterlagen Gebiete ganzjährig relativ hoher Niederschläge mit zwei Maxima in den Übergangszeiten (*Port Elizabeth* Abb. 11.3). Diese Regionen profitieren von der Umstellung der beiden Regenzeiten zwischen März und Mai bzw. September und November. Auch auf dem Westrand des trockeneren Hochplateaus überschneiden sich die Regenregimes in einer Übergangszone, so dass in den Frühjahrs- und Herbstmonaten schwache Maxima der Niederschläge entstehen bei sonst aber langfristigen ariden Bedingungen.

Das *Sommerregen-Regime* (Abb. 11.4) wird bestimmt durch ein über dem Kontinent entstehendes *Hitzetief* zwischen den zwei Hochdruckzellen, die über den Ozeanen liegen. Es erhält seine Niederschläge von einströmenden feuchten Luftmassen aus dem tropisch-äquatorialen Bereich, die zungenförmig in den südlichen Subkontinent eindringen. Die charakteristische Witterung dieses äquatorialen Typs sind zenitale Niederschläge aufgrund der Labilisierung der Luft über dem Kontinent. VOWINCKEL hat 1963 diesen Typ mit einer Häufigkeit von 27% am Gesamtaufkommen beschrieben.

Untersuchungen (TYSON 1987) über die höhere Atmosphäre in der 500-hPa-Fläche haben ergeben, dass der Tiefdruck über der Landfläche im Sommer namentlich von der tropischen Ostströmung des *Ost-Jets* gesteuert wird. Seine Mäanderwellen verursachen über der Hochfläche Störungen in Form von *Easterly Waves*, die die Hauptmasse der Regen erbringen, verbunden mit einer stärkeren Konvektion durch die aufgeheizte Erdoberfläche im Sinne der genannten Zenitalniederschläge.

Das sommerliche Regen-Regime hat am Beginn der Regenzeit noch Anteil an Niederschlägen aus der Westdrift, vor allem an der NE-Abdachung des Great Escarpments. Ursache dafür ist die Ostverlagerung der Hochdruckzelle über dem Indischen Ozean, die nicht nur etwa 4° weiter nach S, sondern auch ostwärts wandert (SCHULZE 1971 und TYSON 1987). Ausscherende Antizyklonen aus dem atlantischen Ozean-Hoch wandern dann von W um die Südspitze Afrikas herum und lenken außertropische Luftmassen auf der Ostseite gegen den Kontinent, die durch ihre Interaktion mit der tropischen Luft im Innern des Kontinents zu starken Konvergenzen neigen und an der Ostseite des Great Escarpments tagelange (Stau)niederschläge verursachen.

Während der sommerlichen Regenzeit auf dem Hochplateau und der Ostabdachung hat das *Kapland* seine Trockenzeit, da hier das atlantische Hochdruckgebiet mit südlichen Winden die Witterungsszene beherrscht. Dabei entstehen häufig an den südgerichteten Escarpment-Abfällen, besonders aber am Tafelberg, Nebel, die das sogenannte *Tafeltuch* erzeugen, indem sich über der flachen Bergtafel eine dünne Nebelschicht entwickelt, die beim Absinken auf der Nordseite unmittelbar unter dem Rand des Steilabfalls dynamisch 'abtrocknet' und auf breiter Front wie eine Tischdecke über dem Rand des plateauartigen Bergs herunterhängt.

Im *Winter* (Abb. 11.4) kehrt sich die Situation um. Die subtropische Antizyklone überlagert zumindest die Ostseite des Subkontinents. Die Hoch-

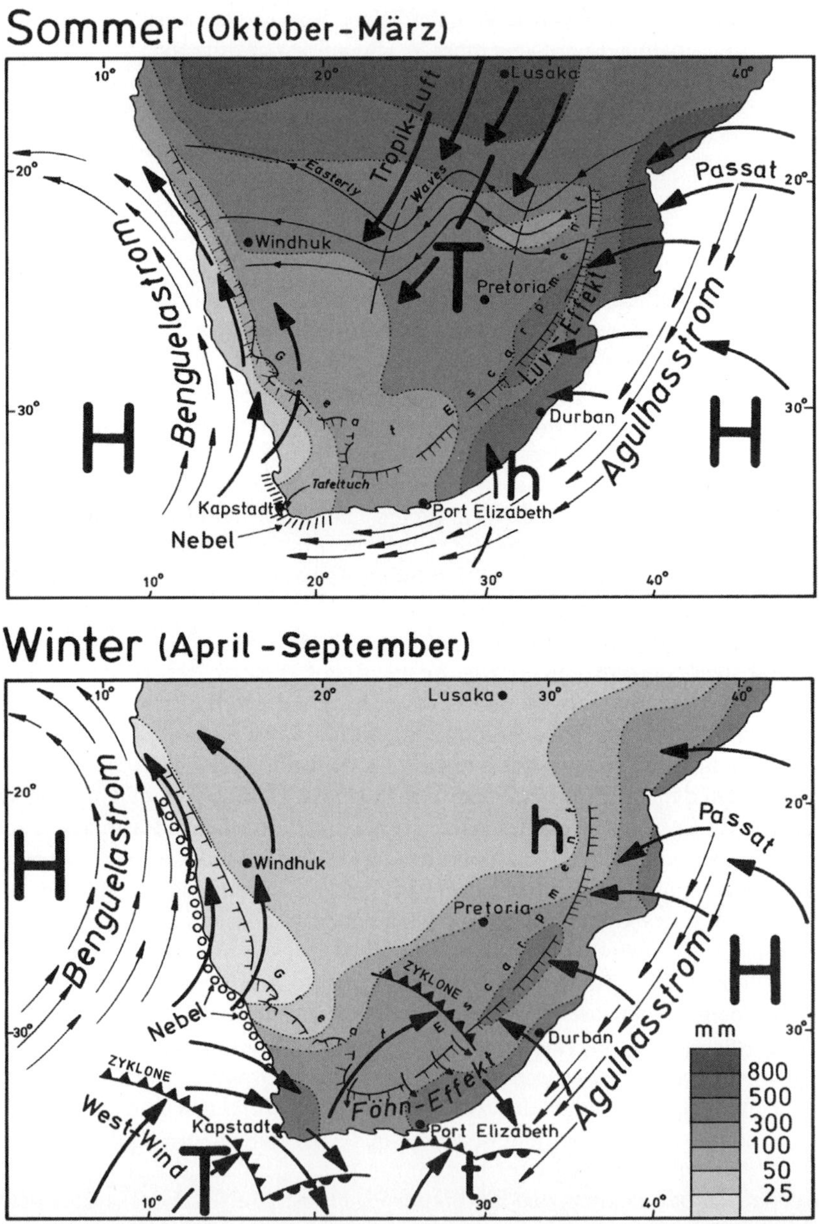

Abb. 11.4: Haupttypen der atmosphärischen Zirkulation im Sommer- und Winterhalbjahr im subtropischen Südafrika

druckzellen über den Ozeanen sind durch das Kältehoch über dem Binnenland verbunden, und der Einfluss trockener Höhenströmung wehrt das Eindringen maritimer Luftmassen ab. Intensive Einstrahlung auf dem gesamten Hochplateau mit hohen täglichen Temperaturschwankungen bei wolkenlosem Himmel und kräftigen Temperaturinversionen in Bodennähe verursacht die typische Witterung der winterlichen Trockenzeit. VOWINCKEL hat dieser Strahlungswetterlage eine Häufigkeit von 60-70% in den Mittwintermonaten zugeordnet. In der sommerlichen Regenzeit kann sie nur mit einer Häufigkeit von 8% auf dem Hochplateau Schönwetter verursachen.

Während des *Winters* beginnt ab April im SW-Zipfel des Kontinents, im Kapland, die feuchte Zeit. Sie dauert meist bis November. Zyklonale Wirbel der unteren Schichten der Westdrift reichen in dieser Jahreszeit weit nordwärts und bringen zunächst mit nordwestlichen Winden in der Warmfront und südwestlichen Winden hinter der Kaltfront bis an die Hänge der süd- und westgerichteten Randstufe z.T. sehr hohe Niederschläge.

Ausgesprochene Kaltlufteinbrüche durch Vorstöße der südlichen Polarfront mit polaren Luftmassen greifen zuweilen auf das Hochplateau über und verursachen Temperaturstürze, z.T. mit Schneefall. An der SW-Küste kommt es zu Stürmen mit beträchtlichen Windgeschwindigkeiten. Nicht selten sorgen an der S-Küste vorbeiziehende Zyklonen für ein Ansaugen von Luftmassen des Hochplateaus, so dass föhnartige Winde Erwärmungseffekte hervorrufen.

Die ausgiebige *Trockenheit* über dem westlichen Bereich der Kalahari, der Karroo und Botswana hängt ebenfalls mit dem tropischen Ost-Jet zusammen, dessen westwärtiges Abschwingen in diesen Breiten Divergenz erzeugt und damit die Trockenheit der ariden Gebiete nicht nur im Winter, sondern auch z.T. im Sommerhalbjahr verursacht. An der Westküste sorgen die ablandigen Winde für kalte Auftriebswasser und das Feuchtluft-Wüsten-Phänomen (vgl. Kap. 10).

11.3 Australien

Der Kontinent Australien liegt fast in seiner Gänze in den Breiten des südhemisphärischen Hochdruckgürtels. Divergente Strömungen antizyklonaler Witterungslagen beherrschen vor allem die Kernzonen des Kontinents. Von den ca. 7,7 Mio. km^2 des Landes gehören drei Mio. zum ariden und fast weitere drei Mio. zum semiariden Klimabereich (Abb. 11.5). Lediglich das Relief der Ostumrandung des Kontinents sowie die breitenparallele Verschiebung des Hochdruckgürtels im Jahresverlauf fördern einerseits regenbürtige Störungswetterlagen mit Luv-Lee-Effekten und andererseits den Einfluss äquatorialer Witterungstypen am Nordrand des Kontinents im Sommer und außertropischer Witterungstypen am Südrand im Winter.

Im *Südsommer* (Abb. 11.5) liegt der in Zellen aufgespaltene subtropische Hochdruckgürtel vorwiegend über dem Süden des Kontinents. Er sorgt dort in erster Linie für stabile Wetterlagen. Das Wandern der Hochdruck-Kerne verursacht aber häufigen Windwechsel, in deren Konvergenzgebieten im Innern des Kontinents durch Wasserdampfmangel kaum Regen fällt, außer an der SE-Küste, wo durch Aufnahme des Wasserdampfs über dem Ozean sich Regenfronten ausbilden können. An der Nordseite der wandernden Hochdruckzellen nehmen die Winde allmählich die stetige Richtung des SE-Passats ein. In NW-Australien bilden sich im Sommerhalbjahr Hitzetiefs, die zu einer starken Labilisierung der Luft führen, so daß größere Niederschlagsmengen vorwiegend aus örtlichen Hitzegewittern fallen.

Der australische *Sommermonsun* tritt nur für kurze Zeit zwischen Dezember und Februar auf den Nordteil des Kontinents über. In der innertropischen Konvergenzzone, die im Sommer über dem wärmsten Meeresgebiet der Erde zwischen N-Australien und Indonesien liegt, werden die passatischen NE-Winde von der Nordhemisphäre auf die Südhalbkugel übergeführt und strömen als nordwestliche Winde gegen den australischen Kontinent. Sie bringen jedoch nur dem nördlichen Teil Australiens echte monsunale Regen. Der australische Monsun ist in seiner Wirkung nur bedingt mit dem SW-Monsun Indiens zu vergleichen, denn seine Intensität wird bei Übertritt auf den Kontinent abgebremst und trägt vorwiegend zu der genannten Labilisierung der Atmosphäre über dem sehr heißen australischen Kontinent bei. Der Monsun

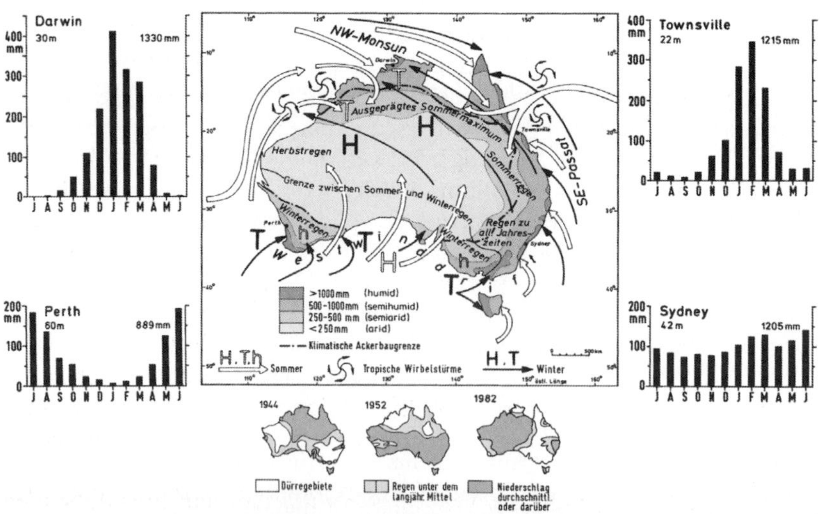

Abb. 11.5: Mittlere Merkmale der Sommer- und Winterzirkulation sowie Jahresniederschlagsmengen und Regengangtypen in Australien. Nebenkarten: Verbreitung der Dürre in ausgewählten Jahren (verändert nach Atlas of. Austr. Resources, NATMAP 1986)

als Luftmasse erreicht in den Mittsommermonaten im nordwestlichen Australien nur eine vertikale Dicke bis 3.000 m, die im Dezember mit einer Mächtigkeit von kaum 1.000 m beginnt und ebenso wieder im März in sich zusammenfällt. Der Bodenwind hat eine starke nördliche Komponente im äußersten Norden Australiens und eine stärkere westliche Komponente in den SW-NE-gerichteten Küstenstreifen NW-Australiens. Die höchsten Niederschläge fallen weniger als monsunale Regen, sondern mehr als tropische gewittrige Schauerregen.

An der tropisch bestimmten NE-Küste fallen die Niederschläge durch Wellenbildung im Passat und Steigungseffekte im Luv des Küstenberglandes. Die hier niedergehenden Sommerregen erreichen die Höchstwerte des gesamten Kontinents, meist angereichert durch Niederschläge aus episodisch auftretenden tropischen Zyklonen, die sowohl an der NE-Küste als auch an der NW-Küste Australiens vorkommen. Die Passat-Störungen wirken sich noch über dem nördlichen kontinentalen Binnenland aus, jedoch sind die Niederschlagseffekte erheblich geringer und fördern zwischen 300 und 600 mm.

Im *Südwinter* (Abb. 11.5) verlagert sich das südhemisphärische Hochdrucksystem der Subtropen über Australien weit nach Norden, so dass für das gesamte Winterhalbjahr der SE-Passat über dem *nördlichen* Australien vorherrscht. Er diktiert das Niederschlagsregime. Regen erbringt er nur an der NE-Küste durch Luv-Effekte am Küstenbergland. Das Binnenland steht dann vollständig unter dem trockenen, steifen Passat mit heiterem Wetter, aber hohen täglichen Temperaturschwankungen und einer stärkeren Abkühlung mit Schwankungsbeträgen der Temperatur zwischen 14 und 17°C.

Der *Süden* des Kontinents, auf der Südseite der Hochdruckbrücke liegend, gelangt dann zum großen Teil unter den Einfluss der außertropischen Westwinddrift, deren Tröge sich häufig zwischen die aufgelösten Hochdruckzellen schieben. Kaltfronten mit stürmischem Wetter führen zu Wetterstürzen, selbst im trockeneren Zentralbereich des südlichen Australien. Die Westwind-Strömung verursacht zwei getrennt liegende, markante Winterregengebiete: mit dem Zentrum um Perth (Abb. 11.5, *Perth*) in SW-Australien und um Adelaide. Das australische Winterregengebiet ist regenreicher als die übrigen subtropischen Winterregengebiete der Südhalbkugel. Es dehnt sich an der W-Küste weit nach Norden aus, da im Gegensatz zur afrikanischen und südamerikanischen Westküste ein Kaltwasserstrom mit Auftriebsphänomen und starker Inversionsbildung und Regenarmut an der Küste nicht ausgebildet ist.

Der winterliche Einfluss der Westwinddrift führt im südlichen Australien zu relativ zuverlässigen Niederschlägen in Küstennähe und im nahen Hinterland sowie zusätzlichen Steigungsregen an den Erhebungen. Die E-Küste zwischen Brisbane und Townsville (Abb. 11.5, *Townsville*) hat zwar vorwiegend im Sommer bedeutende Niederschlagsüberschüsse, doch kommt es auch im Winter zu Regenfällen, wenn die Zyklonen mit ihren Niederschlagsfeldern auch auf die SE-Abdachung übertreten und Wasserdampf aus dem Ozean aufnehmen. Humide und semihumide Räume Australiens liegen nur an den Außenrändern des Kontinents. Gebiete mit höheren Niederschlägen zu allen Jahreszeiten beschränken sich auf den Südosten (Abb. 11.5, *Sydney*), Sommerregen prägen den Norden und Osten, Winterregen den Süden.

Die hohe Variabilität des Niederschlags verursacht in unregelmäßigen Abständen starke Dürren, deren räumliche Ausprägung gleichfalls variabel ist, da die Wanderbewegungen der Hochdruckzellen im Jahresverlauf unregelmäßige Bahnen benutzen und damit die räumliche Variabilität des Klimas verschärfen (Abb. 11.5, Nebenkarte).

Die *Wasserbilanz* ist in den tropischen und randtropischen Gebieten des nördlichen Australien ungünstiger als in den südlichen Subtropen, da die höheren Temperaturen das Defizit durch Verdunstung steigern. Nach Berechnungen braucht ein Weizenfeld in den Winterregengebieten der Subtropen nur halb so viel Niederschlag (Grenze bei 250 mm) wie in den tropischen Sommerregengebieten, wo die Grenze bei ca. 450 mm liegt (Abb. 11.5).

Im tropischen Nordwesten Australiens werden in den Sommermonaten zwischen November und Februar die höchsten Temperatur-Monatsmittel der Erde mit Beträgen zwischen 33 und 34°C gemessen (z.B. in Marble Bar, 21°S, 120°E). Während im feuchten tropischen Australien durchweg zwischen 20 und 27°C erreicht werden mit Spitzenwerten um 37°C, sinken sie im Südosten des Kontinents in den drei winterlichen Monaten zwischen Juni und August auf Werte von 5 bis 10°C ab. In den Trockengebieten des zentralen Australien steigt im Sommer, selbst in den südlicheren Bereichen, das Thermometer auf mehr als 26°C, es fällt im Winter im Norden auf weniger als 20°C ab und im Südteil des Trockengebiets bis auf 10°C.

Eine thermische Ruhe der Vegetation tritt selbst im kühlsten Teil des Kontinents nicht auf, mit Ausnahme einer Winterruhe in den höheren Gebirgslagen.

12 Witterung und Klima ausgewählter Regionen der Außertropen

12.1 Witterungsdynamik in der Frontalzone

Die außertropische Westwindzirkulation (zyklonale Westdrift) umströmt die Erde in den Mittelbreiten beider Hemisphären vorwiegend in west-östlicher Richtung. Sie wird durch das Luftdruckgefälle zwischen dem subtropischen Hochdruckgürtel und der subpolaren Tiefdruckrinne im Bereich der Frontalzone verursacht, gekoppelt mit starker Wirbel- und Wellenbewegung in der Troposphäre und häufigem meridionalen Luftmassenaustausch. Das besondere Charakteristikum in der bodennahen Atmosphäre sind zentrale Zonen tiefen Luftdrucks (z.B. Island-Tief, Alëuten-Tief), aus denen sich ständig *wandernde Zyklonen* abspalten, an deren Fronten einerseits tropisch-subtropische Warmluft polwärts und polare bzw. arktische Kaltluft äquatorwärts transportiert wird. In die Westdrift sind auch *wandernde Hochdruckzellen* eingelagert, die die unstete Witterung für kürzere Phasen unterbrechen oder bei längerem Verweilen an einem Ort Strahlungswetterlagen auslösen.

Überlagert wird die Westdrift von einem bandförmigen *Strahlstrom* in der oberen Troposphäre, der mit unterschiedlich hohen Geschwindigkeiten die Erde umkreist (vgl. Kap. 9). Die Westdrift ist auf den beiden Erdhemisphären unterschiedlich ausgebildet. Die Einwirkung der überkalten Antarktis verursacht auf der Südhalbkugel einen höheren Temperaturgradienten zwischen Äquator und Pol. Infolgedessen ist der Druckgradient im Winter und Sommer größer als auf der Nordhalbkugel. Dies ist ein Grund dafür, dass die Windgeschwindigkeiten in den Mittelbreiten der Südhalbkugel höher sind als auf der Nordhalbkugel. Das Maximum liegt vorwiegend im Sommer. Die höhere Geschwindigkeit nicht nur des Strahlstroms, sondern auch der unteren Drift führt in Verbindung mit den ohnehin feuchteren Luftmassen (*Wasserhalbkugel*) auch zu höheren Niederschlägen. Die Westwinddrift ist dort aufgrund der fehlenden Landmassen (s. Abb. 9.14) eine vorwiegend *zonale Strömung*, in der seltener blockierende Hochdruckwetterlagen entstehen. Der gestreckte Lauf der Strömung verhindert in höherem Maße den meridionalen Energieaustausch zwischen polaren und tropischen Luftmassen. Auch bilden sich wegen der homogenen Wasserfläche der Südhemisphäre kaum kräftige quasipermanente Höhentröge aus.

Auf der *Nordhalbkugel* hingegen organisiert sich der planetarische Strahlstrom im Mittel in drei bis fünf großen Wellen im Zuge der gegebenen Abfolge von Land- und Wasserflächen in Verbindung mit den orographischen Gegebenheiten (s. dazu Kap. 9). Über der Nordhalbkugel tritt deshalb ein häufiger Wechsel zwischen der zonalen und meridionalen Zirkulationsform auf.

Die *wandernden Zyklonen* im Bereich der Frontalzone der Mittelbreiten sind wichtige Bestandteile der allgemeinen Zirkulation. Auf der Nordhalbkugel ist im Winter, wenn die Temperaturgegensätze zwischen den Tropen und der Arktis mehr als doppelt so groß sind wie im Sommer, die Zyklonentätigkeit besonders intensiv. Wie bereits in Kapitel 9 angedeutet, entstehen die *außertropischen Zyklonen* bevorzugt in Bereichen, in denen in einer beschleunigten *Höhenströmung* (z.B. Deltabereich des Jetstreams bzw. gekrümmte und beschleunigte Stromlinien) eine *Luftmassendivergenz* zu finden ist, die tiefen Druck am Boden stärkt (s. Abb. 9.17, Kap. 9). Über der Nordhemisphäre sind die Bildungszentren auf dem Ozean um Neufundland, Neuschottland sowie zwischen Japan und den Alëuten (zwischen 170°W und 40-50°N) konzentriert und stehen im Zusammenhang mit dem Verlauf der stehenden Wellen.

Die Fronten der wandernden Zyklonen sind allerdings nicht als sprunghafte Luftmassengrenzen aufzufassen, sondern entstehen im Zuge der Entwicklung eines instabilen, baroklinen Feldes in ca. 5 km Höhe (Abb. 12.1). Ausgangspunkt ist eine *barotrope* Strömung (stehende Wellen) im 500 hPa-Niveau (Abb. 12.1 A), bei der Stromlinien (bzw. Isobaren) und Isothermen parallel zueinander verlaufen. Im Bodenniveau liegen polare Kaltluft im Norden und Warmluft im Süden stationär voneinander getrennt. Durch Massenkonvergenz- und Divergenzeffekte im beschleunigten Höhenwindfeld (z.B. Deltaeffekt in 300 hPa, Abb. 9.17) ergibt sich im 500 hPa-Niveau eine der langen Welle überlagerte kurze Wellenstörung (Abb. 12.1 B), die ein Kreuzung von Stromlinien (bzw. Isobaren) und Temperaturfeld herbeiführt. Die Situation ist nun *baroklin instabil.* Auf der Vorderseite der kurzen Wellenstörung wird kalte Luft nach Süden (*Kaltluft-Advektion*), auf der Rückseite warme Luft nach Norden (*Warmluft-Advektion*) verfrachtet.

Im Bereich dieser Welle bildet sich im Bodenniveau ein Feld umlaufender Isobaren. Unter dem Bereich der Warmluft-Advektion (divergente Höhenströmung) entsteht ein Tiefdruckgebiet mit aufsteigender und im Bereich der konvergenten Strömung (Kaltluftadvektion) ein Hochdruckgebiet mit absteigender Luftbewegung. Durch die zyklonale Rotation des Tiefs wird nun auf der Vorderseite warme Luft am Boden gegen die polare Kaltluft geführt, während

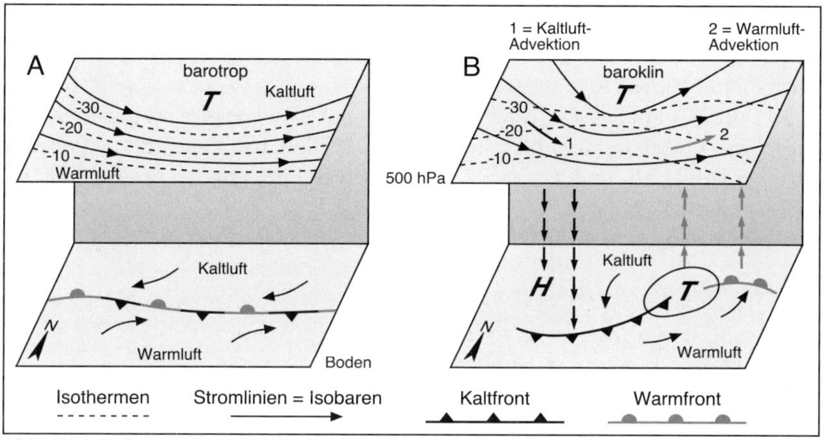

Abb. 12.1: Schema zur Entstehung von außertropischen Zyklonen

auf der Rückseite polare Luft in die Warmluft eindringen kann. Auf der Vorderseite entsteht am Boden somit eine *Warmfront*, auf der Rückseite eine *Kaltfront*. Atmosphärische Fronten sind Quelle intensiver Wolken- und Niederschlagsbildung. Man kann sich die Luftströmung als dreidimensionales Strömungsmuster vorstellen (Abb. 12.2), wo kontinuierlich warme und kalte Luft umgesetzt wird. Die intensive Wettertätigkeit an den Fronten lässt sich mit diesen kontinuierlichen Strömungsmustern, die in der Literatur häufig auch als „*Förderbänder*" (bzw. *Conveyor Belt*) bezeichnet werden, gut erklären.

Im Warmsektor wird die parallel zur Kaltfront strömende, warm-feuchte Bodenluft (*Warm Conveyor Belt*) abrupt aus der Grenzschicht (900 hPa) angehoben und mündet etwa im 500 hPa Niveau über der Vorderseiten-Kaltluft in den mitteltroposphärischen Strahlstrom ein. Entlang der gesamten Hebungsstrecke findet intensive Kondensationstätigkeit statt und es wird potentielle Energie erzeugt. Gleichzeitig wird die unter der angehobenen Warmluft liegende Vorderseitenkaltluft (700 hPa) an der polwärtigen Seite des Tiefs nach Südwesten verlagert (*Cold Conveyor Belt*) und steigt dabei beschleunigt (kinetische Energie) ab (900 hPa). Sie fällt auf der Rückseite des Tiefs in die Warmluft ein und hebt diese turbulent an. Konvektion, Wolken- und Niederschlagsbildung im Bereich der Kaltfront sind die Folge. Da sich die beschleunigte Kaltluft in der Regel schneller vorwärts bewegt als die aufsteigende Warmluft, holt die Kaltfront die Warmfront ein und hebt sie vom Boden ab. Dieser Bereich wird als *Okklusion* bezeichnet. Hier überschneiden sich das warme und kalte Förderband, so dass ebenfalls mit intensiver Wolkenbildung und Niederschlagstätigkeit zu rechnen ist.

Die Zyklonen unterliegen einem typischen Lebenszyklus, dessen Ziel es ist, meridionale Druckgegensätze auszugleichen (Abb. 12.3).

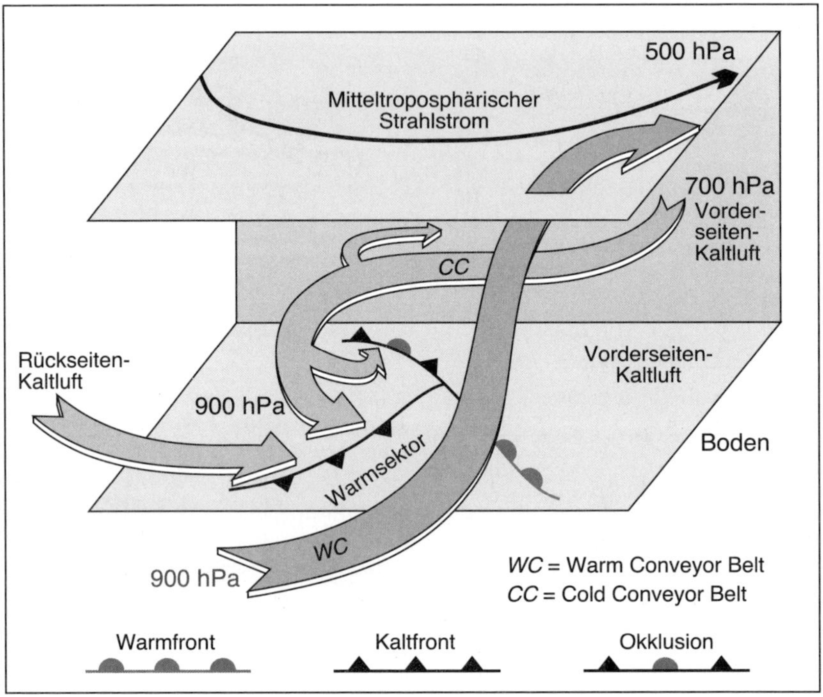

Abb. 12.2: 3D-Schema der Luftströmung im Bereich einer außertropischen Zyklone im Reifestadium (verschiedene Quellen, Höhenangaben aus WARNECKE *1991)*

Zu Beginn sind Warm- und Kaltfront noch zonal gestreckt (*Bildungsstadium*, 1), richten sich aber zunehmende meridional aus (*Jungstadium*, 2). In diesem Stadium reicht das Niederschlagsfeld von der Warmfront leicht über den Kern des Bodentiefs bis hin zur Kaltfront. Mit der Zeit holt die Kaltfront die Warmfront von Norden her ein und im Bereich des Tiefdruckkerns bildet sich die abgehobene *Okklusion* mit dem entsprechenden Niederschlagsfeld (*Reifestadium*, 3). Am Ende der Entwicklung ist fast die gesamte Warmfront abgehoben (*Altersstadium*, 4). In diesem Zustand sind die meridionalen Druckunterschiede am Boden nahezu aufgehoben und nach Auflösung der Okklusion wird sich erneut der Ursprungszustand einer barotropen Zirkulation (Abb. 12.1 A) einstellen. In Mitteleuropa treten in der Regel keine Einzelzyklonen auf. Vielmehr ergeben sich sogenannte *Zyklonenfamilien*, die eine Abfolge von Tiefdruckwirbeln darstellen, die sich mit der Westströmung nach Osten verlagern. Tiefdruckgebiete im Bildungs- und Jungstadium finden sich vor allem über dem Atlantik, während die Wirbel beim Übertritt auf den Kontinent aufgrund der zunehmenden Rauhigkeit (Bodenreibung) relativ schnell abgebaut werden. Sie lösen sich bevorzugt zwischen den baltischen

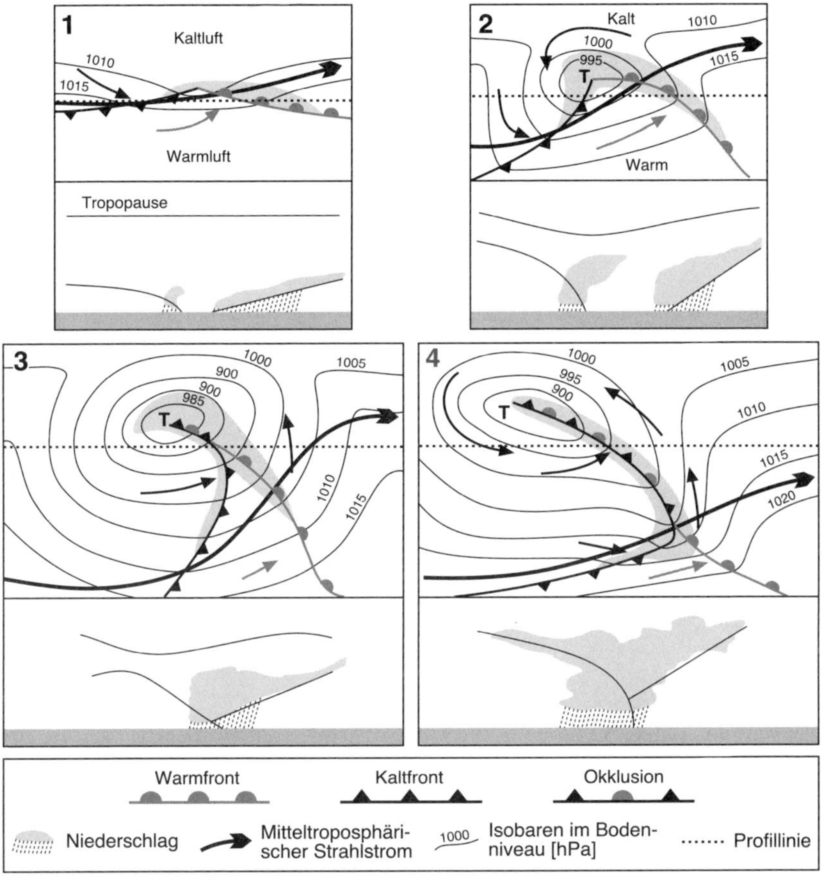

Abb. 12.3: Lebenszyklus einer außertropischen Zyklone (verändert nach WIEDERSICH *1996)*

Gebieten und NW-Rußland auf. Dieses Zone wird daher auch als *Zyklonenfriedhof* bezeichnet. Die aufeinanderfolgenden Zyklonen sind häufig durch sogenannte *Zwischenhochs* voneinander getrennt. Die mittlere Lebensdauer einer außertropischen Zyklone beträgt im Durchschnitt fünf Tage.

Im Satelliten-Thermalbild können spezifische Zonen ausgewiesen werden, die mit typischen Wettererscheinungen einhergehen (Abb. 12.4).

Das Zentrum der Zyklone befindet sich südlich von Island. Die dazugehörige Okklusion erstreckt sich über dem nördlichen Atlantik bis nach Skandinavien. Sie ist durch mächtige und hochreichende (sehr kalte, <-44°C) Wolken gekennzeichnet. Die Warmfront reicht vom südlichen Skandinavien bis nach Südosteuropa und ist durch ein breites, thermisch recht homogenes (~-30°C) Wolkenband gekennzeichnet. In den wolkenfreien Bereichen unter-

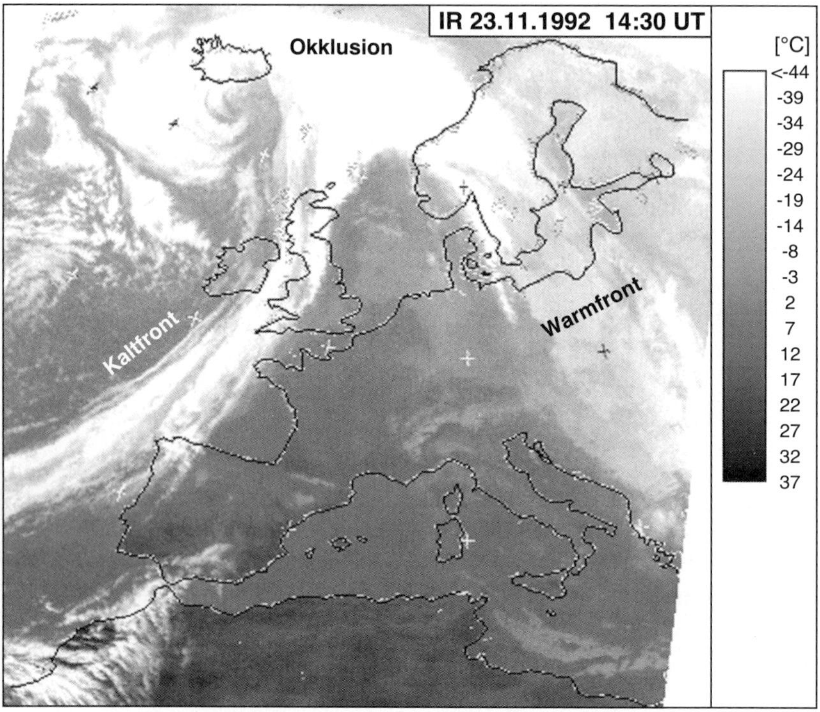

Abb. 12.4: Meteosat Thermalbild (Oberflächentemperaturen) vom 23.11.1992

scheiden sich klar die Gebiete der Vorderseiten-Kaltluft (<0°C) und des Warmsektors, wo über Frankreich recht hohe Temperaturen (um +10°C) erreicht werden. Die Kaltfront, die von der Küste Großbritannien bis nach Portugal reicht, präsentiert sich als schmales, etwas heterogenes Wolkenband, das aber in Teilen durch sehr kalte Wolken (<-44°C) gekennzeichnet ist. Die unterschiedlichen Wolkentemperaturen und -strukturen in den einzelnen Bereichen der Zyklone hängen mit deren Bildungsbedingungen zusammen (Abb. 12.5).

An der Warmfront führt die adiabatische Abkühlung zur Wolkenbildung unter stabilen Verhältnissen. Sie setzt meistens in größeren Höhen ein und ist lange bevor die eigentliche Warmfront am Boden diesen Punkt erreicht hat sichtbar. Erste Anzeichen sind *Cirrus*-Wolken (Ci), deren Untergrenze allmählich absinkt. In Richtung der Bodenfront verdichtet sich die Bewölkung zu einem *Cirrostratus* (Cs), die in einen Altostratus (As) übergeht. Nach Verdichtung der Wolkendecke in der Nähe der Bodenfront bildet sich ein Nimbostratus (Ns) aus, der mit anhaltendem Landregen bzw. Schneeschauern (im Winter) einhergeht. Hinter der Warmfront steigt die Lufttemperatur deutlich

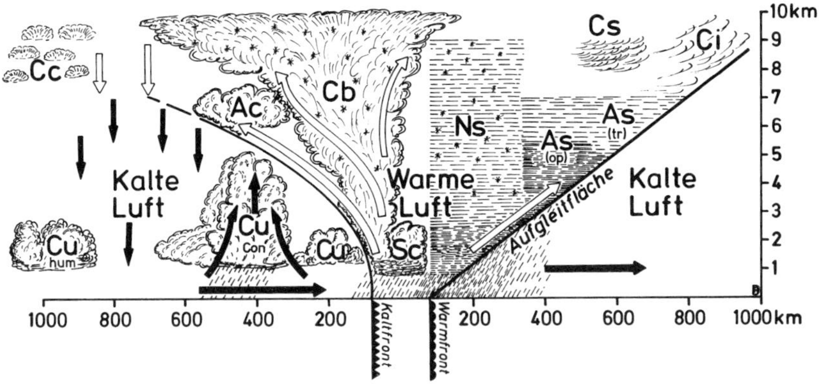

Abb. 12.5: Schematischer Schnitt durch eine außertropische Zyklone

an, das Windfeld ändert seine Richtung und im Warmsektor folgt freundliches Wetter.

An der *Kaltfront* wird die Warmluft rasch angehoben und dabei Instabilität verursacht, die zu intensiven Konvektionsvorgängen mit *Cumulus*-Bewölkung führt und – beginnend mit *Altocumulus* (Ac) über *Cumulus congestus* (Cu cong) – sich schließlich zu *Cumulonimbus* (Cb) auswächst, aus dem es zu kräftigen Schauern kommt, häufig mit Gewitter-Entladungen. Kaltfronten wirken aggressiv und werden daher als *Einbruchsfront* bezeichnet. Beim Durchgang der Kaltfront kommt es zu einem deutlichen Temperaturfall und erneut zur Änderung im Windfeld. Kurzfristig können Böenspitzen auftreten.

Im Bereich der Okklusion findet man je nach Charakter (Kalt- oder Warmfront-Okklusion) die entsprechende Bewölkung.

12.2 Klimatische Merkmale in den Mittelbreiten

Die wesentlichen klimatischen Kennzeichen der westwindgeprägten Mittelbreiten sind charakterisiert durch: die solaren Beleuchtungsverhältnisse in ihrem jährlichen Ablauf mit einer Tageslängenschwankung von 8 bis 16 Stunden, einen Temperaturgang, der thermische Jahreszeiten hervorruft, einen Witterungsgang mit hoher interdiurner Veränderlichkeit, einen Niederschlagsgang, der über das ganze Jahr relativ ausgeglichen ist, winterliche Maxima im maritimen und sommerliche Maxima im kontinentalen Raum und eine kältebedingte Unterbrechung der Vegetationszeit mit Frösten und mehrtägigen bis mehrmonatigen Schneedecken. Die mittlere Vegetationsperiode dauert in diesem Raum zwischen 4 und 6 Monaten.

Kennzeichnend für die zyklonale Westdriftzone ist eine sehr *unbeständige Witterung*. Der Anteil westlicher Winde beträgt im Durchschnitt etwa 70%.

Nach dem Tropengürtel fallen im Westwindgebiet die zweithöchsten, mittleren *Niederschlagsmengen* mit Werten um 800 mm im Durchschnitt. Besonders ergiebig sind die Niederschläge dort, wo der Westwind gezwungen wird, vom Meer kommend, unmittelbar ein hohes Gebirge zu übersteigen wie längs der kanadischen Pazifikküste und in Europa im Küstenbereich zwischen Norwegen, Schottland und Wales. Im Lee der Gebirge sinken die Niederschläge stärker ab. An der norwegischen Küste können Mengen bis zu 5.000 mm fallen. Extrem niedrig sind sie in den Lee-Gebieten, wo die Station *Skjads* im Hinterland des Nord-Fjords z.B. nur 215 mm misst. Wenn die Westwinde freien Zutritt zum Binnenland haben, gehen die Niederschlagsmengen nur allmählich zurück. Die ausgleichende Wirkung der Maritimität reicht aber weit in den eurasiatischen Kontinent hinein, z.B. ins nördliche Rußland, wo auch winterliche Tau-Wetterlagen keineswegs selten sind.

An der Westküste Kanadas steigen die Niederschläge bei ausgeglichenen Temperaturen im Sommer und Winter ebenfalls auf über 3.000 mm an. Die Gebirgsketten stellen aber eine extreme Klimascheide dar. Die Niederschläge reduzieren sich über den Gebirgen erheblich, vor allem sinken die Temperaturen im Winter auf extrem niedrige Werte ab.

Auf der Südhemisphäre reichen nur der Südzipfel Südamerikas und Neuseelands in die Westwindzone hinein. Auch hier sind die Luv-Lee-Kontraste extrem. Westpatagonien erhält Niederschläge von 4.000 bis 5.000 mm, im östlichen Patagonien sinken sie auf einer Strecke von weniger als 100 km auf 200 mm ab.

12.3 Mitteleuropa

12.3.1 Luftmassen und Großwetterlagen

Bei der Zyklogenese sind unterschiedliche Luftmassen beteiligt. Diese Tatsache führte zu einer *Luftmassenklassifikation*, um Wetter und Witterung für die Vorhersage genauer abschätzen zu können.

Die Luftmassenklassifikation von BERGERON (1928) basiert auf der Überlegung, Luftmassen nach ihren Eigenschaften aus dem Herkunftsgebiet zu benennen. Er unterschied: Arktikluft (A), Polarluft (P) und Tropikluft (T), denen die Eigenschaft maritim (m) oder kontinental (c) zugeordnet wurde. Da die Polarluft in unseren Breiten einerseits kalt, andererseits warm sein kann, wurden noch die Bezeichnungen kalt (k) und warm (w) hinzugefügt (mPk = maritime kalte Polarluft).

R. SCHERHAG hat 1948 eine verbesserte Luftmasseneinteilung für Europa vorgeschlagen, bei der sowohl die Ursprungsgebiete als auch der Transportweg berücksichtigt werden, indem er neben den Standardbezeichnungen für die Luftmassen Tropikluft (T) oder Polarluft (P) sowie neben den Zeichen für maritim (m) und für kontinental (c) die Ursprungsgebiete benannte: (S) für Sahara oder (A) für arktisch, aber auch (T) und (P) für tropisch und polar, die er zugleich als Großbuchstabe hinzufügte wie z.B. (mPA) für *maritime Polarluft arktischen Ursprungs* oder (cTS) für *kontinentale Tropikluft* aus der *Sahara*. Die Luftmassenklassifikation hat allerdings durch die moderne Computer-Verarbeitung der Daten für die Wettervorhersage an Bedeutung verloren.

Mitteleuropa liegt im Feuchtklima der kühlgemäßigten Mittelbreiten. Es herrscht das ganze Jahr über die Westdrift vor. Der ständige Wechsel zwischen kurzen Schlechtwetterperioden und mehrtägigen antizyklonalen Schönwetterabschnitten ist charakteristisch. Es fehlen regelmäßige längere Trockenzeiten.

Die atmosphärische Zirkulation ist abhängig von der Lage des Subtropenhochs und der subpolaren Tiefdruckrinne zueinander. Sie steuern die Frontalzone in einer Welle über Europa, so dass deren jeweilige Ausprägung die Witterung bestimmt. Darauf gründet sich das allgemeine Merkmal, dass im *Sommer* eher eine *nordwestliche Strömung* und im *Winter* eher eine *südwestliche Strömung* vorherrscht. Zumindest ist dieser Gegensatz in den jeweiligen Witterungen besonders bemerkbar, weil sie gegensätzliche Luftmassen im Verhältnis zum Normklima der Jahreszeit mit sich bringen; denn die NW-Wetterlagen steuern z.B. im Frühsommer kalte Luftmassen auf einen schon leicht erwärmten Kontinent, und SW-Lagen bewirken z.B. im Frühwinter wärmere Tauwetterphasen im schon ausgekühlten Kontinent.

Allerdings zeigen die steuernden Druckgebilde sowohl inter- als auch intraanuelle Intensitätsschwankungen. Die meridionale Druckdifferenz zwischen *Azorenhoch* und *Islandtief* ist ein gutes Maß für das Wettergeschehen in Europa und wird über den *NAO-Index (North Atlantic Oscillation Index)* beschrieben. Sind beide Drucksysteme gut ausgeprägt (NAO+), ergeben sich starke Westwinde. Sie führen vor allem im Winter zu einer milden und feuchten Witterung in Mitteleuropa. Gleichzeitig ist der Kanarenstrom durch den intensiven Passat verstärkt, so dass besonders der westliche Mittelmeerraum eher kühler und trockener reagiert. Bei schwacher Ausprägung der Druckgegensätze (NAO-) folgt eine generell kühlere Witterung in Mitteleuropa mit zunehmender Niederschlagstätigkeit im westlichen und zentralen Mediterranraum. Seit den 80er Jahren des letzten Jahrhunderts sind besonders die Winter durch einen zunehmend stärkeren NAO+ Modus geprägt.

Um die gemeinsamen Merkmale kurzfristiger Wetterentwicklungen über einem größeren Raum zu charakterisieren, hat man auf der Basis der mittleren Luftdruckverteilung in der mittleren Troposphäre für einen angemessenen Großraum von den Ausmaßen Europas und dem östlichen Atlantik Einzelwetterlagen mit ähnlichen Kriterien und Eigenschaften zu *Großwetterlagen* zusammengefasst, die über mehrerer Tage gleichbleibende Züge des

Zustandes der Atmosphäre beschreiben. Sie werden nach bestimmten Lagen der Aktionszentren des Luftdrucks (Lage der steuernden Hoch- und Tiefdruckgebiete) gekennzeichnet.

Die Vielfalt der auftretenden Wetterlagen ist groß. So hat FRANZ BAUR (1947) 25 Großwetterlagen ermittelt, die durch HESS & BREZOWSKY (1977) auf 29 erhöht wurden. Neuerdings wird beim Deutschen Wetterdienst eine Klassifikation auf der Basis von numerischen Modellergebnissen (bis 1999 Europamodell EM, ab 1999 Globalmodell GM) der täglichen Wettervorhersage verwendet, die bis zum 1.7.1979 zurückreichende *objektive Wetterlagenklassifikation* (BISSOLLI & DITTMANN 2000). Kriterien für die Einteilung sind die Zyklonalität der Atmosphäre im 950 und 500 hPa-Niveau, die großräumige Anströmung auf dem 700 hPa-Niveau sowie der Feuchtegehalt in der Troposphäre.

Tabelle 12.1 weist aus, dass in fast allen Jahreszeiten die Westwetterlagen in Mitteleuropa dominieren. Allein die W-, NW- und N-Lagen machen 53% aller Wetterlagen aus. Mit ihnen werden Luftmassen vom Atlantik nach Mitteleuropa geführt, die die unbeständige, ozeanische Westdrift-Witterung verursachen. Mit 33% folgen die Ostwetterlagen (16%) und die zentralen Hochlagen (17%) mit vorwiegend heiterem Wetter im Sommer, aber auch Smoglagen im Winter.

Tab. 12.1: Häufigkeiten (%) der Großwetterlagen in Deutschland nach Jahreszeiten (1890-1950, ohne 1945) (n. HAVLIK 1990)

Wetterlagen	Dez.-Feb.	Mrz.-Mai	Jun.-Aug.	Sep.-Nov.	Jahr
Westlagen	29,0	21,9	31,4	27,5	27,5
Nordwestlagen	7,9	7,4	13,9	7,5	9,2
Nordlagen	11,9	20,1	18,0	14,9	16,2
Südwestlagen	4,7	1,9	0,8	3,8	2,8
Südlagen	7,8	7,2	6,3	9,6	7,7
Ostlagen	17,1	22,7	10,7	13,5	16,0
Hoch Mitteleuropa	18,9	13,9	16,0	20,5	17,3
Tief Mitteleuropa	2,4	4,1	2,1	2,1	2,7
Übergänge	0,3	0,8	0,6	0,6	0,6

Abbildung 12.6a zeigt eine N-Wetterlage, die im Frühjahr Mitte Mai z.Z. der Eisheiligen-Tage mit 75%iger Wahrscheinlichkeit Kaltluft aus polaren und subpolaren Breiten gegen Mitteleuropa steuert, wobei sich die Witterungserscheinungen bis ins Mittelmeer auswirken können. Im häufigsten Fall handelt es sich um einen abgeschirmten Kaltlufttrog zwischen zwei Höhenrücken im Osten und Westen von Mitteleuropa, wobei die Polar- und die Arktik-Front zusammenwachsen und aggressive Kaltluft weit nach S führen. Die Witterung ist mit einem Kaltluftstau nördlich der Alpen verbunden. Aufgleit-

vorgänge verursachen hohe Niederschläge. Im mitteleuropäischen Flachland herrscht kühles, unbeständiges Wetter mit Frontgewittern vor.

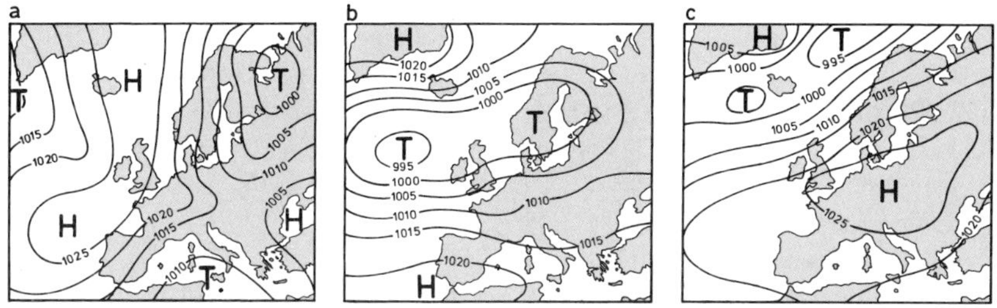

Abb. 12.6: Typische Großwetterlagen in Mitteleuropa: a) N-Lage (Eisheiligen), b) W-Lage (Weihnachtstauwetter), c) HM-Lage (Altweibersommer) (verändert nach BAUR *1947)*

Im Winterhalbjahr leiten bestimmte Wetterlagen Tauwetter auf dem Kontinent ein (Abb. 12.6b), indem eine normale Westlage (W-Lage) z.B. maritim-tropische Luftmassen in Form von Warmfronten mit Aufgleitvorgängen über den kalten Kontinent führt. Das weit nach Süden ausgedehnte Island-Tief hat bei dieser Wetterlage eine steuernde Funktion. Meist liegt es zwischen Island und Skandinavien.

Eine Schönwetter-Hochdrucklage (HM-Lage) (Abb. 12.6c) ist verbunden mit einem über Mitteleuropa aufgebauten Hoch, das sich gegen Ende September für ca. eine Woche festsetzt und *Altweibersommer* (Spätsommer) genannt wird. Es ist eine zentrale Hochlage (HM), die sich als stationärer Hochdruckrücken vom Azorenhoch abschnürt, ihre dynamische Stabilität mehrere Tage lang beibehält und die anbrandenden Zyklonen blockiert (*blocking action*). Die Hauptzyklonenbahnen werden bereits auf dem atlantischen Ozean nach Norden abgelenkt und ziehen über Skandinavien nach Osten, unter Umständen auch über den Süden ins Mittelmeer.

Letztgenannte Wetterlage führt zu warmem und trockenem Wetter mit Ausbildung einer Inversion, die im Sommer – auch noch im Spätsommer – am Tage durch die Sonne aufgelöst wird, im Winter aber zu einer ausgesprochenen Smog-Lage führen kann.

12.3.2 Niederschlagsverteilung

Mitteleuropa ist ein Gebiet mit Niederschlägen zu allen Jahreszeiten. Sie nehmen von NW nach SE kontinuierlich ab und folgen so der thermischen bzw. der hygrischen Kontinentalität des Erdteils (Abb. 12.7). Doch zeigt die Analyse des jahreszeitlichen Ablaufs eine regelhafte, regionale Differenzierung in der zeitlichen Verteilung.

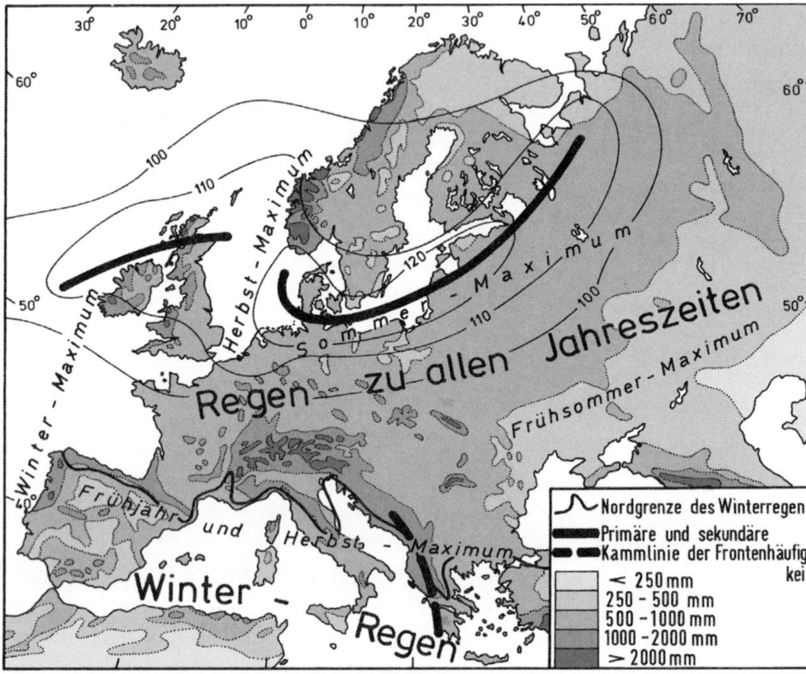

Abb. 12.7: Mittlere jährliche Niederschlagsmengen und mittlere jährliche Anzahl der Fronten (nach ERIKSEN 1971) über Mitteleuropa

Untersuchungen über die Zusammenhänge der Niederschlagsverteilung und der Frontenhäufigkeit über Europa (ERIKSEN 1971) ergaben, dass die Jahresgänge der Niederschläge genetisch mit der jahreszeitlichen Verschiebung der Zirkulationsgürtel innerhalb der Westwindzone im Zusammenhang stehen und zugleich dem Wandel der Maritimität und Kontinentalität entsprechen. Die Maxima im Sommer und Spätsommer in den kontinentalen Bereichen resultieren aus Konvektionsregen unmittelbar nach dem Hochstand der Sonne. Außerdem spiegeln sich das großräumige Relief und die spezielle Verteilung von Land und Meer (Atlantischer Ozean, Nordsee, Ostsee, Mittelmeer, Schwarzes Meer) sowie die großen, sperrenden Hochgebirgswälle in den jeweiligen Regenmengen innerhalb des Jahresgangs wider, die ihrerseits Zusammenhänge mit der Fronthäufigkeit aufweisen.

Die Witterung in Mitteleuropa ist teils fremdbürtig, teils eigenbürtig, doch dürfte sie zu 75% advektiv herangeführt werden (HAVLIK 1990). Die rasche Überquerung des Kontinents verursacht eine hohe interdiurne Veränderlichkeit der Witterungen und des Wetters. Die Luftbewegung ist relativ beständig vor allem in den Flachländern, so dass die Windstärke kaum unter 2 (nach der Beaufort-Skala) absinkt. Eine permanente Luftdurchmischung verhindert eine allzu rasche Schadstoffanreicherung unter diesen klimatischen Bedingungen.

K. Rocznik (1982) hat für 14 gut verteilte Stationen in Deutschland ein langjähriges Niederschlagsmittel von 691 mm errechnet. Die Periode 1931-1970 war mit 720 mm feuchter als die Periode 1851-1890, die „nur" 669 mm verzeichnete = 5% weniger. Die Gesamtmittel teilen sich für die 120-jährige Periode nach Jahreszeiten auf: Winter 146 mm = 21%, Frühjahr 150 mm = 21%, Sommer 228 mm = 34% und Herbst 167 mm = 24%.

Die Niederschlagsverteilung in Mitteleuropa kann als günstig angesehen werden, weil in der Vegetationsperiode starke Abweichungen vom durchschnittlichen Monatsniederschlag relativ selten sind. Freilich ist die klimatologische Wasserbilanz unter kühlen Bedingungen in den Wintermonaten günstiger als im Sommer, wenn auch im Jahresdurchschnitt, mit Ausnahme weniger Landschaften, mehr Niederschlag fällt als verdunsten kann. Die Sommerhalbjahresmonate April bis Juli, in Süddeutschland auch noch August und September, haben vier bzw. sechs Monate negative Wasserbilanz. Besonders betroffen sind davon Rheinhessen und die Magdeburger Börde.

Für das Pflanzenleben ist neben der hygrischen Vegetationszeit auch die thermische von Bedeutung. Während in den kühlgemäßigten Mittelbreiten Europas wegen der thermischen Winterruhe der Wasserüberschuss nicht ausgenutzt werden kann, stehen die Reserven für die eigentliche thermische Vegetationszeit im Sommer (5-6 Monate) zur Verfügung. Der Vegetationszyklus kann daher trotz schwacher klimatischer Aridität im Sommerhalbjahr ohne Stress ablaufen.

12.4 Ostasien – Der ostasiatische Monsun

Das ostasiatische Monsun-Phänomen gründet auf dem jahreszeitlichen Wechsel der Hauptwindrichtungen. Im *Winter* bestimmt das Kältehoch über Sibirien die vorherrschenden Strömungen im gesamten ostasiatischen Küstenbereich einschließlich der Inseln. Im *Sommer* dagegen baut sich über dem asiatischen Kontinent ein Hitzetief auf, so dass die randlichen Meere im wesentlichen feuchte Luftmassen in das Innere des Kontinents transportieren. Dennoch ist der Zirkulationsmechanismus völlig an die Westwinddrift mit den zugehörigen Fronten (Arktikfront im hohen Norden und Polarfront in mittleren Breiten), sowohl im Sommer als auch im Winter (Abb. 12.8) gebunden.

Während des *Sommers* bestimmt der Höhenstrahlstrom, der im wesentlichen nördlich der innerasiatischen Gebirge entlangzieht, die Ausbildung der Frontalzone von Mittelchina in Richtung auf Japan. Die daraus resultierenden atmosphärischen Störungen in Form von wandernden Zyklonen ziehen vom Land aufs Meer, wo dann vor allen Dingen maritime tropische Warmluft auf-

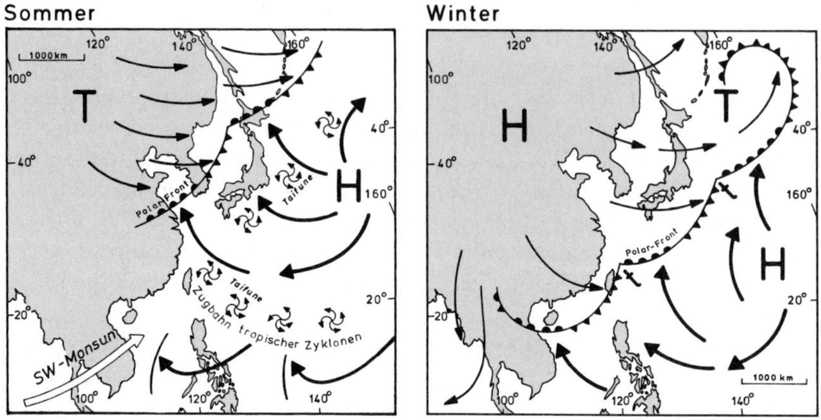

Abb. 12.8: Mittlere Lage der wetterbestimmenden Polarfront über Ostasien im Sommer und Winter

genommen wird und als Warmfront gegen die maritim-polare Kaltluft im Bereich des Ochotskischen Meeres aufgleitet und sie allmählich verdrängt. Diese feucht/warme Luft bringt Süd- und Nord-China zyklonale monsunartige Regen und ist charakteristisch für die im Juni in Japan auftretenden *Baiu-Regenfälle*, die – mit schwüler Witterung verbunden – ganz Japan von SW nach NE überziehen und als Hauptmonsun-Regenperiode bezeichnet werden. Während des Höhepunkts der Nordwanderung der Polarfront hat der südliche Teil Ostasiens die sommerliche Trockenzeit *Doyo*.

Ein zweites Regen-Maximum tritt auf, wenn nach einer hochsommerlichen Trockenperiode im Frühherbst die Position der Regenfronten wieder rückläufig wird und in der *Shurin*-Phase erneut monsunartige Niederschläge fallen, in die dann häufig Taifunwirbel eingebunden sind. Sie werden im Herbst aus tropischen Breiten gegen die chinesische Küste gelenkt und driften im Zuge von Warmfronten mit einer Richtungsänderung nach Nordost über Japan wieder auf den Pazifik.

Nach einer herbstlichen Übergangszeit kommt es gegen den Winter zum Aufbau des sibirischen Kältehochs und damit zum Beginn des *Wintermonsuns*, der sich in starken NW-Winden äußert, die vom Kältehoch über Sibirien in die Frontalzone des pazifischen Tiefs einströmen. Die Frontalzone hat im Winter ihre südlichste Lage und ist die Leitlinie von West-Ost-wandernden Störungen, verbunden mit Winddrehungen von Südost nach Nordwest. Der *Wintermonsun* auf der Rückseite der Kaltfronten strömt zuweilen bis in die Tropen und wird dort als kräftiger Kaltlufteinbruch wetterwirksam.

12.5 Nordamerika

Der nordamerikanische Kontinent hat Anteil an allen Klimaten, wenn das tropische Klima wie auch das polare nur äußerst randlich beteiligt sind. Lage, Relief und Gestalt des Kontinents, insbesondere die Längserstreckung der Gebirgszüge nahe der Westküste, bringen es mit sich, dass Witterung und Klima im Sommer wie im Winter wesentlich durch den meridionalen Austausch arktisch/polarer Kaltluft von Norden und tropischer Warmluftmassen von Süden geprägt werden, deren Wetterwirksamkeit jedoch an die Zugbahnen der wandernden Zyklonen der Westdrift gebunden ist, die den Kontinent von West nach Ost queren.

Steuernde Druckgebilde sind das Alëuten-Tief und das N-Pazifik-Hoch westlich, das Island-Tief und das Bermuda-Hoch östlich des Kontinents, deren Luftmassen durch die Längserstreckung der Rocky Mountains in auffallender Weise gelenkt werden. Der meridionale Luftmassenaustausch verursacht eine auffallende interdiurne Veränderlichkeit des Klimas bezüglich seiner einzelnen Elemente und ist häufig Anlass für außergewöhnliche Witterungserscheinungen (Tornados, tropische Zyklonen, Sturmwirbel, extreme Wärme, extreme Kälte, große Häufigkeiten von Gewittern). Die N-Amerika umgebenden Meeresströmungen setzen weitere klimatische Akzente. Die Mischung der Kaltwassergebiete des Labrador-Stroms mit den erwärmten Wassermassen des Golfstroms vor allem im Sommer erzeugen ausgedehnte Nebelfelder, die die Schifffahrt behindern. An der Westseite des Kontinents schafft die Aufheizung des randlichen Gebirges und der kalte Kalifornien-Strom thermische Gegensätze, die häufig Küstennebel verursachen.

Die *Hudson Bay* ist für das Innere des Kontinents eine Kältequelle, so dass die Isothermen weit nach Süden ausbuchten. Während des *Winters* (Abb. 12.9a), wenn das Pazifik-Hoch sich in südlichster Lage befindet, branden wandernde Zyklonen gegen die Westküste des Kontinents an und entfalten eine intensive Witterungsaktivität im Küstengebiet südlich Alaskas und im nördlichen British-Columbia, wo sie ihre Energie aus dem warmen Kuro-Shio aufnehmen. Sie ziehen an der pazifischen Küste nach Süden und versorgen auch das subtropische Kalifornien reichlich mit Niederschlägen (*subtropisches Winterregengebiet*).

Die Zyklonentätigkeit verschiebt sich auch ins Innere des Kontinents, gesteuert durch den in der hohen Troposphäre auftretenden West-Jet, der entlang des 50. Breitengrades im Bereich der großen Seen seine Höchstgeschwindigkeit entwickelt. Die Zyklonen, die sich über die Rocky Mountains in Höhe der Grenze Kanada/USA bewegen, bringen vor allem der Westabdachung durch luvartiges Aufsteigen starke Niederschläge (Abb. 12.9a/b). Beim Übertritt ins Binnenland füllen sich die Zyklonen langsam auf, wobei sie bei Erreichen der Ostseite der Rocky Mountains Föhn-Effekte (*Chinook*)

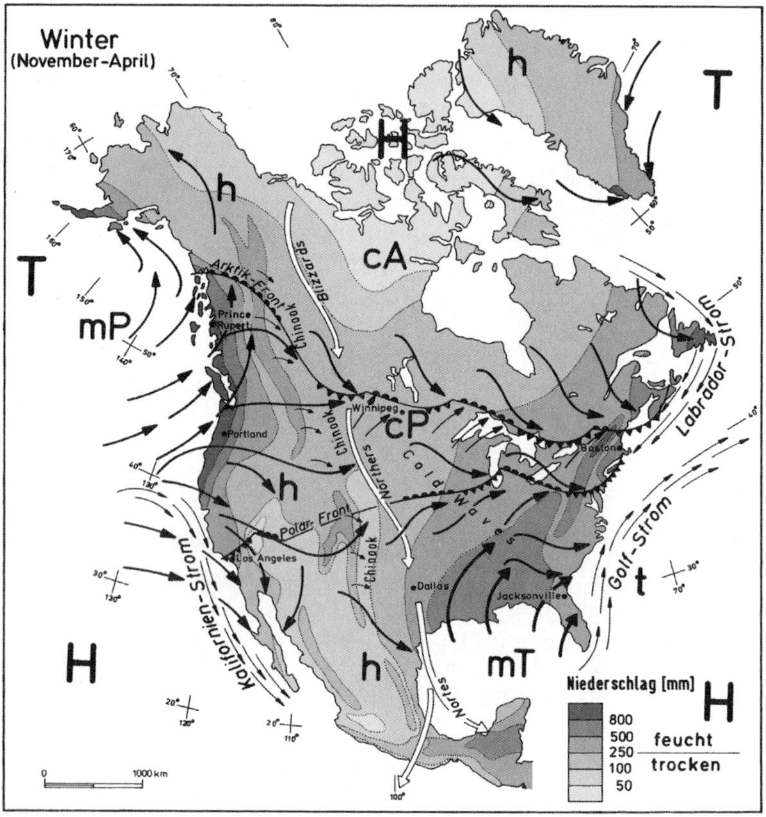
Winter
(November-April)
h
T
H
h
cA
T
mP
Arktik-Front
Prince Rupert
Chinook
Blizzards
Winnipeg
cP
Chinook
Northers
Portland
Cold wave
h
Polar-Front
Los Angeles
Chinook
Dallas
Jacksonville
Boston
Labrador-Strom
Golf-Strom
t
Kalifornien-Strom
H
h
mT
Nortes
Niederschlag [mm]
800
500
250
100
50
feucht
trocken
H
1000 km

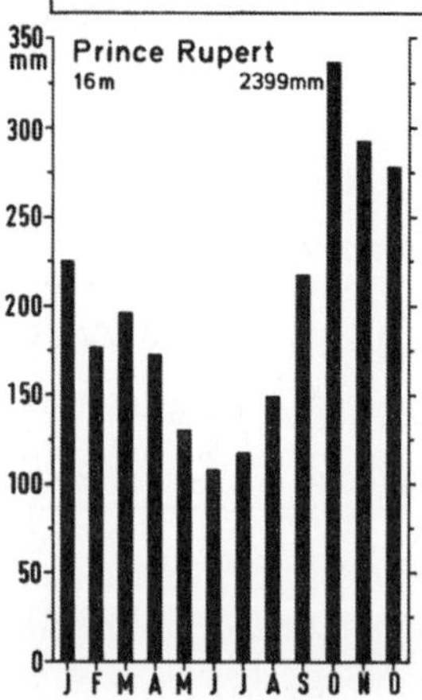
Prince Rupert
16 m
2399 mm
350 mm
300
250
200
150
100
50
0
J F M A M J J A S O N D

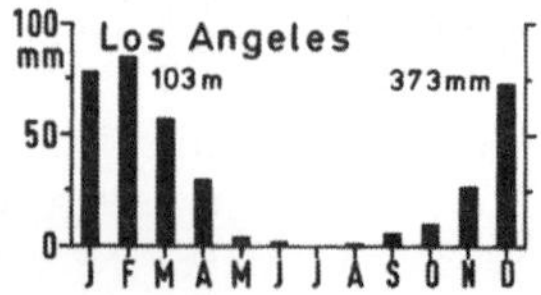
Los Angeles
103 m
373 mm
100 mm
50
0
J F M A M J J A S O N D

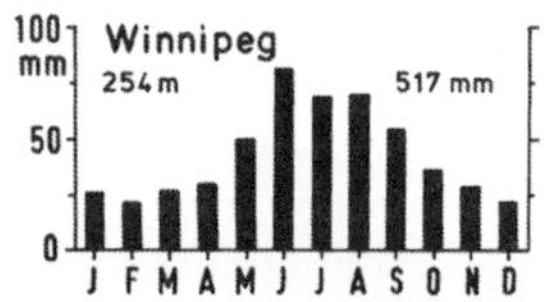
Winnipeg
254 m
517 mm
100 mm
50
0
J F M A M J J A S O N D

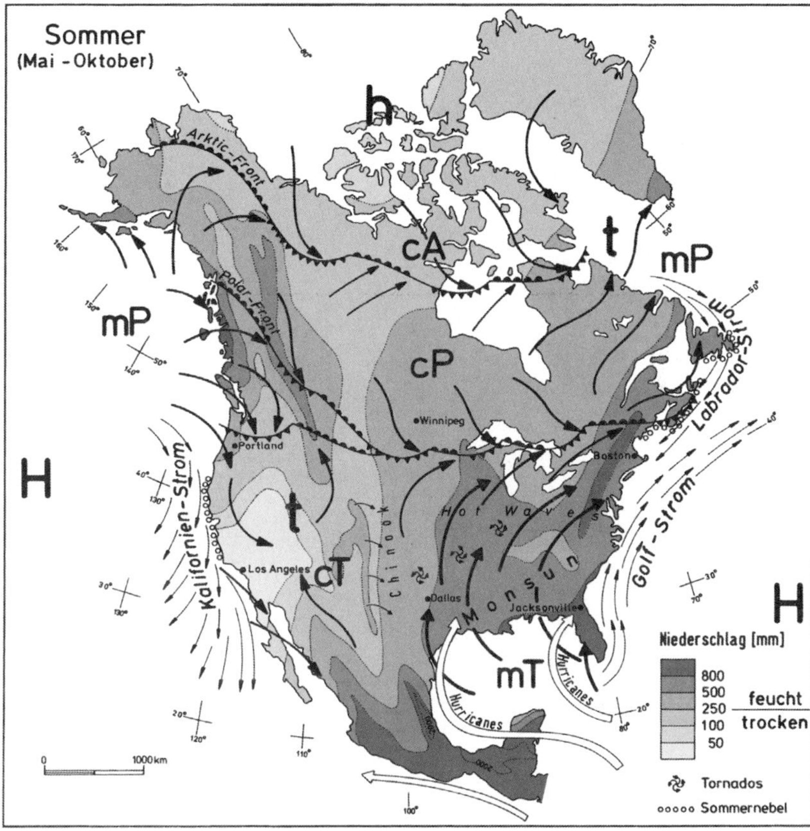

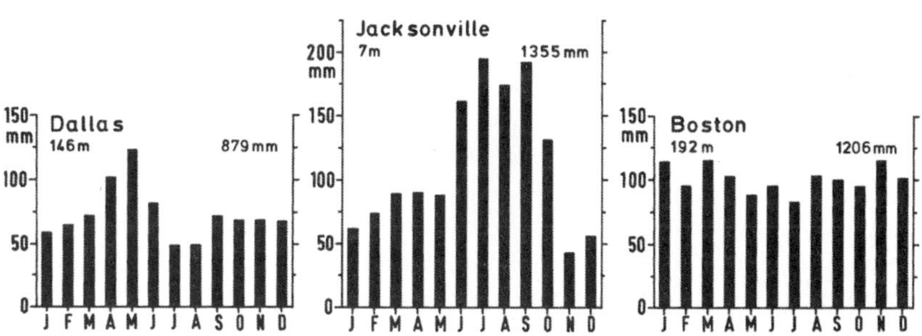

Abb. 12.9: Mittlere Zirkulationsverhältnisse und mittlere Niederschlagsmengen im Winter- und Sommerhalbjahr sowie Jahresgangtypen (Diagramme)

mit Trockenheit verursachen. Im zentralen Binnenland trifft diese Strömung entweder auf arktische Luftmassen von Norden (*Arktikfront*) oder aber auch auf tropische von Süden (*Polarfront*), die sich dort zu intensiv wetterwirksamen Zyklonen mit Warmfrontkeil von tropischer Luft und Kaltlufteinbruch mit polarer Luft verwirbeln und Niederschläge auslösen. Im Mittel dringt die arktische, kalte und trockene Luft im Winter bis in den Norden der Vereinigten Staaten vor und umgekehrt endet die tropische Luft als Keil bereits in den südlichen Vereinigten Staaten. Die meisten Niederschläge, an denen kontinental/arktische Luftmassen (cA) beteiligt sind, fallen im Winter als Schnee.

Eine permanente winterliche Schneedecke reicht bis zur Lage der Arktikfront. Periodische bzw. episodische Schneedecken verbreiten sich bis zum Wirkungsbereich der Polarfront (Abb. 12.9). In den Küstenregionen des hohen Nordens dauert die winterliche Schneedecke >10 Monate. In den ozeanischen Gebieten der östlichen Vereinigten Staaten und Kanada erreicht sie Mächtigkeiten von einigen Metern bei einer mehr als 5 monatiger Dauer. In den kontinentalen Binnenländern der nördlichen Vereinigten Staaten bleibt eine dünne Schneedecke im Mittel bis zu 5 Monaten liegen.

Bei schwacher Ausbildung der subtropischen Antizyklonen über dem Südatlantik und der Karibik greift das zyklonale Wettergeschehen zuweilen auf die subtropischen Golfküstenbereiche und die Halbinsel Florida über. Die Kaltlufteinbrüche verursachen dann erhebliche Schäden in den tropisch-subtropischen Obst- und Gemüsekulturen. Diese Kältewellen treten im Winter mehrfach auf die Karibik über und sind außerdem als Kaltlufteinbrüche noch in Mittelamerika wirksam (*Cold Waves, Nortes* bzw. *Northers*). Für diese Wetterlagen sind meist Tröge verantwortlich, die vor der Ostküste Nordamerikas liegen, sowie ein Hochdruckgebiet über dem mexikanischen Hochland und den südlichen Rocky Mountains.

Im *Sommer* (Abb. 12.9b), wenn die subtropischen Hochdruckgebiete über dem Ozean (pazifisches Hoch und Bermuda-Hoch) weit im Norden liegen, nehmen die Zyklonen der Westdrift in der Frontalzone nördliche Bahnen ein und beeinflussen kaum noch das Wettergeschehen der südlichen Hälfte des nordamerikanischen Binnenlandes. Die stationäre Hochdruckzelle über dem Pazifik bestimmt die Sommertrockenheit der Küsten Kaliforniens und ihres Hinterlandes (*Mittelmeerklima*). Die Westdrift mit ihren Zyklonen beeinflusst dann nur noch den Nordwesten an der Pazifikküste. Da sich an der Westseite Kaliforniens ein ausgesprochenes Hitzetief im Sommer entwickelt, entsteht eine auffallende Witterungsanomalie, die durch schroffe Temperaturgegensätze und hohe Luftdruckunterschiede gekennzeichnet ist wie kaum anderswo auf der Erde. So beträgt die mittlere Juli-Temperatur im nördlichen Kalifornien auf 40° Breite im Sacramento-Tal (Station Red Bluff) 27,2°C und weniger als 150 km entfernt an der Küste südlich vom Cap Mendocino nur 14°C. Dies ist der gleiche Gegensatz wie in N-Europa im Sommer auf einer Entfernung von ca. 2.000 km zwischen Sizilien und der norwegischen Küste.

Entlang der gesamten kalifornischen Küste weht ein stärkerer NW-Wind, der weitab von der Küste in den randtropischen Passat übergeht. Der aufgrund der Corioliskraft um 45° nach rechts abgelenkte kalifornische Meeresstrom verursacht ein Aufquellen kalter Tiefenwasser entlang der kalifornischen Küste, das die niedrigen Lufttemperaturen verständlich macht. Hochnebeldecken zwischen Juni und August sind die Folge. Erst im Herbst steigen die Temperaturen auf 15,5°C an. In den Sommermonaten liegt die Mitteltemperatur im Bereich von San Francisco um wenigstens 7°C tiefer als in gleicher Breite an der europäischen Westküste etwa in Lissabon, das eine August-Temperatur von 22,5°C hat, wohingegen man in San Francisco 15,2°C misst. Die kalifornische Küste gehört zu den nebelreichsten der Erde.

Das *nördliche amerikanische Binnenland* wird im Sommer von der Westdrift mit ihren Zyklonen beeinflusst. Die Westwindströmung liefert vorwiegend an der NW-Küste Niederschläge. Sie greift mit geringer Intensität über das Gebirge, zieht mit ihren Fronten einerseits auf der kanadischen Zugstraße (Alberta-Zugbahn), andererseits auf der südlicheren Bahn der Polarfront zur Ostküste, wo kräftige Niederschläge im Bereich der Neu-England Staaten fallen. Im Südosten verursacht die starke Erwärmung des Kontinents *monsunartige* Südwinde (mT-Luftmassen), deren labile Luftmassen ergiebige Konvektionsniederschläge mit heftigen Gewittern auslösen. Als schwül/heiße *Hot Waves* treten sie auf, wenn der Luftdruckgradient zwischen dem hohen Druck im Süden und dem tiefen Druck im mittleren Kanada besonders ausgeprägt ist und südliche und südwestliche Winde feuchte Warmluft vom Golf von Mexiko nach Norden verfrachten. Die maritimen Tropikluftmassen (mT) erzeugen im Sommer auch über den Prärien und Plains höhere Niederschläge. In diesem Bereich entstehen oft *Tornados*, die entlang der SW-Strömungsachse nach Nordosten durch Amerika ziehen. Sie bilden sich dann, wenn aus dem pazifischen Hochdruckgebiet Luftmassen als Fallwinde über den Ostrand der Rocky Mountains ins Tiefland gesteuert werden (Abb. 12.9a/b), diese mit den feuchten Südwinden kollidieren und zu Tornados verwirbeln.

Über den intramontanen Becken des Rocky Mountains-Systems im Südwesten der USA bildet sich im Sommer ein Hitzetief aus (z.B. Yuma-Tief im unteren Colorado-Tal), in dem bei intensiver Sonneneinstrahlung und geringer Luftfeuchte höchste Wärmegrade erreicht werden. Ausgesprochene Dürren im Mittelwesten treten ein, wenn Bermuda-Hoch und Pazifik-Hoch durch eine Höhenhoch-Brücke verbunden sind. Die kräftige, störungslose, westliche Strömung unmittelbar nördlich davon verursacht dann im Lee der Rocky Mountains sommerliche Dürreperioden, von denen die Plains, die Prärien und z.T. auch der mittlere Westen betroffen sind.

Die Umstellung der sommerlichen zu den winterlichen Wetterlagen und umgekehrt erfolgt im Westdrift-Klima Nordamerikas relativ abrupt. Meist stellen sich antizyklonal beeinflußte Großwetterlagen ein, zu denen im Frühherbst des östlichen Nordamerika die Witterung des *Indian-Summer* gehört. Wolkenloses Strahlungswetter in der Zeit der auffallenden Laubverfärbung der artenreichen Wälder im östlichen Nordamerika, eine Wetterlage, die unserem Altweibersommer entspricht und in Ostasien und Nordeuropa vorkommt, verleiht der Landschaft einen ästhetisch fesselnden Anblick.

Die Diagramme (Abb. 12.9) repräsentieren sechs unterschiedliche Jahresgang-Typen des Niederschlags in Nordamerika. An der maritimen Ostküste (*Boston*) überwiegen bei Regen zu allen Jahreszeiten winterliche Maxima. Das Maximum verschiebt sich gegen die Subtropen in den Sommer (*Jacksonville*). Die zentralen Binnenländer der Prärien und Plains haben durch die starke Konvektion in der warmen Jahreszeit ebenfalls deutliche Sommermaxima (*Winnipeg*), die im subtropischen Süden bei insgesamt höheren Niederschlägen auf das späte Frühjahr verschoben sind (*Dallas*). Die gesamte Westabdachung Nordamerikas ist durch winterliche Maxima gekennzeichnet bei ausgesprochen hohen Gesamtniederschlägen im kanadischen Westküstensaum (*Prince Rupert*) und starkem Rückgang der Regenmengen im subtropischen Winterregengebiet des Südens (*Los Angeles*). Die Hochbecken liegen in der Übergangszone zwischen den Sommer- und Winterregen, wodurch Maxima in den Übergangsjahreszeiten zustandekommen.

Das hochkontinentale Klima in Teilen N-Amerikas (Abb. 12.9) kommt in den beträchtlichen Temperaturschwankungen zum Ausdruck. Im trockenen Südwesten des Kontinents beträgt die Jahresamplitude der Temperatur mehr als 30°C, im Yukon-Becken wie in Alaska sogar mehr als 40°C. Absolute Temperaturminima werden in den nördlichen Plains mit -50 °C und im Yukon-Becken Alaskas mit –55°C gemessen. Die Maxima übersteigen in den Plains und in den intramontanen Becken 40°C mit dem Rekordwert im Tal des Todes (Death Valley) von 56,7°C.

13 Witterung und Klima in den Polargebieten

Die Polargebiete der Erde sind Kältewüsten. Die Temperaturen liegen durchweg unter dem Gefrierpunkt. Die Niederschläge sind gering.

Die *solare Einstrahlung* ist in den Polargebieten wegen des schrägen Einfalls der Sonnenstrahlen reduziert und beträgt am oberen Rand der Atmosphäre im Durchschnitt 40% weniger als am Äquator. Andererseits empfangen die Polargebiete im Winterhalbjahr (*Polarnacht*) keine, im Sommerhalbjahr jedoch ganztägig (*Polartag*) Sonnenstrahlung. Daher besitzen sie ein ausgeprägtes thermisches Jahreszeitenklima, das durch die abwechselnde Länge von Tag und Nacht akzentuiert wird.

Im allgemeinen werden Arktis und Antarktis klimatologisch als polare Hochdruckkalotten gekennzeichnet, denn über den Polargebieten liegt in der unteren Troposphäre ein permanentes Kältehoch, das durch eine gut ausgebildete Inversion in Höhen zwischen 1.000 und 1.800 m von wärmerer Luft einer polaren Höhenzyklone überlagert wird, die die ganzjährig negative Wärmebilanz der Polargebiete energetisch kompensiert.

Dennoch ist das Witterungsgeschehen der Polargebiete wesentlich komplexer und auch unterschiedlich in den beiden Hemisphären ausgebildet, allein schon dadurch, dass am *Südpol* eine mächtige Eiskalotte den Kontinent plateauartig bis in eine Höhe von über 3.500 m ü. Meer überdeckt. Die *Polarregion der Nordhemisphäre* ist ein großes, fast ganz vom Packeis erfülltes Seebecken. Lediglich Grønland ist gleich der Antarktis von einem mächtigen Eisschild überzogen, der ebenfalls über 3.000 m aufsteigt.

Die *Antarktis* kann wegen der hohen Albedo der Eisdecke, die 85 bis 95% beträgt, die Einstrahlung kaum in Wärme umsetzen. Die *arktische Meereisfläche* hingegen, von vielen eisfreien Stellen durchsetzt, hat eine mittlere Albedo zwischen 50 und 70% und nimmt sensible und latente Wärme aus den umgebenden Meeresflächen auf. Die geringere Bewölkung und damit auch der geringere Wasserdampfgehalt der Luft sowie das stärkere Reflexionsvermögen des geschlossenen Eiskörpers führen in der zentralen Antarktis dazu, dass die reflektierte, kurzwellige Strahlung an der Erdoberfläche doppelt so groß und die langwellige atmosphärische Gegenstrahlung nur halb so groß ist wie in der Arktis. Das bedeutet, dass die Antarktis an der Erdoberfläche und in den bodennahen Schichten wesentlich mehr Energie verliert als die Arktis und allenfalls den überlagernden, etwas wärmeren Luftmassen der höheren Atmosphäre Energie entziehen kann. Infolgedessen liegt die durchschnittliche Temperatur in der Arktis (–20°C) um 30°C höher als die der Antarktis, wo sie im Zentrum ca. –50°C beträgt.

13.1 Antarktis

Trotz der zentralen stabilen Hochdruckkalotte wird das Klima der Antarktis durch dynamische Vorgänge aus den Mittelbreiten beeinflusst.

Im *Spätherbst* und *Winter* (Abb. 13.1, *Winter*), zur Zeit der *Polarnacht*, ist das Kältehoch fast über dem gesamten Eisschild ausgebreitet. Die subtropischen Hochdruckzellen erreichen ihre nördlichsten Standorte. Die Antarktikfront deckt sich weitgehend mit der antarktischen Küstenlinie und auch die Polarfront reicht nahe an die Antarktis heran. Während dieser Zeit wehen von der Eiskappe kräftige katabatische Winde mit hoher Geschwindigkeit (10-15 $m \cdot s^{-1}$) aus SE- bis SSE-Richtung. An der Küste werden sie auf dem horizontal ausgerichteten Meereis leicht abgebremst, fließen auf der Rückseite in die Tiefs der Antarktik-Front ein und verstärken deren Verwirbelung, woraus Windstärken zwischen 50 und 60 $m \cdot s^{-1}$ resultieren. Dabei schieben sich die kalten, *katabatischen Winde* unter die relativ warm/feuchte Küstenluft und erzeugen Konvektion mit Niederschlägen unter Entwicklung von *Cumulonimben*.

Die *Sommer*-Situation in der randlichen Antarktis ist durch nach Süden vorrückende und die Westdrift blockierende Subtropenhochs gekennzeichnet (Abb. 13.1, *Sommer*). Die katabatischen Winde, die Zyklonenfrequenz und das Kernhoch sind abgeschwächt, die Polarfront liegt weiter nördlich. Dementsprechend fallen im Sommer bis zu 40% weniger Niederschläge.

Im kalten Kernklima kommt es durch die über den Massenausgleich der katabatischen Winde in größeren Höhen herangeführten feuchten Luftmassen in der Auseinandersetzung mit der kalten Grundschicht zu einer Sublimation des Wasserdampfs, der als *Eisnadel-Niederschlag* ganzjährig mit einem Maximum im Winter auch über dem zentralen Plateau niedergeht. Die Niederschläge sind über der zentralen Eisfläche schwer zu messen. Man schätzt das Niederschlagsaufkommen im Zentrum der Antarktis auf etwa 50 mm pro Jahr. Die starken katabatischen Winde transportieren einen Großteil des Schnees aus dem Kernbereich in Richtung Küste. Bei windreichen Wetterlagen ist dieser Anteil kaum von den eigentlichen Niederschlägen zu trennen. Im regenreichsten Teil der Antarktis, im westlichen Graham-Land, fallen im Jahresmittel 600 mm Niederschlag an 280 Tagen.

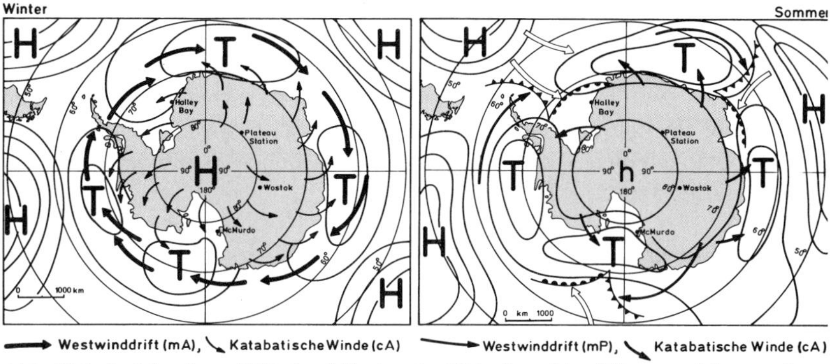

Abb. 13.1: Luftdruck- und Windverhältnisse im Südpolargebiet (Winter und Sommer)

Die Hauptniederschlagsperiode ist der *Herbst*, weil im Übergangsbereich vom Polartag zur Polarnacht (14 bis 16 Tage im März) erhöhte Zyklonen- und katabatische Wind-Frequenzen zusammentreffen. Die Niederschläge erreichen Höchstwerte an orographischen Hindernissen und in großen Buchten.

In der Antarktis werden die kältesten *Temperaturen* auf dem über 3.000 m hohen Eisplateau gemessen. Die absolute tiefste Temperatur von –88,3°C wurde an der Station *Wostok* in 3.488 m im August 1960 ermittelt. Doch besteht ein beträchtliches Gefälle zum Rand der Antarktis hin. Es beträgt durchschnittlich etwa 40°C und ist im Winter etwas größer als im Sommer.

Tab. 13.1: Monatsmittel der Temperatur in °C an der Station a) Wostok/Antarktis 1958-1968 (3.488 m ü. Meer) b) und McMurdo/Antarktis (24 m ü. Meer) (n. Loewe 1970, Müller 1983)

	J	F	M	A	M	J	J	A	S	O	N	D	Jahr
a	–32,5	–44,0	–57,0	–60,5	–66,0	–66,0	–67,0	–68,0	–66,0	–57,5	–44,0	–33,0	–55,5
b	–3,4	–8,3	–18,9	–21,2	–23,9	–23,4	–25,5	–27,8	–24,1	–19,9	–8,8	– 3,8	–17,4

Das Thermoisoplethendiagramm von *Wostok* (Abb. 13.2) zeigt eindrucksvoll den täglichen und jährlichen Ablauf der Temperatur im extremsten Polargebiet. Die Temperaturen unterscheiden sich von April bis September nur wenig und markieren den kernlosen Winter. Sie erreichen ihren Tiefstand etwa z.Z. der Sonnenrückkehr. Der Tagesgang wird am Tage während der Stunden der Helligkeit von der Einstrahlung und in der Nacht durch die starke Ausstrahlung bestimmt. Die unperiodische Veränderlichkeit der Temperatur im zentralen Kerngebiet der Antarktis ist erheblich. Selbst im Winterhalbjahr ändert sich die Temperatur an der Station Wostok im Durchschnitt an jedem Tag um 8°C. Trotz Fehlens der Sonneneinstrahlung ist dieses mehr als in Mitteleuropa. Die Ursache liegt darin, dass im Kerngebiet der Antarktis die Wärme hauptsächlich von der Luft aus auf die Messung einwirkt und nicht vom Umsatz an der Eisoberfläche.

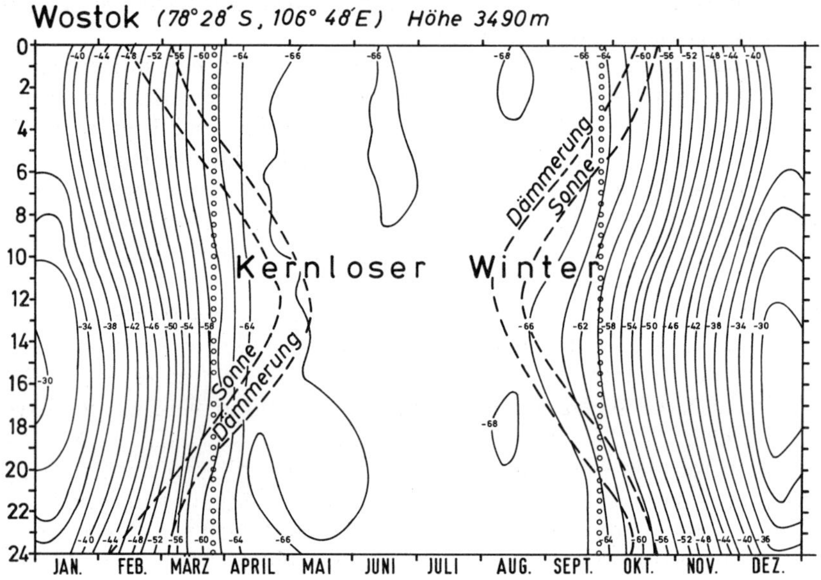

Abb. 13.2: Thermoisoplethen-Diagramm auf der Eiskappe der Antarktis (Forschungsstation Wostok) (verändert nach L*OEWE 1970)*

Für den *kernlosen Winter*, d.h. relativ gleichbleibende Temperaturen den ganzen Winter über, ist die schützende Eismasse verantwortlich.

Zirkulationsbedingte Phänomene und das Temperatur- bzw. Niederschlagsgefälle erlauben eine Gliederung der Antarktis in drei Klimabereiche:

1. Das Kernklima des zentralen Plateaus oberhalb 1.500 m ü. Meer um den Kältepol mit mittleren Temperaturen um –55°C und einer permanenten Inversion in 100 bis 1.000 m Höhe,

2. ein randliches Plateauklima am Steilabfall in Höhenlagen zwischen 500 und 1.500 m und einer mittleren Temperatur um –30°C,

3. ein Küstenklima am äußersten Kontinentalrand der Antarktis in Höhen unter 500 Metern mit mittleren Temperaturen von –15°C und wärmsten um 0°C. Das Küstenklima wird seinerseits in ein Ost- und Westseitenklima unterteilt, insbesondere wegen des unterschiedlichen Zugangs der wandernden Zyklonen infolge der Reliefdifferenzierungen am Rande der Antarktis.

13.2 Arktis

Die zentrale *Arktis* hat als riesiges, mit Packeis bedecktes Seebecken andere Charakteristika als die Antarktis. Lediglich Grønland mit seinem mächtigen Eispanzer ist mit der Antarktis vergleichbar.

Insgesamt ist die Arktis wesentlich stärker in die Zone *barokliner Instabilität* einbezogen und damit in den horizontalen Energieaustausch. Wenn während des *Sommers* das Polarhoch über dem Baffin-Land liegt, wird das grønländische Eisplateau stark von der Zyklonenaktivität überprägt. Im *Winter*, wenn das Hoch den sibirischen Kältepol und das stärker vereiste Nordpolarmeer umfasst, wird auch Grønland in die flache Hochkalotte eingeschlossen, so dass sich dann katabatische Winde vom grønländischen Eisschild nach allen Seiten zu den Meeren hin bewegen.

Dennoch werden in Eismitte Grønlands ganzjährig *Niederschläge* gemessen, die aus Zyklonen der atlantischen Polarfront im Sommer und der kanadischen Arktikfront im Winter stammen. Die Arktis hat im ganzen eine differenziertere Niederschlagsverteilung. Für das Polarmeer wird ein mittlerer Niederschlag von 130 mm errechnet. An den Küsten der Festländer Nordsibiriens, Nordkanadas und Grønlands fallen zwischen 140 und 260 mm. Dort, wo Atlantik und Pazifik nah an das Polargebiet heranreichen, steigt die Menge auf 600 mm an. Die maximalen Niederschläge fallen im ganzen eher im Sommer und auch in Form von Regen, die von der Westwinddrift herangetragen werden.

Im Nordpolarraum ist der Kältepol nicht stationär. Er wandert mit der Jahreszeit und liegt im *Winter* in Ostsibirien im subarktischen Bereich (Werchojansk). Im *Sommer* werden die asiatischen Landmassen allerdings stärker erwärmt, so dass Nordkanada (Baffin- und Ellesmere-Land) zum absoluten Kältepol wird. Dabei sind diese Kältehochs nur wenige hundert Meter mächtig.

Tab. 13.2: Monatsmittel der Temperatur in °C an der Station a) Nord/Grønland/Arktis und b) Myggbukta/Grønland/Arktis. (n. Müller 1983)

	J	F	M	A	M	J	J	A	S	O	N	D	Jahr
a	–29,6	-29,7	-32,5	-23,1	-10,9	-0,4	4,2	1,6	-7,8	-18,5	-24,3	-25,6	-16,4
b	-20,2	-21,3	-20,3	-15,7	-5,6	1,4	3,7	3,1	-1,4	-9,6	-16,0	-18,5	-10,0

Anders als in der Antarktis verhalten sich auch die *Temperaturen* in der Arktis. Hier befinden sich die kältesten Regionen nicht im Polarbecken selbst, sondern in der Subarktis, d.h. die niedrigsten Temperaturen werden in den angrenzenden Landgebieten Sibiriens und Kanadas gemessen, so z.B. das absolute Minimum in *Werchojansk* mit –67,8°C (Januar-Mittel –49°C) und die absolut höchste Sommertemperatur von 35°C (Juli-Mittel 15,3°C), die weit über dem Gefrierpunkt liegt. Im Sommer weist nur die grønländische Eismasse an der Station Eismitte negative Temperaturen von –12°C aus (Abb. 13.3). In den zirkumpolaren Küstengebieten steigen die Temperaturen auf positive Werte zwischen +3 und +5°C, im zentralen Polarbecken bleiben sie jedoch zu dieser Jahreszeit ebenfalls unter 0°C.

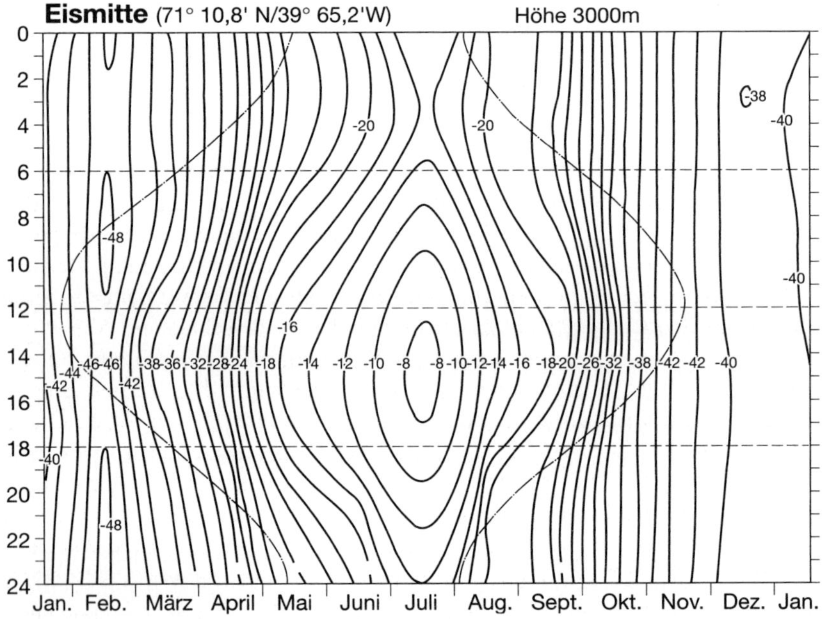

Abb. 13.3: Thermoisoplethen-Diagramm von Eismitte (Grønland)

14 Variabilität des Klimas – Das El Niño-Phänomen (ENSO)

Die Variabilität des Klimas ist grundsätzlich systemimmanent und resultiert aus den unterschiedlichen Interaktionen atmosphärischer Parameter mit den Klimafaktoren der Erdoberfläche. Temperatur- und Niederschlagsvariabilität verursachen hohe Risikofaktoren für den Lebenszyklus von Natur und Mensch.

Man unterscheidet periodische und unperiodische Schwankungen. Eine periodische Schwankung stellt z.B. der Gang der Niederschläge im Ablauf des Jahres dar. Kommt zu diesem Vorgang noch die unperiodische Variabilität von Jahr zu Jahr hinzu, so kumulieren in diesen Landschaften die Risikoereignisse.

Die mittlere Variabilität der Niederschläge kann als relative Abweichung von der mittleren Jahresmenge errechnet werden. Die unperiodische Variabilität ist umso größer, je geringer die Niederschlagsmengen sind. In einem sehr feuchten Klima mit mittleren Jahresniederschlägen von mehr als 2.000 mm und guter Gleichverteilung im Jahr zeitigen Abweichungen von 20% geringere landschaftsräumliche Wirkungen als in einem Gebiet von 400 mm, in dem Ackerbau zwar noch möglich ist, aber der mittlere Niederschlag bereits an der Grenze der Anbau- und Nutzungsfähigkeit dieser Räume liegt. In extremen Wüstengebieten, wo die unperiodischen Schwankungen am höchsten sind und keinerlei Kultivierung möglich ist, sind die Schwankungswerte von geringer wirtschaftlicher Relevanz.

Die wechselfeuchten Klimate mit Niederschlagsmengen nahe der agronomischen Trockengrenze gelten durchweg als Risikoräume. Sie liegen in den semiariden Regionen der Erde meist am Übergang von den sommerfeuchten Tropen oder von den winterfeuchten Subtropen in die Trockengebiete. Sie betreffen ebenso die zentralen Binnenländer der mittleren Breiten. Sind diese Räume sehr bevölkert, so greifen die aperiodischen Schwankungen stark in den Naturhaushalt ein. Die Sahel-Zone, NE-Brasilien, das Dekkan-Plateau in Indien und Südafrika sind davon betroffen und gehören zu den herausragenden Risikogebieten der Erde. Aber auch der semiaride Westen der USA, die Steppen des Vorderen Orients sowie Mittelasiens, die Randgebiete des australischen Trockenraums, das südliche Afrika kennen in großem Umfang aperiodisch auftretende Dürren. Die Variabilität der Niederschläge beträgt dort durchschnittlich mehr als 20% und häufig über 30%. In den mediterranen Gebieten der Erde liegt die Variabilität durchschnittlich bei 15 bis 20%. Sie nimmt bei Annäherung an die Wüstenräume zu.

Vor allem die unperiodischen *Niederschlagsschwankungen* in der feuchten Jahreszeit beeinflussen das Wachstum der Kulturpflanzen durch hohe Variabilitätswerte. Fehlende Niederschläge zum Zeitpunkt der Saat und des Wachstums verursachen die größten Ausfälle. Als Beispiel sei die Niederschlagsvariabilität im südlichen Afrika angeführt (Abb. 14.1).

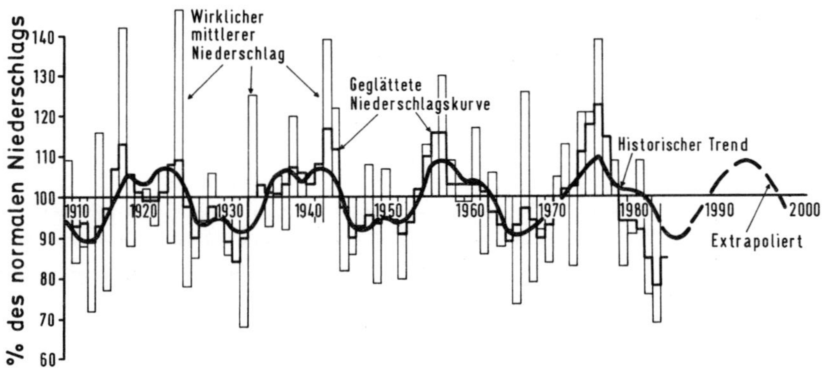

Abb. 14.1: Wechsel von humiden und ariden Klimaphasen in der Periode 1910/11 bis 1983/84 auf der Basis mittlerer Gebietsniederschläge für das Sommerregengebiet Südafrikas (verändert nach Tyson 1987)

Die Sommerregengebiete Südafrikas weisen eine auffallend regelmäßige Rhythmik von humiden und ariden, langfristigen Klimaphasen auf, für die es außer den nachvollziehbaren Veränderungen der Zirkulationsphänomene für die jeweiligen Jahre keine plausible Erklärung gibt. Jedenfalls wird in all diesen Räumen die klimatische Variabilität durch die atmosphärische Zirkulation gesteuert.

Wesentliche Impulse des Klimageschehens auf der Erde gehen von der Interaktion zwischen Meer und Atmosphäre aus. Dies wird verständlich, wenn man bedenkt, dass das Meer 71% der Erde bedeckt und außerdem das größte Reservoir für den Wasserdampf darstellt.

Eine der auffälligsten, kurzfristigen Klimaschwankungen hängt mit dem sogenannten Phänomen *El Niño Southern Oscillation* (ENSO) zusammen. Es handelt sich dabei um eine Veränderung der großräumigen Luftdruckverteilung in den tropisch-subtropischen Regionen des Pazifischen Ozeans, die im Abstand von einigen Jahren für einen Zeitraum von mehreren Monaten bis mehr als einem Jahr auftritt und Anomalien des Klimas nicht nur im Bereich des Pazifischen Ozeans selbst, sondern in vielen Teilen der Erde verursacht.

Das Wort *El Niño* bezieht sich auf einen warmen Meeresstrom, der aus dem äquatorialen Gegenstrom stammt, an der ecuadorianischen Küste nach Süden abgelenkt wird und während eines Niño-Ereignisses bis zu 500 km an der peruanischen Küste entlangdriftet. Er tritt im Sommer der Südhalbkugel um die Weihnachtszeit (El Niño = Christkind) auf und beendet für die Fischer im südlichen Ecuador und Nordperu die jährliche Fangzeit. In Abständen von einigen Jahren ist diese Warmwasserzunge besonders intensiv ausgebildet und verdrängt für längere Zeit an der gesamten peruanischen Küste bis weit nach Chile hinein die übliche, durch kalte Auftriebswasser gekennzeichnete, nährstoffreiche Humboldt-Strömung fast völlig, was bei besonders starker Ausbildung zu einer Erwärmung um 4°C (bei Super-Niño bis 10°C) über den Normalwert Anlass gibt. Dieses Phänomen kann über mehrere Monate andauern und dann eine merkliche Störung des Landschaftshaushalts verursachen. An der peruanischen Küste wird die biologische Kette von den Mikroorganismen bis zur menschlichen Betätigung empfindlich gestört. Der Salzgehalt des Wassers nimmt zu, Mikroorganismen sterben ab, den Fischschwärmen wird die Nahrungsgrundlage entzogen. Diese wiederum beeinträchtigen die riesigen Kolonien von Seevögeln, die in Mengen absterben oder zumindest die 2.000 km lange Küstenstrecke verlassen. Der Fischer-Bevölkerung wird die Lebensgrundlage genommen. Die großen Fischereiflotten verlassen die Gewässer. Überdies kommt es zu starken Regenfällen in den Küstenräumen von Ecuador und Peru. Intensive Erosion im Wüstengebiet und Zerstörung der Oasen-Kulturen sind die Folge. Das gesamte Leben in den Bewässerungsoasen ist sonst an die wüstenhafte Trockenheit angepasst.

Die Niño-Jahre sind durch Aufzeichnungen seit der spanischen Kolonialzeit bekannt. Die intensivsten Ereignisse des ausgeklungenen Jahrhunderts traten 1925, 1940/41, 1957/58, 1972/73, 1982/83 und 1997/98 auf. Hat man das Niño-Phänomen bis vor wenigen Jahrzehnten noch als eine örtliche Erscheinung angesehen, so weiß man heute, dass dies nur ein kleiner Teil eines großräumig gesteuerten Systems ist, das sich im gesamten äquatornahen Südpazifik zwischen indomalayischen Inseln und Südamerika abspielt. El Niño ist damit nur der örtlich bezogene Ausdruck einer globalen Temperatur- und Druckveränderung. G.T. Walker (1923/24) hat die sogenannte *Southern Oscillation* der Atmosphäre im äquatorialen Pazifik beschrieben und Bjerknes (1969) die Verbindung zum globalen Klimasystem hergestellt hatte.

Die Abbildungen 14.2 und 14.3 lassen erkennen, dass das umfangreiche Tiefdruckgebiet im indomalayischen Archipel und das ostpazifische Hochdrucksystem, verbunden durch die Walker-Zirkulation, miteinander reagieren. Luftdruckänderungen in beiden Räumen wirken sich auf die Meeresströmungen und auf die Oberflächentemperatur des Wassers aus sowie auch auf die atmosphärische Zirkulation, die sich in Zeiten der Niño-Anomalie fast völlig umkehren kann.

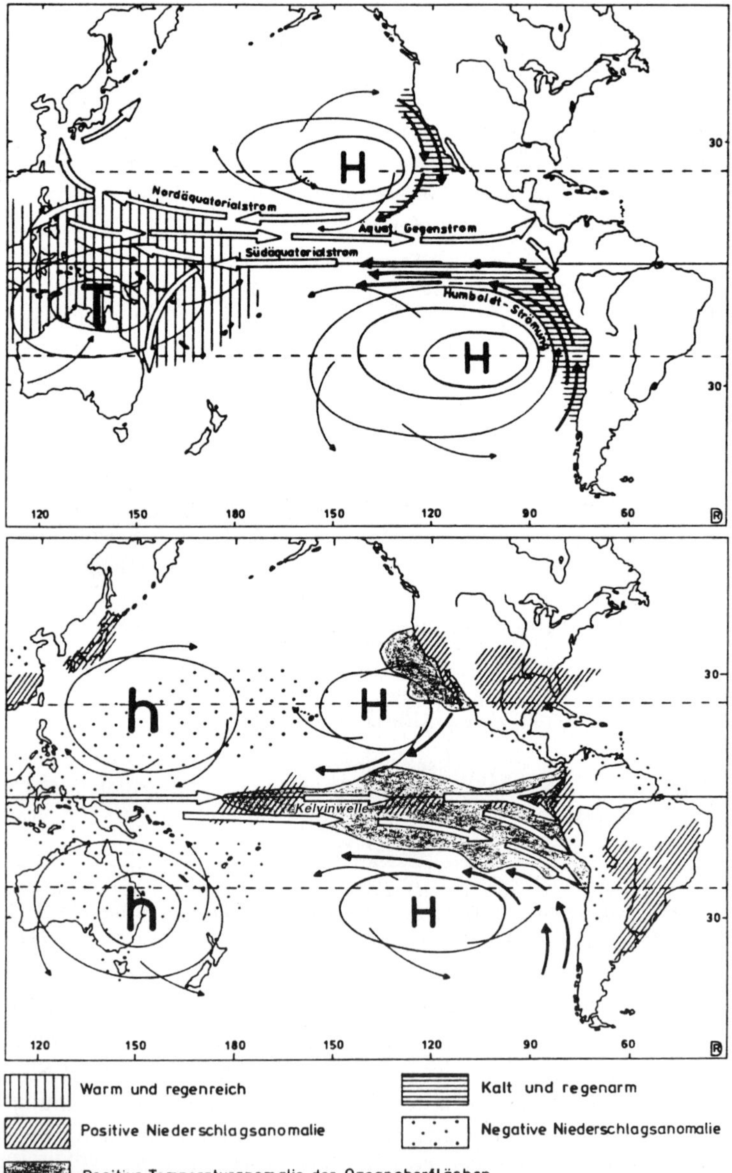

Abb. 14.2: Schematische Darstellung der WALKER-Zirkulation mit den Meeresströmungen (oben), die Umkehr der Zirkulation und das Verhalten des Wasserkörpers sowie Telekonnektionen während der Niño-Phase 1982/83 (unten)

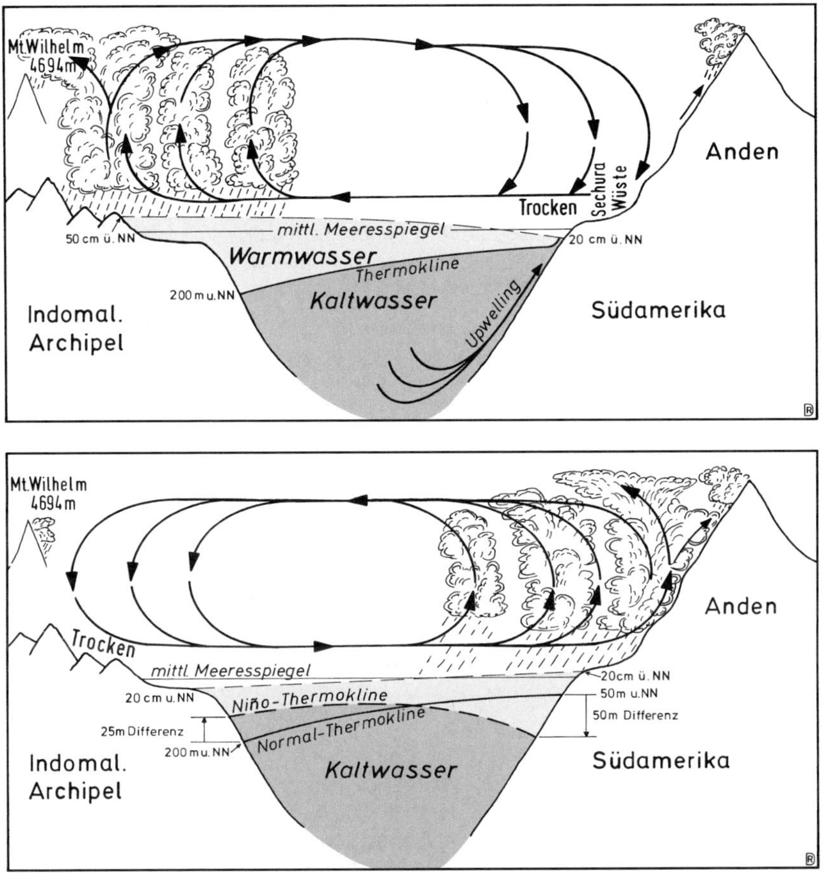

Abb. 14.3: Schematische Darstellung des ENSO-Phänomens. Oben: Normale Ausbildung der WALKER-*Zirkulation und Verhalten des Wasserkörpers im pazifischen Ozean. Unten: Umkehr der Zirkulation und Verhalten des Wasserkörpers während einer Niño-Phase (verändert nach* ROEDEL *1992).*

Die WALKER-Zirkulation im pazifischen Ozean wird im *Normalfall* durch das südostpazifische Hochdrucksystem und das umfangreiche Tiefdruckgebiet im indomalayischen Archipel gesteuert (Abb. 14.2). Diese Situation bedingt eine kräftige Ost-West-gerichtete, bodennahe Passatströmung zwischen der peruanischen Küste und dem indomalayischen Archipel. Die absinkenden Luftmassen über der peruanischen Küste verursachen exzessive Trockenheit. Die konvektiven Prozesse im indomalayischen Archipel bewirken über dem westpazifischen Ozean intensive Wolkenbildung und kräftige Niederschläge (Abb. 14.2 und 14.3 oben). Der steife SE-Passat über dem Pazifik verfrachtet riesige Warmwassermassen in Richtung Westen (*Wind-*

schub) mit der Konsequenz, dass an der peruanischen Küste kaltes ozeanisches Tiefenwasser an der Meeresoberfläche aufquillt (*Upwelling*) unter Anhebung der „Thermokline", dem Dichtesprung zwischen dem wärmeren Oberflächenwasser und den kalten Tiefenwässern, um ca. 50 m unter der Wasseroberfläche. Zugleich sinkt der mittlere Wasserspiegel um ca. 20 cm. An den E-Küsten Indo-Malaysiens und Australiens kommt es zu Stau warmen Wassers mit einem Meeresspiegelanstieg um 50 cm. Zugleich wird im Westpazifik durch den Wasserstau die Thermokline um 200 m abgesenkt. Die mittlere Oberflächentemperatur der kühlen Humboldt-Strömung beträgt an der Küste von Peru ca. 20°C. Sie mündet in den Südäquatorialstrom ein, der sich dann auf dem Weg in den indomalayischen Archipel im Normalfall beständig auf bis zu 30°C erwärmt.

Die beschriebene WALKER-Zirkulation ist im allgemeinen stabil. Dennoch kippt das Ozean-Atmosphären-System im Abstand von ca. 7-10 Jahren ohne erkennbare Regelmäßigkeit um (*El Niño-Phase*), was im allgemeinen als El Niño-Ereignis bezeichnet wird. Es wird verursacht durch eine Verschiebung der atmosphärischen Zirkulation, verbunden mit einer Verlagerung der innertropischen Konvergenzzone auf die Südseite des Äquators (*Southern Oscillation*) als Folge einer Verminderung des Druckgegensatzes zwischen dem abgeschwächten südpazifischen Hoch und dem asiatisch-australischen Tief. Der Ost-West-gerichtete SE-Passat schwächt sich ab und kommt fast zum Erliegen (vgl. Abb. 14.2, unten). Während dieser Niño-Phase verlagert sich die Warmwasserbedeckung vom indomalayischen Archipel mit einer West-Ost-gerichteten Welle (*Kelvinwelle*) innerhalb des äquatorialen Gegenstroms unmittelbar südlich des Äquators bis an die südamerikanische Westküste und speist den dort südgerichteten El Niño-Strom entlang der Küste Ecuadors und Perus. Die Oberflächenwassertemperatur steigt dann in diesem Bereich sukzessive bis auf 30°C an. Dabei sinkt die Thermokline ab und unterbindet fast vollends den Kaltwasserauftrieb (vgl. Abb. 14.3, unten). Über dem Ostpazifik – zwischen der Datumsgrenze und der Küste von Peru – kommt es dann durch intensive Konvektion über der leicht gestauten Warmwasserschicht, die sogar den mittleren Wasserspiegel um einige Dezimeter erhöht, zu ergiebigen Niederschlägen über den sonst wüstenhaften Landstrichen der nordperuanischen Küstenlandschaften (Abb. 14.2, unten). Zur gleichen Zeit herrscht im indomalayischen Archipel und in Ostaustralien länger andauernde Trockenheit, verursacht durch divergente Höhenströmung.

Die Asymmetrie dieses zyklischen Verhaltens, d.h. das seltenere Auftreten des Niño-Phänomens an der südamerikanischen Westküste und das geringe Eintreten von Trockenheit im indomalayischen Archipel im Sinne der Schaukelbewegung ist sicher bedingt durch die Erddrehung von West nach Ost, bei der das Überwiegen des SE-pazifischen Hochdrucks und des indomalayischen Niederdrucks der Regelfall ist und das Niño-Phänomen seine Abweichung. Das lässt sich auch daran ablesen, dass die Westküste von Peru eine Trockenwüste und Indonesien ein Archipel höchster Niederschläge auf der Erde sind.

Das Maß der Druckdifferenz zwischen dem Normalzustand und während einer Niño-Phase wird als *WALKER*- bzw. *Southern Oscillation-Index* bezeichnet. Große Wirkungen des El Niño-Phänomens sind immer nur dann gegeben, wenn der sog. *Southern Oscillation Index* (SOI) zwischen den beiden Druckgebilden Ostpazifik und Indonesien negative Werte aufweist; positive Werte bestimmen den Normalfall.

Das El Niño-Phänomen steuert offensichtlich auffällige meteorologische Fernwirkungen, genannt *Telekonnektionen*. Sie betreffen die unmittelbaren Anrainergebiete wie auch den weiteren Einflussbereich der tropischen WALKER-Zirkulation rund um den Erdball. Das El Niño-Phänomen erstreckt sich über ein Viertel des Erdumfangs am Äquator, bleibt aber nicht ohne Wirkung auf die restliche Atmosphäre der Erde. Der *Southern Oscillation Index* des El Niño-Phänomens beschreibt die positiven und negativen Abweichungen der Luftdruckverhältnisse, die auch auf Änderungen der Druckfelder- und Lufttemperaturanomalien wirksam sind. Wesentlich sind die großräumigen Wellen im Ozean (*Kelvinwellen*) und in der Atmosphäre (*planetarischen Wellen*). Sie wandern im System der WALKER-Zirkulation innerhalb der tropischen Breiten, dehnen sich aber auch an den Küsten entlang weit in die außertropischen Regionen aus. Die planetarischen Wellen können sich in der Atmosphäre über die ganze Erde ausbreiten und die Witterung beeinflussen.

Von der Irritation der normalen WALKER-Zirkulation sind fast alle äquatorialen Gebiete des Erdballs betroffen. Neben verheerenden Dürren in Teilen der indonesischen Inseln und Australiens kommt es auch zu erheblichen Regendefiziten je nach Stärke des Niños in NE-Brasilien und in der Sahel-Zone. Andererseits fallen Rekord-Niederschlagsmengen in sonst weniger begünstigten Landstrichen wie z.B. im Mittelwesten der Vereinigten Staaten und im brasilianischen Bergland. Während des Super-Niños 1982/83 war z.B. der Altiplano von Südperu und Bolivien äußerst trocken wie ebenso auch Teile Mittelamerikas.

Das *El Niño-Southern Oscillation*-Phänomen (ENSO) ist ein Beispiel dafür, wie große Ozeanflächen durch Interaktion mit der Atmosphäre die planetarische Zirkulation nachdrücklich steuern. Die Fernwirkung (*Telekonnektion*), wie sie durch das El Niño-Ereignis jeweils auftritt, dient heute als Modell für die Verbesserung der Prognosemöglichkeiten, weil dieses Phänomen mit weltweiten Auswirkungen die Zusammenhänge zwischen Witterungsvorgängen in weit voneinander entfernten Gebieten erklärt.

15 Klimaklassifikationen

Klimaklassifikationen geben das vielschichtige Ineinander der Klimaelemente und Klimafaktoren sowie deren Wirkungen auf die Erdoberfläche in Klimatypen wieder, die ihrerseits als Klimagürtel, Klimazonen, Klimagebiete usw. ihren kartographischen Niederschlag finden. Individuelle Klimate einzelner Landschaften der Erde werden zu Einheiten zusammengefasst, die in ihren wesentlichen Eigenschaften bzw. ihren Inhalten gleichartig oder wenigstens ähnlich sind (homologe Klimatypen). Als Ziel muss dabei angestrebt werden, das Geschehen in der Atmosphäre mit der Wirkung auf der Erdoberfläche zu verknüpfen.

Die Fülle der bereits vorliegenden Klimaklassifikationen zeigt, dass viele Wege beschritten werden können. Meist haben fachspezifische Anliegen Ziele und Methoden bestimmt. Zwei Gruppen von Klimaklassifikationen lassen sich unterscheiden: solche, die aus dem dynamischen Geschehen in der Atmosphäre abgeleitet sind und solche, die sich an den Wirkungen auf der Erdoberfläche orientieren. Während bei *genetisch-dynamischen Klassifikationen* das aus dem Energiehaushalt resultierende dreidimensionale Windfeld (atmosphärische Zirkulation) für die typisierende Raumgliederung herangezogen wird, sucht man bei *effektiven Klassifikationen* die Indikatoren des Klimas, z.B. Vegetation oder Hydrographie, durch Klimaparameter in Form von Grenzwerten, Häufigkeitswerten, Indices usw. zu beschreiben und als räumliche Klimaeinheiten auszuweisen.

15.1 Genetisch-dynamische Klassifikationen

Bei der heutigen Datenlage unter Nutzung der EDV ist es möglich, die physikalischen Ansprüche, die man an die Klassifikation stellt, für eine globale Darstellung zu verwirklichen. Terjung und Louie (1972) haben einen ersten Versuch unternommen, die *Energiebilanz der Erde* für eine Klassifikation zu verwerten. Sie bauen ihre Klassifikation auf einer vereinfachten Wärmebilanzgleichung der Erde (nach Budyko 1963) auf. Ihre Weltkarte enthält 62 verschiedene Energiebilanzklimate, die in sechs Gruppen zusammengefasst werden. Die Autoren benutzen zur Berechnung der Energiebilanzgleichung die Formel:

$$R + F \downarrow = LE \uparrow + H \uparrow + F \uparrow$$

R + F ist die eingestrahlte Energie, die aus der Nettostrahlungsbilanz (R) und der zugestrahlten fühlbaren Wärme (F↓) besteht. Die Energieabgabe wird durch die latente Verdampfungswärme (LE↑), die fühlbare Wärme (H↑) und die Wärmeabgabe des Ozeans (F↑) angegeben. Aus neun Einzelkarten der verschiedenen Energieterme erhalten sie durch Überlagerung eine Karte der Klimate nach ihrem Energieinhalt.

Die *makrotropischen A-Klimate* sind Gebiete maximaler Energieaufnahme bei geringer Schwankung und hohen absoluten Werten. Dieser Klimatyp wird im *Aw-Bereich* nach Köppen angetroffen (vgl. Kap. 15.2). Die subtropischen *B-Klimate* haben eine hohe Energieeinnahme bei einer mittleren Schwankung. Dieser Typ umgreift nach Köppen die *Cfa, Cwa, Cs, BW* und die *BS-Klimate*. Den *C-Klimaten* der mittleren Breiten kontinentaler Prägung eignen große Energieeinnahmen bei zugleich großen Schwankungen der eingehenden und ausgehenden Energie. Die *D-Klimate*, als mesotropische Klimate bezeichnet, weisen eine mittlere Energieaufnahme bei einer sehr geringen Energieschwankung auf. Diese Klimate entsprechen weitgehend dem *Af-Klima* nach Köppen. Die *E-Klimate* sind *maritime* Klimate überwiegender zyklonaler Transporte von Energie. Sie sind charakterisiert durch mittlere Engergieeinnahmen und mittlere Energieausgaben bei mäßigen Schwankungen. Die polaren *G-Klimate* nehmen minimale Energiemengen auf bei halbjährlich großem Einnahmeschwankungsbetrag. Dieser Bereich entspricht weitgehend dem Klima des ewigen Eises.

Die unmittelbare Wirkung der räumlichen und zeitlichen Varianz der Strahlung auf die Atmosphäre, wie sie in dieser Klassifikation deutlich wird, führt zu dem System der *Zirkulationsgürtel als Grundlage einer Klimaklassifikation*.

15.2 Atmosphärische Zirkulation und Klimazonierung

Für die klimageographische Gliederung der Erde, die auf der atmosphärischen Zirkulation aufbaut, ist es von großer Wichtigkeit, wie die Zirkulationssysteme des *tropischen Hadley-Regimes* und des *außertropischen Ferrel-Regimes* in ihrem jahreszeitlichen Alternieren unter Berücksichtigung der geographischen Gegebenheiten des Erdballs (Wasser- und Land-Verteilung, Relief etc.) einwirken. Das jahreszeitliche Wandern des Zenitstandes und damit der maximalen Einstrahlung der Sonne hat eine Verschiebung der Luftdruck- und Windgürtel zur Folge und führt zu einem jährlichen Alternieren von klimagenetischen Einheiten.

Wegen der unterschiedlichen Erwärmungsmechanismen von Land und Meer verschiebt sich das gesamte System auf den Kontinenten stärker als über den Ozeanen. Die einseitige Verschiebung zugunsten der Nordhalbkugel ist darin begründet, daß die Troposphäre über der Antarktis stets um 12°C kälter ist als über dem arktischen Ozean, woraus eine asymmetrische Wärmebilanz auf der Erde, insbesondere im Sommer, resultiert. Da zugleich das Temperaturgefälle Äquator-Pol im Jahresmittel über der Südhalbkugel um beinahe 50% größer ist als über der Nordhalbkugel, wird es verständlich, dass die intensivere Zirkulation der Südhalbkugel weiter äquatorwärts ausgreift und neben dem mathematischen Äquator ein ausgeprägter meteorologisch-klimatischer Äquator ausgebildet ist, der im Mittel zwischen 5 und 10° N auf der Nordhalbkugel verläuft.

Die innertropische Konvergenzzone folgt im globalen Durchschnitt mit etwa einem Monat Verspätung dem Zenitstand der Sonne und erreicht auf den Landmassen der Süd- wie der Nordhalbkugel die beiden Wendekreise im jeweiligen Sommer. Auf den Ozeanen schwankt die ITCZ im ganzen nur minimal, bleibt aber auch im Winter auf der Nordhalbkugel.

Auch in den höheren Breiten verlagern sich die Luftdruck- und Windgürtel in den kontinentalen Abschnitten jahreszeitlich. Die subtropischen Hochdruckzonen wandern im jeweiligen Sommer ca. 5 bis 10° polwärts, entsprechend liegen sie im Winter äquatorwärts, so dass die außertropische Westwindzone sich auf die Subtropen ausdehnen kann und damit im Sommer und Winter alternierende Klimaregimes wirksam werden. Dies entfällt weitgehend über den Ozeanen, wo Tropen und gemäßigte Breiten kontinuierlich ineinander übergehen.

Die Landmassen verursachen auch, dass die Klimazonen nicht generell gürtelförmig ausgebildet sind, sondern insbesondere durch das Prinzip der *Kontinentalität* und *Maritimität* meridionale Züge annehmen.

Bereits HETTNER (1911) hatte die Dynamik der Atmosphäre als Grundprinzip seiner Klassifikation herangezogen. FLOHN entwickelte 1950 ein Schema genetisch begründeter Klimazonen. In Abb. 15.1 ist die regionale Differenzierung einer klimagenetischen Klassifikation wiedergegeben, unter Berücksichtigung der großräumigen Zirkulationssysteme mit ihren vorherrschenden dreidimensionalen Windfeldern, ihrem jahreszeitlichen Alternieren und Einbeziehung der klimatisch relevanten Erdball-Asymmetrie (vgl. auch ALISSOW 1936, KUPFER 1954, NEEF 1954, HENDL 1963).

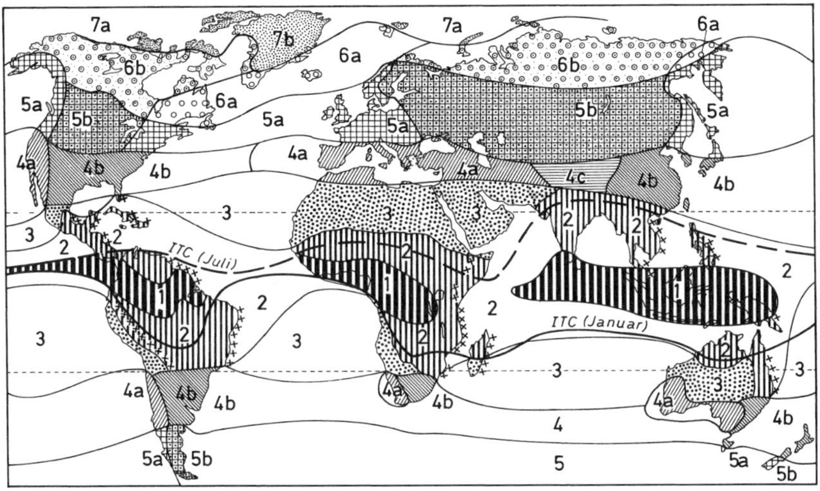

Abb. 15.1: Klimagenetische Klassifikation (Die Zahlen der ausgewiesenen Klimagebiete sind im Text erläutert) (W. Lauer)

Es werden vier stetige und drei alternierende Systeme unterschieden:

1. Das *innertropische, stetige Konvergenz-Klima der äquatorialen Zone (Kalmen und Westwind)* im Gebiet ganzjähriger äquatorialer Luftmassen im Bereich der zusammenströmenden Passate (ITCZ) mit z.T. westlichen Windkomponenten. Vorwiegend konvektive Niederschläge (zwei Maxima, zwei rel. Minima) herrschen vor.

2. Das *Wechselklima der äußeren Tropenzone* mit jahreszeitlichem Alternieren von äquatorialen Westwinden sowie *easterly waves* im Sommer und störungsfreien passatischen Ostwinden im Winter. Die sommerliche Regenzeit – durch eine „kleine" Trockenzeit unterbrochen – ist durch gewittrige Schauertätigkeit im Zusammenhang mit dem Zenitstand der Sonne und Passatstörungen gekennzeichnet. Die große Trockenzeit im Winterhalbjahr verlängert sich mit wachsendem Abstand vom Äquator. Die starke Erweiterung dieser Zone im asiatisch-australischen Raum ist bedingt durch das Monsun-Phänomen. An den Ostküsten sind kräftige orographisch-passatische Luvseiten-Niederschläge (xxxx in Abb. 15.1) ausgebildet.

3. *Das stetige Passatklima der randtropisch-subtropischen Trockenzone* steht ganzjährig im Einflussbereich der subtropischen Hochdruckzellen bzw. des passatischen Ostwinds. Stabile Luftschichtung sorgt für heiteres und trockenes Strahlungswetter im Bereich der Kontinente. An den Westküsten der Kontinente, besonders der Südhemisphäre, herrschen stetige, ablandige Passate vor, die über den kalten Auftriebswasser-Gebieten Inversions-Feuchteeffekte begünstigen (*Feuchtluft-Wüsten*).

4. Das *Wechsel-Klima der Subtropen-Zone; 4a) Winterregen-Subtropen*: Die polwärtige Lage der subtropischen Hochdruckzellen verursacht im Sommer an den *Westseiten* der Kontinente trockene Witterung (Wurzelzone der Passate), indem im Winter und Frühjahr – bei äquatorwärtiger Lage der Hochdruckzellen – *Störungen der Frontalzone* für ergiebige Niederschläge sorgen. *4b) Sommerregen-Subtropen*: An den *Ostseiten* ist die Wirkung der subtropischen Antizyklone ausgeschaltet zugunsten von Witterungseinflüssen der permanenten Höhentröge auf den Westseiten der Ozeane mit vorwiegend sommerlichen und mäßigen winterlichen Regen z.T. durch außertropische Kaltluftvorstöße unterstützt. Im Binnenland ist ein *(4c) trockenes Kontinental-Klima* mit schwachen Niederschlägen ausgebildet.

5. Das *stetige Klima der planetarischen Frontalzone in den Mittelbreiten* ist zwar gekennzeichnet durch jahreszeitliche Unterschiede im Wärmehaushalt (vier thermische Jahreszeiten). Charakteristisch sind aber die ständigen Austauschvorgänge tropischer und polarer Luftmassen mit stetigem Wechsel zwischen zonaler und meridionaler Zirkulation sowie hoher interdiurner Veränderlichkeit des Wettergeschehens mit Regen zu allen Jahrezeiten. Die Aktivität der wandernden Zyklonen und Antizyklonen ist intensiver auf den Ozeanen als im Binnenland.

Der *maritime Typ (5a)* kommt an West- und Ostküsten vor mit maximaler Niederschlagswirksamkeit im Winter. Beim *kontinentalen Typ (5b)* spielen sommerliche Konvektivregen eine größere Rolle bei vermindertem Gesamtniederschlag über das Jahr. Die Temperaturamplitude als Maß für die Kontinentalität erlaubt die Trennung von Typ *5a* und *b*.

6. Das *Wechselklima der Subpolar-Zone* ist gekennzeichnet durch den Wechsel polarer Ostwind-Kältewellen mit Warmluft-Vorstößen aus südlicher und westlicher Richtung, gesteuert durch die Arktikfront. Dem *maritimen Klimatyp (6a)* eignet starke Bewölkung mit häufigen Stürmen und Niederschlägen zu allen Jahreszeiten, die jedoch wegen der geringen Temperaturen nicht sehr ergiebig sind. Charakteristika des *kontinentalen Typs (6b)* sind kurze, warme Sommer mit relativ hoher Einstrahlung und mäßig kräftigen Regenfällen und lange, kalte Winter mit andauernder Schneedecke.

7. Das stetige *Klima der Polarzone* mit ausgedehnten, eisbedeckten Flächen wird bestimmt durch den extremen Jahresgang der Strahlungsbilanz. Die *maritime Variante (7a)*, Nordpolarmeer und Schelfeisgebiete in der Westantarktis, ist noch stark von zyklonaler Witterung betroffen. Antizyklonales Wetter mit einer kräftigen, bodennahen Inversion bestimmt den *kontinentalen Typ (7b)* in der zentralen Antarktis und in Grönland.

15.3 Effektive Klassifikationen

Die meisten bisherigen genetischen Einteilungen sind in Erdkarten kleiner Maßstäbe, z.B. 1:5 Mio., dargestellt worden. Der praktische Klimatologe benötigt aber exakte, zahlenmäßige Aussagen für bestimmte Gebiete und Örtlichkeiten in regionalen oder sogar lokalen Maßstäben.

Hier geben nur Klassifikationen, deren Klimagebiete nach *Wirkungsmerkmalen* definiert sind, einen detaillierten Einblick. So erlaubt es das genaue Studium der Vegetationsdecke oder der Hydrographie der Erde, charakteristische Grenzlinien für Klimazonen festzulegen, die durchaus klimatologische Vorgänge zur Grundlage haben. Unter den Parametern für die Abgrenzung der Tropenzone gegen die Außertropen spielt z.B. die von V. WISSMANN 1948 diskutierte absolute Frostgrenze im Zusammenhang mit der tropischen Pflanzenwelt eine bedeutende Rolle (vgl. LAUER 1975 und LAUER/ FRANKENBERG 1977).

Tropische Pflanzen sind megatherm und können unter Frostbedingungen oder bei bestimmtem Wärmemangel nicht existieren. Warme (Niederungs-) und kalte (Höhen-) Tropen lassen sich generell durch das Auftreten des Frostes voneinander trennen. Mittelwerte der Jahrestemperatur kann man für die stockwerkartige Anordnung der Klimate in den isothermen Tropen verwenden. Auch die polare Waldgrenze folgt einer Wärmemangelgrenze der sommerlichen Vegetationszeit, nämlich etwa der 10°C-Isotherme des wärmsten Monats.

Effektive Klimaeinteilungen verwenden für das großräumige Grundgerüst entweder die Temperatur nach bestimmten Schwellenwerten (v. WISSMANN 1939, CREUTZBURG 1950) oder den Niederschlag im Zusammenhang mit Indizes (THORNTHWAITE 1931). Bei der Feingliederung werden häufiger hygrische Parameter (CREUTZBURG 1950) verwandt, meist ergänzt durch thermische Schwellenwerte (THORNTHWAITE 1931, 1948).

Im Klimasystem von THORNTHWAITE wird der Index der Niederschlagswirksamkeit (P/E *Precipitation effectiveness Index*) für die Großgliederung benutzt, bei dem die monatliche Regenmenge zur monatlichen Temperatur in Beziehung gesetzt wird und die Temperatur als Ersatz für die Verdunstung gilt. Dieser Index ist das Hauptkriterium für die Unterscheidung humider und arider Klimate. Er ergänzt diese durch einen *temperature efficency-index*. CREUTZBURG verwendet für die Großgliederung seiner Klassifikation konsequent nur thermische Gürtel und für die Charakterisierung der Einzelklimate die Dauer der humiden bzw. ariden Jahreszeiten nach V. WISSMANN (1939) und WANG (1941).

Unter den Klassifikationen, die eine Gliederung der Erde bis in kleinste regionale Einheiten zulassen, hat zweifellos die *Klassifikation von* W. KÖPPEN (1923) die größte Verbreitung und besondere Anerkennung bei allen

Wissenschaften erlangt, die eine genaue Beschreibung klimatischer Raumeinheiten benötigen. Wegen ihres prägnanten logischen Aufbaus ist sie heute noch eine der meistgebrauchten Klassifikationen (Abb. 15.2).

KÖPPEN leitete die Klimate der Erde in seiner ersten Klassifikation (1900) aus der Verbreitung des Vegetationskleides der Erde ab, insbesondere auf der Basis der von DE CANDOLLE (1874) erkannten thermisch und hygrisch bestimmten Pflanzengruppen der Erde. In seiner umgestalteten Klassifikation von 1918 umschrieb KÖPPEN die Klimazonen mit Schwellenwerten, Andauerzeiten der Temperatur und Niederschlagsmengen sowie Temperatur/Niederschlag-Indizes und drückte die so ermittelten Typen durch eine Buchstabenkombination aus. Die sechs Hauptklimate der Erde erhielten die Großbuchstaben A bis F, wobei fünf thermisch definierten Klimatypen (A, C, D, E, F) ein hygrisch definierter (B) gegenübersteht. Die sechs Haupt-Klimatypen sind:

A-Klimate, tropische Regenklimate:
Kein Monatsmittel unter 18°C. Bei einer mittleren Jahrestemperatur von 15° bzw. 20° bzw. 25°C mehr als 50 bzw. 60 bzw. 70 cm jährliche Regenhöhe.

1. *feuchtheiße Urwaldklimate*,
   beständig feucht, im regenärmsten Monat mindestens 6 cm Regen (Af) oder mit mäßiger Trockenzeit im Monsunregenklima (Am).
2. *periodisch-trockene Savannenklimate* (Aw bzw. As),
   bei einer jährlichen Regenhöhe von 100 bzw. 150 bzw. 200 bzw. 250 cm fallen im regenärmsten Monat höchstens 6 bzw. 4 bzw. 2 bzw. 0 cm.

B-Klimate, Trocken-Klimate:

3. *Steppenklimate* (BS)
   bei einer mittleren Jahrestemperatur von 25°, 20°, 15°, 10°, 5°, 0°, -5 °C ist die jährlich Niederschlagsmenge geringer als 70, 60, 50, 40, 30, 20, 10 cm
4. *Wüstenklimate* (BW)
   bei einer mittleren Jahrestemperatur von 25°, 20°, 15°, 10°, 5°, 0°, -5 °C ist die jährliche Niederschlagsmenge geringer als 35, 30, 25, 20, 15, 10, 5 cm

C-Klimate, warmgemäßigte Regenklimate
Temperatur des kältesten Monates zwischen -18 und -3 °C
bei mittlerer Jahrestemperatur von 5°, 10°, 15°, 20°C
ist die jährliche Regenhöhe größer als 30, 40, 50, 60 cm

5. *warme, wintertrockene Klimate* (Cw)
   Der regenreichste Monat der wärmsten Jahreszeit bringt mehr als zehnmal soviel Niederschlag wie der regenärmste Monat der kältesten Jahreszeit.

6. *warme, sommertrockene Klimate* (Cs)
   Der regenreichste Monat der kältesten Jahreszeit bringt mehr als dreimal soviel Niederschlag wie der regenärmste Monat der wärmeren Jahreszeit.
7. *feuchttemperierte Klimate* (Cf)
   Beständig feucht, Unterschied der jahreszeitlichen Verteilung der Niederschläge geringer als in Cw und Cs.

D-Klimate, boreale subarktische Klimate
Kältester Monat unter -3 °C, wärmster Monat über 20 °C.
Bei einer mittleren Jahrestemperatur von 0°, 5°, 10°, 15 °C
ist die jährliche Niederschlagshöhe größer als 20, 30, 40, 50 cm
8. *winterfeucht-kalte Klimate* (Df) beständig feucht.
9. *wintertrocken-kalte Klimate* (Dw). Periodizität der Niederschläge wie in Cw.

E-Klimate, schneereiche kalte Klimate
Jenseits der Baumgrenze, wärmster Monat zwischen 10 und 0 °C.
10. *Tundren-Klimate.*

F-Klimate, Klimate des ewigen Frostes
Wärmster Monat unter 0 °C.
11. *Klimate des ewigen Frostes (Eisklima).*
    Die E- und F-Klimate wurden 1931 zu E-Klimaten (Schneeklimate) zusammengefasst (ET = Tundrenklimate, EF = Klima des ewigen Frostes).

Weitere Kleinbuchstaben gliedern die großklimatischen Zonen. Die meisten Weltkarten nach KÖPPENS Klassifikation weisen heute die in der Übersicht gegebenen elf Hauptklimatypen aus.

KÖPPENS Klimaeinteilung weist zwei Inkonsequenzen auf:

1. Die großklimatische Einteilung ist nicht nach einem einheitlichen Prinzip erfolgt. Im Gegensatz zu den thermisch definierten Großklimaten sind die B-Klimate (Trockenklimate) hygrisch definiert. Dadurch kann die Zugehörigkeit von Trockengebieten zu den Hauptklimazonen erst durch einen weiteren Buchstabenkomplex erfolgen.

2. Das tropische Höhenklima wird mit der Buchstabenkombination Cw oder auch mit ET oder EF bezeichnet und den wintertrockenen Klimaten bzw. dem Tundrenklima und dem Eisklima der gemäßigten und polaren Zonen gleichgesetzt. Damit bleibt die strenge Isothermie des tropischen Höhenklimas unberücksichtigt.

Die Karte der *Jahreszeitenklimate* von TROLL und PAFFEN (1964) (Abb. 15.3) beruht auf dem Grundgedanken des jahreszeitlichen Wandels der klimatischen Elemente *Beleuchtung*, *Temperatur* und *Niederschlag*. Sie zeichnet im Grunde die Klimate der irdischen Vegetationszonen und -stufen nach. TROLL und PAFFEN unterscheiden fünf Haupt-Klimazonen, die mit Ziffern I-V belegt und benannt sind:

I. Polare und subpolare Zonen
II. Kaltgemäßigte boreale Zone (nur auf der Nordhalbkugel)
III. Kühlgemäßigte Zone
IV. Warmgemäßigte Subtropen-Zone (Subtropen)
V. Tropenzone.

Die Hauptzonen, die nach thermischen Prinzipien definiert sind, haben jeweils Untergliederungen, so dass sich im ganzen 30 Klimatypen und zusätzlich drei Untertypen ergeben. Wegen der klimatischen Asymmetrie zwischen der Nord- und Südhalbkugel, die sich auch im Vegetationskleid der Erde ausdrückt, haben sehr viele Untertypen der Nordhemisphäre kein Gegenstück auf der Südhalbkugel. Die kaltgemäßigte, boreale Klimazone tritt z.B. nur auf der Nordhalbkugel auf. Für die Tropen und Subtropen erfolgt die Untergliederung der Zonen nach den Kriterien der humiden und ariden Jahreszeiten gemäß dem Isohygromenen-Konzept von LAUER (1952). Außer für die Tropen sind die Abgrenzungen quantitativ und physikalisch nicht voll abgesichert. Es werden, wie bei KÖPPEN und anderen Klassifikationen, vorwiegend Schwellenwerte der Temperatur und des Niederschlags verwandt.

Eine andere Gruppe von effektiven Klassifikationen bedient sich des Wasserhaushalts-Parameters *Humidität und Aridität*. Albrecht PENCK hatte 1910 den unterschiedlichen physiographischen Charakter von irdischen Landschaftsräumen, wie sie einerseits der Niederschlagsüberschuss und andererseits das Niederschlagsdefizit bewirkt, zum Leitgedanken seiner Klimaklassifikation gemacht. In seiner Klassifikation taucht erstmals der entscheidende Klimaparameter der Verdunstung auf. Unter Berücksichtigung der Wasserhaushaltsbedingungen – fußend auf dem Verhältnis von Niederschlag, Verdunstung, Abfluss und Grundwasser – unterschied er *humide, aride* und *nivale Klimate*. Im humiden Klima fällt mehr Niederschlag als durch Verdunstung aufgezehrt werden kann. Im ariden Klima wird der gefallene Niederschlag durch Verdunstung aufgezehrt. Beide Bereiche werden durch die *Trockengrenze* (N = V), später auch meist „PENCKsche Trockengrenze" bezeichnet, getrennt.

A. PENCK hatte zusätzlich zu dem *ariden* und *humiden Klima* noch das *nivale* hinzugeordnet, in dem mehr Niederschlag in fester Form (Schnee, S) fällt als die Ablation (A) (Gletscher- und Schneeverdunstung) aufzehren kann. Diese Gebiete sind durch die *klimatische Schneegrenze* (S = A) von den humiden und den ariden getrennt.

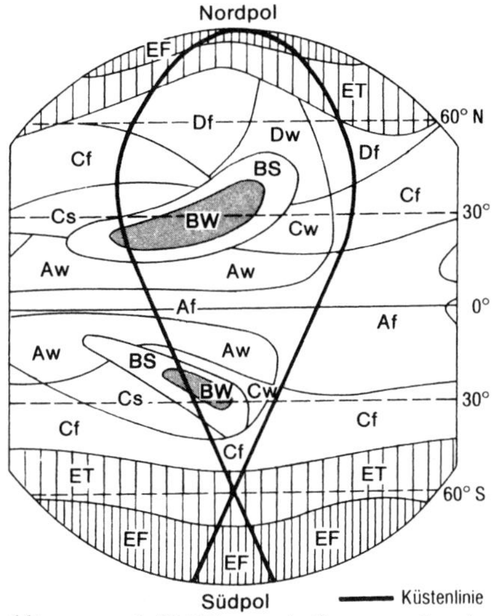

Abb. 15.2: Die elf Hauptklimate nach W. Köppen in ihrer zonalen Anordnung auf dem Idealkontinent (nach Köppen 1923, aus Scherhag/Lauer 1982)

C. Troll hat diese klimatischen Bereiche 1948 in einem Beziehungsdreieck dargestellt, indem er die Begriffe von Penck verwendet und eine weitere Differenzierung aus dem Bodengefrornis-Bereich hinzufügt (Abb. 15.4).

Die Pencksche Trockengrenze kann nicht ohne weiteres mit der Gleichgewichtslinie der Jahressummen von Niederschlag und potentieller Verdunstung gleichgesetzt werden. Landschaftsräumliche Studien haben gezeigt, dass diese zu weit im humiden Bereich verläuft, wie bereits Fritz Jaeger in seinen Arbeiten über die hydrographische Gliederung der Kontinente im Sinne der Klassifikation von Penck zeigen konnte. Untersuchungen haben erwiesen, daß die „Pencksche Trockengrenze“ etwa da verläuft, wo die *Class-A-Pan*-Verdunstungskessel doppelt soviel anzeigen wie die Umgebung verdunstet. Dies ist inzwischen eine von vielen Autoren anerkannte Tatsache (vgl. Jätzold 1962, Lauer 1968).

Es hat sich herausgestellt, dass die Verdunstung von Landschaftsräumen stark vom ökophysiologischen Rhythmus des Pflanzenkleides und seinem ökologischen Umfeld abhängig ist (Boden, Art des Bewuchses, Albedo u.a.m.) (vgl. hierzu Kap. 15. 4).

Als *Maß* für Humidität und Aridität sind viele pluviometrische Indizes, Trockengrenzformeln, Regenfaktoren, xerothermische und hygrothermische Indizes, Ariditäts- und Humiditätsformeln entwickelt worden. Als bestimmende Parameter spielen das Sättigungsdefizit der Luft, die Lufttemperatur, die Strahlungsbilanz oder ein Komplex mehrerer Parameter die Hauptrolle (vgl. Kap. 6.5).

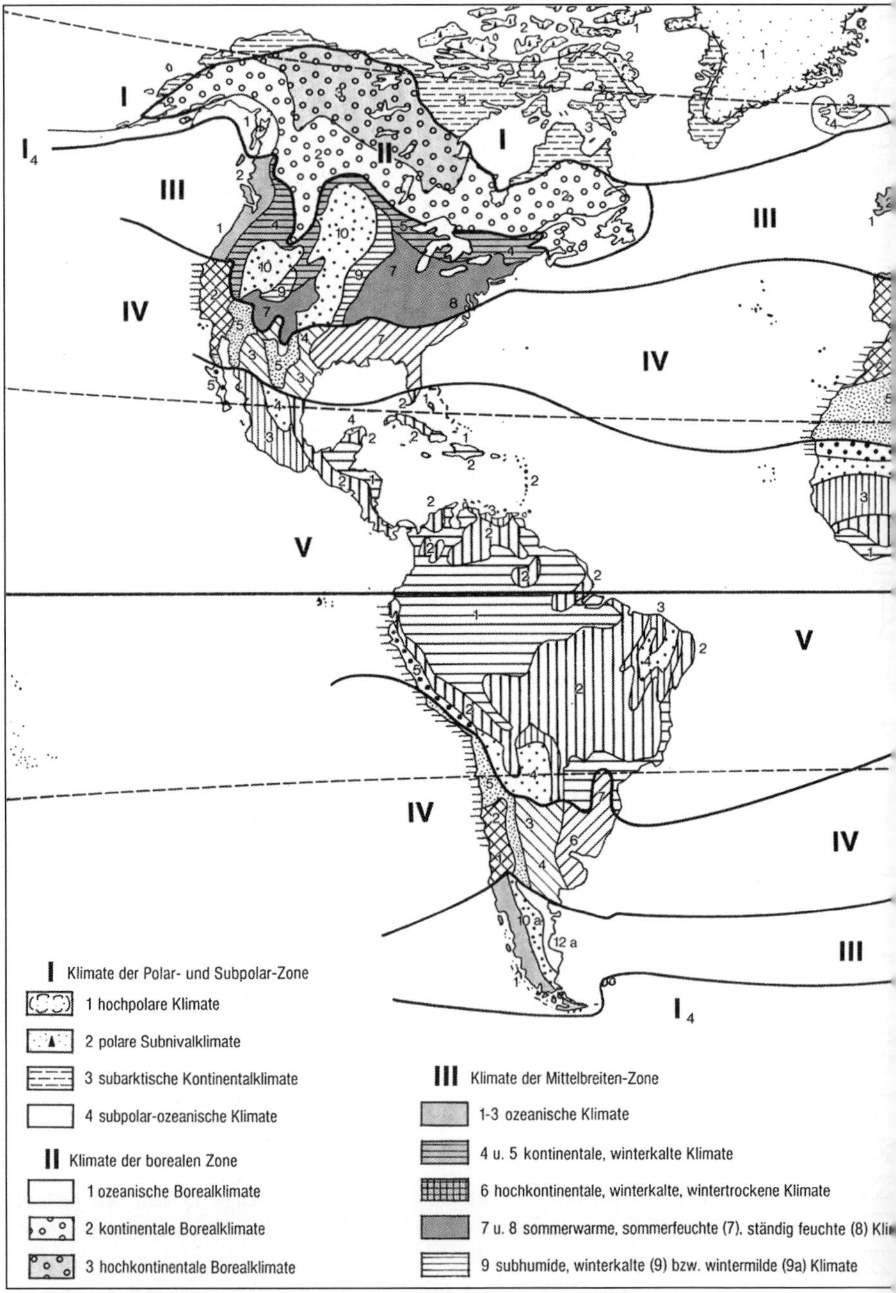

Abb. 15.3: Die Klimazonen der Erde auf der Basis der Klassifikation von C. TROLL und K.H. PAFFEN 19

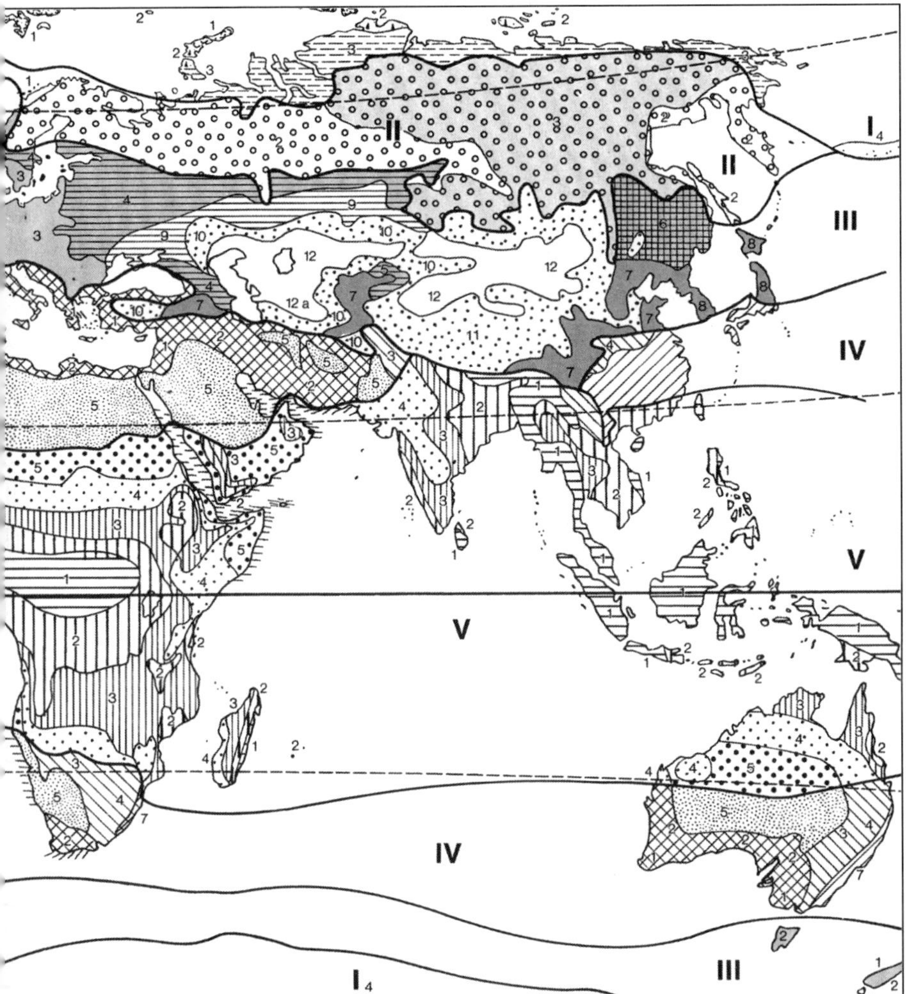

10 u. 11 semiaride, winterkalte (10), wintertrockene (11), wintermilde (10a) Klimate

12 aride, winterkalte (12), wintermilde (12a) Klimate

IV Klimate der Subtropen-Zone

1 u. 2 winterfeuchte, semihumide (1) bzw. semiaride (2) Klimate

3 u. 4 sommerfeuchte, semiaride (3) bzw. semihumide (4) Klimate

5 aride Klimate

6 u. 7 humide Klimate

V Klimate der Tropen-Zone

1 perhumide und humide Klimate

2 sommerhumide Feucht-Klimate

3 sommerhumide Trocken-Klimate

4 aride Klimate

5 vollaride Klimate

IV/V luftfeuchte Küstenklimate (Küstennebel)

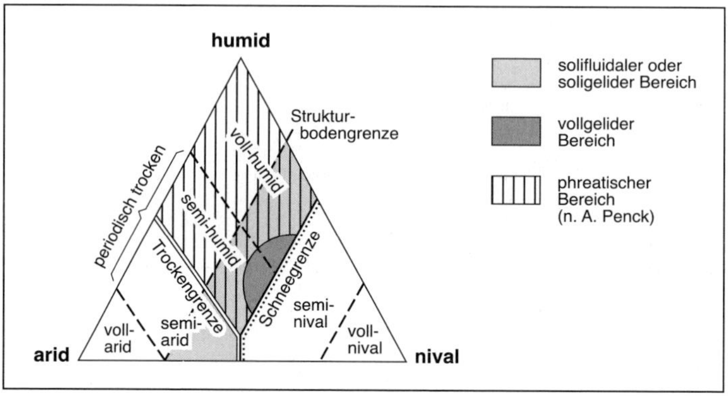

Abb. 15.4: Die klimatischen Bereiche der Erde auf der Basis der Klassifikation von A. Penck (1910) in der Darstellung von C. Troll (1948)

Die Wasserbilanzkarten für die Kontinente von Henning und Henning (1980), berechnet nach der physikalisch gut abgesicherten Formel für die Evapotranspiration von Penman bzw. Albrecht, zeigen, dass auch die *klimatologische Trockengrenze* weit in den von Penck definierten humiden Regionen verläuft. Hinsichtlich der Beschreibung humider und arider Monate, als zeitliches Maß der Aridität/Humidität, muss man also annehmen, dass die *klimatologische Wasserbilanz* die landschaftsräumlichen Verhältnisse des Wasserhaushaltes unter Einbeziehung der verdunstenden Medien nicht vollständig erfasst.

Von besonderer Bedeutung für das Problem der Humidität/Aridität ist auch das Verhältnis zwischen der zur Verdunstung (V) verbrauchten Energie zur Strahlungsbilanz (Q) am Erdboden. Budyko (1974) hat die zur Verdunstung gefallener Niederschläge (N) nötige Energie (E_N) zur Strahlungsbilanz in Beziehung gesetzt. Dieser Index (Q/E_N) eignet sich für eine Klimagliederung der Erde und korrespondiert weitgehend mit der Verbreitung der großräumigen Vegetationseinheiten (Abb. 15.5). Doch verläuft seine Bilanzkurve mit dem Wert 1 auf der Kartendarstellung etwa an der Grenze des tropischen Regenwaldes und der vollhumiden Mittelbreiten. Dies entspricht nicht den landschaftsräumlichen Gegebenheiten, sondern nur der klimatisch-atmosphärischen Wasserbilanz.

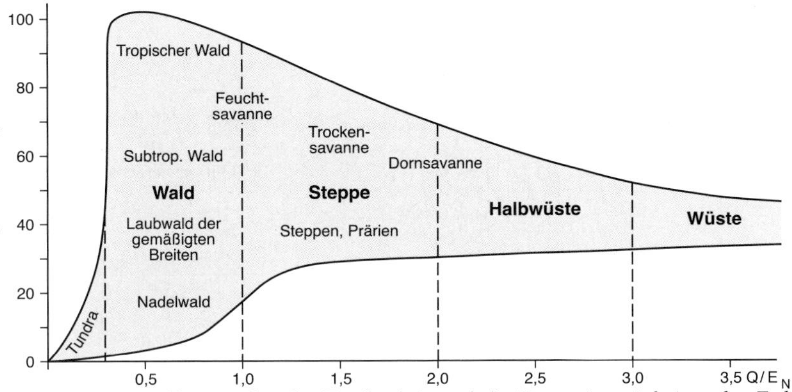

Abb. 15.5: Der Strahlungsindex der Trockenheit und die Vegetationseinheiten der Erde (verändert nach Budyko 1974).

15.4 Die ökoklimatische Klassifikation von W. Lauer und P. Frankenberg

Die Klimaklassifikation von W. Lauer und P. Frankenberg verfolgt das Konzept einer ökoklimatischen Gliederung der Erde (Lauer & Rafiqpoor 2002). Sie strebt an, auf der Basis ökologisch relevanter Klimaparameter die wesentlichen Typenmerkmale des Klimas der Erde zu beschreiben und quantitativ zu belegen. Sie geht von der Tatsache aus, dass Strahlungs-, Wärme- und Wasserhaushalt Grundgrößen jeglichen Lebens auf der Erde sind (vgl. Karte und Legende im Anhang).

15.4.1 Klimazonen

Die solaren Strahlungsgürtel bilden das Grundgerüst der großklimatischen Zonierung der Erde. Nach der astronomischen Stellung des Planeten Erde gegenüber der Sonne lassen sich vier Bestrahlungszonen unterscheiden: Tropen (A), Subtropen (B), Mittelbreiten (C), Polarzone (D) (vgl. Kap. 2.1).

Die Tropen liegen zwischen den Wendekreisen, die Polargebiete polwärts der Polarkreise. Die dazwischen liegende Zone lässt sich in die Subtropen und Mittelbreiten aufgliedern durch den 45. Breitenkreis (vgl. Louis 1958).

Die Einteilung der Erde in solarklimatischen Hauptzonen erfolgt über Schwellenwerte der jährlichen Tageslängenschwankung (TLS), die durch die geographische Breite determiniert ist. Die Zeitpunkt von Sonnenaufgang und Sonnenuntergang, deren Intervall der Tageslänge entspricht, sind aus dem Nomogramm in Abb. 15.6 vom Äquator zu den Polen für ausgewählte Termine ablesbar.

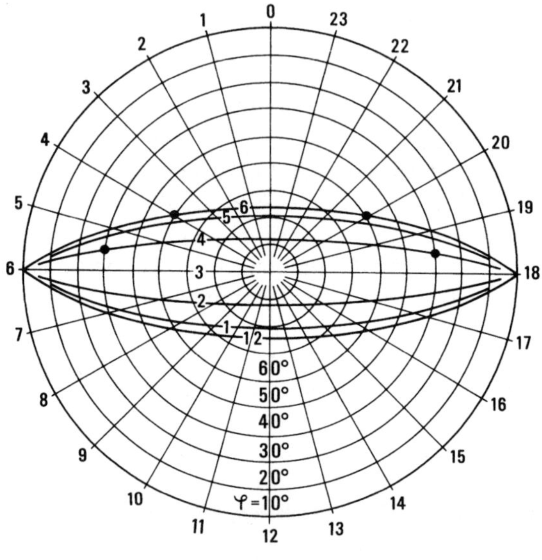

Abb. 15.6: Diagramm der theoretischen täglichen Sonnenscheindauer (nach JUNGHANS 1969)

Die jährliche Tageslängenschwankung (TLS) ergibt sich für beide Hemisphären aus der Differenz zwischen der Tageslänge zur Sommersonnenwende und der Tageslänge zur Wintersonnenwende.

Berücksichtigt man für die Abgrenzung der vier Bestrahlungs-Zonen im Sinne von LOUIS (1958) im Rahmen der Klimakarte zusätzlich klimageographisch relevante Parameter wie die Land/Meer-Verteilung, die Meeresströmungen und das Relief mit seinen unterschiedlichen Höhen und Expositionen, so weichen die eingetragenen Grenzlinien bei der Klimazonen-Darstellung in der Karte tolerabel von der Ideallinie der genauen Bestrahlungszeiten entlang von Breitenkreisen ab.

Die *Tropen (A)* sind die Region zweimaligen Zenitstandes der Sonne über ebener Fläche. Der stets steile Sonnenstand verändert die Bestrahlung und die Tageslänge in den Tropen wenig (TLS = 3 Stunden). Sie beträgt an den Wendekreisen beim Sonnenhöchststand jeweils 10 1/2 bzw. 13 1/2 Stunden. Frost und in ozeanisch beeinflussten Räumen Wärmemangel (z.B. für megatherme Pflanzen) variieren den starren Wendekreis als Tropengrenze gegen die Subtropen. Zirkulationsdynamisch gehören die Tropen in den Aktionsbereich der Passat-Zirkulation.

Die *Subtropen (B)* als solare Zone liegen zwischen den Wendekreisen (TLS = 3 Stunden) und dem 45. Breitenkreis (TLS = 7 Stunden) der jeweiligen Hemisphäre. Sie sind gekennzeichnet durch einen relativ hohen Sonnenstand und extrem günstige Strahlungsexpositionen in den Gebirgen. Die Tageslängendifferenz zwischen Sommer und Winter ist bereits deutlich ausgeprägt. Relief, Expositionen und thermisch unterschiedliche Meeresströmungen differenzieren den Grenzlinienverlauf zusätzlich. Die Subtropen liegen zirkulationsdynamisch im Sommer unter dem Einfluss der Hochdruckgebiete, im Winter unter der Herrschaft der Westwinddrift. Dies wirkt sich an der Westseite, an der Ostseite und im Innern der Kontinente unterschiedlich aus (vgl. Kap. 9 u. 11).

In den *Mittelbreiten* (C) beider Halbkugeln – zwischen einer TLS von 7 und 24 Stunden gelegen – bestimmt der ausgeprägte Jahresgang der Besonnung die Witterungsjahreszeiten (Frühling, Sommer, Herbst, Winter) und kennzeichnet damit deutlich den Übergang zwischen den thermisch bevorzugten Tropen und Subtropen und den thermisch extrem benachteiligten Polarregionen. Durch unterschiedlich hohe Jahresamplituden der Temperatur auf dem Meer und dem Festland wird der Kontinentalitätsgrad zu einem markanten Klimafaktor. Das wesentliche klimadynamische Merkmal ist die Westwindzirkulation mit sehr hoher täglicher Veränderlichkeit der Witterung.

Die solarklimatischen *Polarzonen* (D) sind durch maximale Tageslängen-Differenzen der Sonnenbestrahlung gekennzeichnt, variiert vom Polarkreis an (66,5 °) mit einem einmaligen „Auftritt" der Mitternachtsonne (TLS = 24 Stunden) und dem totalen Fernbleiben der Sonne bis zu einem halben Jahr an den Polen. Maritimität und Kontinentalität wirken sich ebenfalls differenzierend auf den Strahlungshaushalt aus.

15.4.2 Hygrothermische Klimatypen (Klimaregionen)

Unabhängig von den solarklimatischen Zonen, die den großen Rahmen der Klassifikation bilden, werden Klimatypen auf der Basis quantitativ abgesicherter hygrischer und thermischer Parameter ausgewiesen, die sich auf ökophysiologisch entscheidende Merkmale des Pflanzenwachstums beziehen (vgl. Kartenbeilage).

Die *thermische Vegetationszeit*, als erste grundlegende Dimension der Klimatypen, ist definiert durch die Länge der *temperatur*bedingten Wachstumsperiode der Pflanzen, ausgedrückt durch die Anzahl der Monate (*Isothermomenen*). Ein kalendarischer Monat gilt als thermischbedingter Hauptwachstumsmonat, wenn die dominierende natürliche oder kultürliche Pflanzenwelt – vom Wärmehaushalt her – einen deutlichen Stoffgewinn erzielt bzw. fruktifiziert. Dies geschieht in den einzelnen dargestellten Klimaregionen pflanzenbestandstypisch bei verschiedenen Wärmeniveaus. Die Temperatur-Schwellenwerte zur Ermittlung der Hauptwachstumszeit wurden für die jeweilige Vegetationsbedeckung der einzelnen Klimaregionen der umfangreichen Literatur entnommen (Tab. 15.1).

Tab. 15.1: Temperatur-Schwellenwerte für die wesentlichen Vegetationszonen auf der Erde zur Gliederung thermischer Vegetationszeit (Isothermomenen)

Tropen:

Abgrenzung Warmtropen/Kalttropen durch Schwellenwert 15 °C bzw. Auftreten von Frost

Subtropen:

Subtropischer Regenwald	≥ *12°C*
Nadel-Höhenwald	≥ *10°C*
Hartlaubgehölze	≥ *12°C*
Subtropische Steppen (Nordhemisphäre)	≥ *11°C*
Steppe (Südhemisphäre)	≥ *11°C*
Halbwüste (Wüste)	≥ *11°C*
Kulturland	≥ *10°C*
Hochgebirgsformationen	≥ 6°C

Mittelbreiten:

Laubwald	≥ *10°C*
Nadelwald	≥ *5°C*
Steppe (Südhemisphäre)	≥ *7°C*
Grasland (Prärien)	≥ *10°C*
Halbwüste	≥ *10°C*
Kulturland	≥ *7°C*
Hochgebirgsformationen	≥ *5°C*

Polargebiete:

Tundra	≥ *5°C*
Flechtentundra	≤ *5°C*

Die ermittelten Werte für die Länge der *thermischen Vegetationszeit* variieren zwischen 0 und 12 Monaten.

Die *Tropen* gliedern sich thermisch nur in zwei Stufen, die *Warmtropen* als Gebiet ganzjähriger Wachstumsphase (12 thermische Vegetationsmonate) und die *Kalttropen* mit ≤12 thermischen Monaten.

In den *Subtropen* reduziert sich die thermische Vegetationszeit sukzessive von 12 Monaten auf geringere Werte, wobei die Räume mit 10-12 und 7-9 thermischen Vegetationsmonaten (sl und l) vorherrschen. Kürzere Vegetationszeiten finden sich nur in Gebirgen.

In den kühlgemäßigten, maritim getönten *Mittelbreiten* dominieren 5-6 thermische Vegetationsmonate (m). Sie ziehen sich in Küstennähe bis in subpolare Regionen. In den hochkontinentalen, kaltgemäßigten Binnenländern geht die thermische Vegetationszeit rasch auf 3-4 Monate und weniger zurück. Sie sinkt gegen die vergletscherten (Gebirgs-) Regionen auf 0 bis 2 Monate ab.

Die *hygrische Vegetationszeit* als zweite gundlegende Dimension der Klimatypen ist definiert durch die Länge der *feuchtigkeits*bestimmten Wachstumsperiode, ausgedrückt in der Anzahl der humiden Monate (*Isohygromenen*). Ein Monat gilt als humid, wenn das Niederschlagsaufkommen die potentielle Landschaftsverdunstung (pLV) der standörtlichen Pflanzenwelt mindestens erreicht (N ≥ pLV, vgl. LAUER/FRANKENBERG 1981, 1986). Als potentielle Verdunstung einer Landschaft wird die Evapotranspiration des Systems Boden/Pflanze angenommen, die bei hinreichender Wasserversorgung eine optimale Netto-Primärproduktion der Pflanzenwelt garantiert. Die potentielle Landschaftsverdunstung (pLV) berechnet sich nach der Formel: pLV = pV·Uf, wobei pV die potentielle Verdunstung freier Wasserflächen und Uf einen pflanzentypischen Reduktionsfaktor gemäß der optimalen

Bestandstranspiration der gegebenen Vegetation bzw. Landnutzung bedeutet (LAUER/FRANKENBERG 1981, 1986) (vgl. S. 250 und Kap. 6.6).

Die Wasserbilanz in zeitlich aufgelöster Form ergibt eine 12er Skala der Anzahl der humiden Monate, die wir auf 6 Humiditätsstufen von ökologischer Relevanz reduziert haben: 0 (perarid, pa), 1-2 (arid, a), 3-4 (semiarid, sa), 5-6 (subhumid, sh), 7-9 (humid, h), 10-12 (perhumid, ph) (s. Anhang).

Die durch die Verschneidung von Isothermomenen und Isohygromenen entstehenden Flächen ergeben ein Muster von hygrothermischen Klimatypen, die durch Buchstaben-Kombinationen kenntlich gemacht sind: z.B. **B l sh** = subtropisches Klima mit 7-9 Monaten thermischer Vegetationszeit und 5-6 humiden Monaten (= megathermes, subhumides Subtropenklima); oder **C m h** = Kühlgemäßigtes Mittelbreiten-Klima mit 5-6 thermischen Vegetationsmonaten und 7-9 humiden Monaten (= mesothermes, humides Mittelbreiten-Klima). Die ausgewählten Farbflächen geben Hinweise auf den bestimmenden Charakter der hygrischen oder thermischen Komponente. Die Tropen z.B. werden deutlich durch die hygrische Abstufung gegliedert. Auch in den Subtropen dominiert die hygrische Komponente. In den Mittelbreiten hingegen treten als Gliederungsmerkmale eher die Flächen der thermisch bestimmten Vegetationszeit farblich in Erscheinung. Dieses Prinzip setzt sich auch in den hohen Breiten der kaltgemäßigten Mittelbreiten und in der Polarregion fort.

Die Zusatzinformation – durch griechische Buchstaben (α = ozeanisch, β = kontinental, γ = hochkontinental) ausgedrückt – ist der Kontinentalitätsgrad, errechnet nach der Formel von IVANOV 1959.

Der Wert 100% trennt ozeanische [<100%, (a)] von kontinentalen [100-200%, (b)] und hochkontinentalen [>200%, (g)] Gebieten. Die Kennbuchstaben a, b, g werden der Klimaformel angehängt (z.B.: **C m h** α; mesothermes, humides, ozeanisches Mittelbreitenklima).

Die Unterschiede dieser Klassifikation zu den bisher vorhandenen effektiven Klimaklassifikationen, insbesondere von KÖPPEN und TROLL/PAFFEN, ergeben sich daraus, dass die klimatischen Grenzlinien in der vorliegenden Klimakarte durchweg quantitativ ausgedrückt werden und nachvollziehbar sind. Die Klassifikation ist auf das reale Vegetationsbild der Erde bezogen und berücksichtigt quantitativ definierte Prozessabläufe im Sinne eines aktuellen ökologischen Regelkreises.

C Spezielle Klimatologie

16 Klimageschichte – Klimaänderungen

Das Klima der Erde ist ständigen Wandlungen unterworfen, weist aber dennoch eine erstaunliche Konstanz auf. Die *kurzfristige Variabilität* des Klimas ist in *langfristige Veränderungen* eingebettet. In jüngerer Zeit überlagern sich zunehmend *natürliche Klimaschwankungen* und *anthropogene Klimabeeinflussungen*.

Zur Erfassung von Klimaschwankungen verschiedener Zeitskalen und räumlicher Maßstäbe bedient man sich unterschiedlicher Methoden. Während man für das Klima der geologischen Vorzeit vorwiegend auf fossile Zeugen der anorganischen und organischen Welt angewiesen ist, kann man für die gesamte historische Zeit zusätzlich auf Witterungsbeobachtungen und auf erfassbare Auswirkungen des klimatischen Geschehens zurückgreifen. Erst die *letzten beiden Jahrhunderte* gestatten, die Klimageschichte auch auf *Messdaten* zu gründen. *Globale Zirkulationsmodelle (GCM)* erlauben zusätzlich numerische Analysen zur Vergangenheit des Klimas und ebenso für Tendenzen in der Zukunft (*Szenarien*).

16.1 Paläoklima

Das *Paläoklima* beschreibt die Klimaentwicklung der erdgeschichtlichen Vergangenheit, die nur durch indirekte Daten (Klimazeugen, Klimaindizien = *Proxidaten*) erschlossen werden kann. Als besonders geeignete Zeugen warmer oder kalter, feuchter oder trockener Vorzeitklimate gelten z.B. Sedimente mit Ablagerungen von tierischen und pflanzlichen Organismen, Lagerstätten, vulkanische Ablagerungen und Vorgänge, Meeres- und Seespiegelstände, glaziale Ablagerungen, Periglazialerscheinungen, fossile Bodenhorizonte, Lößstratigraphien, Gletscherbewegungen, Inlandeisverbreitung und Flussterrassen.

In den letzten Jahrzehnten hat die Erforschung der langfristigen Trends und Schwankungen des Paläoklimas dank der Entwicklung der Atomphysik und der elektronischen Datenverarbeitung sowie mit Hilfe der Tiefsee- und Eisbohrtechnik sehr große Fortschritte gemacht. Hierdurch wurde die Informationsbasis erheblich verbessert und besonders zugunsten einer absoluten

Altersbestimmung erweitert. Einige wichtige paläoklimatische Datenerhebungs- und Datierungsmethoden seien hier summarisch genannt:

1. Die *Radiokarbon-Methode* (*^{14}C-Datierung*). Dieses von LIBBY entwickelte Verfahren zur absoluten Altersbestimmung basiert auf dem Zerfall des radioaktiven Kohlenstoff-Isotops ^{14}C in organischen Substanzen.

2. *Thermolumineszenz (TL-Methode)*. Anwendung für Altersbestimmungen an Scherben, gebrannten Tonen, ausgeglühten Böden, Steinen und Schlacken etc. Günstig bis 15.000 Jahre v.h., vor allem im Zusammenhang mit ^{14}C-Datierungen.

3. Das *Sauerstoff-Isotopen-Verfahren* ($^{16}O/^{18}O$). Dieses Verfahren, das die Ermittlung von Temperaturen gestattet, ist in jüngster Zeit erfolgreich an Bohrkernen in Meeressedimenten und im grønländischen und antarktischen Inlandeis angewandt worden.

4. Die *Kalium-Argon-Methode* ($^{40}K/^{40}A$), die Aussagen über weit zurückliegende Klimaschwankungen erlaubt, wird meist in Verbindung mit der Feststellung des Wechsels im erdmagnetischen Feld angewandt.

5. Die *Protactinium-Ionium-Methode* lässt sich ebenfalls jenseits der Grenze möglicher ^{14}C-Datierungen anwenden. Sie beruht auf dem radioaktiven Zerfall von Uran 238 und Uran 235.

6. Die *Warven-Chronologie* basiert auf der Auswertung von geschichteten Ablagerungen (meist Bändertonen), die den Wechsel von Jahreszeiten repräsentieren und somit eine Jahreszählung gestatten.

7. Die *Dendrochronologie* nutzt zur Altersbestimmung die Jahresringe von Bäumen.

8. Die *Pollenanalyse* wertet die in Sedimenten (vorwiegend Mooren) enthaltenen Blütenstaubablagerungen zur Rekonstruktion früherer Vegetationsbestände aus, die Hinweise auf das jeweilige Klima zulassen.

Warvenzählung, Dendrochronologie und Radiokarbon- sowie Thermolumineszenzverfahren sind heute zusammen mit der Pollenanalyse die Standardmethoden zur Erfassung der Klimaschwankungen der letzten 40.000 Jahre. Für die Rekonstruktion des pleistozänen Klimas werden mit Erfolg auch eine sehr verfeinerte Lößstratigraphie und Untersuchungen fossiler Böden in Verbindung mit Meeres- und Seespiegelständen sowie Flussterrassen und Moränen angewandt.

Aussagen zum Paläoklima sind um so unsicherer, je weiter man in die Erdgeschichte zurückgeht. Für die letzten zwei Mrd. Jahre lässt sich die Klimageschichte nur ganz grob abschätzen. Erst seit dem *Kambrium*, also etwa seit 650 Mill. Jahren, kann man geologische und paläontologische Klimazeugen genauer beurteilen (z.B. eiszeitliche Ablagerungen im Kambrium vor 650 Mill. Jahren). Nur wenig besser sind die Kenntnisse über die Zeiträume von 200 Mill. bis zu 2 Mill. Jahren. Im *Mesozoikum*, das etwa 200 bis 65 Mill. Jahre dauerte, war z.B. das Klima erheblich wärmer als in der Gegenwart, weil die Polarregionen keine Eiskappen trugen. Die Antarktis begann sich vor 55 Mill. Jahren mit einer Eiskalotte zu überziehen. Sie wuchs seitdem stetig, so dass während des gesamten Tertiärs Antarktika von Inlandeis bedeckt war. Vor 10 Mill. Jahren begann die Gebirgsvergletscherung auf der Nordhemisphäre. Außerdem entwickelte sich die Inlandeisvergletscherung auf Grønland. Seither ist das Eis auf der Nordhalbkugel nie mehr ganz von den Gebirgen gewichen. Da sich als Folge der Klimaschwankungen auch der Meeresspiegel hob oder senkte, gab es zeitweise kräftige Klimaumbrüche. Aus dem Tertiär beispielsweise sind sehr viele Meeresterrassen bekannt. Im *Oligozän* erfolgte ein rapides Absinken des Meeresspiegels. Er fiel um ca. 200 m. Dies steht im Zusammenhang mit einer Abkühlung des Klimas, die Wasser als Eis band. Während dieser Phase verminderte sich auch die Verdunstung, wodurch das Klima zugleich trockener wurde. Während allerdings VAIL und HERDENBOL (1979) das Absinken des Meeresspiegels in das späte Oligozän verlegen, haben SHACKLETON und KENNETH (1975) den Klimaumschwung bereits an den Anfang des *Oligozäns* verschoben. Abb. 16.1 zeigt deutlich den zeitlichen Versatz beider Kurven bei im ganzen kongruentem Verlauf. Dieser Temperatursprung war mit einer Abkühlung um 3 bis 5°C verbunden, wobei auch gleichzeitig eine antarktische Meereisdecke aufgebaut wurde.

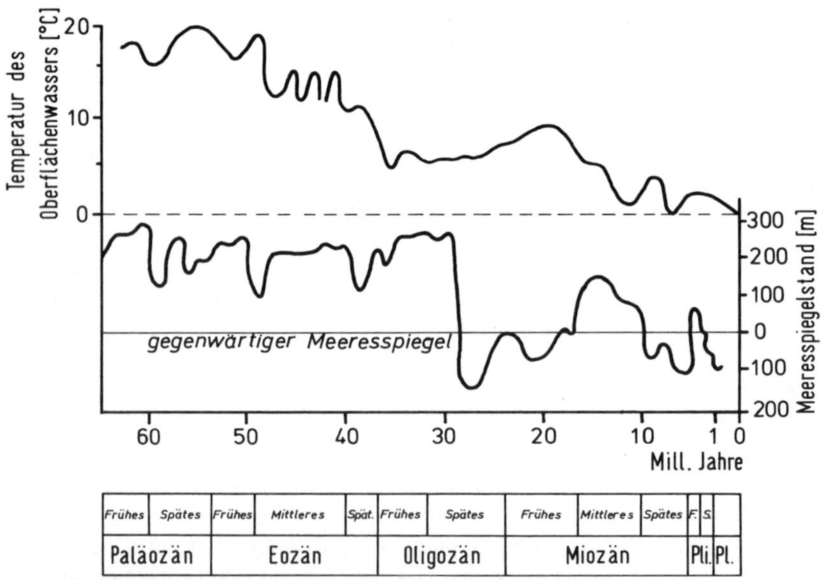

Abb. 16.1: Temperatur der Meeresoberflächen (nach SHACKLETON & KENNETH 1976, aus FÜTTERER 1988) und eustatische Meeresspiegel-schwankungen des Tertiärs (nach VAIL & HERDENBOL 1979)

Vor ca. 2 Mio. Jahren setzte das *Pleistozän* – die quartäre Vereisungsphase – ein. Geomorphologische und geologische Methoden stehen hier in gutem Einklang mit den durch neuere Datierungsverfahren gefundenen Ergebnissen. Im frühen Quartär bis 850.000 vor heute hat es nach KULKA (1977) etwa 10 bis 13 Kaltphasen gegeben, ohne dass dafür deutliche Vergletscherungsspuren nachzuweisen wären. Seitdem aber setzt die quartäre Vereisung ein, in deren Zyklus wir heute noch leben. Es wechseln *Glaziale* und *Interglaziale* (Abb. 16.2). Die Temperaturen lagen während des Maximums der trockenkalten Glaziale in Mitteleuropa um 4 bis 6°C tiefer als heute, während die Interglaziale teilweise um 2 bis 3°C wärmer waren als die gegenwärtige (Interglazial-)Periode.

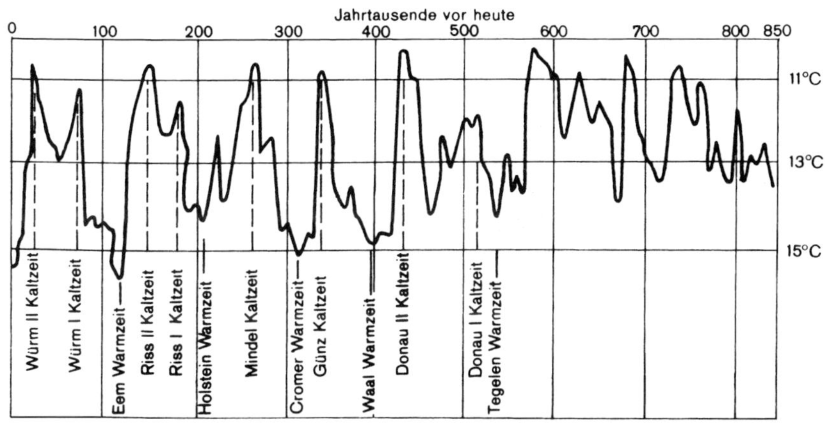

Abb. 16.2: Die Temperaturveränderungen der letzten 850.000 Jahre – entnommen aus einem Tiefsee-Bohrkern in 65° N (nach MATTHEWS 1976, aus KLAUS 1980)

Fast alle Indikatoren des Klimas, die für die Zeit ab eine Million Jahre ermittelt wurden, zeigen insofern einen bemerkenswert gleichsinnigen Wechsel, als dass die jeweiligen glazialen und interglazialen Epochen ungefähr 100.000 Jahre andauerten. Die Übergänge vollzogen sich kurzfristig. Die Kurven zeigen an, dass nach einem radikalen Umschwung das Klima längere Zeit gleichförmig blieb. Aus einem in Grønland erbohrten Eiskern (DANSGAARD et al.1972) erschloss man mit Hilfe des Sauerstoffisotopen-Verhältnisses ($^{16}O/^{18}O$) und Untersuchungen an Tiefseebohrkernen, belegt durch Küstenterrassen und Pollenspektren, dass sowohl vor 75.000 Jahren als auch vor etwa 10.000 Jahren der Klimaumbruch in weniger als 1.000 Jahren abgelaufen zu sein scheint (Abb. 16.3). Der wärmste Abschnitt der Interglaziale liegt am Beginn; es folgt dann eine gewisse Abkühlung, die schließlich in kurzperiodische Schwankungen übergeht.

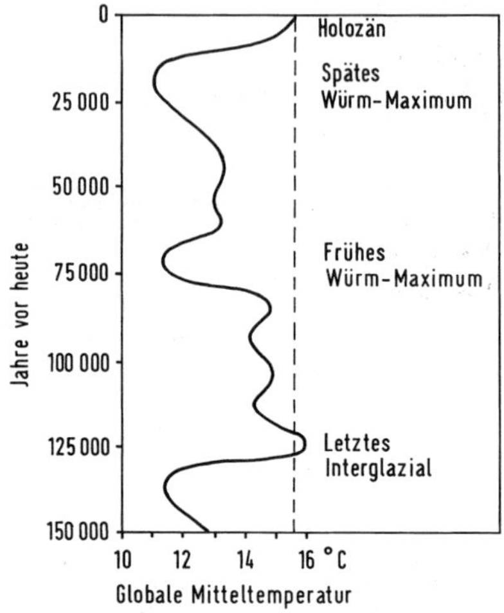

Abb. 16.3: Klimakurve für die letzten 150.000 Jahre (nach M*ITCHEL* *1977, aus* H*EINE* *1983)*

Das Inlandeis der letzten Vereisungsperiode hatte um 18.000 v.h. auf der Nordhalbkugel seine größte Ausbreitung. Allerdings gab es noch einmal einen Höhepunkt um 14.000 v.h. Nach dieser Zeit setzte dann auf der gesamten Erde relativ schnell der Übergang zum Postglazial ein. Über die nacheiszeitliche Entwicklung liegen vielfältige geomorphologische Untersuchungen vor, gestützt durch Pollenanalysen und Dendrochronologie sowie Beobachtungen über Gletscherschwankungen. Ebenso ergab die von DANSGAARD et al. (1972) in Grønland angewandte Sauerstoff-Isotopen-Methode an einem Bohrkern einen fast lückenlosen Aufschluss über den thermischen Verlauf der postglazialen Klimaschwankungen.

So fanden z.B. zwischen 14.000 und 10.000 v. h. schnelle und kurzfristige Schwankungen statt: z.B. die Bølling-Wärmeschwankung zwischen 14.500 und 13.500 oder die Allerød-Wärmeschwankung zwischen 12.000 und 11.000 v.h. Überwiegende Abkühlungsphasen stellen die ältere Dryas-Zeit um 13.000 bis 12.000 v.h. und die jüngere Dryas-Zeit zwischen 11.000 und 10.000 v.h. dar. Das Klima weist in dieser Zeit eine bemerkenswerte Instabilität auf (Abb. 16.4).

Während die kurzen Warmphasen die Wiederbewaldung Mitteleuropas einleiten, drängen Kälterückfälle den Birken-Kiefern-Wald noch einmal zurück und machen erneut der Tundra Platz. Etwa um 10.000 v.h. kann die eigentliche Wende zwischen der Würmkaltzeit und dem Postglazial angesetzt werden.

In dem darauffolgenden, weltweit ausgebildeten *postglazialen Klimaoptimum* steigen die Temperaturen auf Werte, die sogar 1 bis 2°C höher liegen als die Werte des 20. Jahrhunderts. Die wärmste Phase, die zugleich auch feuch-

Zeitskala	Nordsee Meeresspiegel	Klimaentwicklung		Waldentwicklung in Schleswig – Holstein	Vorgeschichtliche Kulturperioden	
+ 1000	Dünkirchen – Transgression	Nachwärmezeit	Ab 1850 Erwärmung 1200 – 1800 Temperaturrückgang 1000 – 1200 Temperaturzunahme	Kulturwälder – Forsten Buchen	historische Zeit	Bauern
Chr. Geburt			feucht – kühl		Eisenzeit	
1000	geringe Meeresregression	Postglaziale Wärmezeit (späte)	etwas trockener, warm	Buchen – Eichen	Bronzezeit	
2000	Flandrische Transgression			Eichen – Mischwald – Haselzeit	jüngere Steinzeit	
3000						
4000		Postglaziale Wärmezeit (mittlere)	feucht – warm, Klimaoptimum der Nacheiszeit		mittlere Steinzeit	Jäger, Fischer und Sammler
5000						
6000		Postglaziale Wärmezeit (frühe)	trocken, warm	Kiefern – Haselzeit		
7000	Überflutungsbeginn der Doggerbank			Kiefernwälder		
8000		Vorwärmezeit	Erwärmung	Birken - Kiefernwälder		
9000		jüngere Dryaszeit	Kälterückschlag, maritim subarktisch	Parktundra	späte Altsteinzeit	Renjäger
10000	südliche Nordsee landfest	Allerödzeit	Wärmeschwankung	Birken - Kiefernwälder subarkt. Birkenwälder		
11000		ältere Dryaszeit	kalt kontinental subarktisch	Parktundra		
12000		Bölling Interstadial	Wärmeschwankung	Parktundra und Baumbirken		
13000						
14000		älteste Dryaszeit	kalt kontinental arktisch	Baumlose Tundra		
15000						
16000						

Abb. 16.4: Die nacheiszeitliche Klima-, Vegetations- und Kulturentwicklung im Nordsee-Bereich Schleswig-Holsteins (nach verschiedenen Autoren)

ter war als heute, wurde in Europa zwischen 8.000 und 4.500 v.h. erreicht. Das rhythmische Abschmelzen des Inlandeises verursachte einen allgemeinen Meeresspiegelanstieg, der sich in längeren Transgressionsphasen (z.B. flandrische Transgression zwischen 8.000 und 4.500 v.h.) und kürzeren Regressionsphasen vollzog. PATZELT (1980) datiert für den Alpenbereich den Beginn der postglazialen Wärmezeit auf 10.200 bis 10.000 Jahre v.h., also auf eine sehr kurzfristige Umschwungszeit von ca. 200 Jahren. Seiner Klimakurve ist außerdem zu entnehmen, dass es auch in der Wärmezeit im Alpenbereich Pendelungen der Temperatur gegeben hat, für die er nur ein Intervall von 1,6°C angibt und in die zugleich auch mehrhundertjährige Gletschervorstöße eingeschaltet sind (Abb. 16.5).

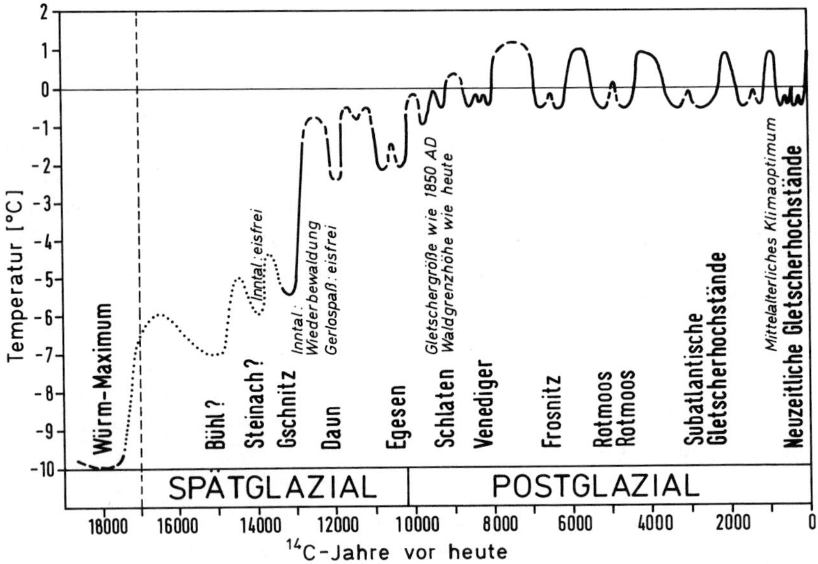

Abb. 16.5: Klimaschwankungen im Spät- und Postglazial in den Alpen (nach PATZELT 1980)

Während des postglazialen Klimaoptimums lag die Waldgrenze nach verschiedenen Autoren um ca. 300 m höher als heute. Viele wärmeliebende Waldbäume drangen weiter nach Norden und in die Höhe vor. In Mitteleuropa herrschte als Vegetation der Eichenwald vor. Moorbildungen (älterer Hochmoortorf) bezeugen in Mitteleuropa nasse Warmphasen. Die Trockengebiete der Erde waren in dieser Warmzeit infolge höherer Niederschläge wesentlich eingeengt (*Pluvialzeiten*). In den Trockenräumen hatten die Seen einen höheren Wasserspiegel. Der Tschad-See am Südrand der Sahara erreichte einen Wasserstand, der durch eine 40 m hohe Uferterrasse über dem heutigen Niveau angezeigt wird. Die höheren Niederschläge förderten den Wuchs lichter Buschwälder und feuchter Uferwälder, von denen sich Elefanten und Giraffen ernähren konnten, wie Knochenfunde beweisen. Auch für die Wüste Tharr haben Pollenanalysen den Nachweis einer Feuchtperiode erbracht. Die Induskultur erreichte in dieser (klima-)optimalen Zeit einen Höhepunkt. Durch die günstigen Klimabedingungen wurde z.B. auch auf dem mexikanischen Hochland das Sesshaftwerden der nomadisierenden Jäger und Sammler beschleunigt.

Nach der postglazialen Klimagunst-Phase im Subboreal vor ca. 4.000 Jahren wurde es in Mitteleuropa trockener und kühler (vgl. Abb. 16.4). Gletscher rückten vor, die Wälder veränderten sich in ihrer Zusammensetzung und zogen sich sowohl aus den polaren Räumen als auch aus den Höhengebieten zurück. Seit dem Beginn des Subboreal setzte in Nordafrika weitflächig Wüstenbildung ein. Das *Subatlantikum* zwischen 3.000 und 2.500 v.h. war eine ausgesprochen pessimale Klimaphase, in der die Temperaturen um 1 bis 2°C niedriger lagen als heute. Bei zunehmenden Niederschlägen rückten die Gletscher nicht nur in Europa, sondern auch in Nordamerika und im Andenbereich zwischen Mexiko und Feuerland deutlich vor. Das Subatlantikum war in Mitteleuropa eine Phase neuerlicher Moorbildung (jüngerer Hochmoortorf in Nordwest-Deutschland). Milde Winter und kühle Sommer herrschten vor, allerdings wechselten trockenere und feuchtere Perioden ständig ab. Das feucht-kühle Klima, währenddessen die Buche in Mitteleuropa heimisch wurde, hielt bis Christi Geburt an.

Mit Annäherung an die *Zeitenwende* gewinnen allmählich die schriftlichen Überlieferungen über Witterungsereignisse an Bedeutung. Sie gründen auf allgemeinen Beobachtungen des Klimas und des Naturgeschehens. Hierunter fallen auch Nachrichten über Ernteerträge und besonders über Gletscherschwankungen.

Lamb (1977) hat die wesentlichen Phasen der rezenten Klimaschwankungen seit 2.000 Jahren zusammengestellt. Die Blütezeit des *Imperium Romanum* fällt mit einer relativen klimatischen Gunstphase zusammen, wobei die Winter niederschlagsreich gewesen sind. Dadurch konnte Nordafrika zur „Kornkammer“ des Römischen Reiches werden. Nach einer gewissen Verschlechterung des Klimas im frühen Mittelalter, die auch durch allgemeines Vorrücken der Gletscher gekennzeichnet war, tritt im frühen Hochmittelalter eine optimale Phase des Klimas auf mit trockenen Sommern und milden Wintern (Abb. 16.6).

Die *Warmphase* im höheren Norden zwischen 600 und 1100 a.D. ermöglichte eine Wanderung der Normannen über Island nach Grønland, das ihnen damals – wie der Name sagt – als „grünes“ Land erschien. Die Grenzen der Ökumene waren um diese Zeit um 100 bis 200 m bergwärts und um 3 bis 5 Breitengrade weiter nach Norden ausgedehnt als heute (Lamb 1977). Bei zunächst geringeren, dann aber höheren Niederschlägen lagen die Jahresmittel-

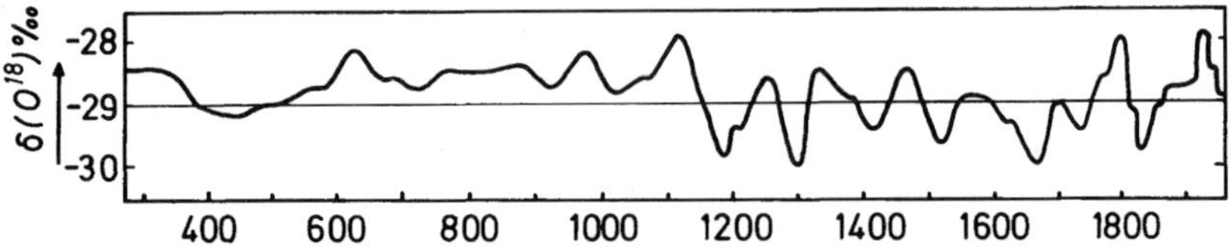

Abb. 16.6: Klimaablauf auf der Basis des Sauerstoff-Isotopen-Verhältnisses in einem Eisbohrkern von Grønland zwischen 300 und 1900 n. Chr. (nach Dansgaard *et al., aus* Harding *1982)*

temperaturen um etwa 1 °C über den Werten des frühen 20. Jahrhunderts. Nach 1300 (gegenüber Grønland ca. 1000 Jahre später) setzte mit sehr kalten Wintern eine deutliche Klimawende ein, die verbreitet zu Miss-ernten, Hungersnöten und hohen Todesraten führte. Auch dieser Temperaturabfall ist in Abb. 16.6 zu erkennen. Diese „*Kleine Eiszeit*" trat auf Grønland bereits zwischen 1200 und 1300, in England wie auch auf dem Kontinent erneut zwischen 1600 und 1700 ein. Die regionale Ausbildung der Kaltphasen erfolgte sehr unterschiedlich. Offensichtlich ist aber, dass zwischen 1550 und 1700 überall nasse Sommer und härtere Winter auftraten. Aber auch nach 1700 gab es noch mehrere Kaltphasen bis 1850. Die Waldgrenze ging zurück, die Packeisgrenze verschob sich nach Süden. Die Gletscher rückten vor und erreichten in den Alpen um 1850 mit einer gewissen Verzögerung ihren bisher letzten Maximalstand. Durch eine leichte Verlagerung der Klimazonen nach Süden erreichte der Golfstrom die europäische Küste in der Breitenlage Spaniens. Dadurch soll der Mediterranraum in den Bereich höherer Zyklonentätigkeit mit verstärktem Niederschlagsgeschehen vor allem in den Übergangsjahreszeiten gekommen sein. Auch im Hochwinter war diese Region, bedingt durch eine stärkere meridionale Strömungsfrequenz, feuchter als heute. Die weiter südwärts verlagerte subtropische Hochdruckzelle jedoch führte in der Sahelzone in dieser Zeit zu größerer Aridität. Nach Lamb (1977) verlagerten sich die Hauptzugbahnen der Zyklonen mit dem Ende der „kleinen Eiszeit" weiter nach Norden und brachten bei noch verhältnismäßig niedrigen Temperaturen der Alpenregion höhere Niederschläge. Bis dahin hatte der Mediterranraum diese Gunst gehabt, während die randtropische Sahelzone arider gewesen zu sein scheint (vgl. Lamb 1977). Für Europa hat man überdies festgestellt, dass offensichtlich die Anomalien jeweils zuerst in Osteuropa begannen und sich dann gegen Westen immer mehr durchsetzten. Die Kleine Eiszeit ist als weltweites Phänomen festgestellt worden.

16.2 Klimaschwankungen im Spiegel der Messdaten

Klimaschwankungen sind für den Zeitraum der letzten 200 Jahre mit instrumentellen Beobachtungsreihen belegt. Abbildung 16.7 zeigt den allgemeinen

Trend des Klimas seit der Kleinen Eiszeit. Die Kurve lässt das langandauernde Pessimum der Kleinen Eiszeit zwischen 1675 und 1820 aber auch den raschen Anstieg der Temperaturen seit 1900 erkennen.

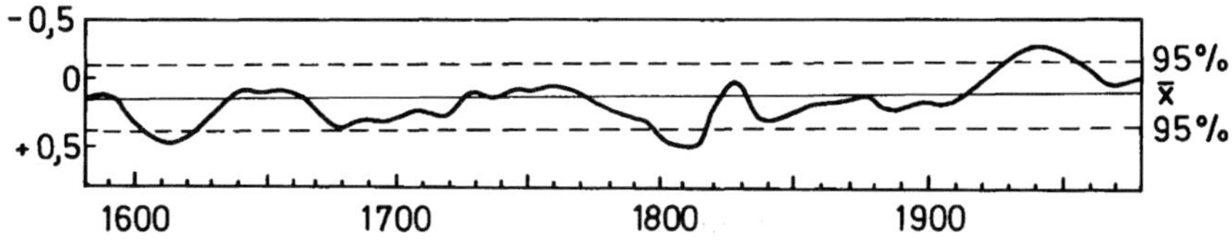

Abb. 16.7: Mittlerer jährlicher Klimatrend auf der Nordhemisphäre (30-jährige Tiefpassfilterung, verändert nach SCHÖNWIESE 1984)

Abbildung 16.8 zeigt im Detail den rapiden Anstieg der Temperaturen in den letzten 100 Jahren mit einem ersten Gipfel zwischen 1940-45 und einem erneuten, stärkeren Anstieg seit den 80er Jahren des letzten Jahrhunderts.

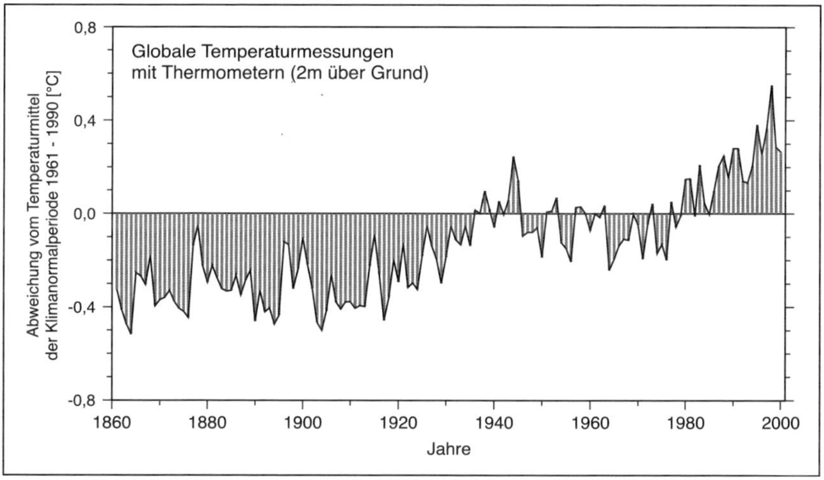

Abb. 16.8: Globale Temperaturentwicklung im Zeitraum von 1880 bis heute bezogen auf den Mittelwert der Jahre 1961-1990 (verändert nach IPCC 2001)

Zwischen 1900 und 1950 haben vor allem die *Wintertemperaturen* auf der Nordhalbkugel um ca. 1°C zugenommen. Die Folgen der Wintermilderung waren mit einer geringeren Eisbedeckung der polaren Randmeere verbunden, so dass die Schifffahrtsperioden verlängert und die Seewege nördlich der Kontinente geöffnet wurden. Die Meereisfläche ging zwischen 1924 und 1945 um 1 Mill. km^2 zurück. Die Vegetationsperiode hat sich im Bereich der polaren Waldgrenze verlängert. In den Alpen und in den nordischen Gebirgen schrumpften die Gebirgsgletscher. Da Inland- und Gletschereis abschmolzen, stieg der Meeresspiegel um ca. 1 mm·Jahr^{-1} an.

Nach dem Höhepunkt der 40er Jahre sind die Temperaturen wieder weltweit leicht zurückgegangen, bis 1975 um ca. 0,2°C. Seitdem steigt die globale Mitteltemperatur mit den oben angeführten Folgen (z.B. Abschmelzen von Gletschern etc.) wieder an (Abb. 16.8) und hat die Werte von 1940-45 mittlerweile deutlich überschritten.

Die positive thermische Anomalie in den ersten 50 Jahren des 20. Jahrhunderts, die mit einer Milderung des Klimas verbunden war, ging mit einer verstärkten zonalen Zirkulation (Westwinde) einher. Ähnliche Verhältnisse (besonders im Winterhalbjahr) finden sich auch für den aktuellen Anstieg seit Anfang der 80er Jahre des letzten Jahrhunderts (NAO+-Modus). Für den kurzfristigen Abschwung in den 60er und Anfang der 70er Jahre hat man die Umstellung mit einer meridionalen Komponente der Zirkulation begründet, jedoch zugunsten des häufigeren Vorrückens kälterer Luftmassen gegen die Tropen. Die Zunahme meridionaler Zirkulationsformen in der Atmosphäre wird heute zugleich aber auch umgekehrt für den steigenden globalen Temperaturtrend verantwortlich gemacht, da mit dem Anstieg des CO_2 auch der Wasserdampf in der Atmosphäre, besonders in den Tropen, zugenommen hat, was zu einer Intensivierung der atmosphärischen Zirkulation mit verstärktem Meridionalaustausch von Luftmassen führt, verbunden mit einer intensiven Zyklogenese und einer signifikanten Zunahme des Windes sowie einer West-Ost-Verschiebung der Mäanderbänder des Polarfrontjets.

Unsicherheiten bestehen besonders in der Frage, wie sich global feststellbare Schwankungen im Klima (z.B. der positive Temperaturtrend) regional auswirken. Hier zeigt sich, dass ein globaler Befund nicht uneingeschränkt auf alle Erdteile, aber auch nicht auf alle Jahreszeiten übertragbar ist (Abb. 16.9).

So verzeichnen im Winter vor allem die Mittelbreiten der Nordhalbkugel über die letzten 30 Jahre positive Temperaturtrends, während andere Gebiete (z.B. Alaska, Westaustralien etc.) sogar durch eine deutliche Temperaturabnahme gekennzeichnet sind. Im Herbst werden andererseits in einigen Gebieten negative Trends beobachtet, die im Winter durch extrem positive Trends auffallen (z.B. Sibirien).

16.3 Natürliche Ursachen kurz- und langfristiger Klimaschwankungen

Die Ursachen von Klimaänderungen und Klimaschwankungen sind besonders aufgrund von positiven und negativen Rückkopplungen zwischen den einzelnen Elementen des Klimasystems überaus komplex. Drei übergeordnete Ursachenkomplexe sind zu nennen:

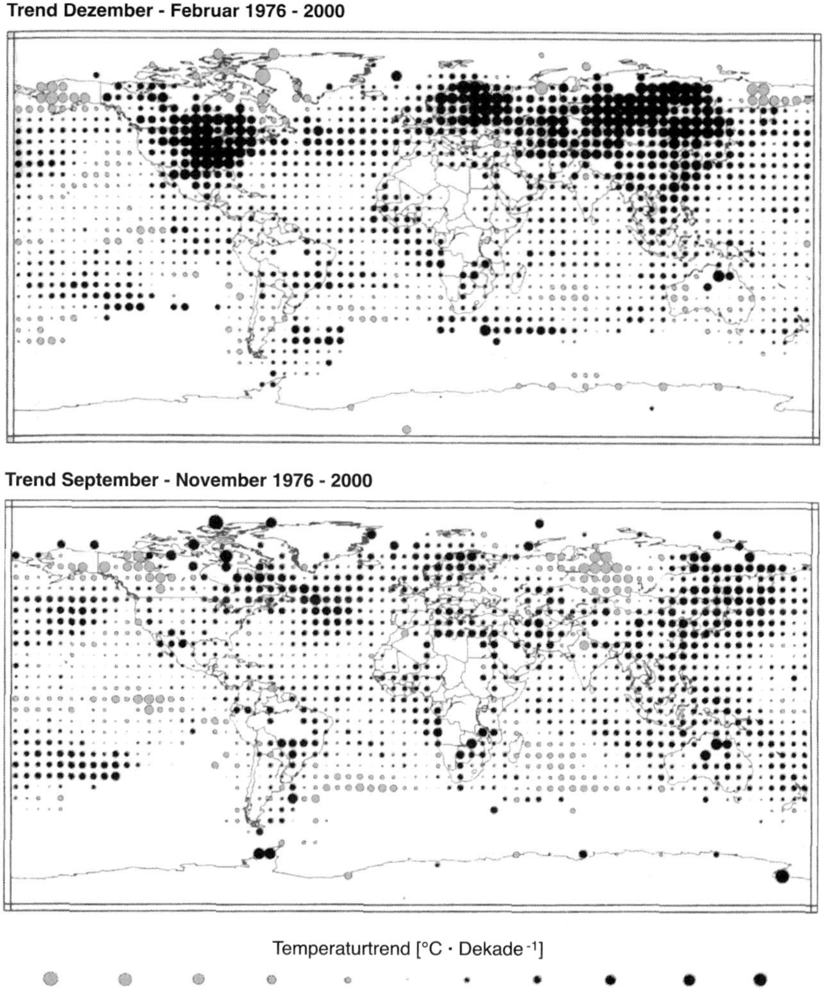

Abb. 16.9: Regionale Trends der Lufttemperatur (verändert nach IPCC 2001)

1. Externe Ursachen (z.B. solare Aktivität), 2. Innere Ursachen des Systems Erde-Atmosphäre (z.B. Vulkanausbrüche), 3. Autozyklen innerhalb des Systems Erde-Atmosphäre (natürliche Klimaschwankungen).

Die *Erdbahnelemente* (Stellung der Erde zur Sonne) unterliegen *längerperiodischen Schwankungen* und können daher langfristige Klimazyklen hervorrufen. Wichtige Einflussgrößen sind: die Variation der Daten des *Perihels* und *Aphels* mit einer Periodizität von 21.000 Jahren, die Variation der Erdachsen-Inklination mit einer Periode von 41.000 Jahren und die Variation der Exzentrizität der Erdachse mit einer Periode von 96.000 Jahren. Ist die Sonne beispielsweise weiter von der Erde entfernt, ist mit einer geringeren solaren Strahlungsversorgung zu rechnen (und umgekehrt). Ändert sich die Schiefe der Ekliptik, hat das über den Einfallswinkel der Sonne Auswirkung auf die Ausprägung der strahlungsklimatischen Zonen der Erde. Aus den genannten Gründen hat MILANKOVIC versucht, aus allen astronomischen Daten die Strahlung für die letzten 600.000 Jahre zu berechnet und damit den *Eiszeitenrhythmus* im *Quartär* zu erklären. Heute weiß man aber, dass nicht jede Kaltzeit einem Strahlungsminimum entspricht, da Rückkopplungseffekte im Gesamtsystem die solare Komponente kompensieren können.

Unter den *Eiszeithypothesen* erlangte die von WILSON (1976) eine gewisse Bestätigung. Nach ihm werden relativ abrupte Klimaschwankungen durch Eisausbrüche aus der Antarktis gesteuert. In weniger als 1.000 Jahren kann das Weltmeer durch das schwimmende Eis um die Antarktis herum stark abgekühlt werden und damit Gebirgsvergletscherungen und nordpolarnahe Landflächenvereisungen ausgelöst haben. Der relativ schnelle Zusammenbruch einer Kaltphase würde mit dem relativ plötzlichen Abschmelzen des ausgebrochenen Eises ebenfalls gut erklärt werden können.

Kurzperiodisch bestehen gewisse Zusammenhänge (nicht immer statistisch signifikant) zwischen dem elfjährigen Zyklus der *Sonnenflecken-Relativzahlen* und verschiedenen Temperatur- und Niederschlagsreihen. Vermehrtes Auftreten von Sonnenflecken deutet auf eine erhöhte solare Aktivität hin, die zum Teil mit Warmphasen korrespondieren. Der *positive Strahlungsantrieb* bei intensiver Sonnenfleckenaktivität wird auf maximal $+0{,}5\ W \cdot m^{-2}$ (bzw. Erwärmung von +0,2 K) bilanziert (SCHÖNWIESE 1996).

Das System *Landfläche-Ozean-Atmosphäre* reagiert in Verbindung mit der geologischen Geschichte der Erde sehr komplex und hat besondere Bedeutung für die *langzeitlichen Klimatrends* und *-schwankungen.* So war es beispielsweise für die Entwicklung der Eiszeit von Bedeutung, dass der antarktische Kontinent an die heutige Position driftete und sich dort eine Eiskappe bilden konnte (an der Wende zum Tertiär). Erst im Übergang zum Quartär erhielt auch das Nordpolarmeer neben dem grønländischen Inlandeis eine Meereiskappe. Die Entstehung der Hochgebirge ist eine notwendige Voraussetzung für Gebirgsvereisungen und hat zusammen mit den Polvereisungen über eine deutliche *Zunahme* der *planetarischen Albedo* wesentlich den Strahlungshaushalt und damit das Temperaturregime der quartären Kaltzeiten geprägt.

Als intern irdische Ursache für *kurzfristige azyklische* Klimaschwankungen führt LAMB (1970) die Trübung der Erdatmosphäre durch Vulkanstäube an. Im Klimasignal machen sich aber nur sehr stark explosive Vulkanausbrüche bemerkbar, deren Ascheauswurf und die daraus entstehenden *Sulfatpartikel* bis in die Stratosphäre transportiert werden (Abb. 16.10).

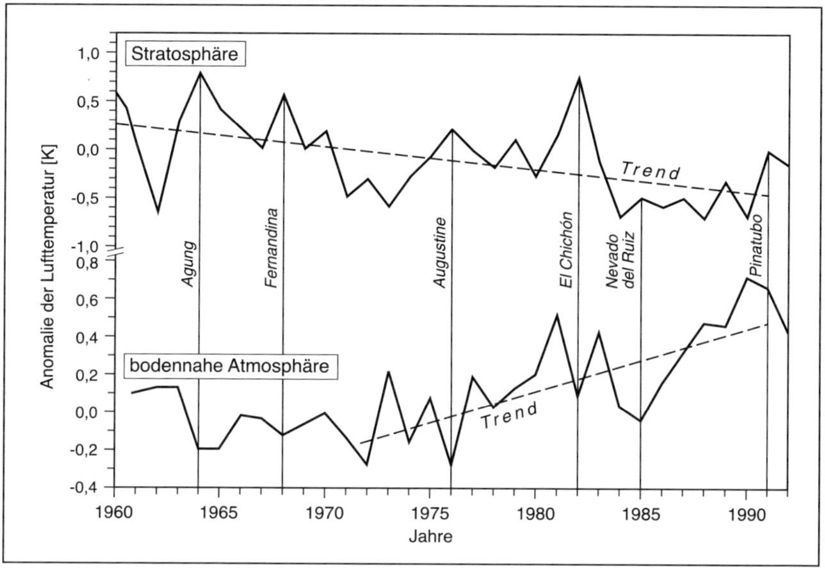

Abb. 16.10: Jahresanomalien der bodennahen Lufttemperatur und der Stratosphärentemperatur vom Mittel 1960-92 (nach SCHÖNWIESE 1996)

Die Stäube haben dort Verweilzeiten von mehreren Jahren und können sich großräumig ausbreiten. Die Solarstrahlung wird an den stratosphärischen Partikeln absorbiert. Die daraus resultierende, kurzfristige Erwärmung der Stratosphäre bewirkt gleichzeitig eine Abkühlung der bodennahen Troposphäre, da weniger Solarstrahlung an der Erdoberfläche umgesetzt werden kann. Der kurzfristig *negative Strahlungsantrieb* für die untere Troposphäre wird auf $-4 W \cdot m^{-2}$ (bzw. Abkühlung von –0,3 K) geschätzt. Damit können die aktuellen positiven Temperaturtrends der bodennahen Troposphäre bzw. die negativen Trends der Stratosphäre kurzfristig umgekehrt werden.

Langfristige Erwärmungen und *Abkühlungen* werden nach verschiedenen Autoren durch den wechselnden *CO_2-Gehalt* der Atmosphäre ausgelöst (z.B. PLASS 1956). Eine langfristige Reduktion von Treibhausgasen über natürliche Änderungen in der Bio- und Hydrosphäre führt zu Abkühlung und umgekehrt. So waren zum Beispiel in der ausgehenden Eiszeit die Weltmeere wesentlich kühler als heute. Für den Kohlenstoffkreislauf bedeutet diese eine besserer Löslichkeit von CO_2 in den Weltmeeren (Intensivierung einer Senke). Daher ist bei kühlem Klima während der Eiszeit der CO_2-Gehalt der Luft und damit seine natürliche Treibhauswirkung wesentlich reduziert (ca. 100 ppm, heute ca. 350 ppm). In wärmeren Zeiten drehen sich die Verhältnisse um.

16.4 Globale anthropogene Klimabeeinflussung (anthropogener Treibhauseffekt)

Der Mensch ist nicht nur vom Klima abhängig, er vermag auch innerhalb gewisser Grenzen die klimatischen Gegebenheiten seiner Umgebung und damit das globale Klimasystem zu beeinflussen. Anthropogene Veränderungen betreffen vor allem den Energiehaushalt aber auch den Wasserhaushalt im Klimasystem. Das exponentielle Bevölkerungswachstum und die zunehmende Industrialisierung sind Hauptgründe für die anthropogene Klimabeeinflussung. Durch die anthropogene Emission von Gasen und Aerosolen (v.a. aus Verbrennungsprozessen) wird global gesehen der *atmosphärische Strahlungshaushalt* beeinflusst. Da die Emissionskurven exponentiell ansteigen, kann angenommen werden, dass ein Erwärmungsprozess schneller abläuft, als es durch natürliche Faktoren in der Klimageschichte der Fall war (Abb. 16.11).

Durch großräumige Veränderung der Landbedeckung (Abholzung von Regenwäldern etc.) ändert sich die planetare Albedo und der terrestrische Wasserhaushalt. Viele anthropogene Effekte und ihr Einfluss auf das Klimasystem sind aber noch wenig bekannt (Abb. 16.12).

Gut untersucht ist die Wirkung ansteigender Treibhausgaskonzentrationen auf die Ausprägung des anthropogenen Treibhauseffekts (s. Kap. 3.5.2). Im Vergleich zur vorindustriellen Phase wird in der Summe aller emittierten Gase mit einem positiven Strahlungsantrieb von etwa 2,5 $W \cdot m^{-2}$ aufgrund einer verstärkten atmosphärischen Gegenstrahlung gerechnet (bzw. Temperatursignal von ~1 K). Derzeit sehr unsicher ist der Einfluss von emittierten Aerosolen, da kaum flächendeckende Messungen bzw. längere Zeitreihen vorliegen. Ja nach Typ können vermehrte Reflexion (Abkühlung) bzw. Absorption (Ruß, Erwärmung) der kurzwelligen Solarstrahlung erfolgen. Eine signifikante Abkühlung könnte aber sekundäre Folgen der Aerosolemission sein (indirekter Aerosoleffekt). Hydrophile Aerosole stehen in erhöhter Konzentration als Kondensationskerne in der unteren Troposphäre zur Verfügung. Die Folge könnte eine vermehrte Bildung von niedrigen, kleintropfigen Stratuswolken sein, die bei einem negativen Strahlungsantrieb von etwa –2 $W \cdot m^{-2}$ eine Abkühlung herbeiführen würden (s. auch Kap. 3.5.2). Auch die Änderung der Landnutzung würde durch die Erhöhung der planetaren Albedo mit etwa –0,2 $W \cdot m^{-2}$ eine Abkühlung bewirken. Zusätzliche Unsicherheiten für eine Prognose ergeben sich darüber hinaus durch die in ihrer Größenordnung noch weitgehend unbekannten *Rückkopplungseffekte*, wie sie z.B. in Kapitel 3.5.2 für die Elemente Temperatur, Wasserdampfgehalt und Wolken beschrieben wurden.

Viele *Szenarienrechnungen* (z.B. bei Verdoppelung der CO_2-Konzentration gegenüber 1750 und Rückkopplungen) mit numerischen Modellen ver-

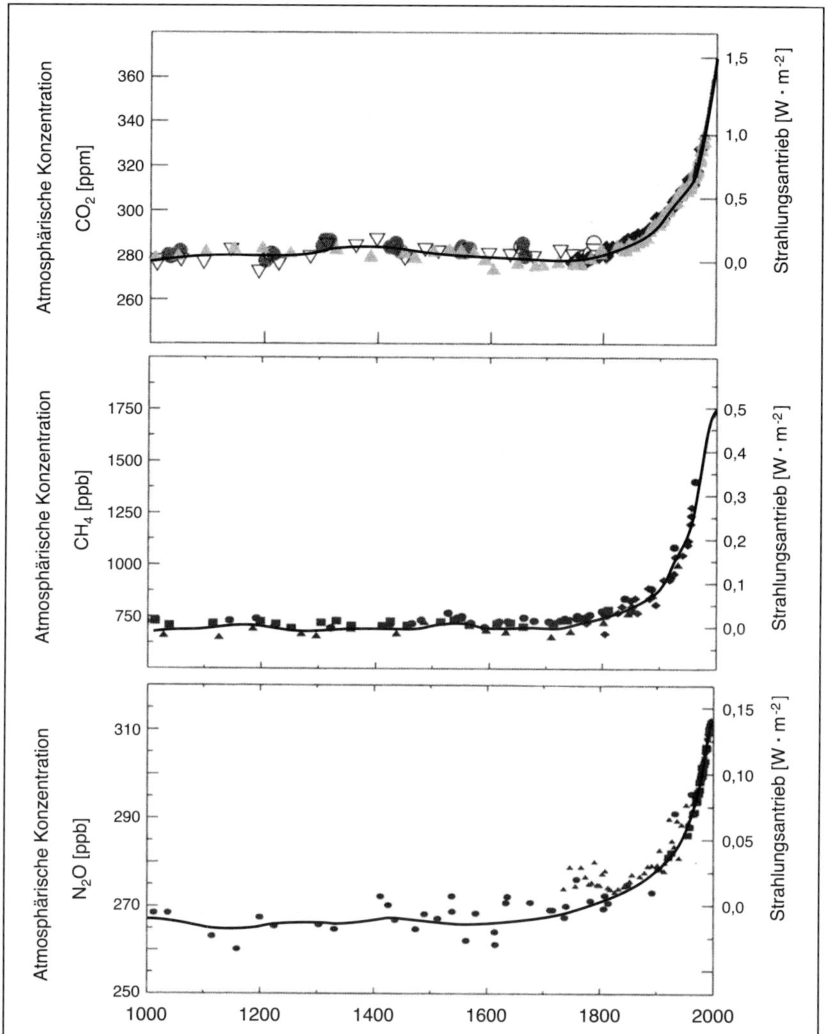

Abb. 16.11: Zeitliche Entwicklung der atmosphärischen Konzentration ausgewählter Treibhausgase (IPCC 2001).

weisen auf eine globale Temperaturzunahme von >4°C. Die Folge könnte ein Abschmelzen des nordpolaren Meereises sein, für das es zur Zeit durchaus Anzeichen gibt. Darüber hinaus wird ein Meeresspiegelanstieg von 1,2 $mm \cdot a^{-1}$ als Folge des Abschmelzens der Gebirgsgletscher angenommen. Die Gesamtkonsequenz bei einer schnellen Erwärmung des Klimas wäre eine regionale Verschiebung der jetzigen Klimagürtel. Wenn auch der mit fortge-

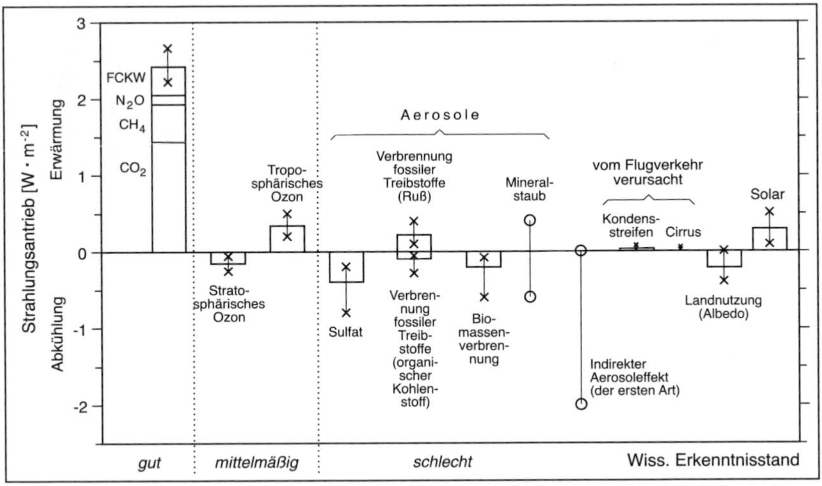

Abb. 16.12: Mittlerer globaler Strahlungsantrieb im Klimasystem für das Jahr 2000 im Verhältnis zur vorindustriellen Periode (1750). Die Fehlerbalken zeigen Unsicherheiten in der Schätzung (IPCC 2001).

schrittenen Modellen (gekoppelte Ozean-Atmosphärenmodelle) berechnete anthropogene Anteil einer zukünftigen Klimaentwicklung noch mit großen Unsicherheiten behaftet ist, so ist dennoch dem anthropogenen Treibhauseffekt mit hoher Wahrscheinlichkeit ein großer Anteil am derzeitigen Erwärmungstrend zuzuschreiben. Die Dimension des anthropogenen Klimaexperiments hängt entscheidend von der zukünftigen Entwicklung der Bevölkerung, der Energieerzeugung, des Kraftverkehrs und auch der Landwirtschaft/Landnutzung ab.

Nach einer Szenarienrechnung auf der Basis verschiedener Modelle, in der die lokalen Besonderheiten (Geburtenhäufigkeit, ökonomische Entwicklung etc.) erhalten bleiben und das Wachstum der Weltbevölkerung, die Zunahme von Emissionen und Landschaftsverbrauch in realistischen Größenordnungen verlaufen (Szenario A2, IPCC 2001), zeigen sich deutliche Auswirkungen auf die bodennahe Temperatur und den Niederschlag (16.13).

Temperaturzunahmen bis >5 K betreffen vor allem die Polargebiet sowie die kontinentaleren Mittelbreiten der Nordhalbkugel. Die Ozeangebiet zeigen mit 1-3 K die geringsten Erwärmungsraten, die Südhalbkugel ist insgesamt weniger betroffen. Niederschlagszunahmen >20% sind ebenfalls in den nordhemisphärischen Polargebieten, aber auch in der Antarktis zu erwarten. Auch über dem äquatorialen Äquator sowie im Sahel treten höhere Niederschläge auf. Dramatisch ist der erwartete Einbruch von teils >20% in Nordafrika und dem angrenzenden Mittelmeerraum sowie NE-Brasilien, da diese Gebiet in trockenen Jahren bereits jetzt unter Wasserknappheit zu leiden haben.

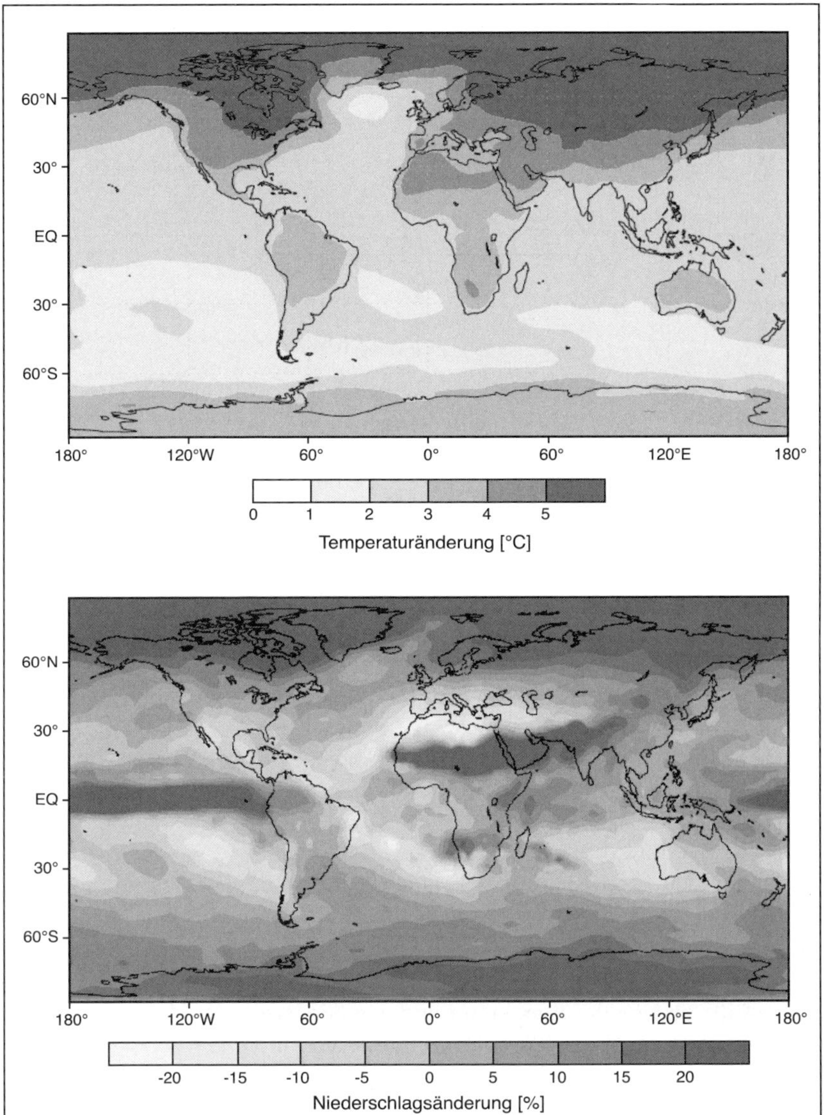

Abb. 16.13: Veränderung der jährlichen Mitteltemperatur (oben) und der mittleren jährlichen Niederschläge der Periode 2071-2000 gegenüber der Periode 1961-1990 (IPCC 2001).

17 Mikro- und Mesoklimatologie

Unter *Mikroklima* versteht man das Klima im unmittelbaren Einflussbereich der Bodenoberfläche, an der sich Atmosphäre, Lithosphäre, Hydrosphäre, Biosphäre und Anthroposphäre auf engstem Raum verzahnen. Entscheidend für seine Besonderheit gegenüber dem Makroklima ist die Tatsache, dass an der Erdoberfläche mit ihrer mannigfaltigen topographischen Gestalt und ihrer unterschiedlichen Bedeckung der wesentliche Strahlungsumsatz stattfindet, der turbulente Austausch durch Reibung modifiziert und das Wasser in seine verschiedenen Aggregatzustände (gasförmig, flüssig, fest) transformiert wird. Deshalb unterliegen die meteorologischen Elemente sowohl in der bodennahen Atmosphäre als auch in den oberen Bodenhorizonten starken Schwankungen. Das Mikroklima nimmt seinerseits maßgeblichen Einfluss auf das anorganische Substrat (Verwitterung, Bodenbildung) und auf die Lebensbedingungen von Pflanze, Tier und Mensch.

Die räumliche Darstellung *mesoklimatischer* Sachverhalte fällt in den Aufgabenbereich der *Geländeklimatologie* (Topoklima) und der *Stadtklimatologie* (Polisklima). Innerhalb der Geländeklimatologie werden die Klimawirkungen der Topographie der Erdoberfläche – sei sie unbewachsen oder bewachsen – untersucht. Innerhalb der Stadtklimatologie liegen die Akzente auf dem Studium der Klimawirkungen durch die städtische Bebauung samt ihren durch Aktivitäten des Menschen hervorgerufenen Einflüssen.

Begriffe wie *Agrarklimatologie* und *Forstklimatologie* sind aus den praxisnahen Forschungszielen erwachsen. Ebenso hat das spezielle Anliegen, sich den Klimaverhältnissen in Vegetationsbeständen zu widmen, zu Bezeichnungen wie *Bestandsklima* oder *Waldklima* usw. geführt.

Die *mikro-* und *mesoklimatische* Betrachtungsweise zielt damit auf die Erfassung des bodennahen, standörtlichen Sonderklimas (Abb. 17.1). Es sollen die auf kleinem Raum stark abweichenden Messwerte erfasst werden. Die makroklimatische Betrachtungsweise will dagegen umgekehrt von der mikro-/mesoklimatischen Skala abstrahieren. Deshalb wird das Mikro- und Mesoklima in Sondernetzen mit Instrumenten ermittelt, die im Bereich der bodennahen Schichten, am Boden und in den oberen Bodenschichten messen. Meist müssen kurzfristige Messreihen ausreichen. Hinzu kommen Messfahrten, Infrarotthermometrie und Phänologie (z.T. unter Einschaltung von Fernerkundungsverfahren) sowie räumlich hochauflösende numerische Modelle (Mesoskala-Modelle, SVAT-Modell = *S*oil *V*egetation *A*tmosphere *T*ransport, Ausbreitungsmodelle etc.).

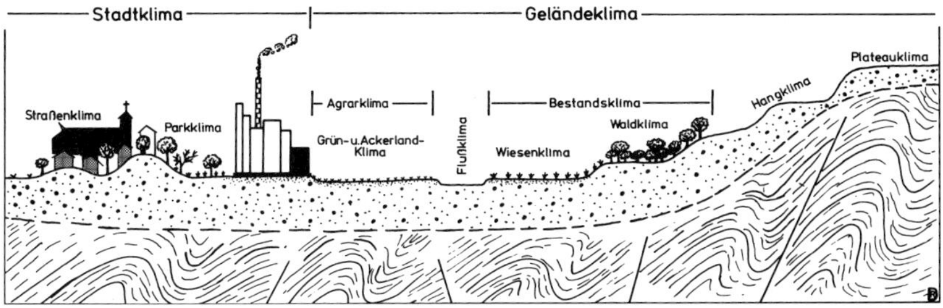

Abb. 17.1: Mikro-/Mesoklima und Raumdifferenzierung

Die *Mikroklimatologie* wurde 1911 von dem Botaniker G. KRAUS begründet und von R. GEIGER (1927) zu einem selbständigen Zweig der Klimatologie/Meteorologie ausgebaut. Den Ausdruck *Geländeklima* hat K. KNOCH (1949) geprägt, während THORNTHWAITE (1953) für diesen Forschungszweig die international verständlichere Bezeichnung *Topoklimatologie* vorgeschlagen hat. Als Beispiel für den angerissenen Themenkomplex sollen Merkmale des Klimas im städtischen Raum dargestellt werden.

17.1 Klimaeffekte in städtischen Agglomerationen

Als allgemein feststellbare Besonderheiten des Stadtklimas gegenüber dem Klima im Freiland fallen jedem aufmerksamen Beobachter die größere Wärme sowie erhöhte Luftbelastung auf. Sie sind bedingt durch einen eigenen stadtspezifischen Wärmeumsatz infolge der dichten Bebauung sowie der Emissionen von festen, flüssigen und gasförmigen Abfallprodukten der Industrie, des Gewerbes, der privaten Haushalte und des Verkehrs.

Die Ausprägung des klimatischen Stadteffektes geschieht aufgrund von Luftverunreinigung und einer veränderten Struktur der Landoberfläche über den Strahlungshaushalt (*sommerliche Wärmeinsel* in höheren Breiten). Im Winter der mittleren und höheren Breiten zeichnet die anthropogene Wärmefreisetzung (Heizung etc., *winterliche Wärmeinsel*) für ein gegenüber dem Umland verändertes Stadtklima verantwortlich.

Bei hoher Einstrahlung steigt infolge der *Dunstglocke* im *thermischen* Spektralbereich die *atmosphärische Gegenstrahlung*. Damit vermindert sich die *effektive Ausstrahlung*. Gleichzeitig geht im *solaren Spektralbereich* die direkte Einstrahlung leicht zurück, die diffuse wird etwas erhöht. In der Summe ist die kurzwellige Solarstrahlung in der Stadt gegenüber dem Umland um ca. 7-10% abgeschwächt (FLOHN 1971). In der Bilanz überwiegen aber die Gewinne im thermalen Spektralbereich und die anthropogene Wärmezufuhr.

Ein wesentlicher temperaturerhöhender Faktor ist die dichte Bebauung, denn das Baumaterial der Städte hat eine höhere Wärmekapazität als unbedeckter Boden oder Freilandvegetation. Gleichzeitig erhöht sich die absorbierende Fläche, die durch Mehrfachreflexion in Häuserschluchten noch verstärkt wird. Die Oberflächentemperaturen (Strahlungstemperaturen) der künstlichen, unbeschatteten Bausubstanz sind bei Strahlungswetter daher meist höher als die natürlicher Oberflächen (Abb. 17.2).

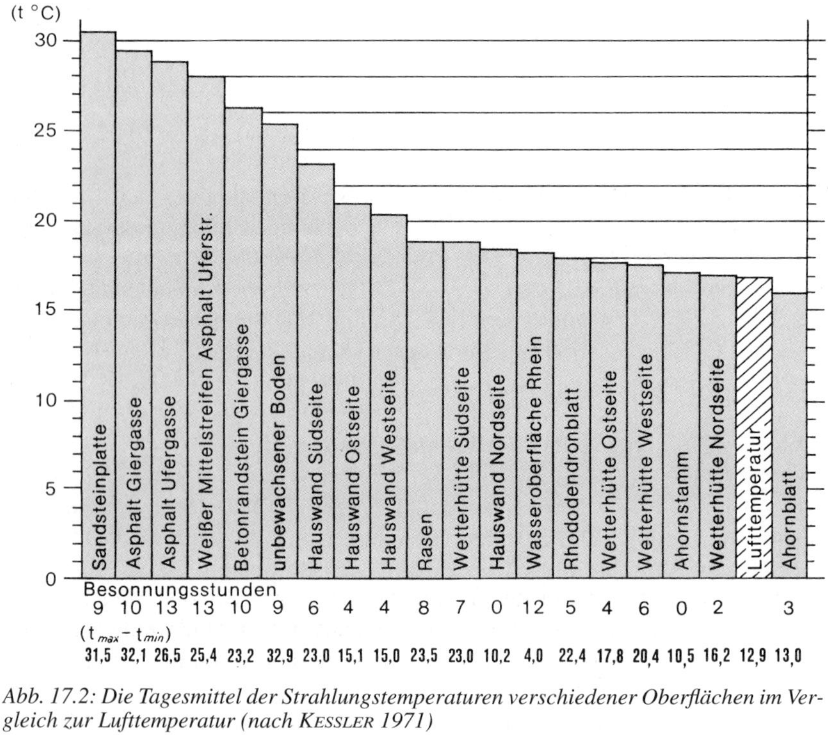

Abb. 17.2: Die Tagesmittel der Strahlungstemperaturen verschiedener Oberflächen im Vergleich zur Lufttemperatur (nach KESSLER 1971)

Auch die Wärmeabgabe in dicht bebauten Gebieten ist verzögert. In der Nacht geben die Steinmassen des Häusermeeres ihre Wärme nur langsam ab, weil der für die thermische Ausstrahlung relevante freie Horizont (oberer Halbraum) durch die Bebauung eingeschränkt ist. Mehrfachemission und -absorption von Hauswänden ist möglich. Im Winter kommt die Heizwirkung hinzu.

Im Freiland wird ein erheblicher Teil der Strahlung zum Verdunsten des im Boden, in den Pflanzen und Bäumen gespeicherten Wassers verwendet und kann daher nicht in fühlbare Wärme umgesetzt werden. In der Stadt stellt die Reduktion der Verdunstung und damit der Verdunstungskälte aus diesem Grund eine weiterte indirekte Wärmequelle dar. Die Verdunstung ist niedriger, weil Asphaltierung und Beton (*Versiegelung*) sowie die Kanalisierung der Städte die Wasserhaushaltsgleichung zugunsten des (meist unterirdisch gefassten) Abflusses verschieben. Zudem wird durch den Mangel an Pflanzen in der Stadt die Verdunstung noch weiter vermindert. Ein Grossteil der einfallenden Solarstrahlung kann daher im Gegensatz zum Umland mit seinem größeren Wasserdargebot in fühlbare Wärme (bzw. Temperaturerhöhung) umgesetzt werden.

Der Gesamteffekt des Stadtklimas führt letztlich zu einer Überwärmung (*städtische Wärmeinsel*) gegenüber dem Freiland. Sie beträgt beispielsweise in der Innenstadt von Gießen im langjährigen Mittel ca. 1,5-2,5°C (Abb. 17.3). Grünflächen und locker bebaute Siedlungsgebiete sind weniger bzw. nicht überwärmt, so dass die Wärmeinsel nicht flächendeckend auftritt.

Einige Untersuchungen haben allerdings gezeigt, dass die oben beschriebenen Effekte vor allem in Bezug auf die sommerliche Wärmeinsel differenzierter zu betrachten sind (Eriksen 1964, Parlow 1998). So zeigt sich die städtische Wärmeinsel als ganzjähriges Phänomen nur in den Nachtstunden. Tagsüber ist sie auch im Winter vorhanden, an Sommertagen ist die städtische Lufttemperatur aber bei Abschattung von engen Straßenschluchten und durch die hohe Wärmeabfuhr in den Baukörper teilweise niedriger (Basel, Bochum) oder nur leicht höher (Kiel) als im unbeschatteten Umland. In Bonn-Endenich zeigt sich für eine windschwache Strahlungsperiode deutlich, dass die beschriebenen Faktoren schon in einer Strasse mit 2-4 geschossigen Mehrfamilienhäusern eine signifikante Rolle spielen (Abb. 17.4). Kurz nach Sonnenaufgang erwärmt sich die Luft über dem freien, zu diesem Zeitpunkt nahezu unbewachsenen Feld wesentlich stärker als in der Wohnstrasse. Erst kurz vor Sonnenuntergang kann sich im bebauten Bereich eine Wärmeinsel ausbilden, die kurz vor Sonnenaufgang ihre höchste Intensität (~2,7°C) erreicht.

Die Überwärmung der Stadt variiert auch mit der Wetterlage. Starke Winde können die Unterschiede zwischen Stadt und Umland weitgehend ausgleichen. Bei windschwachen Hochdruckwetterlagen sind die Unterschiede besonders gut ausgeprägt.

In den Städten *anderer Klimazonen*, so z.B. im randtropischen Mexiko, zeigt der kälteste Monat Januar (Trockenzeit) den größten thermischen Stadt-Land-Kontrast: Während der Regenzeit (Juli) ist eine deutliche Abschwächung der Wärmeinsel festzustellen. Jauregui (1973) hat für Mexiko-Stadt einen Wärmeüberschuss von 2°C für das gesamte Jahr und für die Trockenzeit von 4°C ermittelt. Die Abweichung der mittleren Minimumtemperaturen für den Monat Dezember (Trockenzeit) beträgt sogar 10°C. Diese

Abb. 17.3: Abweichung vom Mittelwert der Temperatur zur Zeit des nächtlichen Minimums im Stadtgebiet von Gießen (nach HERRMANN und MEISER 1973)

Tatsache macht die Innenstadt von Mexiko-Stadt frostfrei, obwohl das Umland im Dezember im Mittel ca. 15 Frosttage aufweist.

Dass in einigen Städten auch die Niederschlags- und Gewittertätigkeit trotz geringerer mittlerer Feuchtigkeitswerte gesteigert ist, konnte verschiedentlich nachgewiesen werden. In Berlin beschränkt sich die vermehrte Niederschlagstätigkeit auf die luvseitigen Randgebiete und damit vor allem auf den Grunewald (hohe Verdunstung), während im eigentlichen trockeneren Stadtkern die Regenmengen kleiner sind. Für Kiel konnte eine Erhöhung des Niederschlags gegenüber dem Freiland von ca. 10% ermittelt werden (ERIKSEN 1964). In Mexiko-City (JAUREGUI 1973), wo der thermische Stadteffekt zuweilen zu einer Labilisierung der Luft (= verstärkte Konvektion) innerhalb der steifen Passatströmung führt, wurde nicht selten Starkregen von mehr als 20 mm in 24 Stunden festgestellt. Sie erreichen über dem Stadtgebiet eine maximale Auftrittshäufig-

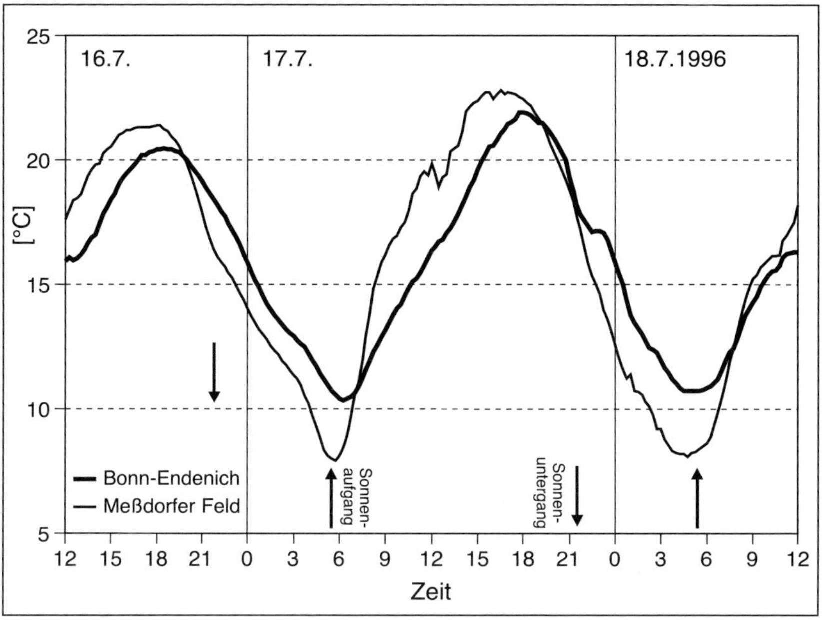

Abb. 17.4: Temperaturverlauf (2 m ü. Grund) einer sommerlichen Strahlungsperiode in Bonn-Endenich (Am Schwanenmorgen, dichte Bebauung) und im benachbarten Meßdorfer Feld (Zeit = Mitteleuropäische Sommerzeit)

keit. Gründe für die erhöhte Niederschlags- und Gewittertätigkeit liegen neben dem Turbulenzeffekt durch den städtischen Wärmeüberschuss insbesondere in der Luftverschmutzung begründet. Die aufsteigende turbulente Luftbewegung über der Stadt wirkt im Verbund mit den emittierten Kondensationskernen bei ausreichender Wasserzufuhr zum Teil niederschlagsfördernd (s. dazu Kap. 7.2).

Die Besonderheiten im städtischen Strahlungs- und Wasserhaushalt führen letztlich zu einer spezifischen thermischen *Stadt-Umlandzirkulation*, dem *Flurwind*. Wenn die Überwärmung der Stadt gegenüber dem Umland den ganzen Tag anhält, ergibt sich am Boden ein Druckgradient vom Umland (H) zur Stadt (T) und eine entsprechende Ausgleichszirkulation mit einem bodennahen Strömungsast vom Umland zur Stadt. Der Drehsinn dieser thermischen Zelle würde sich z.B. im Gegensatz zum Land- und Seewind im Tagesverlauf nicht umkehren (Abb. 17.5). Geht man aber davon aus, dass im Sommer die Wärmeinsel nur bei Nacht auftritt, kommt der Flurwind tagsüber zum Erliegen. Insgesamt sind Städte windärmer als unbebaute Flächen. Durch die größere Reibung an den Häuserfronten nimmt die mittlere Windgeschwindigkeit ab. Die Böigkeit kann aber besonders bei Starkwindwetterlagen in der Nähe von hohe Türmen bzw. Hochhäusern erheblich zunehmen.

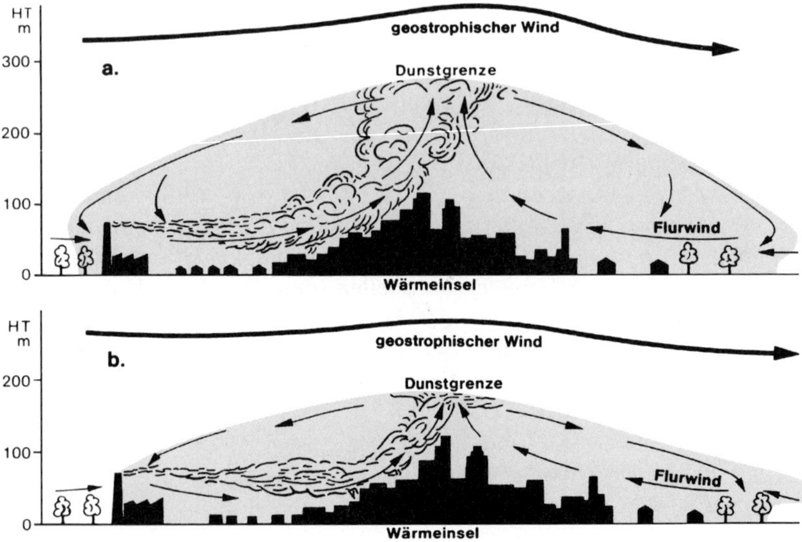

Abb. 17.5: Die lokale Windzirkulation im Bereich einer Großstadt a) nach Sonnenaufgang, b) nach Sonnenuntergang (nach Bach *1970)*

17.2 Luftqualität in städtischen Agglomerationen

Über die Beeinflussung der Klimaelemente hinaus ist der Stadteffekt auch in *luftchemischer Hinsicht* kritisch zu bewerten. Großstädte und Industrieballungszonen sind besonders durch Luftverschmutzungen aus Verkehr, Hausbrand und Industrie betroffen. Den wesentlichen Anteil an den Emissionen haben *Schwefeldioxid* (SO_2, Hausbrand und Industrie) und *Stickoxide* ($NO_x = NO + NO_2$, Verkehr). Der Kraftfahrzeugverkehr belastet in den enggebauten Straßenzügen die untersten Luftschichten auch mit *Kohlenmonoxid* und *Kohlenwasserstoffen*. Die meisten Verbrennungsprozesse setzen darüber hinaus *Partikelstäube* (v.a. Hausbrand, Dieselfahrzeuge) frei.

Schadstoffemissionen können im Winter bei stabilen Wettersituationen (Inversionen) zum sogenannten *Wintersmog* führen. Der Begriff *Smog* (smog = smoke + fog) wurde für kritische Wettersituationen geprägt, die Anfang des 19. Jahrhunderts vermehrt in London auftraten (*London-Smog*) und dort zu starken gesundheitlichen Problemen der Bevölkerung führten. Hohe ungefilterte Emissionen von Schadgasen (v.a. SO_2) und Partikeln (z.B. Ruß) führten dort bei winterlich-feuchten Inversionswetterlagen zu verstärkter Nebelbildung (Kondensationskerne) mit hohen Schadstoffkonzentrationen im Nebelwasser wie sie bis in die 60er Jahre des letzten Jahrhunderts auch in anderen Ballungsgebieten (z.B. Ruhrgebiet) zu finden waren. Die städtische Überwärmung und die Verbesserung der Luftqualität durch Abgasfilter hat aber dazu geführt, dass die Nebelbildung in Ballungszentren gegenüber dem Umland sogar zurückgegangen ist und sich auch die Schadstoffbelastung der Luft bezogen auf den Wintersmog (SO_2, Ruß) zumindest im europäischen Bereich verbessert hat (Mailand: BENDIX 1993, München: SACHWEH & KOEPKE 1995, Ruhrgebiet: BENDIX 1998 & 2002).

Insgesamt sind *Konzentration* und *Verbreitung* der Luftverunreinigung stark von der jeweiligen Wetterlage abhängig und unterliegen einem *emissionsbedingten Tagesgang*. Hohe Windgeschwindigkeiten vermögen die Schadstoffe über weite Gebiete zu verteilen (gute Durchmischung). Windschwache und persistente *Inversionswetterlagen* bedingen hohe Konzentration der Schadstoffe in den unteren Schichten der Atmosphäre. Morgendliche Heizperioden und Stosszeiten im Verkehr (*Rush Hour*) erhöhen die Emissionen. Am Beispiel einer strahlungsbedingten Inversionswetterlage in Bonn können diese Verhältnisse gut nachvollzogen werden (Abb. 17.6).

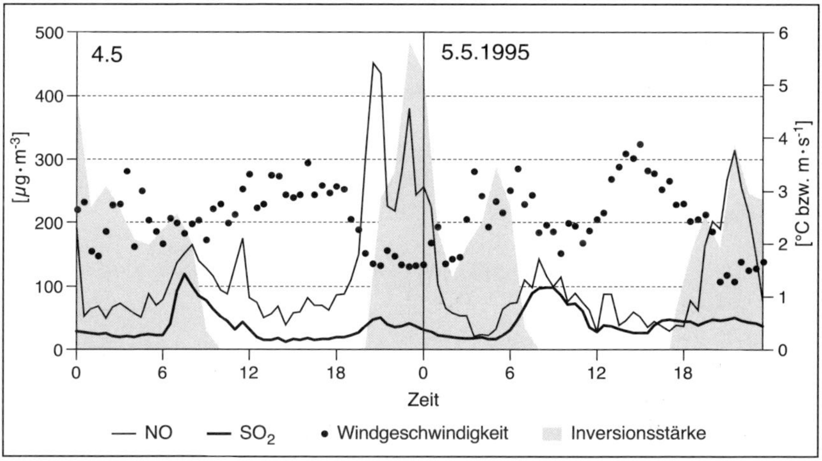

Abb. 17.6: Luftschadstoffkonzentrationen in Bonn (Belderberg) während einer Inversionswetterlage (Zeit = Mitteleuropäische Sommerzeit). Die Inversionsstärke bezieht sich auf die Temperaturdifferenz von Inversionsober- und -untergrenze (verändert nach BENDIX *1998)*

Spitzen der Schadstoffkonzentrationen ergeben sich in den Morgenstunden und am Abend. Während *Schwelfeldioxid* nur eine Konzentrationsspitze am Tag zeigt, findet sich für NO als Folge des morgendlichen und abendlichen Berufsverkehrs eine *Doppelspitze*. Die mehr mit dem Hausbrand assoziierten SO_2-Konzentrationen steigen am Morgen an, da Anfang Mai noch relativ niedrige Nachttemperaturen vorherrschen (hier um die 6-7°C) und so eine morgendliche Heizperiode erhöhte SO_2-Emissionen verursacht. Über den Tag erhöht sich die Lufttemperatur auf 25°C, so dass am Abend keine Heizaktivitäten nötig sind. Interessant ist die Ausprägung der *NO-Spitzen*, die zum Abendverkehr deutlich höher ausfallen als am Morgen. Hier zeigen sich deutliche Zusammenhänge mit den meteorologischen Gegebenheiten. In den Abendstunden des 4.5. koinzidiert das Konzentrationsmaximum mit einer sehr stabilen Schichtung (Inversion) und niedrigen Windgeschwindigkeiten, während sich die Inversion zur morgendlichen Verkehrsspitze aufgrund von thermisch-turbulenten Vorgängen (Einsetzen des Talwinds) bereits im Abbau befindet, so dass eine bessere vertikale Durchmischung der Luft und damit eine Reduktion der Schadstoffkonzentration ermöglicht wird (BENDIX 1998).

Im Sommer bzw. bei hoher Einstrahlung und starker Luftbelastung tritt ein anderer Smogtyp auf, der sogenannte *Sommersmog* (*Photosmog, Los Angeles-Smog*). Dieser Smogtyp wird sowohl durch Kraftfahrzeuge als auch durch industrielle Emissionen (v.a. Petrochemie) verursacht. Hauptkomponenten des Photosmogs sind Stickoxide und reaktive Kohlenwasserstoffe (*Vorläufersubstanzen*), die bei hochsommerlichen Strahlungswetterlagen hohe Konzentrationen von *bodennahem Ozon* (O_3) entstehen lassen. Die chemischen Reaktionspfade zur Bildung von bodennahem Ozon (v.a. die Katalysewirkung der Kohlenwasserstoffe) sind insgesamt recht komplex (s. dazu POPPE & ZIMMERMANN 2000). Grundlage der Ozonbildung ist aber die *Photolyse* von NO_2 durch hochenergetische Solarstrahlung mit Wellenlängen $\leq 0{,}41$ µm (hν) zu NO und äußerst reaktivem atomaren Sauerstoff, der sich mit dem molekularem Luftsauerstoff (O_2) zu Ozon verbindet.

$$NO_2 + h\nu \rightarrow O + NO$$
$$O + O_2 \rightarrow O_3$$

In Abhängigkeit der Einstrahlung stellt sich ein Gleichgewicht (*photostationärer Zustand*) zwischen NO_2, NO und O_3 ein. Ist ausreichend NO (z.B. aus Verkehrsemissionen) vorhanden, wird Ozon wieder zu molekularem Sauerstoff und NO_2 abgebaut (*Rückreaktion*). Tatsächlich ist die mittlere Ozonkonzentration (nicht die Belastungsspitzen) in ländlichen Gebieten häufig höher als im Ballungsraum selbst. Ursache ist der windgesteuerte Transport von städtischem Ozon ins Umland, wo weniger NO aus dem Verkehr verfügbar ist und sich Ozon somit wesentlich schlechter abbauen kann (z.B. BENDIX et al. 2002, Abb. 17.7).

In *ariden Klimaten* kommt die belastende Wirkung von *Stürmen* hinzu, die natürliche Stäube aus dem Umland in die Stadt verfrachten können. Ein Beispiel dafür ist *Mexico-City*, eine Agglomeration von >17 Millionen Menschen. Windreiche Wetterlagen verfrachten riesige Mengen von Staubpartikeln aus den trockenliegenden Böden des früheren Texcoco-Sees vornehmlich über die östlichen Teile der Stadt (JAUREGUI 1973). Vergleicht man die Schwe-

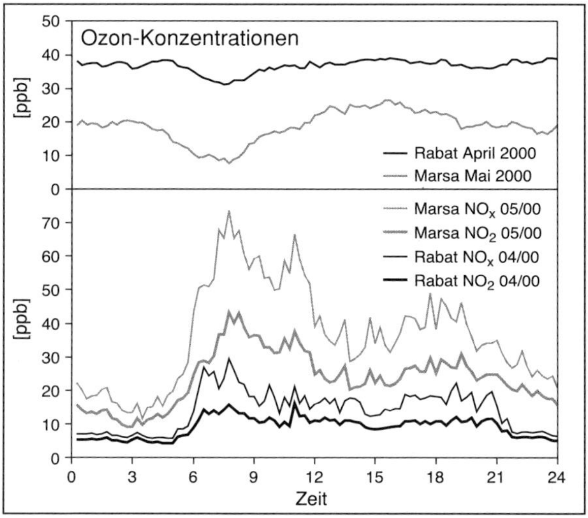

Abb. 17.7: Typische Tagesgänge von Ozon und seinen Vorläufersubstanzen für einen städtischen (Marsa) und einen ländlichen (Rabat) Standort auf Malta (nach BENDIX *et al. 2002)*

bestaub- und SO_2-Mittelwerte, die sich aus der Summe der 14 Beobachtungsstationen der Stadt Mexiko ergeben (s. KLAUS et al. 1988) für das Jahr 1982 mit denen des Ruhrgebietes (PFEFFER 1985) des Jahres 1983/84, so zeigt sich, dass in beiden Regionen ein deutlicher Jahresgang ausgebildet ist. Dieser ist allerdings in Mexiko-Stadt ausgeprägter als im Ruhrgebiet, möglicherweise als Folge der *Wash-out-Effekte* (= Auswachen von Schadstoffen durch Niederschlag) während der mexikanischen Regenzeit und der größeren Bodeninversionshäufigkeit während der mexikanischen Trockenzeit. Allerdings sind die SO_2-Werte im Mittel in Mexiko nur um etwa 24% höher als im Ruhrgebiet. Der Staubgehalt ist andererseits fünfmal höher als im Ruhrgebiet.

Die schädlichen Auswirkungen der Luftverschmutzung lassen sich auch indirekt z.B. am Zustand der innerstädtischen Vegetation ablesen. Als geeignete *Bioindikatoren* haben sich Flechten erwiesen. Nach Anzahl und Deckungsgrad der registrierten Flechten kann man Intensitätsabstufungen der Luftverunreinigung feststellen. Eine Normalzone am Freilandrand der Städte, eine Kampfzone bei mittlerer Verschmutzung und schließlich eine Zone der Flechtenwüste, in der sich nur wenige Arten und Individuen zu behaupten vermögen (VARESCHI 1936, DOMRÖS 1966, KIRSCHBAUM & WIRTH 1997). Eine exaktere Methode verwendet die Enzymaktivität in Flechtenzellen als Indikator, da die Wirkung des SO_2 und anderer Schadstoffe dabei quantitativ besser abgeschätzt werden kann.

Verzeichnis der wichtigsten Symbole

A	Abfluss	[mm]
	langwellige Ausstrahlung	[$W\cdot m^{-2}$]
a	absolute Feuchte	[$kg\cdot m^{-3}$]
	Absorptionsvermögen	
as	absolute Sättigungsfeuchte	[$kg\cdot m^{-3}$]
B	Aufbrauch	[mm]
	Bodenwärmestrom	[$W\cdot m^{-2}$]
C	Corioliskraft	[$kg\cdot m\cdot s^{-2}$]
c	Lichtgeschwindigkeit ($2{,}998\cdot 10^8$)	[$m\cdot s^{-1}$]
C_a	Wärmekapazität der Luft	[$J\cdot m^{-3}\cdot K^{-1}$]
c_p	spezifische Wärmekapazität trockener Luft bei konstantem Druck, (1005)	[$J\cdot kg^{-1}\cdot K^{-1}$]
c_v	spezifische Wärmekapazität v. Luft b. konst. Vol. (718)	[$J\cdot kg^{-1}\cdot K^{-1}$]
D	diffuse Sonneneinstrahlung	[$W\cdot m^{-2}$]
E	Sättigungsdampfdruck	[hPa]
e	Dampfdruck	[hPa]
E_T	Transpirations-Flussdichte	[$mm\cdot s^{-1}$]
E_{Tr}	Sättigungsdampfdruck über einem Tropfen	[hPa]
f	Relative Luftfeuchte	[%]
F_p	Gradientkraft	[$kg\cdot m\cdot s^{-2}$]
G	atmosphärische Gegenstrahlung	[$W\cdot m^{-2}$]
g	Schwerbeschleunigung (9,80665)	[$m\cdot s^{-2}$]
h	PLANCKsches Wirkungsquantum ($6{,}626\cdot 10^{-34}$)	[$J\cdot s$]
I	solare Bestrahlungsstärke	[$W\cdot m^{-2}$]
I_0	Solarkonstante	[$W\cdot m^{-2}$]
k	BOLTZMANN-Konstante ($1{,}381\cdot 10^{-23}$)	[$J\cdot K^{-1}$]

ka	KARMAN Zahl (0,4)	
K_L	turbulenter Diffusionskoeffizient für den Wärmetransport	$[m^2 \cdot s^{-1}]$
K_W	turbulenter Diffusionskoeffizient für Wasserdampf in Luft	$[m^2 \cdot s^{-1}]$
L	fühlbare Wärmestromdichte	$[W \cdot m^{-2}]$
L_V	spezifische Verdunstungswärme	$[J \cdot kg^{-1}]$
m	Mischungsverhältnis	$[kg \cdot kg^{-1}]$
N	Niederschlag	[mm]
p	Luftdruck	[hPa]
Q	Strahlungsbilanz an der Erdoberfläche	$[W \cdot m^{-2}]$
q	spezifische Feuchte	$[kg \cdot kg^{-1}]$
qs	spezifische Sättigungsfeuchte	$[kg \cdot kg^{-1}]$
R	Regenrate	$[mm \cdot h^{-1}]$
	Rückhalt	[mm]
	Universelle Gaskonstante (8,314)	$[J \cdot mol^{-1} \cdot K^{-1}]$
r	Reflexionsvermögen	
R_L	spezifische Gaskonstante trockener Luft (287,05)	$[J \cdot kg^{-1} \cdot K^{-1}]$
R_W	Gaskonstante für Wasserdampf	$[J \cdot kg^{-1} \cdot K^{-1}]$
S	Strahlungsbilanz	$[W \cdot m^{-2}]$
s	relatives Sättigungsdefizit	[%]
sv	Sättigungsverhältnis	
T	Temperatur	[K, °C]
t	Transmissionsvermögen	
T_{ae}	Äquivalenttemperatur	[K, °C]
T_d	Taupunkttemperatur	[K, °C]
T_v	Virtuelltemperatur	[K, °C]
u_*	Schubspannungsgeschwindigkeit	$[m \cdot s^{-1}]$
V	latente Wärmestromdichte	$[W \cdot m^{-2}]$
	Verdunstung	[mm]
v	Windgeschwindigkeit	$[m \cdot s^{-1}]$
Z	Radarreflektivität	[dBZ]
	Zentrifugalkraft (Fliehkraft)	$[kg \cdot m \cdot s^{-2}]$
z_0	Rauhigkeitslänge	[m]

α	planetare Albedo	
β_a	Absorptionskoeffizient	[km^{-1}]
β_α	Streukoeffizient	[km^{-1}]
β_{ext}	Extinktionskoeffizient	[km-1]
Δa	absolutes Sättigungsdefizit	[$kg \cdot m^{-3}$]
Δs	spezifisches Sättigungsdefizit	[$kg \cdot kg^{-1}$]
ΔT_v	Virtuellzuschlag	[K, °C]
ε	Emissionsvermögen	
ζ	Wärmekapazität der Luft bei konstantem Druck	[$J \cdot m^{-3} \cdot K^{-1}$]
θ	potentielle Temperatur	[K, °C]
θ_{ps}	pseudopotentielle Temperatur	[K, °C]
κ_W	molekularer Diffusionskoeffizient f. Wasserdampf in Luft	[$m^2 \cdot s^{-1}$]
Λ	Wärmeleitfähigkeitskoeffizient	[$W \cdot m^{-1} \cdot K^{-1}$]
λ	Wellenlänge	[μm]
ν	Frequenz	[s^{-1}]
ρ	Luftdichte	[$kg \cdot m^{-3}$]
ρ_{fw}	Dichte von Wasser	[$kg \cdot m^{-3}$]
ρ_w	Wasserdampfdichte	[$kg \cdot m^{-3}$]
σ	STEFAN-BOLTZMANN Konstante ($5{,}6697 \cdot 10^{-8}$)	[$W \cdot m^{-2} \cdot K^{-4}$]
τ	optische Dicke	
ω	Winkelgeschwindigkeit der Erde ($\sim 7{,}29 \cdot 10^{-5}$)	[s^{-1}]
ϕ	geographische Breite	[°]

Abbildungsverzeichnis

Tabellenverzeichnis

Literatur

ALBRECHT, F.: Die Berechnung der natürlichen Verdunstung der Erdoberfläche aus klimatischen Daten; in: Ber. d. Dt. Wetterdienstes, Nr.83, 1962.

ALISSOW, B.P.: Die geographischen Typen der Klimate; in: Meteorol. Gidrol., Nr. 6, 1936, S. 16-25.

ARMSTRONG, C.F. and C.K. STIDD: A moisture balance profile in the Sierra Nevada; in: Journal of Hydrology 5, 1967, S. 258-268.

BACH, W.: Strahlungshaushalt und lufthygienische Verhältnisse in Groß-Cincinnati, USA; in: Verh. 37. Dt. Geogr. Tages, Kiel 1969; Wiesbaden 1970, S. 273-282.

BARRET, E.C. und L.F. CURTIS: Introduction to environmental remote sensing. London u. New York 1982.

BARRY, R.G. und R.J. CHORLEY: Atmosphere, Weather and Climate; Methuen, London, New York, 1987[5], 1992[6], 1998.

BAUMGARTNER, A. und E. REICHEL: Die Weltwasserbilanz. Niederschlag, Verdunstung und Abfluß über Land und Meer sowie auf der Erde im Jahresdurchschnitt; Oldenbourg-Verlag, München 1975.

BAUR, F.: Musterbeispiele europäischer Großwetterlagen; Wiesbaden 1947.

BEHENG, K.D. und U. WACKER: Über die Mikrostruktur von Wolken. In: Promet 23. Jahrg., H. 1-2, 1993, S. 10-15.

BENDIX, J.: Nebelbildung, -verteilung und –dynamik in der Poebene. In: Bonner Geogr. Abh. 86, 1993, S. 189-296.

BENDIX, J.: Ein neuer Methodenverbund zur Erfassung der klimatologisch-lufthygienischen Situation in Nordrhein-Westfalen. Untersuchungen mit Hilfe boden- und satellitengestützter Fernerkundung und numerischer Modellierung. Bonner Geogr. Abh. 98, 1998.

BENDIX, J.: Precipitation dynamics in Ecuador and Northern Peru during the 1991/92 El Niño - A Remote Sensing perspective. In: Int. J. Remote Sensing 21, 2000, S. 533-548.

BENDIX, J.: A satellite-based climatology of fog and low-level stratus in Germany and adjacent areas. In: Atmosph. Res. 64, 2002, S. 3-18.

BENDIX, J., CH. REUDENBACH, S. TASCHNER, R. LUDWIG und W. MAUSER: Retrieval konvektiver Niederschläge in Mitteleuropa mit Fernerkundungsdaten und Modellen. In: DLR Mitteilungen 2001-02, 2001, S. 69-78.

BENDIX, J., A. BENDIX und CH. REUDENBACH: Umweltprobleme im Maltesischen Archipel. In: Geogr. Rdsch. 54, 2002, S. 12-18.

BERGERON, T.: Über die dreidimensional verknüpfende Wetteranalyse; Geophysk. Publ. Nr. 6, Oslo 1928.

BESLER, H.: Klimaverhältnisse und klimamorphologische Zonierung der zentralen Namib; in: Stuttg. Geogr. Studien, Bd. 83, 1972.

BISSOLI, P. und E. DITTMANN: Objektive Wetterlagenklassen. In: Klimastatusbericht 2000, S. 113-118, Offenbach a.M. 2000.

BJERKNES, J.: Atmospheric teleconnections from the equatorial Pacific; in: Mon. Weath. Rev. 97, Washington 1969, S. 163-172.

BOUCHER, K.: Global climate. The English Universities Press 1975.

BUDYKO, M.I. (Hrsg.): Atlas der Wärmebilanz der Erdoberfläche; Leningrad 1963.

BUDYKO, M.I.: Climate and life; D.H. MILLER (Ed.); New York 1974.

CANDOLLE, DE A.: Constitution dans le rège végétal de groupes physiologiques applicables à la géographie botanique ancienne et moderne; Arch. d. Scien. Bibl. Univers. 1874.

CREUTZBURG, N.: Klima, Klimatypen und Karten; in: Pet. Mitt. 94, 1950, S. 57-69.

DANSGAARD, W., S.J. JOHNSEN, H.B. CLAUSEN und C.C. LANGWAY, Jr.: Speculations about the next glaciation; in: Quaternary Research, 1972, S. 396-398.

DEFANT, F.: Zur Theorie des Hangwindes, nebst Bemerkungen zur Theorie der Berg/Talwinde; in: Arch. f. Meteorl. Geophys. Biokl. Serie A, Nr. 1, 1949, S. 421-450.

DEFANT, F.: Die allgemeine Zirkulation der Atmosphäre. In: Promet 6.Jhrg., H. 6, 1976, S. 1-32.

DEFANT, F.: Die Energetik der allgemeinen Zirkulation der Atmosphäre. In: Promet 6.Jhrg., H. 4, 1976b, S. 1-30.

DOMRÖS, M.: Luftverunreinigung und Stadtklima im rheinisch-westfälischen Industriegebiet und ihre Auswirkungen auf den Flechtenbewuchs der Bäume; Arb. z. Rhein. Landeskunde 23, Bonn 1966.

DWD (= DEUTSCHER WETTERDIENST): Internationaler Wolkenatlas. Lizenzausgabe des ICA, Vol. II, der WMO, Offenbach a. Main 1990.

DWD (= DEUTSCHER WETTERDIENST): Klimadaten Deutschland 1961 – 1990. Offenbach a. Main 1996.

ERIKSEN, W.: Beiträge zum Stadtklima von Kiel. Witterungsklimatologische Untersuchungen im Raum Kiel und Hinweise auf eine mögliche Anwendung der Erkenntnisse in der Stadtplanung; Schriften d. Geogr. Inst. d. Univ. Kiel, Bd. 22/1, 1964.

ERIKSEN, W.: Die Häufigkeit meteorologischer Fronten über Europa und ihre Bedeutung für die klimatologische Gliederung des Kontinents, in: Erdkunde 25, 1971, S. 163-178.

ETLING, D.: Theoretische Meteorologie. Braunschweig und Wiesbaden 1996.

FINDLATER J.: An experiment in monitoring cross-equatorial airflow at low level over Kenia and rainfall of western India during the northern summer; in: LIGHTHILL, J. und PEARCE, R.P.: Monsoon dynamics; Cambridge, London, New York ,New Rochelle, Melbourne, Sydney 1981, S. 309-319.

FLOHN, H.: Neue Anschauungen über die allgemeine Zirkulation der Atmosphäre und ihre klimatische Bedeutung; in: Erdkunde 4, 1950, S. 141-162.

FLOHN, H.: Zur Didaktik der allgemeinen Zirkulation der Atmosphäre; in Geogr. Rdschau 5, 1960, S. 129-142 und 189-195.

FLOHN, H.: Über die Ursachen der Aridität in Nordost-Afrika; in: Würzburger Geogr. Abh. 12, 1964, S. 21-37.

FLOHN, H.: Vom Regenmacher zum Wettersatelliten, Klima und Wetter; München 1968.

FLOHN, H.: Arbeiten zur allgemeinen Klimatologie; Darmstadt 1971.

FLOHN, H.: Tropical circulation pattern; Bonner Meteorol. Abh. 15, 1971.

FLOHN, H.: Tropische Zirkulationsformen im Lichte der Satellitenaufnahmen. Bonner Meteorologische Abhandlungen, H. 21, 1975.

FLOHN, H.: Warum ist die Sahara trocken? In: Mensching, H. (Ed.): Physische Geographie der Trockengebiete. Darmstadt, 1982.

FRANKENBERG, P.: Sonnenstrahlung, Lufthülle und Klima; in: Praxis Geographie, 6, Westermann-Verlag, Braunschweig 1989, S. 6-11.

FÜTTERER, D.: Marine polare Geowissenschaften; in: Geogr. Rdschau 40, 1988, S. 6-14.

GEIGER, R.: Das Klima der bodennahen Luftschicht; Braunschweig, 1927[1], 1961[4].

GEORGLII, W.: Beiträge zur Aerologie von Mendoza. Bereichte des DWD in der US-Zone Nr. 36, 1952a, Bad Kissingen.

GEORGLII, W.: Wettersteuerung durch die tägliche Doppelwelle des Luftdrucks in Mendoza/Argentinien. In: Meteorol. Rdsch. 5, 1952b, S. 97-99.

GENTILLI, J.: A geography of climate. The synoptic world pattern; Perth 1958.

GIULIACCI, M.: Climatologia statica e dinamica della Valpadana. CNR AQ/3/18, Milano 1985.

GRAEDEL, T.E. und P.J. CRUTZEN.: Chemie der Atmosphäre. Heidelberg et al. 1994.

HÄCKEL, H.: Meteorologie; UTB-Verlag Eugen Ulmer; Stuttgart 1985, 1990[2].

HADLEY, G.: Concerning the cause of the general trade winds; in: Philosophical Transactions, Bd. 39, London 1735, S. 58-62.

HANN, J. und R. SÜRING: Lehrbuch der Meteorologie, 2 Bde.; Leipzig 1939-1951[5].

HARDING, A.F.: Climatic change in later prehistory; Edinburgh 1982.

HAUDE, W.: Zur Bestimmung der Verdunstung und des Wasserhaushalts in Trockengebieten des Vorderen Orients zwischen Nil und Euphrat; in: Wasserwirtschaft 53, 1963, S. 427-438.

HAVLIK, D.: Die Höhenstufe maximaler Niederschlagssummen in den Westalpen; in: Freib. Geogr. Hefte, Nr. 7, Freiburg 1969.

HAVLIK, D.: Klima; in: Geographie Deutschlands; Borntraeger, Berlin 1990, S. 231-281.

HEINE, K.: Führt die Quartärforschung zu nicht-aktualistischen Modellvorstellungen in der Geomorphologie?; in: W. ERIKSEN (Hrsg.): Studia Geographica; Festschrift für W. LAUER, Coll. Geogr. Bd. 16, 1983, S. 93-121.

HENDL, M.: Systematische Klimatologie. Berlin 1963.

HENNING, I. und D. HENNING: Kontinent-Karten der potentiellen Landverdunstung, berechnet mit dem PENMANN-Ansatz; in: Meteorol. Rdsch. 33, 1980, S. 18-30.

HERRMANN, R. und B. MEISER: Untersuchungen über die zeitliche und räumliche Änderung des Temperaturfeldes im Stadtgebiet von Gießen; in: Die Erde 104, 1973, S. 226-246.

HESS, P. und H. BRESZOWSKY: Katalog der Großwetterlagen Europas; in: Ber. d. Dt. WD., Nr. 113, 1977.

HESS, M., P. KOEPKE und I. SCHULT: Optical properties of aerosol and clouds: The software OPAC. In: Bull. Am. Meteorol. Soc. 79, 1998, S. 831-844.

HETTNER, A.: Die Klimate der Erde; in: Geogr. Zeitschr. 1911, S. 425-435, 482-502, 545-565, 618-633, 675-685 sowie Geogr. Zeitschr. H. 5, Leipzig, Berlin 1930.

HOFMANN, G.: Verdunstung und Tau als Glieder des Wärmehaushalts; in: Planta 47, 1956, S. 303-322.

IPCC (= INTERGOVERNMENTAL PANEL ON CLIMAT CHANGE), Climate Change 2001 – The Scientific Basis. Cambridge 2001.

IVANOV, N.N.: Belts of continentality on the globe; in: Izwest. Wsesoj. Geogr. Obschtsch. 91, 1959, S. 410-423 [russisch].

JACKSON, S.P.: A note on the climate of Walvis bay; in: South Afr. Geogr. Journ., Vol. 22, 1940, S. 46-53.

JAEGER, F.: Die Gewässer Afrikas; in: Zeitschr. d. Ges. f. Erdk. Berlin, 1928, S. 158-190. Siehe auch Pt. Mitt. 1935, 1938,1939 und 1940.

JAENEKE, M.: Der Radarverbund des DWD als Hilfsmittel der regionalen und lokalen Gewitterprognose. In: Promet 24 Jhrg., H 1/3, 1995, S. 55-72.

JÄTZOLD, R.: Die Dauer der ariden Zeit und humiden Zeit des Jahres als Kriterium für Klimaklassifikation; v. WISSMANN-Festschrift, Tübingen, 1962, S. 89-108.

JAUREGUI, E.: Untersuchungen zum Stadtklima von Mexiko-Stadt. Diss. Bonn 1973.

JONES, H.G.: Plants and microclimate. Cambridge 1992.

JUNGHANS, H.: Sonnenscheindauer und Strahlungsempfang geneigter Ebenen; in: Abh. d. Meteorol. Dientstes der DDR, Nr. 58, Bd. 11, Berlin 1969.

KÄSE, R. H.: El Niño; in: Geowissenschaften in unserer Zeit 3. Jg.Nr. 4, 1985, S. 113-119.

KELLER, R.: Gewässer und Wasserhaushalt des Festlandes; Verl.- Ges. B.G. Teuber, Leipzig 1961.

KESSLER, A.: Über den Tagesgang von Oberflächentemperaturen in der Bonner Innenstadt an einem sommerlichen Strahlungstag; in: Erdkunde 25, 1971, S. 13-20.

KESSLER, A.: Zur Klimatologie der Strahlungsbilanz auf der Erdoberfläche. Erdkunde 17, 1973, S. 1-10.

KIRSCHBAUM, U. und V. WIRTH: Flechten erkennen – Luftgüte bestimmen. Stuttgart 1997.

KISTEMANN, TH., und W. LAUER: Lokale Windsysteme in der Charazani-Talung (Bolivien); in: Erdkunde 44, 1990, S. 46-59.

KLAUS, D.: Natürliche und anthropogene Klimaänderungen und ihre Auswirkungen auf den wirtschaftenden Menschen; Fragenkreise 23529, Paderborn 1980.

KLAUS, D.: Die planetarische Zirkulation; in: Praxis Geogr., H. 6; Westermann-Verlag, Braunschweig 1989, S. 12-17.

KLAUS, D., W. LAUER und E. JAUREGUI: Schadstoffbelastung und Stadtklima in Mexiko-Stadt; Abhdl. d. Math.-nat.Kl. d. Akad. d. Wiss. u. d. Lit. Mainz, Nr. 5/1988.

KNOCH, K.: Die Geländeklimatologie, ein wichtiger Zweig der angewandten Klimatologie; in: Ber. z. Dt. Landeskunde 7, 1949, S. 115-223.

KÖPPEN, W.: Klassifikation der Klimate nach Temperatur, Niederschlag und Jahresablauf; in: Pet. Mitt. 1918, S. 193-203 und 243-248. (vgl. auch Geogr. Zeit. 6, Leipzig 1900, S. 593 und 657).

KÖPPEN, W.: Die Klimate der Erde; Berlin, Leipzig 1923[1] und 1931[2].

KÖPPEN, W.: Das geographische System der Klimate; in: Handbuch der Klimatologie, Bd. 1, Teil C, Berlin 1936.

KRAUS, G.: Boden und Klima auf kleinstem Raum; Fischer-Verlag, Jena 1911.

KRAUS, H.: Was ist Klima ?; in: Erdkunde 38, 1984, S. 249-258.

KRAUS, H.: Die Atmosphäre der Erde. Braunschweig und Wiesbaden 2000.

KRÜGER, L.: Wetter und Klima, beobachten und verstehen. Berlin et al. 1994.

KUKLA, G.J.: Pleistocene Land-Sea Correlations, I. Europe; in: Earth Science Review 1977, S. 307-374.

KUPFER, E.: Entwurf einer Klimakarte auf genetischer Grundlage; in: Zeit. f. Erdkundeunter. 1954, S. 5-13.

KYLE, T.G.: Atmospheric transmission, emission and scattering. Oxford et al. 1991.

LAMB, H.H.: Volcanic dust in the atmosphere with a chronology and assessment of its meteorological significance; in: Phil. Trans. Roy. Soc. London, 266, 1970, S. 425-533.

LAMB, H.H.: Climate: Present, Past, and Future. Vol. I, London 1972, Vol. II, 1977.

LANG, P.: Niederschlagsquantifizierung auf der Basis von Radardaten. In: Promet 26. Jhrg., H. 1/2, 1997, S. 22-41.

LAUER, W.: Humide und aride Jahreszeiten in Afrika und Südamerika und ihre Beziehungen zu den Vegetationsgürteln; in: Bonner Geogr. Abh. 9, 1952, S. 9-98.

LAUER, W.: Die Pampa - Ein Klimagebiet beiderseits der Trockengrenze? Erdkunde 22, 1968, S. 155-159.

LAUER, W.: Vom Wesen der Tropen. Klimaökologische Studien zum Inhalt und zur Abgrenzung eines irdischen Landschaftsgürtels. Abh. d. Akad. d. Wiss. u. d. Lit., Mainz, Math.-nat Kl., Nr. 3, 1975.

LAUER, W.: Zur hygrischen Höhenstufung tropischer Gebirge. Neotropische Ökosysteme (SIOLI-Festschrift). Biogeographica 7. The Hague 1976, S. 169-182.

LAUER, W.: Das Klima der Tropen und Subtropen; in: RHEM, S. (Hrsg.): Handbuch der Landwirtschaft und Ernährung in den Entwicklungsländern, Bd. III, Eugen Ulmer Verlag; Stuttgart 1986, S. 15-45.

LAUER, W. und P. FRANKENBERG: Zum Problem der Tropengrenze in der Sahara; in: Erdkunde 1977, S. 1-15.

LAUER, W. und P. FRANKENBERG: Untersuchungen zur Humidität und Aridität von Afrika. Bonn. Geogr. Abh. 66, Bonn 1981.

LAUER, W. und P. FRANKENBERG: Eine Karte der hygrothermischen Klimatypen von Europa; in: Erdkunde 40, 1986, S. 85-94.

LAUER, W. und P. FRANKENBERG: Klimaklassifikation der Erde; in: Geogr. Rdschau 40, 1988, Westermann-Verlag, Braunschweig.

LAUER, W. und M.D. RAFIQPOOR: Die Klimate der Erde – Eine Klassifikation auf der Grundlage der ökophysiologischen Merkmale der realen Vegetation. Erdwiss. Forschung Bd. XL, Stuttgart 2002.

LILJEQUIST, G.H. und K. CEHAG: Allgemeine Meteorologie. Braunschweig und Wiesbaden 1994.

LIOU, K.-N. und G.D. WITTMANN: Parameterization of the radiative properties of clouds. In: J. Atmosph. Sciences 36, 1979, S. 1261-1273.

Liou, K.-N.: Radiation and cloud processes in the atmosphere. New York & Oxford 1992.

Loewe, F.: Das Kerngebiet der Antarktis; Coll. Geogr. 12, 1970, S. 200-213.

Louis, H.: Der Bestrahlungsgang als Fundamentalerscheinung der geographischen Klimaunterscheidung. Schlern-Schriften 190, 1958.

Meischner, P.: Neue Entwicklungen der meteorologischen Radartechnik. In: Promet 21. Jhrg., H. 1/2, 1991, S. 44-49.

Misterek, D.: Innerstädtische Klimadifferenzierung von Marburg/Lahn. Marburger Geogr. Schriften, H. 106, 1987.

Monteith, J.L. und M.H. Unsworth: Principles of environmental physics. London 1995.

Müller, M.I.: Handbuch ausgewählter Klimastationen der Erde. Forschungsstelle Bodenerosion Nr. 5, Universität Trier. Trier 1983.

NATMAP (= Division of National Mapping), Atlas of Australian Resources; 3d Series, Vol. 4, Climate, Canberra 1986.

Neef, E. et al.: Allgemeine physische Erdkunde. Lehrbuch für das 9. Schuljahr; Berlin 1954, S. 73-81.

Niemann, E.-J. und W. Ruhe; Zur Energiebilanz der Oberfläche in den semiariden Sierras de Cordoba zu Beginn der Regenzeit. Meteorol. Rdsch. 37, 1984, S. 65-72.

Oke, T.R.: Boundary Layer Climates. London ans New York 1987.

Orlansky, J.: A rational subdivision of scales for atmospheric processes. In: Bul. Am. Meteorol. Soc. 56, 1975, S. 527-530.

Paffen, K.H.: Das Verhältnis der tages- zur jahreszeitlichen Temperaturschwankung; in: Erdkunde 21, 1967, S. 94-111.

Parlow, E.: Analyse von Stadtklima mit Methoden der Fernerkundung. In: Geogr. Rdsch. 50, 1998, S. 89-93.

Patzelt, G.: Neue Ergebnisse der Spät- und Postglazialforschung in Tirol; in: Jahresbr. d. Österr. Geogr. Ges. 76/77, 1980, S. 11-18.

Penck, A.: Versuch einer Klimaklassifikation auf physiographischer Grundlage; in: Sitz.-Ber. d. Preuß. Akad. d. Wiss. Phys.-Math. Kl., BNr. 12, Berlin 1910, S. 236-246.

Penman, H.L.: Natural evaporation from open water, bare soil and grass; in: Proc. Roy. Soc. 193 A, 1948.

Pfeffer, H.U.: Immissionserhebungen in quellfernen Gebieten Nordrhein-Westfalens. STAUB, Reinhaltung Luft 45/6, 1985, S. 267-273.

Plass, G.N.: The carbon dioxide theory of climatic change; in: Tellus 8, 1956, S. 140-154.

Pleiß, H.: Der Kreislauf des Wassers in der Natur. VEB Gustav Fischer-Verlag; Jena, Reihe „Umweltforschung“ 1977.

Poppe, D. und J. Zimmermann: Chemische Ozonbildung in der planetaren Grenzschicht. In: Promet 26 Jhrg., H 3/4, 2000, S. 90-96.

Riehl, H.: Tropical Meteorology. London, New York 1954.

Roedel, W.: Physik unserer Umwelt - „Die Atmosphäre“, Springer-Verlag, Heidelberg 1992.

Rother, K.: Mediterrane Subtropen; Das Geographische Seminar, Westermann-Verlag, Braunschweig 1984.

SACHWEH, M. und P. KOEPKE: Radiation fog and urban climate. In: Geoph. Res. Letters, 1995, S. 1073-1076.

SCHERHAG, R.: Neue Methoden der Wetteranalyse und Wetterprognose; Berlin, Göttingen, Heidelberg, 1948.

SCHERHAG, R. und W. LAUER: Klimatologie. Das Geographische Seminar, Westermann-Verlag, Braunschweig 1982[10].

SCHÖNWIESE, C.-D.: Klimaschwankungen. Verständliche Wissenschaft 115, Berlin 1979.

SCHÖNWIESE, C.-D.: Northern hemisphere temperature statistics and forcing. Part B, 1579-1980 AD; in: Arch. f. Meteorl. Geophys. Biokl. Series B, Nr. 35, 1984, 155-178.

SCHÖNWIESE, C.-D.: Klimatologie, Stuttgart 1994.

SCHÖNWIESE, C.-D.: Der anthropogene Treibhauseffekt in Konkurrenz zu natürlichen Klimaänderungen. In: Promet 25. Jhrg., H. 3, 1996, S. 53-61.

SCHULZE, B.R.: South Africa. in: World Survey on climatology Ed. J. Griffith, Vol. 10, 1971, S. 501-586.

SEIBERT, P.: Der Föhn in den Alpen. In: Geogr. Rdsch. 45, 1993, S. 116-123.

SELLERS, W.D.: Physical climatology, Chicago 1965.

SELTMANN, J.: Radarforschung im DWD: Vom Scan zum Produkt. In: Promet 26. Jhrg., H. 1/2, 1997, S. 32-42.

SPETH, P.: Horizontale Flüsse von sensibler und latenter Energie und von Impuls für die Atmosphäre der Nordhalbkugel; in: Meteorol. Rdsch. 27, 1974, S. 65-90.

STILKE, G., C. WAMSER und G. PETERS: Untersuchungen über den Abbau einer Bodeninversion mit direkten und indirekten Meßverfahren. In: Meteorol. Rdsch. 29, 1976, S. 181-186.

SUBBARAMAYYA, I. und R. RAMANADHAM: On the onset of the Indian southwest monsoon and the monsoon general circulation; in: Monsoon dynamics, 1981, S.213-220.

TERJUNG, W.H., und S.-F. ST. LOUIE: Energy input-output climates of the world; A preliminary attempt; in: Arch. Meteorol. Geophys. u. Biokl., Series. B, Bd. 20, 1972, S. 129-166.

TETZLAFF, G., M. PETERS und L.J. ADAMS: Meteorologische Aspekte der Sahelproblematik; in: Die Erde 116, 1985, S. 109-120.

THORNTHWAITE, C.W.: The climates of North America according to a new classification; in: Geogr. Rev. 1931, S. 633-655.

THORNTHWAITE, C.W.: An approach toward a rational classification of climate; in: Geogr. Rev., Vol. 38, 1948, S. 55-94.

THORNTHWAITE, C.W.: A charter for climatology; in: WMO-Bulletin 2, 1953, S. 40-46.

TROLL, C.: Thermische Klimatypen der Erde; in: Pet. Mitt. 89, 1943, S. 81-89.

TROLL, C.: Karte der Jahreszeiten-Klimate der Erde mit einer Karte von C. TROLL & KH. PAFFEN; in: Erdkunde 28, 1964, -S. 5-28.

TROLL, C.: Der asymmetrische Aufbau der Vegetationszonen und -stufen auf der Nord- und Südhalbkugel; in: Ber. d. Geobot. Forsch. Inst. Rübel/Zürich f. d. Jahr 1947; Zürich 1948, S. 46-83.

TURC, L.: Evaluation des besoins en eau d'irrigation, évapotranspiration potentielle; in: Ann. Agronom. 12, 1961.

TYSON, P.D.: Climatic change and variability in Southern Africa; Oxford University Press, Cape Town 1987.

URFER-HENNEBERGER, CH.: Neuere Beobachtungen über die Entwicklung des Schönwetterwindsystems in einem V-förmigen Alpental (Dischmatal in Davos). In: Arch. Meteorol. Geoph. Biokl. B 18, S. 21-42.

VAIL, P.R., und J. HARDENBOL: Sea-level changes during the Tertiary; in: OCEANUS 1979, S. 71-79.

VARESCHI, V.: Die Epixylenvegetation von Zürich (Epixylenstudien II); in: Ber. Schweiz. Bot. Ges. 46, 1936, S. 445-488.

VOWINCKEL, E.: Beitrag zur Witterungsklimatologie Südafrikas; in: Arch. Meteor. Geophys. Biokl.,- Ser. B 7, 1963, S.11-31.

WAGNER, A.: Neue Theorie des Berg- und Talwindes; in: Meteorol. Zeit. 49, 1932, S. 329-341.

WAGNER, A.: Theorie und Beobachtung der periodischen Gebirgswinde; in: Gerl. Beitr. Geophys. 52, 1938, S. 408-449.

WANG, T.: Die Dauer der ariden, humiden und nivalen Zeiten des Jahres in China; in: Tübinger Geogr. u. Geol. Abh., Reihe 2, H. 7, Öhringen 1941.

WANNER, H.: Angewandte Geländeklimatologie. In: Erdkunde 40, 1986, S. 1-14.

WALTER, E.: Der Schweizerföhn. In: Neujahrsbl. Naturf. Ges. Zürich 140, 1938.

WARNECKE, G.: Meteorologie und Umwelt. Berlin et al. 1991.

WEISCHET, W.: Der tropisch-konvektive und der außertropisch-advektive Typ der vertikalen Niederschlagsverteilung; in: Erdkunde 19, 1965, S. 6-14.

WEISCHET, W.: Zur Klimatologie der nordchilenischen Wüste; in: Meteorol. Rdsch. 19, Berlin 1966, S. 1-7.

WEISCHET, W.: Einführung in die Allgemeine Klimatologie; Teubner-Verlag, Stuttgart 1979.

WIEDERSICH, B.: Das Wetter – Entstehung, Entwicklung, Vorhersage. München 1996.

WILSON, A.T.: Past surges in the West Antarctic ice sheet and their climatological significance; in: Arctic and Glacial History and World Palaeoenvironments. Inst. Council of Scientific Unions; Rotterdam 1976, S. 33-39.

V. WISSMANN, H.: Die Klima- und Vegetationsgebiete Eurasiens; in: Zschr. d. Ges. f. Erdk. Berlin 1939, S. 1-14.

V. WISSMANN, H.: Pflanzenklimatische Grenzen der warmen Tropen; in: Erdkunde 2, 1948, S. 81-92.

YAMAMOTO, G., M. TANAKA und S. SASANO: Radiative transfer in water clouds in the infrared region. J. Atmosph. Sciences 27, 1970, S. 282-292.

Formelanhang

Einheiten und ihre Umrechnung

Größe	**SI-Einheit**[1]		
Länge	1 m	= 100 cm	= 0,001 km
Volumen	1 m^3	= 10^6 cm^3	
Dichte	1 kg · m^{-3}	= 10^{-3} g · cm^{-3}	
Geschwindig-keit	1 m · s^{-1}	= 3,6 km·h^{-1}	= 1,9435 kn = 3,281 ft · s^{-1} = 2,24 mi · h^{-1}
Kraft	1 kg · m · s^{-2} = 1 N	= 10^5 dyn	
Druck	1 kg · m^{-1} · s^{-2} = 1 Pa	= 1 N · m^{-2} = 10^{-5} bar	= 7,5 · 10^{-3} Torr 1 hPa = 1 mb, 1 Torr = 1 mm Hg
Arbeit, Energie	1 kg · m^2 · s^{-2} = 1 J		= 10^7 erg
Leistung	1 kg · m^2 · s^{-3} = 1 W	= 1 J · s^{-1}	= 0,2388 cal · s^{-1} = 10^7 erg · s^{-1}
Wärme, Energie	1 J	= 0,2388 cal	= 1 N·m = 1 W · s 1 kW · h = 3,6 · 10^6 J = 860 kcal
Wärmefluss-dichte Strahldichte	1 W · m^{-2}	= 1 J · m^{-2} · s^{-1}	= 0,2388 cal · m^{-2} · s^{-1} = 1,433 · 10^{-3} ly · min^{-1}
Temperatur	K, (°C) , 1 K = 1°C = 1,8°F = 0,8°R	K = °C + 273,15 °C = K – 273,15	°C = 5/9·°F-32 = 5/4·°R
Niederschlag	1 mm	= 1 l · m^{-2}	= 0,001 m^3 · m^{-2}

[1]SI = Système International d'Unites

Bezeichnungen: Pa = Pascal, N = Newton, °F = Grad Fahrenheit, °C = Grad Celsius, °R = Grad Reaumur, K = Kelvin, J = Joule, cal = Kalorie, W = Watt, ly = Langley, kn = Knoten, ft = Fuß, mi = Meile

Dezimale Teile

Zehnerpotenz	Zahl	Bezeichnung	Symbol (SI)
10^{-12}	0,000000000001	Piko-	p
10^{-9}	0,000000001	Nano-	n
10^{-6}	0,000001	Mikro-	μ
10^{-3}	0,001	Milli-	m
10^{-2}	0,01	Zenti-	c
10^{-1}	0,1	Dezi-	d
10^{0}	1	–	–
10^{1}	10	Deka-	da
10^{2}	100	Hekto-	h
10^{3}	1.000	Kilo-	k
10^{6}	1.000000	Mega-	M
10^{9}	1.000000000	Giga-	G
10^{12}	1.000000000000	Tera-	T

Das Griechische Alphabet

Name	Groß-schreibung	Klein-schreibung	Name	Groß-schreibung	Klein-schreibung
Alpha	Α	α	Nü	Ν	ν
Beta	Β	β	Ksi	Ξ	ξ
Gamma	Γ	γ	Omikron	Ο	ο
Delta	δ	δ	Pi	Π	π
Epsilon	Ε	ε	Rho	Ρ	ρ
Zeta	Ζ	ζ	Sigma	Σ	σ
Eta	Η	η	Tau	Τ	τ
Theta	Θ	ϑ	Ypsilon	Υ	υ
Jota	Ι	ι	Phi	Φ	φ
Kappa	Κ	κ	Chi	Χ	χ
Lambda	Λ	λ	Psi	Ψ	ψ
Mü	Μ	μ	Omega	Ω	ω

Wichtige Konstanten und Werte

Konstante	Symbol	Wert	Einheit
Lichtgeschwindigkeit im Vakuum	c	$2{,}997925 \cdot 10^{8}$	$[m \cdot s^{-1}]$
PLANCKsches Wirkungsquantum	h	$6{,}626 \cdot 10^{-34}$	$[J \cdot s]$
BOLTZMANN-Konstante	k	$1{,}381 \cdot 10^{-23}$	$[J \cdot K^{-1}]$
STEFAN-BOLTZMANN-Konstante	σ	$5{,}6697 \cdot 10^{-8}$	$[W \cdot m^{-2} \cdot K^{-4}]$
Universelle Gaskonstante	R	8,314	$[J \cdot mol^{-1} \cdot K^{-1}]$
Spezifische Gaskonstante für Luft	R_L	287,05	$[J \cdot kg^{-1} \cdot K^{-1}]$
Spezifische Gaskonstante für Wasserdampf	R_W	461,6	$[J \cdot kg^{-1} \cdot K^{-1}]$
Spezifische Wärmekapazität v. Luft b. konst. Druck	c_p	1005	$[J \cdot kg^{-1} \cdot K^{-1}]$
Spezifische Wärmekapazität v. Luft b. konst. Volumen	c_v	718	$[J \cdot kg^{-1} \cdot K^{-1}]$
Normaldruck	p_0	1013	[hPa]
KARMAN Zahl	ka	0,4	

Wichtige temperaturabhängige Größen

Luft-temperatur [°C]	Luftdichte ρ [kg · m^{-3}]	Wasserdampfdichte ρ_w [kg · m^{-3}] · 10^{-3} bei Sättigung	Wasserdichte ρ_{fW} [kg · m^{-3}]*	Molekularer Diffusionskoeffizient für Wärme κ [m^2 · s^{-1}] · 10^{-4}	Molekularer Diffusionskoeffizient für Wasserdampf κ_W [m^2 · s^{-1}] · 10^{-4}
-30	1,433	0,70		0,165	0,187
-20	1,376	1,07		0,183	0,205
-10	1,324	2,36	918 (Eis)	0,195	0,220
0	1,275	4,85	999	0,208	0,234
10	1,230	9,40	999	0,222	0,249
20	1,188	17,30	998	0,235	0,264
30	1,149	30,38	996	0,249	0,280

* Wegen der *Dichteanomalie* des Wassers liegt die maximale Dichte von 1000 [kg · m^{-3}] bei 4°C

Schwerebeschleunigung

$$g = 9{,}80616 \cdot (1 - 0{,}0000267 \cdot \cos^2 \phi + 0{,}000000059 \cdot \cos^2 \phi) \cdot (1 - \pi \cdot 10^{-9} \cdot z)$$

mit: g = Schwerebeschleunigung [$m \cdot s^{-2}$], ϕ = Geographische Breite [°], z = Höhenniveau [m]

Luftdruck

Barometrische Höhenformel

$$p_z = p_0 \cdot \exp\left(-\frac{g \cdot (z - z_0)}{R_L \cdot \overline{T_V}}\right)$$

Höhe einer Druckfläche

$$z = \frac{R_L \cdot \overline{T_V}}{g} \cdot \ln\left(\frac{p_0}{p_h}\right)$$

Reduktion des Luftdrucks auf das untere Bezugsniveau z_0

$$p_0 = p_z / \exp\left(-\frac{g \cdot (z - z_0)}{R_L \cdot \overline{T_V}}\right)$$

p_z = Luftdruck in der Höhe z [hPa], p_0 = Luftdruck im unteren Bezugsniveau [hPa], $\overline{T_V}$ = Mittlere Virtuelltemperatur der Schicht p_0 bis p_z [K] = $(T_{Vz0} + T_{Vz})/2$, z = Höhe von p_z [m], z_0 = Höhe des unteren Bezugsniveaus [m], g = Schwerebeschleunigung 9,80665 [$m \cdot s^{-2}$] R_L = Spezifische Gaskonstante trockener Luft = 287,05 $J \cdot kg^{-1} \cdot K^{-1}$

Wind

Logarithmisches Windprofil

Gilt für die PRANDTL-Schicht (bis ~100 m ü. Grund), neutrale Schichtung

$$u_z = \frac{u_*}{ka} \cdot \ln\left(\frac{z - d}{z_0}\right); \; u_* = \frac{u_z \cdot ka}{\ln(z) - \ln(z_0)}; \; z_0 \approx 0{,}5 \cdot h \cdot (F^*/F'); \; d \approx {}^2/_3 \cdot h$$

u_z = Windgeschwindigkeit in der Höhe z [m · s^{-1}], u = Schubspannungsgeschwindigkeit [m · s^{-1}], ka = KARMAN Zahl ~0,4, z = Höhe [m], z_0 = Rauhigkeitslänge [m], d = Nullpunktverschiebung [m], h = Bestands- bzw. Hindernishöhe [m], F* = Aufrissfläche des Hindernisses [m^2], F' = Grundfläche des Hindernisses [m^2]*

Luftfeuchte

Dampfdruck (MAGNUS-Formel)

Definition: Partialdruck, den der in einer Luftsäule enthaltene Wasserdampf ausübt

$$e = 6{,}1078 \cdot 10^{(a \cdot Td)/(b + Td)}$$

Sättigungsdampfdruck (MAGNUS-Formel)

Definition: Partialdruck, den der in einer Luftsäule enthaltene Wasserdampf bei Wasserdampfsättigung ausübt.

$$E = 6{,}1078 \cdot 10^{(a \cdot T)/(b + T)}$$

e = Dampfdruck [hPa], E = Sättigungsdampfdruck [hPa], Td = Taupunkttemperatur [°C], T = Lufttemperatur [°C], a = 7,5 über Wasser, 7,6 über unterkühltem Wasser (<0°C) und 9,5 über Eis, b = 235 über Wasser, 240,7 über unterkühltem Wasser und 265,5 über Eis

Spezifische Feuchte

Definition: Wasserdampfmenge in kg, die in einem kg feuchter Luft enthalten ist.

$$q = 0{,}622 \cdot \frac{e}{p}$$

q = spezifische Feuchte [kg·kg^{-1}], p = Luftdruck [hPa], e = Dampfdruck [hPa]

Spezifische Sättigungsfeuchte
Definition: Wasserdampfmenge in kg, die in einem kg feuchtgesättigter Luft enthalten ist.

$$qs = 0{,}622 \cdot \frac{E}{p}$$

qs = Spezifische Sättigungsfeuchte [kg · kg⁻¹], p = Luftdruck [hPa], E = Sättigungsdampfdruck [hPa]

Spezifisches Sättigungsdefizit
Definition: Wasserdampfmenge in kg, die in einem kg feuchter Luft bis zur Sättigung noch aufgenommen werden kann.

$$s = qs - p$$

s = Spezifisches Sättigungsdefizit [kg · kg^{-1}], qs = Spezifische Sättigungsfeuchte [kg · kg^{-1}], q = spezifische Feuchte [kg · kg^{-1}]

Spezifisches Mischungsverhältnis
Definition: Wasserdampfmenge in kg, die in einem kg trockener Luft enthalten ist.

$$m = 0{,}622 \frac{e}{(p - e)} \cong q$$

m = Mischungsverhältnis [kg · kg^{-1}], q = spezifische Feuchte [kg · kg^{-1}], e = Dampfdruck [hPa], p = Luftdruck [hPa]

Absolute Feuchte
Definition: In einem m^3 Luft enthaltene Wasserdampfmenge in kg.

$$a = \frac{0{,}21668 \cdot e}{T}$$

a = Absolute Feuchte [kg · m^{-3}], e = Dampfdruck [hPa], T = Lufttemperatur [K]

Absolute Sättigungsfeuchte

Definition: In einem m^3 Luft enthaltene Wasserdampfmenge in kg bei feuchtgesättigter Luft.

$$as = \frac{0{,}21668 \cdot E}{T}$$

as = Absolute Sättigungsfeuchte [kg · m^{-3}], E = Sättigungsdampfdruck [hPa], T = Lufttemperatur [K]

Absolutes Sättigungsdefizit

Definition: Wasserdampfmenge in kg, die in einem m^3 feuchter Luft bis zur Sättigung noch aufgenommen werden kann.

$$a = as - a$$

a = Absolutes Sättigungsdefizit [kg · m^{-3}], as = Absolute Sättigungsfeuchte [kg · m^{-3}], a = absolute Feuchte [kg · m^{-3}]

Sättigungsverhältnis

Definition: Verhältnis von Dampfdruck und Sättigungsdampfdruck eines Luftpakets der Temperatur T.

$$sv = (e/E)$$

sv = Sättigungsverhältnis, e = Dampfdruck [hPa], E = Sättigungsdampfdruck [hPa]

Relative Luftfeuchte

Definition: Prozentuales Verhältnis von Dampfdruck und Sättigungsdampfdruck eines Luftpakets der Temperatur T.

$$f = (e/E) \cdot 100$$

f = Relative Luftfeuchte [%], e = Dampfdruck [hPa], E = Sättigungsdampfdruck [hPa]

Relatives Sättigungsdefizit

Definition: Wasserdampfmenge in %, die in feuchter Luft bis zur Sättigung noch aufgenommen werden kann.

$$s = 100 - f$$

s = relatives Sättigungsdefizit [%], f = relative Luftfeuchte [%]

Sprungsche Psychrometerformel

$$e = E - C \cdot p \cdot (T - T_f)$$

e = Dampfdruck [hPa], E = Sättigungsdampfdruck bei der Temperatur des feuchten Thermometers [hPa], T = Lufttemperatur am trockenen Thermometer [K], T_f *= Temperatur des feuchten Thermometers [K], p = Luftdruck [hPa], C = Psychrometer-Konstante* $[K^{-1}] = 0{,}662 \cdot 10^{-3}$ *für feuchte Thermometer bzw.* $0{,}57 \cdot 10^{-3}$ *für vereiste Thermometer.*

Hebungskondensationsniveau

Definition: Höhe, bei der in einem gehobenen Luftpaket (gezwungene Hebung) Kondensation einsetzt (HENNINGsche Formel).

$$HNK = 123 \cdot (T - Td)$$

HNK = Hebungskondensationsniveau [m], T = Lufttemperatur [K], Td = Taupunkttemperatur [K]

Wolken, Nebel und Niederschlag

Horizontale Sichtweite

Definition: Entfernung, bei der ein schwarzes Objekt noch mit einem definierten Kontrast vom Hintergrund absetzbar ist (KOSCHMIEDERsches Gesetz).

$$V = \frac{1}{\beta_{ext}} \cdot \ln \frac{1}{\varepsilon} = \frac{3{,}91}{\beta_{ext}}$$

V = Normsichtweite [m], β_{ext} *= Extinktion* $[m^{-1}]$, ε *=Kontrastschwellenwert (0,02 bezogen auf das menschliche Auge)*

Starkregenschwelle
Definition: Niederschlagsintensität zur Klassifizierung von Starkregen (Niederschlag >b = Starkregen), gültig für Mitteleuropa.

$$b = \sqrt{5 \cdot t - \left(\frac{t}{24}\right)^2}$$

b = Starkregenschwelle [mm · t^{-1}] , t = Zeit [min]

Temperaturmaße

Temperaturreduktion auf mittleres Meeresniveau

$$T_0 = T + \frac{h \cdot \tau}{100}$$

T_0 = Lufttemperatur auf Meeresniveau [K bzw. °C], T = Lufttemperatur der Station [K bzw. °C], τ = vertikaler Temperaturgradient [K bzw. °C · 100 · m^{-1}, h = Stationshöhe über Meer [m]

Potentielle Temperatur
Definition: Wärmeinhalt einer Luftschicht des Druckniveaus p bei adiabatischer Verlagerung ins Druckniveau einer Vergleichsfläche (z.B. 1013 hPa).

$$\theta = T \cdot \left({}^{p_0}\!/_{p}\right)^{0,286}$$

θ = Potentielle Temperatur [K], p_0 = Luftdruck der Vergleichsfläche [hPa], p = Luftdruck [hPa], T = Temperatur der Druckfläche p [K]

Pseudopotentielle Temperatur
Definition: Wärmeinhalt einer Luftschicht des Druckniveaus p bei feucht-adiabatischer Verlagerung ins Druckniveau einer Vergleichsfläche.

$$\theta_{ps} = \theta \cdot (1 + 0{,}46 \cdot qs) \cdot \exp\left(\frac{qs - L_v}{c_p \cdot T}\right)$$

θ_{ps} = Pseudopotentielle Temperatur [K], θ = Potentielle Temperatur [K], qs = Spezifische Sättigungsfeuchte [kg · kg^{-1}], T = Temperatur der Druckfläche p [K], L_v = Spezifische Verdampfungswärme, temperaturabhängig, s. Kap. 3.2 [J · Kg^{-1}], c_p = Spezifische Wärme bei konstantem Druck = 1005 [J · kg^{-1} · K^{-1}]

Taupunkttemperatur

Definition: Lufttemperatur, bei der in einer Luftsäule mit definiertem Wasserdampfgehalt Sättigung (f = 100%) eintritt (also e = E wird).

$$Td = \frac{234{,}67 \cdot \log(e) - 184{,}2}{8{,}233 - \log(e)}$$

Td = Taupunkttemperatur [°C], e = Dampfdruck [hPa]

Äquivalenttemperatur

Definition: Temperatur eines Luftpakets unter der Voraussetzung, dass der gesamte Wasserdampfgehalt auskondensieren und die freiwerdende Kondensationswärme der Luft zugeführt würde.

$$T_{ae} = T + 94{,}341 \cdot \frac{f \cdot 10^{(7{,}45 \cdot T/(235 + T))}}{p}$$

T_{ae} = Äquivalenttemperatur [°C], T= Lufttemperatur [°C], f= relative Feuchte [%], p= Luftdruck [hPa]

Virtuelltemperatur (virtuelle Temperatur)

Definition: Temperatur, bei der unter gleichen Druckverhältnissen trockene Luft die gleiche Dichte hat wie feuchte Luft.

$$T_v = (1 + 0{,}6078 \cdot q) \cdot T$$

$$T_v = 0{,}378 \cdot T \cdot \frac{e}{p}$$

T_v = Virtuelltemperatur [K], T_v = Virtuellzuschlag [K], T = Lufttemperatur [K], q = spezifische Feuchte [kg · kg^{-1}], p = Luftdruck [hPa]

Strahlungs- und Wärmehaushalt

Atmosphärische Gegenstrahlung (empirische Approximation)

$$G = \sigma \cdot T^4 \cdot (0{,}594 + 0{,}0416 \cdot \sqrt{e})$$

G = Atmosphärische Gegenstrahlung [W · m⁻²], T = Lufttemperatur in 2 m Höhe [K], e = Dampfdruck [hPa], σ = STEFAN-BOLTZMANN Konstante = 5,6697 · 10⁻⁸ [W · m⁻² · K⁻⁴]

Effektive Ausstrahlung (empirische Approximation)

$$(A - G) = \sigma \cdot T^4 \cdot (F - 1)$$

$$F = 0{,}7 + \left(5{,}95 \cdot 10^{-5} \cdot e \cdot \exp\left({}^{1500}/_{T}\right)\right)$$

(A-G) = Effektive Ausstrahlung [W · m⁻²], T = Lufttemperatur in 2 m Höhe [K], e = Dampfdruck [hPa], σ = STEFAN-BOLTZMANN Konstante = 5,6697 · 10⁻⁸ [W · m⁻² · K⁻⁴]

Fühlbarer Wärmestrom (Gradientmethode)

Eingeschränkte Gültigkeit bei: Indifferenter Schichtung, keine starke Änderung von Windfeld und Strahlung, Gültigkeit des logarithmischen Windprofils.

$$L = -C_a \cdot ka^2 \cdot \frac{(T_2 - T_1) \cdot (u_2 - u_1)}{\left(\ln \frac{z_2}{z_1}\right)^2}$$

L = Fühlbarer Wärmestrom [W · m^{-2}], T_1 = Temperatur in der Höhe z_1 [K], T_2 = Temperatur in der Höhe z_2 [K], u_1 = Windgeschwindigkeit in der Höhe z_1 [m · s^{-1}], u_2 = Windgeschwindigkeit in der Höhe z_2 [m · s^{-1}], z_1 = Höhe für u_1 [m], z_2 = Höhe für u_2 [m], ka = KARMAN Zahl = 0,4, Ca = Wärmekapazität der Luft = 1200 [J · m^{-3} · K^{-1}]

Latenter Wärmestrom (Gradientmethode)

Eingeschränkte Gültigkeit bei: Indifferenter Schichtung, keine starke Änderung von Windfeld und Strahlung, Gültigkeit des logarithmischen Windprofils.

$$V = -L_v \cdot ka^2 \cdot \frac{(u_2 - u_1) \cdot (a_2 - a_1)}{\left(\ln \frac{z_2}{z_1}\right)^2}$$

V = Latenter Wärmestrom [$W \cdot m^{-2}$], u_1 = Windgeschwindigkeit in der Höhe z_1 [$m \cdot s^{-1}$], u_2 = Windgeschwindigkeit in der Höhe z_2 [$m \cdot s^{-1}$], z_1 = Höhe für u_1 [m], z_2 = Höhe für u_2 [m], ka = KARMAN Zahl = 0,4, a_1 = absolute Feuchte in der Höhe z_1 [$kg \cdot m^{-3}$], a_2 = absolute Feuchte in der Höhe z_2 [$kg \cdot m^{-3}$], Lv = Spezifische Verdunstungswärme der Verdunstung, temperaturabhängig, s. Kap. 3.2 [$J \cdot kg^{-1}$], z_1 = Höhe für u_1 [m], z_2 = Höhe für u_2 [m]

Bodenwärmestrom

$$B = \Lambda \cdot \frac{T_1 - T_2}{z_2 - z_1}$$

B = Bodenwärmestrom [$W \cdot m^{-2}$], T_1 = Bodentemperatur in der Tiefe z_1 [T_1 in K; z_1 in m], T_2 = Bodentemperatur in der Tiefe z_2 [T_2 in K; z_2 in m], Λ = substratabhängige Wärmeleitfähigkeit [$W \cdot m^{-1} \cdot K^{-1}$]; z.B. Sand nass = 0,4-1,2, Sand trocken = 0,1-0,3, Lehm nass 0,8-2,0, Lehm trocken 0,08-0,6

Verdunstung

PENMAN-MONTEITH Gleichung

$$ET = \frac{{}^{dE}/_{dT} \cdot \left(S + {}^{B}/_{A}\right) + \frac{\rho \cdot c_p}{r_a} \cdot (E - e)}{{}^{dE}/_{dT} + C \cdot p \cdot \left(1 + {}^{r_s}/_{r_a}\right)} \cdot \frac{1}{L_v \cdot a}$$

ET = Evapotranspiration [10^3 $mm \cdot s^{-1}$], T = Temperatur [K], E = Sättigungsdampfdruck [Pa], S = Strahlungsbilanz [$W \cdot m^{-2}$], B = Bodenwärmstrom [$W \cdot m^{-2}$], ρ = Luftdichte [$kg \cdot m^{-3}$], Cp= Spezifische Wärme der Luft bei konstantem Druck = 1005 [$J \cdot kg^{-1} \cdot K^{-1}$], r_a= aerodynamischer Verdunstungswiderstand [$s \cdot m^{-1}$], e = Dampfdruck [Pa], C = Psychrometer-Konstante [K^{-1}] = $0,662 \cdot 10^{-3}$, Luftdruck [Pa], L_v = Spezifische Verdamp-

fungswärme, temperaturabhängig, s. Kap. 3.2 [J · kg^{-1}], a = absolute Feuchte [kg · m^{-3}], rs = Bestandswiderstand Luft [s·m^{-1}]

Potentielle Landschaftsverdunstung (nach Lauer/Frankenberg)

$$pLV = pV \cdot UF, \; pV = T_{ae} \cdot s, \; UF = oB/pV$$

pLV = Potentielle Landschaftsverdunstung [mm · Monat^{-1}], pV = Potentielle Verdunstung [mm · Monat^{-1}], Tae = Monatsmittel der Äquivalenttemperatur [°C], s = Monatsmittel relatives Sättigungsdefizit [%], oB = Optimale Bestandstranspiration einer Vegetationseinheit [mm · Monat^{-1}], UF = Reduktionsfaktor bezogen auf den jeweiligen Vegetations-/Oberflächentyp

Tabelle der Reduktionsfaktoren (UF) zur Berechnung der potentiellen Landschaftsverdunstung (pLV) aus den Werten der potentiellen Verdunstung (pV) realer Vegetationseinheiten der Erde. In der Tabelle sind die Monatsmittel des Niederschlags (N) in mm und die der Temperatur (T) in °C angegeben (NHK = Nordhalbkugel, SHK = Südhalbkugel).

Reale Vegetationseinheiten	**Kriterium I**		**UF**	**Kriterium II**		**UF**
Tropen:						
Páramo/Höhenwald	N ≥ 100		1,0	N < 100		0,8
Feuchtpuna/-Sierra	N ≥ 75		0,8	N < 75		0,5
Trockenpuna/-Sierra	N ≥ 50		0,6	N < 50		0,4
Dornpuna/-Sierra	N ≥ 30		0,4	N < 30		0,2
Wüstenpuna/Höhen (Halb-)wüste	N ≥ 25		–	N < 25		0,2
Bergwald/Regenwald	N ≥ 100		1,5	N < 100		0,8
Montane Feuchtsavanne	N ≥ 75		1,2	N < 75		0,7
Feuchtsavanne/Kulturland	N ≥ 75		1,2	N < 75		0,7
Montane Trockensavanne	N ≥ 60		1,0	N < 60		0,5
Trockensavanne	N ≥ 60		1,0	N < 60		0,5
Montane Dornsavanne	N ≥ 50		0,7	N < 50		0,4
Dornsavanne	N ≥ 50		0,7	N < 50		0,4
Montane Halbwüste	N ≥ 25		0,5	N < 25		0,3
Wüstensavanne	N ≥ 25		0,5	N < 25		0,3
Montane Wüste	N ≤ 25		–	N ≤ 25		0,2
Vollwüste	N ≤ 25		–	N ≤ 25		0,2
Subtropen:						
Subtropischer Regenwald	N ≥ 40	T ≥ 12	1,2	N ≤ 40	T < 12	0,8
Nadel-Höhenwald	N ≥ 40	T ≥ 10	1,2	N ≤ 40	T < 10	0,8
Hartlaubgehölze	N ≥ 40	T ≥ 12	0,8	N ≤ 40	T < 12	0,4
Steppe (NHK)	N ≥ 40	T ≥ 11	0,5	N ≤ 40	T < 11	0,2
Steppe (SHK)	N ≥ 40	T ≥ 10	1,0	N ≤ 40	T < 10	0,5
Halbwüste/Wüste	N ≥ 25	T ≥ 11	0,4	N ≤ 25	T < 11	0,2
Kulturland	N ≥ 30	T ≥ 10	0,7	N ≤ 30	T < 10	0,4
Hochgebirgsformationen	N ≥ 40	T ≥ 6	0,6	N ≤ 40	T < 6	0,4

Mittelbreiten:						
Laubwald	–	T ≥ 10	1,3	-	T < 10	0,6
Nadelwald	–	T ≥ 5	1,2	-	T < 5	0,8
Grasland (Prärien)	–	T ≥ 10	0,5	-	T < 10	0,2
Maritime Steppe (S-Hemi.)	N ≥ 25	T ≥ 7	0,5	N ≤ 25	T < 7	0,2
Halbwüste	N ≥ 25	T ≥ 10	0,4	N ≤ 25	T < 10	0,2
Wüste	N ≥ 25	T ≥ 10	0,4	N ≤ 25	T < 10	0,2
Kulturland	–	T ≥ 7	1,0	–	T < 7	0,2
Hochgebirgsformationen	–	T ≥ 5	1,0	–	T < 5	0,5
Polargebiete:						
Tundra	–	T ≥ 5	0,5	–	T < 5	0,3
Flechtentundra	–	T ≥ 5	–	–	T < 5	0,3

7. Stichwortverzeichnis